W0254528

Teubner Studienbücher

Mathematik

Ansorge: **Differenzenapproximationen partieller Anfangswertaufgaben**
298 Seiten. DM 29,80 (LAMM)

Böhmer: **Spline-Funktionen**
Theorie und Anwendungen. 340 Seiten. DM 28,80

Collatz: **Differentialgleichungen**
5. Aufl. 226 Seiten. DM 24,80 (LAMM)

Collatz/Krabs: **Approximationstheorie**
Tschebyscheffsche Approximation mit Anwendungen. 208 Seiten. DM 28,–

Constantinescu: **Distributionen und ihre Anwendung in der Physik**
144 Seiten. DM 18,80

Fischer/Sacher: **Einführung in die Algebra**
2. Aufl. 240 Seiten. DM 18,80

Grigorieff: **Numerik gewöhnlicher Differentialgleichungen**
Band 1: Einschrittverfahren. 202 Seiten. DM 16,80
Band 2: Mehrschrittverfahren. 411 Seiten. DM 29,80

Hainzl: **Mathematik für Naturwissenschaftler**
2. Aufl. 311 Seiten. DM 29,– (LAMM)

Hässig: **Graphentheoretische Methoden des Operations Research**
160 Seiten. DM 26,80 (LAMM)

Hilbert: **Grundlagen der Geometrie**
12. Aufl. VII, 271 Seiten. DM 24,80

Jeggle: **Nichtlineare Funktionalanalysis**
255 Seiten. DM 24,80

Kall: **Mathematische Methoden des Operations Research**
Eine Einführung. 176 Seiten. DM 22,80 (LAMM)

Kochendörffer: **Determinanten und Matrizen**
IV, 148 Seiten. DM 17,80

Kohlas: **Stochastische Methoden des Operations Research**
192 Seiten. DM 24,80 (LAMM)

Krabs: **Optimierung und Approximation**
208 Seiten. DM 25,80

Stiefel: **Einführung in die numerische Mathematik**
5. Aufl. 292 Seiten. DM 26.80 (LAMM)

Stummel/Hainer: **Praktische Mathematik**
299 Seiten. DM 28,80

Topsøe: **Informationstheorie**
Eine Einführung. 88 Seiten. DM 12,80

Velte: **Direkte Methoden der Variationsrechnung**
198 Seiten. DM 25,80 (LAMM)

Walter: **Biomathematik für Mediziner**
148 Seiten. DM 15,80

Witting: **Mathematische Statistik**
Eine Einführung in Theorie und Methoden. 3. Aufl. 223 Seiten. DM 26,80 (LAMM)

Fortsetzung auf der 3. Umschlagseite

Nichtlineare Funktionalanalysis

Existenz von Lösungen nichtlinearer Gleichungen

Von Dr. rer. nat. Hansgeorg Jeggle
o. Professor an der Technischen Universität Berlin

Mit 52 Übungsaufgaben
und zahlreichen Beispielen

 B. G. Teubner Stuttgart 1979

Prof. Dr.rer.nat. Hansgeorg Jeggle

Geboren 1939 in Stuttgart. Von 1958 bis 1964 Studium der Mathematik an der Universität Tübingen und der Technischen Hochschule Darmstadt, Abschluß als Diplom-Mathematiker. Ab 1964 wissenschaftlicher Assistent am Lehrstuhl II für Praktische Mathematik der TH Darmstadt, 1966 Promotion, 1971 Habilitation. 1971/72 Professor an der TH Darmstadt. Seit 1972 Professor an der Technischen Universität Berlin, 1975/76 Visiting Professor am Massachusetts Institute of Technology, Cambridge, MA.

CIP-Kurztitelaufnahme der Deutschen Bibliothek

Jeggle, Hansgeorg:
Nichtlineare Funktionalanalysis : Existenz von Lösungen nichtlinerarer Gleichungen ; mit 52 Übungsaufgaben u. zahlr. Beispielen / von Hans=georg Jeggle. - Stuttgart : Teubner, 1979.
(Teubner Studienbücher : Mathematik)
ISBN 978-3-519-02057-8 ISBN 978-3-322-94888-5 (eBook)
DOI 10.1007/978-3-322-94888-5

Umschlaggestaltung: W. Koch, Sindelfingen

Vorwort

Das Konzept dieses Buches ist aus Vorlesungen und Seminaren entstanden, die ich im Rahmen eines Zyklus über Funktionalanalysis und Numerische Mathematik im Mathematik-Hauptstudium an der Technischen Universität Berlin gehalten habe. Es ist nicht für Spezialisten geschrieben, sondern wendet sich an Leser, die damit beginnen wollen, sich mit der mathematischen Theorie der nichtlinearen Probleme zu beschäftigen. Vorkenntnisse werden über normierte Räume und lineare Operatoren vorausgesetzt und zwar in einem Umfang, der etwa dem Inhalt einer der üblichen Einführungen in die Funktionalanalysis entspricht. Das bedeutet zum Beispiel, daß auf die Behandlung von Dingen verzichtet wird, die mit Hilfe der Homologietheorie erhalten werden oder die auf der Verwendung von Ordnungsstrukturen beruhen.

Das Ziel dieses Buches besteht darin, in dem geschilderten Rahmen und bei möglichst geringem Umfang eine Einführung in die mittlerweile mehr oder weniger klassischen Methoden zum Nachweis der Existenz von Lösungen nichtlinearer Gleichungen zu geben. Behandelt werden im einzelnen einige Verallgemeinerungen des Banachschen Fixpunktsatzes sowie die Existenz und iterative Konstruktion von Fixpunkten bei nichtexpansiven Operatoren, die Abbildungsgrade für stetige Abbildungen im R^n bzw. vollstetige Störungen der Identität in Banach-Räumen und damit zusammenhängend die Existenz von Fixpunkten bei vollstetigen Operatoren, die Variationsmethode und ihre Weiterführung in der Theorie der monotonen Operatoren sowie die Existenz von Fixpunkten bei mengenwertigen Operatoren. Das Bestreben ist dabei, den Leser mit den Begriffen und Techniken dieses Teilgebietes der nichtlinearen Funktionalanalysis soweit vertraut zu machen, daß er zum Studium von weiterführenden und spezielleren Monographien sowie der neueren Originalliteratur befähigt und angeregt wird.

Ein Hauptanliegen ist auch, nicht einfach eine gewisse Vielfalt abstrakter Existenzsätze bereitzustellen, sondern darüber hinaus dazu anzuleiten, diese zum Lösen konkreterer Probleme einzusetzen. Deshalb schließen sich den Abschnitten, die abstrakte Resultate als Inhalt haben, fast immer solche an, in denen diese anhand von

Differential- oder Integralgleichungen bzw. Variationsungleichungen konkretisiert werden. Wiederholt wird dabei auf Hammersteinsche Gleichungen und periodische Lösungen von Differentialgleichungen zurückgegriffen, die ja auch bei den Anwendungen besonders häufig vorkommen.

Die einzelnen Kapitel des Buches sind in sich abgeschlossen. Jedem sind Literaturhinweise beigefügt, wobei es sich im wesentlichen um die Quellenangaben der zugrunde liegenden Originalliteratur handelt. Gelegentlich sind daneben einige historische oder auch einige direkt weiterführende Arbeiten genannt. Insgesamt gesehen ist das Literaturverzeichnis nur eine unvollständige, notwendigerweise sehr subjektive Auswahl. Außerdem findet man am Ende der Kapitel einige, meist sehr einfach zu lösende Übungsaufgaben.

Die Bedingungen, Formeln und Sätze in den einzelnen Abschnitten der Kapitel sind durchnumeriert. Ein Verweis wie z.B. (11) bezieht sich jeweils auf den laufenden Abschnitt, 1.(11) auf die Nummer (11) in einem anderen, nämlich z.B. dem ersten Abschnitt des laufenden Kapitels und 1.1.(11) auf (11) im ersten Abschnitt eines anderen, nämlich z.B. des ersten Kapitels. Die gelegentlich benützten logischen Symbole sind allgemein bekannt und werden nur als Kürzel mit dem Ziel einer knappen Schreibweise gebraucht.

Mein herzlicher Dank gilt Herrn Prof. Dr. Manfred Schneider, der das Manuskript kritisch durchgesehen hat, und besonders Frau Brigitte Trajanović für die große Mühe, die sie für die Herstellung des reproduktionsreifen Manuskriptes aufgewandt hat. Beim Teubner Verlag möchte ich mich für die angenehme Zusammenarbeit und die große Geduld beim Entstehen dieses Textes bedanken.

Berlin, im Dezember 1978 Hansgeorg Jeggle

Inhalt

1 Vorbereitendes

Der erste Teil dieses Kapitels enthält eine Liste der später benötigten und dabei als bekannt vorausgesetzten Hilfsmittel aus Topologie und Funktionalanalysis. Diese Zusammenstellung hat in erster Linie den Zweck, auf die in ihr enthaltenen Begriffe und Resultate direkt und einfach Bezug nehmen zu können und auch gleich die im folgenden jeweils benutzten Notationen festzulegen. Weil die in die Liste aufgenommenen Dinge in zahlreichen Lehrbüchern eingehend abgehandelt werden, können wir auf die Ausführung von Einzelheiten sowie von Beweisen und Beispielen verzichten und uns mit einigen Literaturhinweisen dazu begnügen.

Im zweiten Teil stellen wir die Elemente der Differential- und Integralrechnung für Operatoren in Banach-Räumen bereit, soweit sie in einem der folgenden Kapitel gebraucht werden.

1.1 Hilfsmittel aus Topologie und Funktionalanalysis

Abgesehen von einigen wenigen Abschnitten, bei denen man mit allgemeinen metrischen Räumen auskommt, werden im folgenden im Interesse einer einfachen und einheitlichen Darstellung durchweg Operatoren in reellen Banach-Räumen behandelt. Dabei spielt neben der Normtopologie die im allgemeinen nicht metrisierbare schwache Topologie eine hervorragende Rolle. Die Unterschiede zwischen beiden wirken sich vor allem bei dem an sich so bequemen Arbeiten mit Folgen aus. Um Irrtümern vorzubeugen, sollen auch im Rahmen dieser knappen Zusammenfassung die entsprechenden Begriffe und Eigenschaften beider Topologien auf einheitliche Weise möglichst klar herausgearbeitet werden. Dazu ist es erforderlich, die systematische Beschreibung der topologischen Grundlagen etwas allgemeiner zu fassen als es zunächst notwendig erscheinen mag. Die Kompaktheit von Mengen und die Stetigkeit von Abbildungen sind die für unsere Überlegungen wichtigsten Begriffe, deshalb wird ihnen auch mehr Aufmerksamkeit gewidmet als anderen.

Im Zusammenhang mit den anschließend genannten Begriffen und Notationen verweisen wir auch auf das Symbolverzeichnis.

1. <u>Topologische Räume</u>. Als <u>Topologie</u> $\mathcal{t}$ auf einer Menge X bezeichnet man eine Familie von Teilmengen von X, die $\emptyset$ und X selbst enthält und bei der die Durchschnitte von endlich vielen und die Vereinigung von beliebig vielen ihrer Mitglieder jeweils wieder zu ihr gehören. Ein <u>topologischer Raum</u> $(X,\mathcal{t})$ besteht aus einer nichtleeren Menge X und einer Topologie $\mathcal{t}$ auf X. Anstelle von $(X,\mathcal{t})$ schreiben wir meistens nur X.

Die im folgenden erwähnten oder definierten Begriffe und Eigenschaften beziehen sich stets auf eine bestimmte Topologie. Trotzdem wird bei der Notation allenfalls dann darauf Rücksicht genommen, wenn gleichzeitig zwei verschiedene Topologien auf derselben Menge auftreten und Verwechslungen möglich sind.

Die zu $\mathcal{t}$ gehörenden Teilmengen von X heißen <u>offen</u>. Eine <u>Umgebung</u> von $x \in X$ oder von $S \subset X$ ist eine offene Menge, die x bzw. S enthält, wir bezeichnen sie einheitlich mit U(x) bzw. U(S). Die folgenden Grundbegriffe werden als bekannt vorausgesetzt: <u>innerer Punkt</u>, <u>Inneres</u> einer Teilmenge, <u>abgeschlossene Teilmenge</u>, <u>Rand</u> einer Teilmenge, <u>isolierter Punkt</u>, <u>Berührungs</u>- und <u>Häufungspunkt</u>, <u>abgeschlossene Hülle</u> einer Teilmenge, <u>topologischer Teilraum</u>, <u>relativoffene</u> bzw. -<u>abgeschlossene Teilmenge</u>, <u>dichte Teilmenge</u>, <u>separabler topologischer Raum</u>, <u>zusammenhängende Teilmenge</u>, <u>separierter topologischer Raum</u>, <u>Konvergenz</u> in X.

Da andere nicht benötigt werden, setzen wir von nun an alle vorkommenden topologischen Räume als separiert voraus. Mit X und Y werden fortan stets topologische Räume bezeichnet.

Die Konvergenz einer Folge $(x_i) \subset X$ mit dem Grenzwert $x \in X$ schreiben wir $x_i \to x\,(i \in N)$. Unendliche Teilfolgen von N bezeichnen wir mit N',N",..., dieses Symbol bedeutet jedoch nicht immer dieselbe Zahlenfolge. $(x_{i'})$ ist eine Teilfolge einer Folge (x_i), die der Teilfolge $N' \subset N$ von Indizes entspricht, $x_{i'} \to y\,(i' \in N')$ bedeutet ihre Konvergenz mit dem Grenzwert y.

Eine Familie $\{U_\lambda \mid \lambda \in \Lambda\}$ von offenen Teilmengen von X heißt <u>offene Überdeckung</u> von $S \subset X$, wenn $S \subset \cup\{U_\lambda \mid \lambda \in \Lambda\}$ ist. Eine Teilmenge $S \subset X$ heißt <u>kompakt</u>, wenn aus jeder offenen Überdeckung von S endlich viele U_λ ausgewählt werden können, deren Vereinigung S enthält. Als <u>relativkompakt</u> bezeichnet man S, wenn $\overline{S}$ kompakt ist.

Eine Familie $\{S_\lambda \mid \lambda \in \Lambda\}$ von Teilmengen von X besitzt die <u>Endliche-</u>

Durchschnitte-Eigenschaft, wenn jeweils endlich viele S_λ einen nichtleeren Durchschnitt haben.

(1) $S\subset X$ *ist genau dann kompakt, wenn jede Familie* $\{M_\lambda|M_\lambda\subset S$ relativabgeschlossen, $\lambda\in\Lambda\}$ *mit der Endlichen-Durchschnitte-Eigenschaft insgesamt einen nichtleeren Durchschnitt besitzt*.

Eine Teilmenge $S\subset X$ heißt *folgenabgeschlossen* (f-abgeschlossen), wenn für jede Folge $(x_i)\subset S$ mit $x_i\to x(i\in N)$ folgt $x\in S$. S heißt *folgenkompakt* (f-kompakt), wenn jede Folge $(x_i)\subset S$ eine konvergente Teilfolge $(x_{i'})$ mit dem Grenzwert $x\in S$ besitzt. Hat jede Folge $(x_i)\subset S$ zwar eine konvergente Teilfolge, gehört deren Grenzwert aber nicht unbedingt zu S, so heißt S *folgenrelativkompakt* (f-relativkompakt). Im allgemeinen liegt keine Äquivalenz zwischen Folgenabgeschlossenheit und Abgeschlossenheit bzw. Folgenkompaktheit und Kompaktheit vor.

(2) $S\subset X$ *kompakt* (*f-kompakt*) $\Rightarrow$ S *abgeschlossen* (*f-abgeschlossen*)

(3) $S\subset X$ *kompakt* (*f-kompakt*), $M\subset S$ $\Rightarrow$ M *relativkompakt* (*f-relativkompakt*)

Für *Abbildungen* zwischen topologischen Räumen verwenden wir häufig und gleichbedeutend die Bezeichnung *Operator*. In diesem Zusammenhang vereinbaren wir folgende Notationen: Für eine Abbildung T zwischen X und Y bedeutet Tx den Wert von T in x (gelegentlich schreiben wir dafür auch T(x)), $D(T)\subset X$ und $R(T)\subset Y$ die Definitions- bzw. Wertmenge von T und $T:S\to M$, daß $S\subset D(T)$ sowie $R(T)\subset M$ ist. Für $S\subset D(T)$ wird $T(S)\equiv\{z|z=Tx,x\in S\}$ gesetzt, also z.B. $T(D(T))=R(T)$. Die Urbilder von $y\in R(T)$ bzw. $M\subset R(T)$ schreiben wir $T^{-1}(y)\equiv\{z|Tz=y\}$ bzw. $T^{-1}(M)\equiv\{z|Tz=y,y\in M\}$. Wenn T injektiv ist, also sogar die zu T inverse Abbildung existiert, so bezeichnen wir sie mit T^{-1}, wobei $T^{-1}:R(T)\to D(T)$. Ein Operator T heißt schließlich *Erweiterung* von T_1, wenn $D(T_1)\subset D(T)$ und $T_1x=Tx$ für alle $x\in D(T_1)$. Eine *Restriktion* von T auf $M\subset D(T)$ ist eine Abbildung $T_1:M=D(T_1)\to Y$ mit $T_1x=Tx$ für alle $x\in M$, man schreibt dafür auch $T|M\equiv T_1$.

Ein Operator $T:S\subset X\to Y$ heißt *stetig* in $x\in S$, wenn es zu jeder Umgebung $U(Tx)$ von Tx eine Umgebung $U(x)$ von x gibt mit $T(U(x)\cap S)\subset U(Tx)$. Als *folgenstetig* (f-stetig) in $x\in S$ wird T bezeichnet, wenn für jede konvergente Folge $(x_i)\subset S$ aus $x_i\to x(i\in N)$ folgt $Tx_i\to Tx(i\in N)$.

Abbildungen zwischen X und R, wenn also speziell $Y\equiv R$ ist, bezeichnen wir als Funktionale. Ein Funktional $\varphi:S\subset X\to R$ heißt unterhalb-stetig (uh-stetig) in $x\in S$, wenn es zu jeder Zahl $r<\varphi x$ eine Umgebung $U(x)$ von x gibt mit $r<\varphi z$ für jedes $z\in U(x)\cap S$. Als unterhalbfolgenstetig (uhf-stetig) in $x\in S$ wird φ bezeichnet, wenn für jede konvergente Folge $(x_i)\subset S$ aus $x_i\to x(i\in N)$ folgt $\varphi x\leq \lim\inf\{\varphi x_i|i\in N\}$. Aus der Stetigkeit oder f-Stetigkeit von φ in x folgt die uh-Stetigkeit bzw. uhf-Stetigkeit.

Eine Abbildung nennt man stetig auf S im Sinne einer der vorstehenden Definitionen, wenn sie es in jedem Punkt von S ist.

Im allgemeinen sind die Folgenstetigkeits- mit den entsprechenden Stetigkeitsbegriffen nicht äquivalent.

(4) $S\subset X$ kompakt, $T:S\to Y$ stetig auf S $\Rightarrow$ $T(S)$ kompakt

Ein Operator $T:X\to Y$ heißt Homöomorphismus zwischen X und Y, wenn T bijektiv ist und T sowie T^{-1} stetig sind. Falls ein Homöomorphismus zwischen X und Y existiert, nennt man X und Y homöomorph.

2. Metrische Räume. Als Metrik d auf einer Menge X bezeichnet man eine Abbildung $d:X\times X\to R$ mit den Eigenschaften $d(x,y)\geq 0$ mit $d(x,y)=0$ $\Leftrightarrow$ $x=y$, $d(x,y)=d(y,x)$ und $d(x,y)\leq d(x,z)+d(z,y)$ für alle $x,y,z\in X$. Ein metrischer Raum (X,d) besteht aus einer nichtleeren Menge X und einer Metrik d auf X. Anstelle von (X,d) schreiben wir meistens nur X.

In metrischen Räumen haben wir es oft mit "Kugeln" $K_X(x,r)\equiv\{z|z\in X, d(x,z)<r\}$, "Bällen" $B_X(x,r)\equiv\{z|z\in X,d(x,z)\leq r\}$ sowie "Sphären" $S_X(x,r)\equiv \{z|z\in X,d(x,z)=r\}$ zu tun, wobei der Index X nach Möglichkeit weggelassen wird. Nennt man eine Teilmenge $U\subset X$ offen, wenn es zu jedem $x\in U$ ein $r>0$ gibt, so daß $K(x,r)$ in U enthalten ist, dann wird die Familie dieser offenen Mengen eine Topologie auf X. Jeder metrische Raum ist bezüglich seiner so definierten metrischen Topologie ein separierter topologischer Raum, der dadurch ausgezeichnet ist, daß Stetigkeit und Kompaktheit mit den entsprechenden Folgenbegriffen zusammenfallen.

Folgende Grundbegriffe setzen wir als bekannt voraus: metrischer Teilraum, beschränkte Teilmenge, Durchmesser einer Menge, Abstand von Mengen, Cauchy-Folge, vollständiger metrischer Raum, Isometrie, metrisierbare Topologie.

Wenn es bei $S\subset X$ zu einem $\varepsilon>0$ eine Zahl $n\equiv n(\varepsilon)\in N$ und n Punkte

$\{x_1,\ldots,x_n\}\equiv M(\varepsilon)$ gibt, so daß $\mathrm{dist}(z,M(\varepsilon))<\varepsilon$ ausfällt für jedes $z\in S$, dann nennt man $M(\varepsilon)$ ein <u>ε-Netz</u> für S. Existiert zu jedem $\varepsilon>0$ ein ε-Netz für S, dann heißt S <u>totalbeschränkt</u>.

(5) $S\subset X$ <u>relativkompakt</u> $\Rightarrow$ S <u>totalbeschränkt</u>

(6) X <u>vollständig</u>. <u>$S\subset X$ ist genau dann relativkompakt, wenn es totalbeschränkt ist</u>.

Ein Operator $T:S\subset X\to Y$ heißt <u>beschränkt</u>, wenn jede beschränkte Teilmenge $M\subset S$ in eine beschränkte Teilmenge $T(M)\subset Y$ abgebildet wird. T wird als <u>kompakt</u> bezeichnet, wenn das Bild $T(M)$ jeder beschränkten Teilmenge $M\subset S$ eine relativkompakte Teilmenge ist. Wenn T stetig auf S und kompakt ist, dann nennt man T <u>vollstetig</u> auf S.

Gelegentlich werden wir $Tz\to y\,(z\to x)$ oder $y=\lim Tz\,(z\to x)$ für $T:S\subset X\to Y$ und $x,z\in S$ dafür schreiben, daß es zu jedem $\varepsilon>0$ ein $r\equiv r(\varepsilon)>0$ gibt, so daß $d(y,Tz)<\varepsilon$ ausfällt für alle $z\in K(x,r)$.

3. <u>Lokalkonvexe topologische Vektorräume</u>. Die Definition und die wichtigsten Eigenschaften eines reellen <u>Vektorraumes</u> E und der damit zusammenhängenden Grundbegriffe werden als bekannt vorausgesetzt, das gilt insbesondere für die linearen Operatoren zwischen zwei Vektorräumen. Zwischen der Zahl Null und dem Nullelement eines Vektorraumes werden wir keinen typografischen Unterschied machen. Schließlich setzen wir, da andere nicht herangezogen werden, von nun an alle Vektorräume als reell voraus und lassen deshalb dieses Attribut künftig einfach weg.

Als <u>Halbnorm</u> p auf einem Vektorraum E bezeichnet man eine Abbildung $p:E\to R$ mit den Eigenschaften $p(x)\geq 0$, $p(\alpha x)=|\alpha|p(x)$ und $p(x+y)\leq p(x)+p(y)$ für alle $\alpha\in R$ und $x,y\in E$. Ein <u>lokalkonvexer topologischer Vektorraum</u> $(E,\mathfrak{p})$ besteht aus einem Vektorraum E und einer Familie $\mathfrak{p}\equiv\{p_\lambda\,|\,\lambda\in\Lambda\}$ von Halbnormen auf E, bei der aus $p_\lambda(x)=0$ für alle $\lambda\in\Lambda$ folgt $x=0$.

Nennt man eine Teilmenge $U\subset E$ offen, falls es zu jedem $x\in U$ endlich viele Indizes $\lambda_1,\ldots,\lambda_m\in\Lambda$ und ein $r>0$ gibt, so daß $\{z\,|\,p_i(z-x)<r,\ i=\lambda_1,\ldots,\lambda_m\}$ in U enthalten ist, so wird die Familie dieser offenen Mengen eine Topologie auf E. Jeder lokalkonvexe topologische Vektorraum ist bezüglich seiner so definierten lokalkonvexen Topologie ein separierter topologischer Raum, der im allgemeinen allerdings nicht metrisierbar ist. Besonders wichtig: Im allgemeinen

fallen in lokalkonvexen Räumen die Stetigkeit und Kompaktheit mit den entsprechenden Folgenbegriffen nicht zusammen.

Trotz des Fehlens einer Metrik auf E kann man beschränkte Teilmengen $S\subset E$ auszeichnen, indem man $\sup\{p_\lambda(z)\,|\,z\in S\}<\infty$ für alle $\lambda\in\Lambda$ forder

4. Banach-Räume. Als Norm $\|.\|$ auf einem Vektorraum E bezeichnet man eine Abbildung $\|.\|:E\to R$ mit den Eigenschaften $\|x\|\geq 0$ mit $\|x\|=0 \Leftrightarrow x=0$, $\|\alpha x\|=|\alpha|\,\|x\|$ und $\|x+y\|\leq\|x\|+\|y\|$ für alle $\alpha\in R$ und $x,y\in E$. Ein normierter Vektorraum $(E,\|.\|)$ besteht aus einem Vektorraum E und einer Norm $\|.\|$ auf E. Anstelle von $(E,\|.\|)$ schreiben wir meistens nur E. Auch wenn mehrere normierte Vektorräume gleichzeitig auftreten, werden wir die entsprechenden Normen im allgemeinen mit demselben Symbol bezeichnen und nur in Ausnahmefällen eine entsprechende Kennzeichnung vornehmen.

Eine Norm bestimmt auf E die zugehörige Metrik $d(x,y)\equiv\|x-y\|$, $x,y\in E$, die damit auf E erzeugte metrische Topologie heißt Normtopologie von E. Ist ein normierter Vektorraum diesbezüglich vollständig, dann heißt er Banach-Raum (B-Raum). Die folgenden Grundbegriffe setzen wir als bekannt voraus: Äquivalenz von Normen, Produkt bzw. Summe von B-Räumen, Dimension, Basis.

(7) Auf endlichdimensionalen B-Räumen sind alle Normen äquivalent.

(8, Riesz) Ein B-Raum ist genau dann endlichdimensional, wenn jede abgeschlossene, beschränkte Teilmenge kompakt ist.

Bei linearen Operatoren zwischen normierten Vektorräumen sind die Beschränktheit und die Stetigkeit äquivalent. Sind E,F B-Räume und definiert man auf dem Vektorraum der linearen stetigen Operatoren $L:E\to F$ eine Norm durch $\|L\|\equiv\sup\{\|Lx\|\,|\,x\in B_E(0,1)\}$, so erhält man wieder einen B-Raum, den wir mit $B(E,F)$ bezeichnen.

Wenn die Inverse eines linearen Operators existiert, dann ist sie ebenfalls ein linearer Operator. Ein linearer Homöomorphismus heißt Isomorphismus.

(9) Jeder n-dimensionale B-Raum ist mit R^n isomorph, $n\in N$.

(10, Banach) $L\in B(E,F)$ bijektiv $\Rightarrow$ L ist ein Isomorphismus

(11) Die Menge der Isomorphismen von E auf F ist offen in $B(E,F)$.

(12, Banach-Steinhaus) Für $\{L_\lambda \mid \lambda\in\Lambda\}\subset B(E,F)$ sei $\sup\{\|L_\lambda x\| \mid \lambda\in\Lambda\}<\infty$ für jedes $x\in E$. Dann ist $\sup\{\|L_\lambda\| \mid \lambda\in\Lambda\}<\infty$.

(13) $L_1:D(L_1)\subset E\to F$ sei linear und stetig. Dann gibt es genau eine lineare und stetige Erweiterung $L:D(L)\subset E\to F$ von L_1 mit $D(L)=\mathrm{cl}D(L_1)$. Für sie ist $\|L\|=\|L_1\|$.

5. Konvexe Mengen. Eine Teilmenge S eines Vektorraumes E heißt konvex, wenn mit $x,y\in S$ auch $tx+(1-t)y\in S$ ist für alle $t\in(0,1)$. Als Konvexkombination von $x_1,\ldots,x_m\in E$ bezeichnet man Elemente $\alpha_1x_1+\ldots+\alpha_mx_m$ mit $\alpha_1,\ldots,\alpha_m\geq 0$ und $\alpha_1+\ldots+\alpha_m=1$. Bei einer beliebigen Menge $S\subset E$ heißt die Menge aller Konvexkombinationen aus endlich vielen Elementen aus S die konvexe Hülle coS von S.

Eine konvexe Menge enthält die konvexe Hülle jeder ihrer Teilmengen. Der Durchschnitt beliebig vieler konvexer Mengen ist ebenfalls konvex. Die konvexe Hülle von $S\subset E$ ist die kleinste konvexe Menge, die S enthält und gleich dem Durchschnitt aller konvexen Mengen, die S enthalten. Ist E ein B-Raum, so ist die abgeschlossene konvexe Hülle $\overline{\mathrm{co}}S$ von S die kleinste abgeschlossene konvexe Menge, die S enthält.

(14) S sei Teilmenge von E. $x\in E$ liegt genau dann in $\overline{\mathrm{co}}S$, wenn es zu jedem $\varepsilon>0$ eine Konvexkombination $x(\varepsilon)\equiv\alpha_1x_1+\ldots+\alpha_mx_m$ mit $x_1,\ldots,x_m\in S$ gibt, für die $\|x-x(\varepsilon)\|\leq\varepsilon$ ausfällt.

(15, Mazur) $S\subset E$ kompakt $\Rightarrow$ $\overline{\mathrm{co}}S$ kompakt

Der Konvexitätsbegriff in metrischen Räumen ist nicht so gängig wie der in Vektorräumen. Seine Definition kann man auf eine Beobachtung bei konvexen Mengen S in normierten Vektorräumen E stützen, die nicht auf deren lineare sondern auf die metrische Struktur Bezug nimmt: Bei beliebigen Paaren $x,y\in S$ mit $x\neq y$ folgt für $z_t\equiv tx+(1-t)y$ bei beliebigem $t\in(0,1)$, daß $z_t\in S$ und $\|x-z_t\|+\|z_t-y\|=\|x-y\|$ gilt. Eine Teilmenge S eines metrischen Raumes (X,d) heißt metrischkonvex, wenn es zu jedem Paar $x,y\in S$ mit $x\neq y$ ein $w\in S$ mit $w\neq x$, $w\neq y$ gibt, so daß $d(x,y)=d(x,w)+d(w,y)$ ausfällt. X nennt man einen metrischkonvexen metrischen Raum, wenn er selbst diese Eigenschaft besitzt. Jede konvexe Teilmenge eines normierten Vektorraumes ist bezüglich der durch die Norm auf ihr induzierten Metrik ein metrischkonvexer metrischer Raum.

Bei einem metrischkonvexen vollständigen metrischen Raum X

gibt es zu Paaren $x,y\in X$ mit $x\neq y$ eine Teilmenge $M\subset X$ mit $x,y\in M$, die zu einem reellen Intervall der Länge $d(x,y)$ isometrisch ist.

(16) X *sei ein metrischkonvexer, vollständiger metrischer Raum*, $M\subset X$ *nichtleer und abgeschlossen sowie* $x\in M, y\in X\setminus M$. *Dann gibt es ein* $w\in\partial M$ *mit* $d(x,y)=d(x,w)+d(w,y)$.

6. *Gleichmäßig konvexe Banach-Räume*. Ein B-Raum E heißt *gleichmäßig konvex*, wenn es zu jedem $\varepsilon\in(0,2]$ ein $\delta\equiv\delta(\varepsilon)\in(0,1]$ gibt, so daß für jedes $r>0$ und $x,y\in E$ gilt

(17) $\|x\|\le r, \|y\|\le r, \|x-y\|\ge\varepsilon r \Rightarrow \|x+y\|\le 2r(1-\delta)$.

Die gleichmäßige Konvexität ist also keine topologische, sondern eine metrische Eigenschaft von E.

(18) E *ist genau dann gleichmäßig konvex, wenn es zu jedem* $\varepsilon\in(0,2]$ *ein* $\delta\equiv\delta(\varepsilon)\in(0,1]$ *gibt, so daß für alle* $r>0, \alpha\in(0,1)$ *und* $x,y\in E$ *aus* $\|x\|\le r, \|y\|\le r, \|x-y\|\ge\varepsilon r$ *folgt* $\|\alpha x+(1-\alpha)y\|\le r(1-2\delta\min\{\alpha,1-\alpha\})$.

(19) E *ist genau dann gleichmäßig konvex, wenn für alle Folgen* (x_i), $(y_i)\subset E$ *mit* $\lim\sup\|x_i\|\le 1$, $\lim\sup\|y_i\|\le 1$ *aus* $\|x_i+y_i\|\to 2 (i\in N)$ *folgt* $(x_i-y_i)\to 0 (i\in N)$.

(20) E *ist genau dann gleichmäßig konvex, wenn es eine strikt monoton wachsende Funktion* $\delta:(0,2]\to(0,1]$ *gibt, so daß für alle* $\varepsilon\in(0,2]$, $r>0$ *und* $x,y\in E$ *aus* $\|x\|\le r, \|y\|\le r, \|x-y\|\ge\varepsilon r$ *folgt* $\|x+y\|\le 2r(1-\delta(\varepsilon))$.

Neben der gleichmäßigen Konvexität spielt auch noch eine schwächere Bedingung eine Rolle. Ein B-Raum E heißt *strikt normiert*, wenn für alle $x,y\neq 0$ aus E gilt

(21) $\|x+y\|=\|x\|+\|y\| \Rightarrow x=\alpha y, \alpha>0$.

Jeder gleichmäßig konvexe B-Raum ist strikt normiert.

(22) E *ist genau dann strikt normiert, wenn für alle* $x,y\in E$ *mit* $x\neq y, \|x\|=\|y\|=1$ *bei beliebigem* $t\in(0,1)$ *gilt* $\|tx+(1-t)y\|<1$.

7. *Hilbert-Räume*. Als *Skalarprodukt* $(.,.)$ auf einem Vektorraum E bezeichnet man eine Abbildung $(.,.):E\times E\to R$ mit den Eigenschaften $(x,x)>0$ für $x\neq 0$, $(x,y)=(y,x)$ und $(x,\alpha y+\beta z)=\alpha(x,y)+\beta(x,z)$ für alle $\alpha,\beta\in R$ und $x,y,z\in E$. Ein *Prä-Hilbert-Raum* $(E,(.,.))$ besteht aus einem Vektorraum E und einem Skalarprodukt $(.,.)$ auf E. Jeden Prä-Hilbert-Raum kann man mit $\|x\|\equiv(x,x)^{1/2}$ normieren. Ist $(E,(.,.))$ bezüglich dieser Norm ein B-Raum, so nennt man ihn *Hilbert-Raum* (H-Raum).

Auch bei H-Räumen schreiben wir anstelle von $(E,(.,.))$ meistens nur E. Auch wenn mehrere H-Räume gleichzeitig oder wenn H- mit B-Räumen auftreten, werden wir die entsprechenden Skalarprodukte bzw. Normen im allgemeinen mit demselben Symbol bezeichnen und nur in Ausnahmefällen eine entsprechende Kennzeichnung vornehmen.

(23) E Prä-Hilbert-Raum, $x,y\in E \Rightarrow |(x,y)|\leq\|x\|\|y\|$

Jeder H-Raum ist ein gleichmäßig konvexer B-Raum.

8. Dualität bei Banach-Räumen. Wir kommen auf den B-Raum $B(E,F)$ im Spezialfall $F\equiv R$ zurück, das ist also der mit $\|\varphi\|\equiv\sup\{|\varphi z|\,|\,z\in B_E(0,1)\}$ normierte B-Raum der linearen stetigen Funktionale auf dem B-Raum E. Man nennt ihn den dualen Raum von E und verwendet für ihn das besondere Symbol E^*. Zusammen heißen E,E^* ein duales Paar. Für die Werte von $\varphi\in E^*$ ist das Zeichen $\langle\varphi,x\rangle\equiv\varphi x, x\in E$, recht bequem. Die bilineare Abbildung $\langle .,.\rangle: E^*\times E\to R$ heißt Dualität. Auch wenn mehrere duale Paare gleichzeitig auftreten, werden wir die entsprechenden Dualitäten im allgemeinen mit demselben Symbol bezeichnen und nur in Ausnahmefällen eine entsprechende Kennzeichnung vornehmen.

(24) E,E^* duales Paar, $\varphi\in E^*, x\in E \Rightarrow |\langle\varphi,x\rangle|\leq\|\varphi\|\|x\|$

(25, Hahn-Banach) E sei ein B-Raum, E_1 Teilraum von E und $\varphi_1\in E_1^*$. Dann gibt es $\varphi\in E^*$ mit $\varphi|E_1=\varphi_1$ und $\|\varphi\|=\|\varphi_1\|$.

(26) Zu jedem $x\neq 0$ in E gibt es ein $\varphi\in E^*$ mit $\|\varphi\|=1$ und $\langle\varphi,x\rangle=\|x\|$.

(27, Eidelheit) E sei ein B-Raum und $S_1,S_2\subset E$ konvexe Mengen, wobei S_1 ein nichtleeres Inneres besitze und S_2 keine inneren Punkte von S_1 enthalte. Dann gibt es eine abgeschlossene Hyperebene h, die S_1 und S_2 trennt, d.h., ein $h\in E^*$, mit dem $\sup\{\langle h,z\rangle\,|\,z\in S_1\}\leq\inf\{\langle h,z\rangle\,|\,z\in S_2\}$ gilt.

Zieht man neben E,E^* noch den dualen Raum $(E^*)^*\equiv E^{**}$ von E^* heran, so begründet die für jedes $x\in E$ mit einem $x^{**}\in E^{**}$ bestehende Relation $\langle x^{**},\varphi\rangle=\langle\varphi,x\rangle, \varphi\in E^*$, einen kanonischen isometrischen Isomorphismus von E auf einen Teilraum von E^{**}. Wenn dieser sogar surjektiv auf E^{**} ist, dann heißt E reflexiv. In diesem Falle kann man E und E^{**} miteinander identifizieren.

Die dualen Räume reflexiver Räume sind reflexiv, ebenso alle endlichdimensionalen Räume.

(28) E reflexiv, $F\subset E$ abgeschlossener Teilraum $\Rightarrow$ F reflexiv

(29) E gleichmäßig konvex $\Rightarrow$ E reflexiv

(30, Riesz) E sei ein H-Raum. Dann gibt es zu jedem $\varphi \in E^*$ genau ein $a \in E$, so daß $\|\varphi\| = \|a\|$ und für alle $x \in E$ gilt $\langle\varphi, x\rangle = (x, y)$.

Die Dualität bei B-Räumen gibt Anlaß, auch duale Operatoren einzuführen. Dabei spielen abgeschlossene lineare Operatoren eine wesentliche Rolle. $L: D(L) \subset E \to F$ heißt abgeschlossen, wenn der Graph $gr(L) \equiv \{(x,y) \mid y = Lx, x \in D(L)\}$ in $E \times F$ abgeschlossen ist. L bezeichnet man als abschließbar, wenn es eine abgeschlossene Erweiterung $\hat{L}: D(\hat{L}) \subset E \to F$ gibt.

(31) $L: E \to F$ abgeschlossen, linear $\Rightarrow$ $L \in B(E,F)$

Bei einem linearen Operator $L: D(L) \subset E \to F$ bezeichnen wir mit $D(L^*)$ die Menge der $\omega \in F^*$, zu denen es $\varphi_\omega \in E^*$ gibt, so daß $\langle\varphi_\omega, x\rangle = \langle\omega, Lx\rangle$ für alle $x \in D(L)$ gilt. Wenn $clD(L) = E$ vorausgesetzt wird, dann ist φ_ω durch ω eindeutig bestimmt. In diesem Falle dürfen wir die Abbildung $L^*: D(L^*) \subset F^* \to E^*$ durch $L^*\omega \equiv \varphi_\omega, \omega \in D(L^*)$, definieren. L^* heißt dualer Operator zu L, er ist abgeschlossen und linear. Über $D(L^*)$ weiß man im allgemeinen jedoch nur $0 \in D(L^*)$.

(32) $L: D(L) \subset E \to F$ sei linear mit $clD(L) = E$. L^* ist dann und nur dann injektiv, wenn $clR(L) = F$ ist.

(33) $L: D(L) \subset E \to F$ sei linear mit $clD(L) = E$. L ist dann und nur dann stetig, wenn $D(L^*) = F^*$ ist. In diesem Falle ist auch L^* stetig und $\|L^*\| = \|L\|$.

(34) F sei reflexiv und $L: D(L) \subset E \to F$ linear mit $clD(L) = E$. L ist dann und nur dann abschließbar, wenn $clD(L^*) = F^*$ ist.

(35) E und F seien reflexiv sowie $L: D(L) \subset E \to F$ abschließbar und linear mit $clD(L) = E$. Dann kann $L^{**} \equiv (L^*)^*$ mit der kleinsten abgeschlossenen Erweiterung $\bar{L}$ von L identifiziert werden.

Setzt man E reflexiv voraus und wählt speziell $F \equiv E^*$, so kann man im Falle $clD(L) = E$ den dualen Operator von L mit einer Abbildung $L^*: D(L^*) \subset E \to E^*$ identifizieren, indem man das mit E und E^{**} tut. Die vorstehenden Resultate gelten dann sinngemäß. Wenn in dieser Situation $L = L^*$ ausfällt, nennt man L selbstadjungiert.

(36) E sei reflexiv und $L: D(L) \subset E \to E^*$ abgeschlossen und linear mit $clD(L) = E$. Wenn es zu $x \in E$ eine Zahl $\gamma_x \geq 0$ gibt, mit der $|\langle L^*y, x\rangle| \leq \gamma_x \|y\|$ für alle $y \in D(L^*)$ gilt, dann ist $x \in D(L)$.

(37) E *sei H-Raum und* $L\in B(E,E)$ *selbstadjungiert mit* $(Lz,z)\geq 0$ *für alle* $z\in E$. *Dann gibt es einen selbstadjungierten Operator* $A\in B(E,E)$ *mit* $(Az,z)\geq 0$ *für alle* $z\in E$, *mit dem* $L=A\circ A$ *gilt*.

Dieser Operator A wird als *positive Quadratwurzel* von L bezeichnet.

9. *Schwache Topologien auf dualen Paaren*. Auf dualen Paaren E,E^* werden neben den Normtopologien noch lokalkonvexe Topologien eingeführt.

Durch $p_\varphi(.)\equiv|\langle\varphi,.\rangle|\varphi\in E^*$, und $p_x(.)\equiv|\langle.,x\rangle|,x\in E$, sind auf E bzw. E^* Familien von Halbnormen definiert. Die von ihnen auf E bzw. E^* erzeugten lokalkonvexen Topologien heißen *schwache* oder $\sigma(E,E^*)$- bzw. *schwache** oder $\sigma(E^*,E)$-*Topologie* von E bzw. E^*. Weil E^*,E^{**} ebenfalls ein duales Paar bilden, kann man auf entsprechende Weise die lokalkonvexen $\sigma(E^*,E^{**})$- und $\sigma(E^{**},E^*)$-Topologien auf E^* bzw. E^{**} erzeugen.

Aufgrund der Konstruktion ist die $\sigma(E,E^*)$-Topologie gröber als die Normtopologie auf E, ebenso ist auf E^* die $\sigma(E^*,E)$-Topologie gröber als $\sigma(E^*,E^{**})$ und diese gröber als die Normtopologie. Die σ-Topologien sind im allgemeinen nicht metrisierbar. Im Gegensatz zur Normtopologie fallen Kompaktheit und Stetigkeit bezüglich der σ-Topologien im allgemeinen auch nicht mit den entsprechenden Folgenbegriffen zusammen.

Das Auftreten der σ-Topologien neben den Normtopologien auf E und E^* macht eine Vereinbarung erforderlich, in welchem Sinne die topologischen Begriffe jeweils zu verstehen sind. Wenn sie sich auf $\sigma(E,E^*)$ beziehen, werden sie mit dem Zusatz "schwach" (s-) versehen, bei $\sigma(E^*,E)$ mit "schwach*" (s^*-). Ohne diese Attribute vorkommende topologische Begriffe bei B-Räumen beziehen sich auch weiterhin auf die jeweilige Normtopologie.

Wie bisher bezeichnet $v_i\to v(i\in N)$ die Konvergenz einer Folge (v_i) gegen den Grenzwert v im Sinne der Normtopologie auf einem B-Raum. Die schwache Konvergenz einer Folge $(x_i)\subset E$ gegen den Grenzwert $x\in E$ bezeichnen wir mit $x_i\rightharpoonup x(i\in N)$. Das Symbol für die schwache Konvergenz von $(\varphi_i)\subset E$ gegen den Grenzwert $\varphi\in E^*$ lautet $\varphi_i\rightharpoonup^*\varphi(i\in N)$.

Die s-Konvergenz einer Folge $(x_i)\subset E$ gegen den Grenzwert $x\in E$ liegt genau dann vor, wenn $\langle\varphi,x_i\rangle\to\langle\varphi,x\rangle(i\in N)$ für alle $\varphi\in E^*$ gilt. Entsprechend ist die s^*-Konvergenz von $(\varphi_i)\subset E^*$ gegen $\varphi\in E^*$ mit $\langle\varphi_i,x\rangle\to\langle\varphi,x\rangle(i\in N)$ für alle $x\in E$ äquivalent. Die Konvergenz einer Folge bezüglich der Normtopologie von E bzw. E^* impliziert ihre schwache bzw. schwache* Konvergenz mit demselben Grenzwert. In endlichdimensionalen Räumen ist die schwache bzw. schwache* Konvergenz mit der Normkonvergenz äquivalent. Schwach- bzw. schwach*-konvergente Folgen sind bezüglich der Norm beschränkt.

Bei linearen Funktionalen $\varphi:E\to R$ ist die Stetigkeit mit der schwachen Stetigkeit äquivalent. Beschränkte Teilmengen von E bzw. E^* sind auch s- bzw. s^*-beschränkt und umgekehrt.

(38) $S\subset E$ konvex. S abgeschlossen $\Leftrightarrow$ S s-abgeschlossen.

Hieraus folgt noch $s\text{-}clS\subset\overline{co}S$ für jede Teilmenge $S\subset E$. Für die s^*-Abgeschlossenheit in E^* sind entsprechende Resultate nicht verfügbar.

(39) $(x_i)\subset E, x\in E$ mit $x_i\rightharpoonup x(i\in N)$. Dann gibt es eine Folge $(u_i)\subset E$ aus Konvexkombinationen der Elemente von (x_i), nämlich $u_i\in co\{x_i,\ldots,x_{i+k}$ für die $u_i\to x(i\in N)$ gilt.

(40) $S\subset E$ abgeschlossen und konvex $\Rightarrow$ S s-f-abgeschlossen

Im Rest dieses Abschnittes referieren wir Kompaktheitseigenschaften der σ-Topologien. Grundlegend ist der erste Satz, der äußerlich an die Charakterisierung kompakter Mengen in endlichdimensionalen B-Räumen erinnert.

(41, Alaoglu) $S\subset E^*$ ist genau dann s^*-kompakt, wenn es s^*-abgeschlossen und beschränkt ist.

Wenn E reflexiv ist, dann kann man mit E und E^{**} auch die $\sigma(E^*,E)$- und $\sigma(E^*,E^{**})$- sowie die $\sigma(E,E^*)$- und $\sigma(E^{**},E^*)$-Topologien miteinander identifizieren.

(42) E sei reflexiv. $S\subset E$ ist genau dann s-kompakt, wenn es s-abgeschlossen und beschränkt ist.

(43) E sei reflexiv und $S\subset E$ konvex. S ist genau dann s-kompakt, wenn es abgeschlossen und beschränkt ist.

In diesen Zusammenhang kann (1) einbezogen werden.

(44) E sei reflexiv und $S\subset E$ abgeschlossen, beschränkt und konvex. Besitzt dann die Familie $\{M_\lambda | M_\lambda\subset S$ abgeschlossen und konvex, $\lambda\in\Lambda\}$ die Endliche-Durchschnitte-Eigenschaft, so hat sie auch insgesamt einen nichtleeren Durchschnitt.

(45, Eberlein-Smulian) $S\subset E$ ist genau dann s-f-relativkompakt, wenn s-clS s-kompakt ist.

Diese Äquivalenz von Folgenkompaktheit und Kompaktheit ist einerseits auf die $\sigma(E,E^*)$-Topologie beschränkt, andererseits liegt nicht einmal bei dieser schwachen Topologie eine entsprechende Äquivalenz für die anderen Folgenbegriffe, wie z.B. s-f-Abgeschlossenheit und s-f-Stetigkeit, vor.

(46) E sei reflexiv. $S\subset E$ ist genau dann s-f-kompakt, wenn es s-abgeschlossen und beschränkt ist.

(47) E sei reflexiv und $(x_i)\subset E$ beschränkt. Dann besitzt (x_i) eine s-konvergente Teilfolge.

(48, Krein-Smulian) $S\subset E$ s-kompakt $\Rightarrow$ $\overline{\text{co}}S$ s-kompakt

(49) E sei separabel. Dann ist die von der $\sigma(E,E^*)$-Topologie auf s-kompakten Teilmengen von E induzierte Topologie metrisierbar.

10. Stetige Abbildungen. Ist X ein topologischer Raum und F ein B-Raum und wird der Vektorraum der auf X stetigen Operatoren $T:X\to F$, für die $\|Tx\|$ auf X beschränkt ist, durch $\|T\|_C\equiv\sup\{\|Tz\|\,|\,z\in X\}$ normiert, so erhält man einen B-Raum, den wir mit C(X,F) bezeichnen. Im Spezialfall $F\equiv R$ schreiben wir kurz C(X).

Bei kompaktem X können die relativkompakten Teilmengen von C(X,F) charakterisiert werden. Dabei heißt eine Familie $\{T_\lambda|\lambda\in\Lambda\}\subset C(X,F)$ gleichstetig in $x\in X$, wenn es zu jedem $\varepsilon>0$ eine Umgebung $U_\varepsilon(x)$ gibt, so daß $\|T_\lambda z-T_\lambda x\|<\varepsilon$ ausfällt für alle $z\in U_\varepsilon(x)$ und alle $\lambda\in\Lambda$.

(50, Arzela-Ascoli) X sei ein kompakter topologischer Raum und F ein B-Raum. $\{T_\lambda|\lambda\in\Lambda\}$ ist genau dann relativkompakt in C(X,F), wenn $\{T_\lambda|\lambda\in\Lambda\}$ in jedem $x\in X$ gleichstetig und $\{T_\lambda x|\lambda\in\Lambda\}$ für jedes $x\in X$ relativkompakt ist.

Nun werden noch Eigenschaften von speziellen stetigen Operatoren referiert.

(51) X sei ein kompakter topologischer Raum und $\varphi:X\to R$ stetig auf X. Dann nimmt φ sein Infimum und Supremum in Punkten von X an.

(52, Weierstrass) $S\subset R^n$ sei kompakt und $T\in C(S,R^n)$. Dann gibt es zu jedem $\varepsilon>0$ ein Polynom $P:R^n\to R^n$ mit $\|T-P|S\|_C<\varepsilon$.

(53) $S\subset R^n$ sei kompakt und $T:S\to R^n$ stetig auf S. Dann gibt es zu je-

dem $\varepsilon>0$ einen Operator $A:R^n \to R^n$, der auf R^n stetig differenzierbar ist und mit dem $\|T-A|S\|_C<\varepsilon$ ausfällt.

(54) $D(T)\subset R^n$ sei beschränkt und offen, $S\subset D(T)$ kompakt und $T:D(T)\to R^n$ auf $D(T)$ stetig differenzierbar. Dann gibt es zu jedem $\varepsilon>0$ einen Operator $A:R^n\to R^n$, der auf R^n zweimal stetig differenzierbar ist und mit dem gilt

$$\|T|S-A|S\|_C+\sum_{i,j=1}^{m}\max\{|\frac{\partial T_i}{\partial x_j}(z)-\frac{\partial A_i}{\partial x_j}(z)|\,|\,z\in S\}<\varepsilon.$$

11. Lebesgue- und Sobolev-Räume. Bei den Anwendungen der abstrakten Resultate werden diese Räume eine zentrale Rolle spielen. Im wesentlichen wird hier nur die dabei verwendete Bezeichnungsweise festgelegt.

$\Omega\subset R^n$ sei ein nichtleeres beschränktes Gebiet. Die Lebesgue-Räume $L^p(\Omega)$ bestehen aus allen meßbaren, reellen Funktionen auf Ω, für die

$$\|u\|_p \equiv (\int_\Omega |u(t)|^p dt)^{1/p} < \infty,\quad 1\le p<\infty,$$

ausfällt. Identifiziert man alle Funktionen miteinander, die fast überall auf Ω gleiche Werte besitzen, so wird $L^p(\Omega)$ bezüglich der angegebenen Norm ein B-Raum. Für $1\le p<\infty$ sind $L^p(\Omega)$ separabel, für $1<p<\infty$ gleichmäßig konvex und damit reflexiv. Für $1\le p_2<p_1<\infty$ ist $L^{p_1}(\Omega)\subset L^{p_2}(\Omega)$, dabei ist die Einbettung stetig, d.h.,

$$\exists\ \gamma \equiv \gamma(p_1,p_2)\ :\quad \|u\|_{p_2}\le\gamma\|u\|_{p_1}\quad \forall\ u\in L^{p_1}(\Omega).$$

Bezüglich dem Skalarprodukt $(u,v)_2\equiv\int_\Omega u(t)v(t)dt$ ist $L^2(\Omega)$ ein H-Raum. Allgemein kann man den dualen Raum von $L^p(\Omega)$ genau mit $L^q(\Omega)$ identifizieren, wobei $p^{-1}+q^{-1}=1$ ist. Für die linearen stetigen Funktionale bedeutet das

$$\langle\varphi,u\rangle = \int_\Omega \varphi(t)u(t)dt,\quad u\in L^p(\Omega),$$

wobei das Funktional $\varphi\in(L^p(\Omega))^*$ die Funktion $\varphi\in L^q(\Omega)$ auf eindeutige Weise festlegt.

Die Sobolev-Räume $W^{m,p}(\Omega)$ bestehen aus den Funktionen aus $L^p(\Omega)$, die ebenfalls zu $L^p(\Omega)$ gehörende, verallgemeinerte Ableitungen bis zur Ordnung m besitzen. Identifiziert man wieder alle Funktionen miteinander, die fast überall auf Ω gleiche Werte besitzen, so wird $W^{m,p}(\Omega)$ bezüglich der Norm

$$\|u\|_{m,p} \equiv \Big(\sum_{0\le|\alpha|\le m} \int_\Omega |D^\alpha u(t)|^p dt\Big)^{1/p},\quad 1\le p<\infty,$$

wobei α einen Multiindex $(\alpha_1,\ldots,\alpha_n)$ und $|\alpha|$ dessen Ordnung $\alpha_1+\ldots+\alpha_n$ bedeutet, ein B-Raum. Für $1\le p<\infty$ ist $W^{m,p}(\Omega)$ separabel, für $1<p<\infty$ gleichmäßig konvex und damit reflexiv.

In $W^{m,p}(\Omega)$ ist der Raum der auf Ω beliebig oft stetig differenzierbaren Funktionen mit in Ω liegendem kompakten Träger enthalten. Vervollständigt man diesen bezüglich der Norm von $W^{m,p}(\Omega)$, so erhält man einen abgeschlossenen Teilraum von $W^{m,p}(\Omega)$, der mit $W_0^{m,p}(\Omega)$ bezeichnet wird.

Die Einbettungen $W_0^{k,p_1}(\Omega)\subset W_0^{j,p_2}(\Omega)$, $0\le j<k$ und $1\le p_1,p_2<\infty$, sind stetig für $p_1^{-1}-n^{-1}(k-j)\le p_2^{-1}$, sie sind sogar vollstetig für $p_1^{-1}-n^{-1}(k-j)<p_2^{-1}$. Für $W^{m,p}(\Omega)$ gelten dieselben Eigenschaften, falls der Rand von Ω zumindest stückweise glatt ist. Die Sobolev-Räume mit $m=0$ kann man immer mit den entsprechenden Lebesgue-Räumen identifizieren.

Bezüglich dem Skalarprodukt

$$(u,v)_{m,2} \equiv \sum_{0\le|\alpha|\le m} \int_\Omega D^\alpha u(t) D^\alpha v(t)\,dt$$

ist $W^{m,2}(\Omega)$ bzw. $W_0^{m,2}(\Omega)$ ein H-Raum. Die dualen Räume $(W_0^{m,p}(\Omega))^*$ kann man mit Sobolev-Räumen $W^{-m,q}(\Omega)$ identifizieren, wobei $p^{-1}+q^{-1}=1$ ist.

Auf Lebesgue- und Sobolev-Räume aus B-Raum-wertigen Abbildungen wird in Abschnitt 5.6 kurz hingewiesen.

12. Das Zornsche Lemma. Eine beliebige Menge $S\neq\emptyset$ heißt geordnet, wenn es eine Relation $\le$ auf S gibt mit den Eigenschaften $u\le u$ sowie $u\le v,\ v\le w \Rightarrow u\le w$ für alle $u,v,w\in S$. Eine Teilmenge $S_1\subset S$ heißt Kette, wenn zusätzlich für alle Paare $u,v\in S_1$ entweder $u\le v$ oder $v\le u$ gilt. Eine Element $x\in S$ heißt untere Schranke von $M\subset S$, wenn $x\le u$ gilt für alle $u\in M$. Schließlich bezeichnet man $x\in S$ als minimales Element, wenn für $u\in S$ aus $u\le x$ folgt $x\le u$.

(55) Wenn jede Kette in einer geordneten Menge S eine untere Schranke besitzt, dann gibt es ein minimales Element in S.

<u>Literaturhinweise</u>: Die elementaren topologischen Grundlagen findet man bei Querenburg [125] oder Schubert [140], die wichtigsten Dinge stehen auch bei Dieudonné [57], Hirzebruch-Scharlau [94] oder Pflaumann-Unger [124]. Über lokalkonvexe topologische Vektorräume kann man sich bei Heuser [93] oder Schaefer [138] orientieren. Als Referenzen für die lineare Funktionalanalysis nennen wir Dunford-Schwartz [60] , Goldberg [82], Heuser [93], Hirzebruch-Scharlau [94] und auch Pflaumann-Unger [124]. Konvexe Mengen und Trennungssätze werden von Valentine [151] studiert, bei Dunford-Schwartz [60] gibt es auch einen Abschnitt darüber. Eine Abhandlung über die metrische Konvexität findet man bei Blumenthal [14]. Zur Dualität bei linearen Operatoren wird Goldberg [82] empfohlen. Die schwachen Topologien handeln Dunford-Schwartz [60] ausführlich ab. Als Literatur zu den stetigen Abbildungen wird Dieudonné [57] empfohlen, hinsichtlich der Lebesgue- und Sobolev-Räume Adams [1]. Bei Dunford-Schwartz [60] gibt es auch eine Liste spezieller Räume, einiges kann man auch bei Pflaumann-Unger [124] finden.

1.2 Differential- und Integralrechnung in Banach-Räumen

Ausgangspunkt ist eine formale Übertragung der Definition der Differenzierbarkeit von reellen Funktionen auf Abbildungen mit Werten in B-Räumen. Dabei zeigt sich, daß die Definition eines Differentials für Operatoren nur sinnvoll ist, wenn man sich auf innere Punkte der Definitionsmenge beschränkt. "Differenzierbar in einem Punkt" wird deshalb stets beinhalten, daß dies ein innerer Punkt ist, auch wenn es nicht ausdrücklich gesagt wird. Die Spezialisierung der Differentiale durch Linearitäts- und Stetigkeitsbedingungen wird durch ihre Charakterisierung mit Hilfe von lokalen Approximierbarkeitseigenschaften der Operatoren beschrieben. Bereits mit dem allgemeinsten Differential erhält man notwendige Bedingungen für lokale Extrema bei Funktionalen. Riemann-Integrale für B-Raum-wertige Abbildungen werden vor allem zur Darstellung differenzierbarer Operatoren dienen. Die höheren und partiellen Ableitungen ziehen wir vor allem über die Taylor-Formel bzw. im dritten Kapitel über den Satz über implizite Funktionen heran.

In diesem Abschnitt werden mit E und F B-Räume bezeichnet, S bedeutet immer eine Teilmenge eines B-Raumes.

1.2.1 Ableitungen und Differentiale

Bei einer Teilmenge $S \subset E$ gibt es zu jedem inneren Punkt $x \in S$ und jedem $h \in E$ eine Zahl $a_h > 0$, so daß $x+th \in S$ ist für alle $t \in (-a_h, a_h)$. Damit wird folgende Definition sinnvoll.

Gibt es bei einem Operator $T: D(T) \subset E \to F$ zu einem inneren Punkt $x \in D(T)$ und einem $h \in E$ ein $\delta T(x)h \in F$, mit dem gilt

(1) $\lim \frac{1}{t} \| T(x+th) - Tx - t\delta T(x)h \| = 0 \quad (t \to 0),$

so bezeichnet man $\delta T(x)h$ als Gâteaux-Variation (G-Variation) von T in x bezüglich h.

Trotz der formalen Ähnlichkeit mit dem Ableitungsbegriff der reellen Differentialrechnung handelt es sich hier um eine wesentlich allgemeinere Differenzierbarkeitsdefinition. Die G-Variation von T in x kann für gewisse $h \in E$ existieren, für andere nicht. Mit der entsprechenden Definitionsmenge ist die Abbildung $\delta T(x): D(\delta T(x)) \subset E \to F$ im allgemeinen weder linear noch stetig. Das zeigt folgendes Beispiel: $T: R^2 \to R$ (die Norm auf R^2 ist beliebig) mit

$$Tx \equiv \begin{cases} x_1^2(1+\frac{1}{x_2}) & \text{für } x \equiv (x_1, x_2) \in R^2 \text{ mit } x_2 \neq 0, \\ 0 & \text{sonst,} \end{cases}$$

hat in $x=0$ bezüglich jedem $h \equiv (h_1, h_2) \in R^2$ mit $h_2 \neq 0$ die G-Variation

$$\delta T(0)h = h_1^2 h_2^{-1}.$$

Wir zeigen einige wichtige Eigenschaften der G-Variation, zunächst die Homogenität bezüglich h.

(2) Wenn $\delta T(x)h$ bezüglich einem $h \neq 0$ existiert, dann gilt das auch für $\delta T(x)(rh)$ bei beliebigem $0 \neq r \in R$, wobei gilt

$$r\delta T(x)h = \delta T(x)(rh).$$

Beweis: Wird $t' \equiv t/r$ gesetzt, so besagt die Voraussetzung

$$\lim \frac{1}{t'} \| T(x+t'rh) - Tx - t'r\delta T(x)h \| = 0 \quad (t' \to 0).$$

Im Sinne von (1) bedeutet das die Existenz der G-Variation von T in x bezüglich rh und daß diese gleich $r\delta T(x)h$ ist. ∎

Operatoren mit G-Variation in x sind im allgemeinen nicht stetig in x, jedoch liegt Richtungsstetigkeit bezüglich h im folgenden Sinne vor:

(3) <u>Wenn</u> $\delta T(x)h$ <u>existiert, dann gilt</u>

$$\lim \| T(x+th)-Tx \| = 0 \quad (t \to 0).$$

<u>Beweis</u>: Für $0 \neq t \in (-a_h, a_h)$ hat man

$$\| T(x+th)-Tx \| \leq \| T(x+th)-Tx-t\delta T(x)h \| + \| \delta T(x)h \| \, |t|,$$

der Grenzübergang $t \to 0$ liefert mit (1) die Behauptung. ∎

Die Existenz der G-Variation auf E kann durch eine Approximationseigenschaft charakterisiert werden.

(4) $T: D(T) \subset E \to F$ <u>besitzt in einem inneren Punkt</u> $x \in D(T)$ <u>genau dann eine G-Variation bezüglich jedem</u> $h \in E$, <u>wenn es Operatoren</u> $V(x): E \to F$ <u>und</u> $Q(x): D(T) \to F$ <u>mit den Eigenschaften</u>

(5) $\quad V(x)(rh) = rV(x)h$ <u>für</u> $0 \neq r \in R$, $0 \neq h \in E$

(6) $\quad \lim \frac{1}{t} \| Q(x,th) \| = 0 \quad (t \to 0)$ <u>für</u> $h \in E$

<u>gibt, so daß für jedes</u> $h \in E$ <u>mit</u> $x+h \in D(T)$ <u>gilt</u>

(7) $\quad T(x+h)-Tx = V(x)h+Q(x,h).$

<u>Beweis</u>: Wenn $\delta T(x)h$ bezüglich jedem $h \in E$ existiert, so setzt man $V(x)h \equiv \delta T(x)h$ sowie $Q(x,h) \equiv T(x+h)-Tx-\delta T(x)h$ für jedes $h \in E$. Nun ist (7) trivialerweise erfüllt, die Eigenschaft (5) steht in (2) und (6) in (1).

Umgekehrt ergibt sich aus (7) unter Verwendung von (5) und (6) mit $h \equiv th'$, $t \neq 0$,

$$\lim \frac{1}{t} \| T(x+th')-Tx-tV(x)h' \| = 0 \quad (t \to 0).$$

Damit besitzt T laut (1) in x die G-Variation $\delta T(x)h' = V(x)h'$ für jedes $h' \in E$. ∎

Gilt also die Darstellungsformel (7), so hat man $V(x)h = \delta T(x)h$ für alle $h \in E$. Von nun an nehmen wir an, die G-Variation in einem inneren Punkte $x \in D(T)$ existiere bezüglich jedem $h \in E$, wenn dies überhaupt für ein h zutrifft. Aufgrund von (4) ist die G-Variation $\delta T(x)$ in x im Falle ihrer Existenz ein eindeutig bestimmter Operator von E in F mit der Darstellung (7). Man sagt, die G-Variation von T existiere auf $S\subset E$, wenn sie in jedem $x\in S$ existiert.

Die folgenden Resultate sind Verallgemeinerungen des Mittelwertsatzes der Differentialrechnung im Reellen. Man bezeichnet sie häufig als Lagrange-Formeln.

(8) $S\subset E$ sei konvex und offen, $\varphi:S\to R$ besitze G-Variationen auf S. Dann gibt es zu jedem $x\in S$ und $h\in E$ mit $x+h\in S$ ein $r\equiv r(x,h)\in(0,1)$, so daß gilt

$$\varphi(x+h)-\varphi x = \delta\varphi(x+rh)h.$$

Beweis: Zu fest gewählten x,h definiert man die Funktion $f:[0,1]\to R$ durch $f(t)\equiv\varphi(x+th), t\in[0,1]$. Wegen der Konvexität von S sind $x+th\in S$ für jedes $t\in[0,1]$. In jedem $y\in S$ besitzt φ eine G-Variation, d.h. speziell für $y\equiv x+th$:

$$\lim \frac{1}{s}\|\varphi(x+th+sh)-\varphi(x+th)-s\delta\varphi(x+th)h\| = 0 \quad (s\to 0).$$

Also ist f auf [0,1] differenzierbar mit $f'(t)=\delta\varphi(x+th)h, t\in[0,1]$. Der Mittelwertsatz für differenzierbare Funktionen zeigt nun die Existenz von $r\in(0,1)$ mit $f(1)-f(0)=f'(r)$. Mit Hilfe der Definition von f entnimmt man hieraus die Behauptung. ∎

Für Abbildungen, deren Wertebereich nicht in R enthalten ist, gibt es eine Lagrange-Formel nur im folgenden Sinne.

(9) $S\subset E$ sei konvex und offen, $T:S\to F$ besitze G-Variationen auf S. Dann gibt es bei beliebigem $0\neq\Phi\in F^*$ zu jedem $x\in S$ und $h\in E$ mit $x+h\in S$ ein $r\equiv r(\Phi,x,h)\in(0,1)$, so daß gilt

$$\langle\Phi,T(x+h)-Tx\rangle = \langle\Phi,\delta T(x+rh)h\rangle.$$

Beweis: Zu Φ definieren wir $\varphi:S\to R$ durch $\varphi x\equiv\langle\Phi,Tx\rangle, x\in S$. Weil $\Phi\in F^*$ ist und T eine G-Variation in jedem $y\in S$ besitzt, gilt das auch von φ, nämlich $\delta\varphi(x)h=\langle\Phi,\delta T(x)h\rangle, h\in E$. Nun können wir (8) auf φ anwenden. ∎

Die oft verwendete "Linearisierung" eines Problems besteht im wesentlichen darin, daß man den entsprechenden nichtlinearen Operator "möglichst gut" durch einen linearen approximiert. Das kann z.B. geschehen, indem man eine Darstellungsformel wie (7), jedoch mit einem linearen stetigen Operator V(x) verlangt. Wir behandeln deshalb im folgenden den speziellen Fall linearer stetiger G-Variationen.

Ein Operator $T:D(T)\subset E\to F$ heißt in einem inneren Punkt $x\in D(T)$ Gâteaux-differenzierbar (G-differenzierbar), wenn in x bezüglich jedem $h\in E$ die G-Variation existiert und der dadurch definierte Operator $\delta T(x):E\to F$ linear und stetig ist. Für $\delta T(x)\in B(E,F)$ wird das spezielle Symbol $dT(x)$ und die Bezeichnung G-Differential verwendet. Mit der entsprechenden Definitionsmenge heißt $dT:D(dT)\subset D(T)\to B(E,F)$ die G-Ableitung von T. Wenn das G-Differential von T in jedem $x\in S\subset D(T)$ existiert, dann bezeichnet man T als G-differenzierbar auf S, es ist dann $S\subset D(dT)$. Bei Funktionalen $\varphi:D(\varphi)\to R$ bezeichnet man die G-Ableitung im Falle ihrer Existenz auch als G-Gradient von φ. Bei Abbildungen $A:S\subset R\to E$ ist für die G-Ableitung die Schreibweise $\frac{dA}{dt}$ üblich.

Wir spezialisieren zwei Resultate für G-Differentiale.

(10) $T:D(T)\subset E\to F$ ist genau dann in einem inneren Punkt $x\in D(T)$ G-differenzierbar, wenn es Operatoren $a(x)\in B(E,F)$ und $q(x):D(T)\to F$ mit

$$\lim \frac{1}{t}\| q(x,th)\| = 0 \quad (t\to 0)$$

gibt, so daß für jedes $h\in E$ mit $x+h\in D(T)$ gilt

$$T(x+h)-Tx = a(x)h+q(x,h).$$

Der Beweis verläuft wie bei (4). Wenn also die vorstehende Darstellung gilt, dann ist $dT(x)=a(x)$, das G-Differential ist eindeutig bestimmt.

(11) $S\subset E$ sei konvex und offen, $T:S\to F$ G-differenzierbar auf S. Dann gibt es zu jedem $x\in S$ und $h\in E$ mit $x+h\in S$ ein $r\equiv r(x,h)\in(0,1)$ mit

$$\|T(x+h)-Tx\| \le \|dT(x+rh)\|\,\|h\|.$$

Beweis: Für $T(x+h)-Tx=0$ ist die Aussage trivial. Sonst gibt es aufgrund von 1.(26) ein $\Phi\in F^*$ mit $\|\Phi\|=1$ und $\langle\Phi,T(x+h)-Tx\rangle=\|T(x+h)-Tx\|$. Die Behauptung folgt aus (9) unter Verwendung von $dT(x+rh)\in B(E,F)$. ∎

Wir stellen einige einfache, aber wichtige Beispiele für Ableitungen zusammen. Klar ist

(12) $L\in B(E,F) \Rightarrow dL(x)=L \;\forall\, x\in E$

Wenn E ein H-Raum ist, dann ergibt sich für $\|.\|^2:E\to R$

(13) $Px \equiv (x,x), x\in E \Rightarrow dP(x)h = 2(x,h) \;\forall\, x,h\in E,$

während man für $\|.\|:E\to R$ erhält

(14) $Nx \equiv \|x\|,\ x\in E \Rightarrow dN(x)h = \frac{(x,h)}{\|x\|}\ \forall\ h\in E, 0\neq x\in E$.

Die Norm ist also eine in O nicht G-differenzierbare Abbildung.

Auch die G-Ableitung eines Operators hat noch nicht alle Eigenschaften, die wir bei der Ableitung reeller Funktionen feststellen können. In (3) haben wir zwar die Richtungsstetigkeit G-differenzierbarer Operatoren bewiesen, die Stetigkeit liegt im allgemeinen jedoch nicht vor. Auch die Kettenregel ist für G-Ableitungen nicht allgemein gültig. Wir nehmen deshalb noch eine weitere Spezialisierung vor.

Ein Operator $T:D(T)\subset E\to F$ heißt in einem inneren Punkt $x\in D(T)$ Fréchet-differenzierbar (F-differenzierbar), wenn es einen linearen und stetigen Operator $DT(x)\in B(E,F)$ gibt, so daß gilt

(15) $\lim \frac{1}{\|h\|}\|T(x+h)-Tx-DT(x)h\| = 0\ (h\to 0)$.

Man bezeichnet $DT(x)$ als F-Differential in x, mit der entsprechenden Definitionsmenge heißt $DT:D(DT)\subset D(T)\to B(E,F)$ die F-Ableitung von T. Wenn das F-Differential in jedem $x\in S\subset D(T)$ existiert, dann bezeichnet man T als F-differenzierbar auf S.

Zuerst geben wir wieder eine Charakterisierung der F-Differenzierbarkeit.

(16) $T:D(T)\subset E\to F$ ist genau dann in einem inneren Punkt $x\in D(T)$ F-differenzierbar, wenn es Operatoren $A(x)\in B(E,F)$ und $R(x):D(T)\to F$ mit

$$\lim \frac{1}{\|h\|}\|R(x,h)\| = 0\ (h\to 0)$$

gibt, so daß für jedes $0\neq h\in E$ mit $x+h\in D(T)$ gilt

$$T(x+h)-Tx = A(x)h+R(x,h).$$

Der Beweis liegt auf der Hand. Wir sehen, daß aus dem Vorliegen dieser Darstellung wieder $DT(x)=A(x)$ folgt, und daß auch das F-Differential eindeutig bestimmt ist.

(17) $T:D(T)\to F$ sei F-differenzierbar in $x\in D(T)$. Dann ist T auch G-differenzierbar in x und $dT(x)=DT(x)$.

Beweis: Wähle $h\neq 0$ mit $x+th\in D(T)$ für $t\in(-a_h, a_h)$. Dann haben wir nach (16)

$$T(x+th)-Tx = tDT(x)h+R(x,th),$$

wobei

$$\lim \frac{1}{|t|}\left(\frac{1}{\|h\|}\|R(x,th)\|\right) = 0 \quad (th\to 0).$$

Bei festem h ist dieser Grenzübergang nur von t abhängig, womit wir die Behauptung aus (10) entnehmen können. ■

Wie jedes G- ist damit auch jedes F-Differential eine G-Variation un besitzt die für diese bewiesenen Eigenschaften. Bei Operatoren $A: (a,b)\subset R\to F$ fallen G- und F-Differenzierbarkeit zusammen, die Umkehrun von (17) ist im allgemeinen jedoch nicht richtig. Das zeigt $\varphi: R^2\to R$,

$$\varphi x \equiv \begin{cases} x_1^3x_2/(x_1^4+x_2^2) & \text{für } x\equiv(x_1,x_2)\neq(0,0), \\ 0 \text{ für } x\equiv(0,0), \end{cases}$$

das zwar ein G-Differential in (0,0) besitzt, jedoch kein F-Differential. Für diesen Zusammenhang besteht das folgende Resultat.

(18) $S\subset E$ <u>sei offen</u>, $T:S\to F$ <u>G-differenzierbar auf</u> S <u>und die G-Ableitung</u> dT <u>stetig auf</u> S. <u>Dann ist</u> T <u>F-differenzierbar auf</u> S <u>und</u> DT=dT.

<u>Beweis</u>: Wähle $x\in S$. Da S offen ist, gibt es a>0, so daß $K_E(x,a)\subset S$. Für jedes $0\neq h\in E$ mit $x+h\in K_E(x,a)$ entnehmen wir aus (10)

(19) $q(x,h) = T(x+h)-Tx-dT(x)h.$

Im Fall q(x,h)=0 für alle diese h ist die Behauptung klar. Sonst kann man wegen 1.(26) ein $\Phi\in F^*$ angeben mit $\|\Phi\|=1$ und $\langle\Phi,q(x,h)\rangle = \|q(x,h)\|$. Mit Hilfe von (9) und der Linearität der G-Differentiale erhalten wir dann mit $r\in(0,1)$

$$\|q(x,h)\| = \langle\Phi, dT(x+rh)h-dT(x)h\rangle \le \|dT(x+rh)-dT(x)\|\,\|h\|,$$

woraus mit der Stetigkeit von dT folgt

$$\lim \frac{1}{\|h\|}\|q(x,h)\| = 0 \quad (h\to 0).$$

Aufgrund von (16) und (19) ist damit die Behauptung bewiesen. ■

Nun werden noch die vorhin erwähnten Eigenschaften nachgewiesen, die die F-Ableitungen unter den G-Ableitungen auszeichnen.

(20) $T:D(T)\to F$ <u>sei in</u> $x\in D(T)$ <u>F-differenzierbar. Dann ist</u> T <u>in</u> x <u>stetig</u>.

<u>Beweis</u>: Aus (16) entnehmen wir

$$\|T(x+h)-Tx\| \le \|DT(x)\|\,\|h\|+\|R(x,h)\| \to 0 \quad (h\to 0).\ ■$$

(21) $T_1:D(T_1)\subset E_1\to E_2$ <u>sei G-differenzierbar in</u> $x\in D(T_1)$ <u>mit</u> $T_1x\in D(T_2)$,

$T_2:D(T_2)\subset E_2\to E_3$ sei F-differenzierbar in T_1x. Dann ist $T_3\equiv T_2\circ T_1$: $D(T_3)\subset D(T_1)\to E_3$ G-differenzierbar in x mit

$$dT_3(x) = DT_2(T_1x)\circ dT_1(x).$$

Wenn T_1 sogar F-differenzierbar ist, dann gilt dies auch für T_3.

Beweis: Wähle $h\in E_1$ beliebig. Weil $x\in D(T_1)$ und $T_1x\in D(T_2)$ innere Punkte sein müssen und T_1 nach (3) richtungsstetig ist, haben wir dann ein $a_h>0$, so daß $x+th\in D(T_1)$ und $T_1(x+th)\in D(T_2)$ sind für alle $t\in(-a_h,a_h)$. Für $0\neq t\in(-a_h,a_h)$ ist dann wegen der Linearität von $DT_2(T_1x)$

$$\frac{1}{|t|}\|T_3(x+th)-T_3x-tDT_2(T_1x)(dT_1(x)h)\|$$
$$\leq\frac{1}{|t|}\|T_2(T_1(x+th))-T_2(T_1x)-DT_2(T_1x)(T_1(x+th)-T_1x)\|+$$
$$+\frac{1}{|t|}\|DT_2(T_1x)\|\|T_1(x+th)-T_1x-tdT_1(x)h\|.$$

T_1 ist G-differenzierbar in x, beim Grenzübergang $t\to 0$ hat daher der zweite Term den Grenzwert 0. Für alle t mit $T_1(x+th)=T_1x$ sind wir jetzt fertig. Anderenfalls dürfen wir den ersten Term in der Form

$$\frac{\|T_2(T_1(x+th))-T_2(T_1x)-DT_2(T_1x)(T_1(x+th)-T_1x)\|}{\|T_1(x+th)-T_1x\|}\;\frac{\|T_1(x+th)-T_1x\|}{|t|}$$

anschreiben. Aufgrund von (3) gilt $\|T_1(x+th)-T_1x\|\to 0\,(t\to 0)$. Dann hat die F-Differenzierbarkeit von T_2 in T_1x zur Folge, daß der erste Faktor beim Grenzübergang $t\to 0$ den Grenzwert 0 hat. Da der zweite bei diesem Grenzübergang wegen der G-Differenzierbarkeit von T_1 in x beschränkt bleibt, haben wir insgesamt die Behauptung nachgewiesen.

Der Zusatz wird mit derselben Argumentation bezüglich des Grenzüberganges $\|h\|\to 0$ bewiesen. ∎

Nun wird noch die Stetigkeit der F-Ableitung charakterisiert. Dabei heißt das F-Differential von $T:D(T)\subset E\to F$ in $x\in D(T)$ im Falle seiner Existenz ein starkes F-Differential, wenn es zu jedem $\varepsilon>0$ ein $\delta=\delta(x,\varepsilon)>0$ gibt, so daß $B(x,\delta)\subset D(T)$ und für alle $u,v\in B(x,\delta)$ gilt

(22) $\quad\|Tu-Tv-DT(x)(u-v)\| \leq \varepsilon\|u-v\|.$

(23) $S\subset E$ sei offen und $T:S\to F$ F-differenzierbar auf S. Die F-Ableitung DT ist genau dann in $x\in S$ stetig, wenn das F-Differential $DT(x)$

<u>stark ist</u>.

<u>Beweis</u>: Da S offen und DT in $x\in S$ stetig ist, gibt es zu jedem $\varepsilon>0$ ein $\delta>0$, so daß $B(x,\delta)\subset S$ ist und $\|DT(x+h)-DT(x)\|\leq\varepsilon$ ausfällt für $|h|\leq\delta$. Nun wenden wir (11) auf $B(x,\delta)$ und den Operator $T-DT(x)$ an, für $u,v\in B(x,\delta)$ ergibt sich mit Hilfe von (12)

$$\|Tu-Tv-DT(x)(u-v)\| \leq \|D(T-DT(x))(v+r(u-v))\|\|u-v\|$$

$$= \|DT(v+r(u-v))-DT(x)\|\|u-v\| \leq \varepsilon\|u-v\|.$$

Das ist gerade die gewünschte Bedingung (22).

Wenn umgekehrt $DT(x)$ stark ist, dann bestimmen wir zu beliebigem $\varepsilon>0$ das $\delta>0$ aus (22) und können dann zu beliebigem $h\in E$ und zu $w\in B(x,\delta/2)$ ein $t\equiv t(w)\in R$ angeben, so daß $\|th\|\leq\delta/2$ und deshalb nach (22) gilt

$$\|T(w+th)-Tw-DT(w)(th)\| \leq \varepsilon\|th\|.$$

Damit hat man weiter, wieder unter Verwendung von (22),

$$\|(DT(w)-DT(x))(th)\| \leq \|T(w+th)-Tw-DT(x)(th)\|$$

$$+\|DT(w)(th)-T(w+th)+Tw\| \leq 2\varepsilon\|th\|.$$

Dies bedeutet $\|(DT(w)-DT(x))h\| \leq 2\varepsilon\|h\|$, woraus wegen der Willkür bei der Auswahl von h sogar $\|DT(w)-DT(x)\|\leq 2\varepsilon$, also die gewünschte Stetigkeit von DT in x folgt. ∎

Die Differentialrechnung wird in 1.2.4 und 3.1 weitergeführt.

1.2.2 <u>Eine notwendige Bedingung bei Extremalproblemen</u>

Ein Funktional $\Phi:S\subset E\to R$ besitzt ein <u>lokales Minimum</u> (bzw. <u>Maximum</u>) in $x_0\in S$, wenn es eine Umgebung $U(x_0)$ von x_0 gibt, so daß für alle $u\in U(x_0)\cap S$ gilt $\Phi u\geq\Phi x_0$ (bzw. $\Phi u\leq\Phi x_0$). Lokale Minima und Maxima faßt man unter dem Begriff <u>lokale Extrema</u> zusammen.

(24) $\Phi:S\subset E\to R$ <u>besitze in</u> $x_0\in S$ <u>eine G-Variation. Wenn in</u> x_0 <u>ein lokales Extremum von</u> Φ <u>vorliegt, dann gilt</u> $\delta\Phi(x_0)h=0$ <u>für alle</u> $h\in E$.

<u>Beweis</u>: Wenn Φ in $x_0\in S$ eine G-Variation besitzt, muß x_0 innerer Punkt von S sein. Ohne Einschränkung der Allgemeinheit können wir annehmen, daß das Extremum in x_0 ein Minimum ist. Daher gibt es eine Umgebung $U(x_0)\subset S$ von x_0 mit $\Phi u\geq\Phi x_0$ für alle $u\in U(x_0)$. Zu jedem $h\in E$ gibt es ferner $a_h>0$, so daß für alle $t\in I_h\equiv(-a_h,a_h)$ folgt $x_0+th \in U(x_0)$. Definiert man nun zu h die Funktion $f_h:I_h\to R$ durch $f_h(t)\equiv$

$\Phi(x_0+th)$, so sieht man sofort $f_h(t) \geq f_h(0)$ für alle $t \in I_h$, also hat f_h ein lokales Minimum in 0. Mit der Existenz der G-Variation in x_0 gilt (1), was für f_h die Differenzierbarkeit in 0 und $f_h'(0) = \delta\Phi(x_0)h$ bedeutet. Lokales Minimum und Differenzierbarkeit von f in 0 ziehen bekanntlich $f'(0)=0$ nach sich. Also hat man auch $\delta\Phi(x_0)h=0$ für jedes beliebige $h \in E$. ∎

Besitzt Φ G-Variationen auf S, so kann man die Eulersche Gleichung $\delta\Phi(x)=0$ zu Φ angeben. Ihre Lösungen heißen kritische Punkte von Φ in S. Wir haben oben gezeigt, daß lokale Extrema von Funktionalen, die eine G-Variation auf S besitzen, kritische Punkte sind.

Wir wenden Satz (24) auf ein Variationsproblem an, wobei allerdings seine Allgemeinheit nicht ganz ausgenützt wird.

Mit Ω wird ein Gebiet im R^n mit den Punkten $x \equiv (x_1,\ldots,x_n)$ bezeichnet, Γ_1 bedeutet ein Teilstück des Randes $\partial\Omega$. Nun wird $E \equiv \{u \mid u \in C^1(\bar{\Omega}), u(x)=0 \forall x \in \Gamma_1\}$ genommen und dort das Funktional

$$Ju \equiv \int_\Omega F(x_1,\ldots,x_n,u,\frac{\partial u}{\partial x_1},\ldots,\frac{\partial u}{\partial x_n})dx, \quad u \in E,$$

betrachtet, wobei $F:\bar{\Omega}\times R^{n+1} \to R$ stetige partielle Ableitungen in Ω

$$\frac{\partial F}{\partial x_i}, \frac{\partial F}{\partial u}, \frac{\partial F}{\partial u_j}, \frac{\partial^2 F}{\partial u \partial u_j}, \frac{\partial^2 F}{\partial u_k \partial u_j}, \quad i,j,k=1,\ldots,n,$$

besitze. Nun wird angenommen, in $u_0 \in C^1(\bar{\Omega}) \cap C^2(\Omega)$ mit $u_0(x)=0, x \in \Gamma_1$, liege ein lokales Extremum vor. Die Eulersche Gleichung ergibt sich aus $\delta J(u_0)h=0$ für jedes $h \in E$,

$$\delta J(u_0)h = \lim \frac{1}{t} |J(u_0+th)-Ju_0| \quad (t \to 0)$$

$$= \frac{d}{dt}(J(u_0+th))\Big|_{t=0}$$

Unter der Annahme, daß Ω die Anwendung des Gauß'schen Satzes erlaubt, erhält man (der Einfachheit halber lassen wir alle Argumente fort) mit $h \in E$, also $h(x)=0, x \in \Gamma_1$,

$$\int_\Omega \left(\frac{\partial F}{\partial u} + \sum_{k=1}^n \frac{d}{dx_k} \frac{\partial F}{\partial u_k}\right) h dx + \int_{\Gamma_2} \left(\sum_{k=1}^n \frac{\partial F}{\partial u_k} n_k\right) h dS = 0 .$$

Dabei bedeuten n_k die Komponenten des äußeren Normalenvektors auf $\partial\Omega$ und $\Gamma_2 \equiv \partial\Omega \setminus \Gamma_1$. Greift man speziell alle $h \in E$ mit $h(x)=0, x \in \partial\Omega$, heraus, so folgt aus der vorstehenden Relation die Differentialgleichung

$$(25) \quad \frac{\partial F}{\partial u} + \sum_{k=1}^n \frac{d}{dx_k} \frac{\partial F}{\partial u_k} = 0.$$

Da die Randwerte von h auf Γ_2 noch frei wählbar sind, erhält man außerdem

(26) $\sum\limits_{k=1}^{n} \frac{\partial F}{\partial u_k} n_k = 0$ auf Γ_2.

Wenn also J ein lokales Extremum in u_0 besitzt, so bedeutet dies, daß u_0 eine Lösung der Eulerschen Differentialgleichung (25) ist und die natürlichen Randbedingungen (26) erfüllt.

1.2.3 Riemannsche Integrale

Bei einem kompakten Intervall $I \equiv [a,b] \subset R$ mit $a<b$ bedeute $Z \equiv \{Z \mid Z \equiv \{t_0 \equiv a<t_1<t_2<\ldots<t_{n-1}<t_n \equiv b\}\}$ die Menge der Zerlegungen von I durch n+1 Punkte $t_0,\ldots,t_n$. Als Feinheit einer Zerlegung $Z \in Z$ bezeichnen wir die Zahl $\omega(Z) \equiv \max\{|t_{i+1}-t_i| \mid t_i, t_{i+1} \in Z\}$. Zu einer Abbildung $x: I \to E$ und einer Zerlegung $Z \in Z$ kann man nun die Riemann-Summe

(27) $\sigma(Z) \equiv \sum\limits_{j=0}^{n-1} x(\tau_j)(t_{j+1}-t_j), \quad \tau_j \in [t_j, t_{j+1}],$

definieren. Wenn es $J \in E$ und zu jedem $\varepsilon>0$ ein $\delta \equiv \delta(\varepsilon)>0$ gibt, so daß $\|J-\sigma(Z)\|<\varepsilon$ ausfällt für alle $\omega(Z)<\delta$, dann heißt x Riemann-integrierbar auf I und man schreibt

$$J \equiv \int_I x(t)\,dt.$$

(28) Jede stetige Abbildung $x: I \to E$ ist Riemann-integrierbar.

Beweis: Im ersten Schritt untersuchen wir die Auswirkung der Verfei nerung einer Zerlegung auf die zugehörige Riemann-Summe.

Eine Verfeinerung einer beliebigen Zerlegung $Z \in Z$ gewinnt man, indem zumindest in dem größten Teilintervall ein weiterer Punkt zu Z hinzugenommen wird. Ohne Einschränkung der Allgemeinheit können wir jedoch fordern, daß bei jedem Teilintervall $[t_j, t_{j+1}], j=0,\ldots,n-1$, eine weitere Zerlegung

$$t_j \equiv t_{j,0} < t_{j,1} < \ldots < t_{j,n_j} < t_{j,n_j+1} \equiv t_{j+1}, \quad n_j \in N, j=0,\ldots,n-1,$$

vorgenommen wird. Die zu der so erzielten feineren Zerlegung $Z' \equiv \{t_{j,i} \mid i=0,\ldots,n_j, j=0,\ldots,n\}$ gehörende Riemann-Summe ist

$$\sigma(Z') = \sum_{j=0}^{n-1} \sum_{i=0}^{n_j} x(\tau_{j,i})(t_{j,i+1}-t_{j,i}), \quad \tau_{j,i} \in [t_{j,i}, t_{j,i+1}].$$

Aufgrund der Kompaktheit ist $x \in C(I,E)$ sogar gleichmäßig stetig auf I, d.h., zu jedem beliebigen $\varepsilon>0$ gibt es $\delta \equiv \delta(\varepsilon)>0$ mit

(29) $|t'-t''|<\delta \Rightarrow \|x(t')-x(t'')\|<\frac{\varepsilon}{2(b-a)}$, $t',t''\in I$.

Geht man davon aus, daß Z die Feinheit $\omega(Z)<\delta$ besitzt, so folgt mit (29) aus $|t_{j,i}-t_j|\leq|t_{j+1}-t_j|<\delta$, daß $\|x(t_{j,i})-x(t_j)\|<(2(b-a))^{-1}\varepsilon$ ausfällt. Für die Riemann-Summen entnehmen wir daraus

$$\|\sigma(Z)-\sigma(Z')\| \leq \sum_{j=0}^{n-1}\sum_{i=0}^{n_j}\|x(\tau_j)-x(\tau_{j,i})\|\,|t_{j,i+1}-t_{j,i}| < \frac{\varepsilon}{2}.$$

Nimmt man jetzt bei Z' eine weitere Verfeinerung im geschilderten Sinne vor, dann ist die entstehende Zerlegung Z'' von I natürlich auch eine Verfeinerung von Z. Nach den soeben durchgeführten Überlegungen ist also $\|\sigma(Z)-\sigma(Z'')\|<\varepsilon/2$, bzw. $\|\sigma(Z')-\sigma(Z'')\|<\varepsilon$.

Mit dieser Feststellung ist klar, daß bei einer Folge von Zerlegungen $(Z_j)\subset\mathcal{Z}$ mit $\omega(Z_j)\to 0\,(j\in N)$ die zugehörige Folge von Riemann-Summen $(\sigma(Z_j))\subset E$ eine Cauchy-Folge ist. Weil E vollständig ist, konvergiert sie sogar mit einem Grenzwert $J\in E$.

Nun muß noch bewiesen werden, daß J von der Auswahl der Folge $(Z_j)\subset\mathcal{Z}$ unabhängig ist. Sei $(Z_j')\subset\mathcal{Z}$ eine weitere Folge mit $\omega(Z_j')\to 0\,(j\in N)$. Nach unseren Überlegungen oben gibt es zu jedem $\varepsilon>0$ ein $\delta\equiv\delta(\varepsilon)>0$, so daß $\|\sigma(Z')-\sigma(Z'')\|<\varepsilon/4$ für alle $Z',Z''\in\mathcal{Z}$ mit $\omega(Z')<\delta,\omega(Z'')<\delta$ und $\|J-\sigma(Z_j)\|<\varepsilon/4$ für alle Z_j mit $\omega(Z_j)<\delta$ ausfallen. Zu diesem δ gibt es ferner $n\equiv n(\delta)\in N$ mit $\omega(Z_j)<\delta,\omega(Z_j')<\delta$ für alle $j\geq n$. Zusammen ergibt das die Konvergenz von $(\sigma(Z_j'))$ gegen J, wir haben nämlich für alle $j\geq n$

$$\|J-\sigma(Z_j')\| \leq \|J-\sigma(Z_j)\|+\|\sigma(Z_j)-\sigma(Z_n\cup Z_n')\|+\|\sigma(Z_n\cup Z_n')-\sigma(Z_j')\| < \varepsilon. \blacksquare$$

Wie beim klassischen Riemann-Integral können die elementaren Eigenschaften und Rechenregeln für das hier definierte Integral erschlossen werden. Da sie sinngemäß alle erhalten bleiben, verzichten wir auf eine ausführliche Liste und beschränken uns auf einige besonders wichtige Dinge.

(30) Für $x\in C(I,E)$ gilt

$$\left|\int_I x(t)dt\right| \leq \int_I\|x(t)\|dt \leq \max\{\|x(t)\|\,|\,t\in I\}(b-a).$$

Beweis: Wähle $Z\in\mathcal{Z}$. Dann ist

$$(31)\quad \|\sigma(Z)\| = \left\|\sum_{j=0}^{n-1}x(\tau_j)(t_{j+1}-t_j)\right\| \leq \sum_{j=0}^{n-1}\|x(\tau_j)\|(t_{j+1}-t_j) \equiv S(Z).$$

Da $\|x(.)\|\in C(I)$ ist, folgt für die Riemannschen Summen S(Z) dieser

Funktion die Konvergenz gegen das entsprechende Integral, falls $\omega(Z)\to 0$ strebt. Dieser Grenzübergang in (31) beweist die linke Ungleichung. Weiter ist

$$S(Z) \le \max\{\|x(\tau_j)\| \mid j=0,\dots,n-1\} \sum_{j=0}^{n-1}(t_{j+1}-t_j)$$

$$\le \max\{\|x(t)\| \mid t\in I\}(b-a),$$

mit dem Grenzübergang $\omega(Z)\to 0$ erhält man die rechte Ungleichung. ∎

(31) Die Folge $(x_j)\subset C(I,E)$ sei gleichmäßig konvergent mit dem Grenzwert $x:I\to E$. Dann gilt

$$\int_I x(t)dt = \lim \int_I x_j(t)dt \quad (j\in\mathbb{N}).$$

Beweis: Klar ist $x\in C(I,E)$ und damit die Existenz des Integrals links. Mit (30) hat man dann

$$\|\int_I x(t)dt-\int_I x_i(t)dt\| \le \|\int_I (x(t)-x_i(t))dt\|$$

$$\le \max\{\|x_i(t)-x(t)\| \mid t\in I\}(b-a) \to 0 \ (i\in\mathbb{N}). \ ∎$$

(32) Mit $x\in C(I,E)$ sei

$$w(t) \equiv \int_a^t x(s)ds, t\in I.$$

Dann ist w auf I differenzierbar mit $\frac{dw}{dt}(t)=x(t), t\in I$.

Beweis: Für $t,t+r\in I$ mit $r>0$ ist

$$\frac{1}{r}(w(t+r)-w(t))-x(t) = \frac{1}{r}\int_t^{t+r} x(s)ds-x(t) = \frac{1}{r}\int_t^{t+r}(x(s)-x(t))ds.$$

Mit (30) erhält man

$$\frac{1}{r}\|w(t+r)-w(t)-rx(t)\| \le \max\{\|x(s)-x(t)\| \mid t-r\le s\le t+r\}.$$

Der Grenzübergang $r\to 0$ bringt die Behauptung. ∎

Von besonderer Bedeutung ist der folgende Fundamentalsatz.

(33) $x:(a,b)\subset\mathbb{R}\to E$ besitze eine stetige Ableitung auf (a,b). Dann gilt

$$\int_c^d \frac{dx}{dt}(s)ds = x(d)-x(c) \ \forall\ c,d\in(a,b) \text{ mit } c<d \text{ und } d-c<\infty.$$

Beweis: Aus (32) entnehmen wir

$$\frac{dx}{dt}(t) = \frac{d}{dt}\left(\int_c^t \frac{dx}{dt}(s)ds\right), \ t\in[c,d].$$

Mit der Linearität der G-Differentiation hat man dann

$$(34)\quad \frac{d}{dt}\left(x(t)-\int_c^t \frac{dx}{dt}(s)ds\right) = 0,\ t\in[c,d].$$

Nun wird $v:[c,d]\to R$ definiert durch

$$v(t) \equiv \langle\Phi, x(t)-\int_c^t \frac{dx}{dt}(s)ds\rangle,\ 0\neq\Phi\in E^*, t\in[c,d].$$

Anwendung der Lagrange-Formel (9) und von (34) zeigt dann

$$(35)\quad v(c+q)-v(c) = \langle\phi, \frac{d}{dt}\left(x(t)-\int_c^t \frac{dx}{dt}(s)ds\right)\Big|_{t=c+rq}\rangle = 0.$$

Andererseits ist

$$v(c+q)-v(c) = \langle\Phi, x(c+q)-\int_c^{c+q} \frac{dx}{dt}(s)ds-x(c)\rangle$$

$$= \langle\Phi, x(c+q)-x(c)-\int_c^{c+q} \frac{dx}{dt}(s)ds\rangle.$$

Mit (35) haben wir damit die Behauptung. ∎

Eine einfache Anwendung von (33) besteht in der Transformation von Anfangswertaufgaben für Differentialgleichungen in Integralgleichungen.

Vorgelegt sei

$$(36)\quad \frac{dx}{dt}(t) = f(t,x), t\in I,\ x(a) = x_0,$$

mit $f:I\times E\to E$, wobei $f(.,x)\in C((a,b),E)$ sei für jedes $x\in E$. Dabei heißt $x:(a,b)\to E$ Lösung dieses Problems, wenn es eine stetig differenzierbare Abbildung ist, mit der die Relation (36) erfüllt wird. Mit (33) erhält man zu (36) das äquivalente Problem

$$(37)\quad x(t) = x(a)+\int_a^t f(s,x(s))ds,\ t\in I.$$

Aus (33) kann auch eine partielle Integrationsformel erschlossen werden. Wenn $y:(a,b)\subset R\to E$ und $g:(a,b)\to R$ jeweils stetige Ableitungen auf (a,b) besitzen, dann gilt für jedes kompakte Intervall $[c,d]\subset(a,b)$ mit $c<d$

$$(38)\quad \int_c^d \frac{dy}{dt}(s)g(s)ds+\int_c^d y(s)\frac{dg}{dt}(s)ds = g(d)y(d)-g(c)y(c).$$

1.2.4 Höhere und partielle Ableitungen

$U\subset E$ sei eine offene Menge und $T:U\to F$ auf U differenzierbar. Dann heißt T zweimal differenzierbar in $x\in U$, wenn die Ableitung von T in x differenzierbar ist. Zweifache Differenzierbarkeit auf U liegt vor, wenn sie in jedem $x\in U$ gegeben ist. Die höheren Ableitungen werden nun rekursiv definiert: Wenn T auf U (n-1)-mal differenzierbar ist, so heißt es n-mal differenzierbar in $x\in U$ (auf U), wenn die (n-1)-te Ableitung in x (auf U) differenzierbar ist. Im Falle der G-Differenzierbarkeit verwenden wir die Bezeichnungen $d^2T\equiv d(dT)$ und $d^nT\equiv d(d^{n-1}T)$, bei der F-Differenzierbarkeit ist $D^2T\equiv D(DT)$ bzw. $D^nT\equiv D(D^{n-1}T)$. Mit $B_1(E,F)\equiv B(E,F)$ und $B_n(E,F)\equiv B(E,B_{n-1}(E,F))$ ist $d^nT:U\to B_n(E,F)$, ebenso D^nT. Mit $C^n(U,F)$ bezeichnen wir den B-Raum der auf U n-mal stetig differenzierbaren Operatoren mit Werten in F, wobei die Norm $\|T\|_C\equiv\max\{\sup\{\|D^iT(x)\|\,|x\in U\}\,|i=0,\dots,n\}$ zugrunde gelegt wird. Wegen (18) sind D^iT in diesem Zusammenhang lauter F-Ableitungen.

Die beiden folgenden Sätze werden die Handhabung der höheren Ableitungen eines Operators ganz wesentlich erleichtern. Wir werden nämlich beweisen, daß die n-te Ableitung von T mit einer n-linearen Abbildung von E^n in F identifiziert werden kann. Dabei wird daran erinnert, daß $\psi:E_1\times\dots\times E_n\to F$ n-linear heißt, wenn die Abbildungen $\psi_i:E_i\to F$ mit $\psi_i x\equiv\psi(x_1,\dots,x_{i-1},x,x_{i+1},\dots,x_n)$ für jedes feste (n-1)-Tupel $(x_1,\dots,x_{i-1},x_{i+1},\dots,x_n)$ linear sind, $i=1,\dots,n$.

Auf naheliegende Weise wird die Menge aller n-linearen Abbildungen auf $E_1\times\dots\times E_n$ ein Vektorraum. Setzt man $\|\psi\|\equiv\sup\{\|\psi(x_1,\dots,x_n)\|\,|\,\|x_1\|=\dots=\|x_n\|=1\}$, so wird daraus ein B-Raum, der mit $B(E_1,\dots,E_n;F)$ bezeichnet wird.

(39) $B_n(E,F)$ und $B(E,\dots,E;F)$ sind isometrisch-isomorph.

Beweis: Wir begnügen uns mit dem Fall n=2. Zunächst wird ein $A\in B(E,E;F)$ gewählt, damit definiert man durch $A_x y\equiv A(x,y)$, $y\in E$, eine Abbildung $A_x\in B(E,F)$ sowie durch $Bx\equiv A_x$ eine Abbildung $B:E\to B(E,F)$. B ist linear, weil A bilinear ist, außerdem hat man $\|Bx\|=\|A_x\|\le\|A\|\,\|x\|$, also $\|B\|\le\|A\|$ und somit $B\in B(E,B(E,F))$. Der Zusammenhang zwischen A und B gibt Anlaß zur Definition von $L:B(E,E;F)\to B(E,B(E,F))$ durch $L(A)\equiv B$. Die Linearität von L ist aufgrund der Konstruktion klar, ferner ist $\|L(A)\|=\|B\|\le\|A\|$, also $\|L\|\le 1$.

Umgekehrt kann man von einem beliebigen $B\in B(E,B(E,F))$ ausgehen und durch $A(x,y)\equiv B(x)y$, $(x,y)\in E\times E$, einen Operator $A\in B(E,E;F)$ definieren.

Wegen der Linearität von B und von $B(x), x \in E$, ist dieses A bilinear, klar ist auch $\|A(x,y)\| \leq \|B\| \|x\| \|y\|$. Damit ist gezeigt, daß L bijektiv und nach 1.(10) ein Isomorphismus ist. Die Isometrie ergibt sich aus $\|A\| \leq \|L(A)\| \leq \|A\|$.

Der Beweis macht auch klar, wie die Behauptung für beliebige $n \in N$ durch einen Induktionsschluß zu beweisen ist. ∎

Damit dürfen wir $d^nT(x)$ mit einem Operator aus $B(E,\ldots,E;F)$ identifizieren. Etwas lästig ist dabei vorläufig noch, daß wir nicht wissen, ob es auf die Reihenfolge der Elemente in $(h_1,\ldots,h_n) \in E\times\ldots\times E$ ankommt.

(40) $T:U\to F$ <u>sei in</u> $x \in U$ <u>n-mal F-differenzierbar. Dann ist</u>

$$D^nT(x)(h_1,\ldots,h_n) = D^nT(x)(h_{p(1)},\ldots,h_{p(n)}),\quad h_i \in E,$$

<u>für jede Permutation</u> $(p(1),\ldots,p(n))$ von $(1,\ldots,n)$.

<u>Beweis</u>: Wir beschränken uns wieder auf den Fall $n=2$ und zeigen

$$D^2T(x)(h,k) = D^2T(x)(k,h),\quad h,k \in E.$$

Dies geschieht mit Hilfe von

$$A(h,k) \equiv T(x+h+k)-T(x+h)-T(x+k)+Tx,\quad h,k \in E.$$

Da $A(h,k)=A(k,h)$ ist, braucht nur bewiesen zu werden, daß $D^2T(x)$ durch A beliebig genau approximiert werden kann.

Mit $a(h,k) \equiv A(h,k)-DT(x+k)h+DT(x)h$ und $b(h,k) \equiv DT(x+k)h-DT(x)h-D^2T(x)(k,h)$ hat man

$$\|A(h,k)-D^2T(x)(k,h)\| \leq \|a(h,k)\|+\|b(h,k)\|.$$

Aus der Definition von $b(h,k)$ entnehmen wir mit Hilfe von (16)

$$\|b(h,k)\| \leq \|R_2(x,k)\|\|h\| = \|h\|o(\|k\|) \quad (\|k\|\to 0).$$

Erst recht gilt dann

(41) $$\|b(h,k)\| = \|h\|o(\|h\|+\|k\|) \quad (\|h\|,\|k\|\to 0).$$

Um eine entsprechende Aussage für a zu erhalten, führt man $B:E\to F$ ein durch $Bh \equiv T(x+h+k)-T(x+h)-DT(x+k)h+DT(x)h$, was $a(h,k)=Bh-BO$ bedeutet. Nun wird (11) herangezogen,

$$\|a(h,k)\| \leq \|DB(rh)\|\|h\|$$
$$\leq \|h\|\sup\{\|DT(x+k+rh)-DT(x+k)-DT(x+rh)+DT(x)\| \mid r\in[0,1]\}.$$

Unter Verwendung der Darstellung (16) erhält man hieraus

$$\|a(h,k)\| \leq \|h\|\sup\{\|R_1(x,k+rh)+R_1(x,k)+R_1(x,rh)\| \mid r\in[0,1]\},$$

und, wenn man $\|rh\| \le \|h\|$, $\|k+rh\| \le \|k\|+\|h\|$ für $r \in [0,1]$ beachtet,

(42) $\quad \|a(h,k)\| = \|h\| o(\|h\|+\|k\|) \quad (\|h\|,\|k\| \to 0)$

Zusammenfassen von (41) und (42) zeigt

$$\|A(h,k)-D^2T(k,h)\| = \|h\| o(\|h\|+\|k\|) \quad (\|h\|,\|k\| \to 0).$$

Dies bedeutet, daß es zu jedem $\varepsilon>0$ ein $\delta \equiv \delta(\varepsilon)>0$ gibt, so daß

$$\|h\|+\|k\| \le \delta \quad \Rightarrow \quad \|A(h,k)-D^2T(x)(k,h)\| \le \varepsilon\|h\|(\|h\|+\|k\|).$$

Daraus entnimmt man weiter

$$|h|+|k| \le \delta \quad \Rightarrow \quad \|A(h,k)-D^2T(x)(k,h)\| \le \varepsilon(\|h\|+\|k\|)^2.$$

Gehen wir nun den bisherigen Beweis noch einmal durch, jedoch mit h und k in vertauschten Rollen, so folgt aus der Symmetrie von A, daß es zu jedem $\varepsilon>0$ ein $\delta>0$ gibt mit

$$\|h\|+|k| \le \delta \quad \Rightarrow \quad \|D^2T(x)(h,k)-D^2T(x)(k,h)\| \le \varepsilon(\|h\|+\|k\|)^2.$$

Wegen der Bilinearität von $D^2T(x)$ gilt für beliebige $r \in R$

$$\|D^2T(x)((rh,rk)-(rk,rh))\| = |r|^2\|D^2T(x)((h,k)-(k,h))\|.$$

Da es zu jeden beliebigen $h,k \in E$ ein $r \neq 0$ gibt, so daß $\|rh\|+\|rk\|<\delta$ ausfällt, liefern die beiden vorstehenden Relationen, daß bei beliebigem $\varepsilon>0$

$$\|D^2T(x)((h,k)-(k,h))\| \le \varepsilon(\|h\|+\|k\|)^2$$

für alle $h,k \in E$ ausfällt, also muß die linke Seite der Ungleichung verschwinden.

Auch mit diesem Beweis wird klar, wie der Induktionsbeweis für beliebiges $n \in N$ aussieht. ∎

Unter den Voraussetzungen von (40) ist für die Werte des n-ten F-Differentials $D^nT(x)$, also eines n-linearen Operators von $E\times\ldots\times E$ in F, die zwar unschöne, aber bequeme Schreibweise $D^nT(x)h^n \equiv D^nT(x)(h,\ldots,h)$ gerechtfertigt. Höhere Differentiale kommen häufig im Zusammenhang mit der Taylorschen Formel vor.

(43) $U \subset E$ sei konvex, $T \in C^{n+1}(U,F)$. Dann gilt für jedes $x \in U$ und alle $h \in E$ mit $x+h \in U$, daß

$$T(x+h) = Tx+DT(x)h+\ldots+\frac{1}{n!}D^nT(x)h^n+\frac{1}{n!}\int_0^1(1-t)^nD^{n+1}T(x+th)h^{n+1}dt.$$

Beweis: Definiere $v:(-a_h,1+a_h)\to F$, $a_h>0$, durch

$$v(t) \equiv T(x+th)+(1-t)DT(x+th)h+\ldots+\frac{1}{n!}(1-t)^nD^nT(x+th)h^n.$$

Wegen der Voraussetzungen über T ist $v\in C^1([0,1],F)$. In diesem Falle darf der Fundamentalsatz (33) angewandt werden.

$$v(1)-v(0) = \int_0^1 \frac{dv}{dt}(t)dt = \frac{1}{n!}\int_0^1 (1-t)^n D^{n+1}T(x+th)h^{n+1}dt. \blacksquare$$

Zum Schluß wenden wir uns noch dem Fall zu, daß E als Produkt $E_1\times\ldots\times E_m$ aus B-Räumen $E_1,\ldots,E_m$ gegeben ist. In diesem Fall kann man bei einem Operator $T:S\subset E\to F$ für jedes $a\equiv(a_1,\ldots,a_m)\in S$ die <u>partiellen Abbildungen</u> $T_{a,i}:S\cap E_i\to F$ durch $T_{a,i}x_i\equiv T(a_1,\ldots,a_{i-1},x_i,a_{i+1},\ldots,a_m)$, $x_i\in E_i$, $i=1,\ldots,m$, definieren. Ist $x\equiv(x_1,\ldots,x_m)$ innerer Punkt von S, so heißt $T:S\to F$ <u>partiell differenzierbar</u> in x bezüglich der i-ten Variablen, wenn $T_{x,i}$ in x_i F-differenzierbar ist, $i\in\{1,\ldots,m\}$. Der Operator $DT_{x,i}(x_i)\in B(E_i,F)$ heißt <u>partielles Differential</u> von T in x bezüglich der i-ten Variablen und wird mit $D_iT(x)$ bezeichnet. Besitzt T in jedem Punkt einer offenen Menge $U\subset S$ partielle Differentiale, so heißt die Abbildung $D_iT:U\to B(E_i,F)$ die <u>partielle Ableitung</u> von T bezüglich der i-ten Variablen.

(44) <u>$U\subset E\equiv E_1\times\ldots\times E_m$ sei offen, $T:U\to F$ in $x\equiv(x_1,\ldots,x_m)\in U$ F-differenzierbar. Dann besitzt T in x partielle Differentiale bezüglich aller m Variablen, wobei gilt</u>

(45) $$\sum_{i=1}^{m} D_iT(x)h_i = DT(x)h,\quad h\equiv(h_1,\ldots,h_m)\in E.$$

<u>Beweis</u>: Zu jedem $a\equiv(a_1,\ldots,a_m)\in E$ können Einbettungsoperatoren $A_{a,i}:E_i\to E$ eingeführt werden durch $A_{a,i}x_i\equiv(a_1,\ldots,a_{i-1},x_i,a_{i+1},\ldots,a_m)$, $x_i\in E_i$, $i=1,\ldots,m$. Diese Abbildungen sind aus $B(E_i,F)$, also in jedem $x_i\in E_i$ F-differenzierbar mit $DA_{a,i}(x_i)h_i=(0,\ldots,0,h_i,0,\ldots,0)$ für alle $h_i\in E_i$. Bezeichnet man mit e_i die durch $a\equiv0$ erzeugte Einbettung, so ist $DA_{a,i}=e_i$ auf E_i.

Die vorhin definierten partiellen Abbildungen bezüglich x können mit Hilfe der Einbettungsoperatoren in der Form $T_{x,i}=T\circ A_{x,i}$ geschrieben werden. Aufgrund der Kettenregel (21) ist nun $T\circ A_{x,i}$ und damit $T_{x,i}$ in x_i F-differenzierbar mit

(46) $$D_iT(x) \equiv DT_{x,i}(x_i) = D(T\circ A_{x,i})(x_i) = DT(x)\circ e_i,\quad i=1,\ldots,m.$$

Die behauptete Formel erlangt man mit Hilfe der Beobachtung, daß die Restriktionen $r_i:E\to E_i$ mit $r_ia\equiv a_i$, $a\equiv(a_1,\ldots,a_m)\in E$, mit den Einbettungen e_i in der Relation $e_1\circ r_1+\ldots+e_m\circ r_m=I_E$ stehen. Damit wird nämlich mit (46)

$$DT(x)h = (DT(x)\circ(\sum_{i=1}^{m} e_i\circ r_i))h = (\sum_{i=1}^{m} D_iT(x)\circ r_i)h = \sum_{i=1}^{m} D_iT(x)h_i. \blacksquare$$

Dieser Satz besitzt auch noch eine wichtige Umkehrung.

(47) $U\subset E\equiv E_1\times\ldots\times E_m$ sei offen, $T:U\to F$ auf U partiell differenzierbar bezüglich allen m Variablen mit $D_iT:U\to B(E_i,f)$ stetig auf $U, i=1,\ldots,m$. Dann ist T auf U stetig F-differenzierbar.

Beweis: Wir führen ihn im Fall $m=2$. Man geht von $x\equiv(x_1,x_2)\in U$ und $h\equiv(h_1,h_2)\in E$ mit $x+h\in U$ aus. Mit den partiellen Abbildungen kann man schreiben

(48) $T(x+h)-Tx = T_{x+h,2}(x_2+h_2)-T_{x+h,2}x_2+T_{x,1}(x_1+h_1)-T_{x,1}x_1.$

Bringt man (15) in Zusammenhang mit der Definition der partiellen Differenzierbarkeit, so sieht man, daß es zu beliebigem $\varepsilon>0$ ein $r\equiv r(\varepsilon)>0$ gibt, so daß

(49) $h_1\in B_{E_1}(0,r) \Rightarrow \|T_{x,1}(x_1+h_1)-T_{x,1}x_1-DT_{x,1}(x_1)h_1\| \le \frac{\varepsilon}{3}\|h_1\|.$

Aus (11) erschließen wir nun die Existenz von $r'>0$, so daß für $h\in B_E(0,r')$ gilt

$$\|T_{x+h,2}(x_2+h_2)-T_{x+h,2}x_2-DT_{x+h,2}(x_2)h_2\|$$

$$\le \|h_2\|\sup\{\|DT_{x+h,2}(x_2+th_2)-DT_{x+h,2}(x_2)\| \mid t\in(0,1)\}.$$

Weil $D_2T=DT_{\cdot,2}$ auf U stetig vorausgesetzt wurde, gibt es $r''\equiv r''(\varepsilon)>0$, so daß man für $h_i\in B_{E_i}(0,r'')$ die folgenden Relationen hat:

(50) $\|T_{x+h,2}(x_2+h_2)-T_{x+h,2}x_2-DT_{x+h,2}(x_2)h_2\| \le \frac{\varepsilon}{3}\|h_2\|,$

$\|DT_{x+h,2}(x_2)-DT_{x,2}(x_2)\| \le \frac{\varepsilon}{3},$

wobei das im Zusammenhang mit (49) ausgewählte $\varepsilon>0$ gemeint ist. Mit der Linearität der Differentiale folgt aus der zweiten Beziehung

(51) $\|DT_{x+h,2}(x_2)h_2-DT_{x,2}(x_2)h_2\| \le \frac{\varepsilon}{3}\|h_2\|.$

Für h mit $\max\{\|h_1\|,\|h_2\|\}\le\min\{r,r''\}$ entnimmt man aus (48), (49), (50) und (51)

$$\|T(x+h)-Tx-D_1T(x)h_1-D_2T(x)h_2\|$$

$$= \|T(x+h)-Tx-DT_{x,1}(x_1)h_1-DT_{x,2}(x_2)h_2\|$$

$$\le \|T_{x,1}(x_1+h_1)-T_{x,1}x_1-DT_{x,1}(x_1)h_1\|$$

$$+ \|T_{x+h,2}(x_2+h_2)-T_{x+h,2}x_2-DT_{x+h,2}(x_2)h_2\|$$

$$+ \|DT_{x+h,2}(x_2)h_2-DT_{x,2}(x_2)h_2\| \leq \varepsilon \max\{\|h_1\|,\|h_2\|\}.$$

Angesichts (15) ist damit die F-Differenzierbarkeit von T in jedem $x\in U$ nachgewiesen. Die Stetigkeit folgt aus der mitbewiesenen Formel $DT=D_1T\circ r_1+D_2T\circ r_2$, wobei $r_i:E\to E_i$ mit $r_ix\equiv x_i$, aufgrund der Stetigkeit von D_iT und r_i.

Nach diesem Beweis ist auch klar, wie der Induktionsschluß auszusehen hat, mit dem man die Behauptung für allgemeines $m\in\mathbb{N}$ beweist. ∎

1.2.5 Das Newton-Verfahren

In diesem Abschnitt wird eine erste konstruktive Methode vorgeführt, mit der man die Existenz von Lösungen von Gleichungen der Gestalt $Tx=0$ für $T:S\subset E\to F$ erhält.

(52) Zu $T\in C^2(B_E(x_0,1),F)$ gebe es $M>0$ mit $\|Tx_0\|\leq M^{-5}$ und $\|DT(x)\|\leq M$, $\|D^2T(x)\|\leq M$ für alle $x\in B_E(x_0,1)$, ferner besitze $L:B_E(x_0,1)\to B(F,E)$ die Eigenschaften $\|L(x)h\|\leq M\|h\|$ und $DT(x)(L(x)h)=h$ für alle $x\in B_E(x_0,1)$ und $h\in F$. Dann konvergiert die Folge

(53) $x_0,\ x_{j+1} \equiv x_j-L(x_j)(Tx_j),\ j\in\mathbb{N}_0,$

gegen einen Grenzwert $w\in B_E(x_0,1)$ mit $Tw=0$.

Beweis: Wir setzen $B\equiv B(x_0,1)$. Zunächst wird $(x_j)\subset B$ gezeigt und bei der Gelegenheit auch gleich der Konvergenzbeweis vorbereitet. Dazu beweisen wir durch Induktion

(54) $\|x_{j+1}-x_j\| \leq e^{-ab^{j+1}},\ j\in\mathbb{N}_0,$

wobei $b\equiv 3/2$ angenommen und $a>0$ vorläufig beliebig bleibt. Aus (53) folgt mit der Voraussetzung

$$\|x_1-x_0\| = \|L(x_0)(Tx_0)\| \leq M\|Tx_0\| \leq M^{-4}.$$

Wenn man $a>0$ so wählt, daß $M^2=e^{ab/2}$ ist, dann hat man

$$\|x_1-x_0\| \leq e^{-ab}.$$

Angenommen, (54) sei für alle Indizes $i=0,\dots,j$ bewiesen. Dann bedeutet das

(55) $\|x_{j+1}-x_0\| \leq \sum_{i=1}^{j+1} e^{-ab^i} \leq \sum_{i=1}^{\infty} e^{-a(b-1)i} = \dfrac{e^{-a(b-1)}}{1-e^{-a(b-1)}},$

wobei die Bernoullische Ungleichung $(1+c)^i>1+ic, c>0, i\in\mathbb{N}$, verwendet wurde. Unter der getroffenen Induktionsannahme verbleiben also $x_1, \dots, x_{j+1}$ in dem Ball B. In diesem Falle erhält man mit Hilfe der Taylorschen Formel (43) für n=1 mit $x \equiv x_j$, $h \equiv x_{j+1}-x_j$, aus (53)

$$\begin{aligned}\|x_{j+2}-x_{j+1}\| &= \|L(x_{j+1})(Tx_{j+1})\| \leq M\|Tx_{j+1}\| \\ &= M\|Tx_j+DT(x_j)(x_{j+1}-x_j)+\int_0^1(1-t)D^2T(x_j+t(x_{j+1}-x_j))(x_{j+1}-x_j)^2dt\| \\ &\leq M\|Tx_j-DT(x_j)(L(x_j)(Tx_j))\|+M^2\|x_{j+1}-x_j\|^2 \\ &= M\|Tx_j-Tx_j\|+M^2\|x_{j+1}-x_j\|^2 \leq M^2e^{-2ab^{j+1}},\end{aligned}$$

wobei zuletzt die Voraussetzung über L und die Induktionsannahme herangezogen wurden. Damit der angestrebte Induktionsschluß gültig wird, muß also

$$M^2e^{-2ab^{j+1}} \leq e^{-ab^{j+2}}$$

ausfallen. Das ist mit der weiter oben getroffenen Festlegung von a und b tatsächlich der Fall. Damit haben wir (54) nachgewiesen, woraus wegen (55) sofort folgt, daß für die Folge (53) gilt $x_j \in B, j \in N_0$.

Als nächstes zeigen wir, daß (x_j) eine Cauchy-Folge ist. Seien $i,j \in N$ mit $i>j$, was die Allgemeinheit nicht einschränkt. Dann hat man wegen (54)

$$\|x_i-x_j\| \leq \sum_{k=j+1}^{i} e^{-ab^k} \leq \sum_{k=j+1}^{i} e^{-a(b-1)k} \leq \sum_{k=j+1}^{\infty} e^{-a(b-1)k},$$

woraus mit der Konvergenz der geometrischen Reihe folgt, daß es zu jedem $\varepsilon>0$ einen Index $n \in N$ gibt, so daß $\|x_i-x_j\|<\varepsilon$ ausfällt für alle $i,j \geq n$. Weil B abgeschlossen ist, konvergiert (x_i) mit einem Grenzwert $w \in B$.

Zu zeigen bleibt Tw=O. Zunächst bemerken wir

$$\begin{aligned}DT(x_j)x_{j+1} &= DT(x_j)(x_j-L(x_j)(Tx_j)) \\ &= DT(x_j)x_j-DT(x_j)(L(x_j)(Tx_j)) = DT(x_j)x_j-Tx_j.\end{aligned}$$

Damit erhalten wir

$$\|Tx_j\| = \|DT(x_j)(x_j-x_{j+1})\| \leq Me^{-ab^{j+1}}$$

was die Konvergenz $Tx_j \to O (j \in N)$ und, mit der Stetigkeit von T und $x_j \to w (j \in N)$, das gewünschte Resultat Tw=O nach sich zieht. ∎

1.2.6 Bemerkungen und Hinweise

Als Zugang zur Differenzierbarkeit bei Operatoren wurden die Gâteau-Variationen gewählt, um sowohl den Zusammenhang als auch die Unterschiede zur Differentiation in der reellen Analysis aufzuzeigen. Ähnlich gehen Nashed [110] und Vainberg [149,150] vor. Bei Nashed findet man einen umfangreichen Katalog verschiedenster Differenzierbarkeitsbegriffe. Über unsere Ausführungen hinaus zeigt Vainberg in [149], welche Bedingungen die Linearität der G-Variation gewährleisten. Man findet bei ihm auch Peano-Restglieder für die Taylor-Formeln. Nur mit der F-Ableitung befassen sich Cartan [48] und Dieudonné [57], führen dafür aber die Analysis wesentlich weiter. Eine Andeutung davon findet man im Abschnitt 3.1.

Mit den notwendigen Bedingungen in Abschnitt 1.2.2 kann man die Einführung allgemeiner Differenzierbarkeitsbegriffe motivieren. Solche Dinge werden von Kirsch-Warth-Werner [102] studiert. Das Newton-Verfahren soll eine erste konstruktive Existenzaussage bereitstellen, es ist wesentlich im Zusammenhang mit der Globalisierung aus Abschnitt 3.2. Unsere Darstellung folgt Schwartz [141].

Verallgemeinerungen der Sätze (40) und (43) für Operatoren $T:S\to E^*$ mit schwach* richtungsstetigen G-Ableitungen und Kurvenintegrale für Abbildungen von $[0,1]$ in E^* werden im Abschnitt 4.1 behandelt.

1.2.7 Übungsaufgaben

(1) Das Funktional $\varphi:C([a,b])\to R$ sei definiert durch $\varphi x \equiv \|x\|_C \equiv \max\{|x(s)|\,|\,a\le s\le b\}$. φ besitzt genau dann ein G-Differential in $x\in C([a,b])$, wenn es genau ein $s\in[a,b]$ gibt mit $|x(s)|=\|x\|$.

(2) E bestehe aus den auf einem kompakten Intervall $[a,b]\subset R$ stetigen Funktionen, die in a und b verschwinden. Durch $k:[a,b]\times[a,b]\to R$, das stetig und symmetrisch vorausgesetzt wird, ist der Operator $K:E\to E$ definiert, nämlich

$$(Ku)(s) \equiv u(s)\int_a^b k(s,t)u(t)dt,\quad a\le s\le b,\ u\in E.$$

Man zeige, daß K auf E F-differenzierbar ist und berechne das F-Differential.

(3) Es sei $E\equiv C([a,b])$ mit kompaktem $[a,b]\subset R$. Durch $k:[a,b]\times[a,b]\to R$, das stetig, und $f:[a,b]\times R\to R$, das stetig und bezüglich dem zweiten

Eingang stetig differenzierbar vorausgesetzt wird, ist der Operator $K:E\to E$ definiert, nämlich

$$(Ku)(s) \equiv \int_a^b k(s,t)f(t,u(t))dt,\quad a\le s\le b,\ u\in E.$$

Man zeige, daß K auf E F-differenzierbar ist und berechne das F-Differential.

(4) E bestehe aus den auf [0,1] stetig differenzierbaren Funktionen, die in 0 und 1 verschwinden. Man diskutiere die Existenz von Differentialen höherer Ordnung bei dem Funktional $\varphi:E\to R$ mit

$$\varphi x \equiv \int_0^1 ((x(t))^3+(x'(t))^4)dt.$$

(5) E,F seien B-Räume, $T:E\to F$ vollstetig auf E. Wenn T in x F-differenzierbar ist, dann wird auch das F-Differential DT(x) ein vollstetiger Operator.

(6) $S\subset E$ sei offen, $\phi:S\to R$ in $x_0\in S$ zweimal G-differenzierbar. Wenn ϕ in x_0 ein lokales Minimum besitzt, dann ist $d^2\phi(x_0)h^2\ge 0$ für alle $h\in E$.

2 Kontraktive und nichtexpansive Operatoren

Einer der Schwerpunkte der nichtlinearen Funktionalanalysis liegt bei der Frage nach der Existenz von Fixpunkten von Operatoren T in einer Menge S, d.h., von Lösungen von Aufgaben der Gestalt x=Tx. Dies ist einleuchtend, wenn man sich überlegt, daß jedes Problem der allgemeinen Form Au=v auf S in eine derartige Fixpunktgleichung überführt werden kann. Man zieht dazu eine injektive Abbildung M: $R(A)\to S$ heran und sieht, daß Au=v hinsichtlich der Existenz von Lösungen äquivalent ist zu x=Tx mit $Tx\equiv x-M(Ax)+Mv, x\in S$. Ein zusätzlicher Vorteil dieser Vorgehensweise besteht darin, daß das zu A gehörige T durch geeignete Wahl von M den jeweiligen Voraussetzungen von zur Verfügung stehenden Fixpunktsätzen angepaßt werden kann.

In diesem Kapitel gehen wir von dem Banachschen Fixpunktsatz aus:

(X,d) sei ein vollständiger metrischer Raum und $T:X\to X$ erfülle die Bedingung

(B) Mit $q\in(0,1)$ gilt $d(Tx,Ty)\le qd(x,y)$ für alle $x,y\in X$.

Dann besitzt T genau einen Fixpunkt x^* in X, der sich als Grenzwert der Folge

$$x_i \equiv Tx_{i-1} = T^i x_0, i\in N,$$

bei beliebigem Startpunkt $x_0\in X$ ergibt.

Als Modell für dieses abstrakte Prinzip diente die Methode der sukzessiven Approximation, die seit langem in den verschiedensten Konstellationen zu konstruktiven Existenzaussagen für Fixpunkte bzw. zu deren Approximation herangezogen wird. Als Beispiele mögen das Gauß-Jacobische Gesamtschrittverfahren für lineare Gleichungssysteme und der Picardsche Existenz- und Eindeutigkeitssatz für gewöhnliche Differentialgleichungen dienen.

Dieser einfache und dabei äußerst wirkungsvolle Satz legt die Frage nahe, ob die Bedingung (B) abgeschwächt werden kann. Dieses Kapitel soll eine Vorstellung davon geben, welche Möglichkeiten dabei bestehen. Auf die Vorstellung von Kompaktheitsargumenten wird in diesem Zusammenhang weitgehend verzichtet, da Fixpunktsätze für kompakte Operatoren und ihre Verallgemeinerungen später besonders behandelt werden. So handelt es sich um zwei Klassen im allgemeinen nichtkompakter Operatoren, die kontraktiven und die nichtexpansiven.

Es wird sich zeigen, daß bei den kontraktiven Operatoren hinsichtlich der Voraussetzungen und der Konstruktion der Fixpunkte mittels sukzessiver Approximation ähnliche Verhältnisse wie beim Banachschen Satz vorliegen, also von einer direkten Verallgemeinerung gesprochen werden kann. Hingegen bleibt bei den nichtexpansiven Operatoren nur noch die äußerliche Ähnlichkeit mit der Bedingung (B) mit $q=1$ übrig. Die Existenz von Fixpunkten kann bei ihnen lediglich in sehr speziellen metrischen Räumen durch nichtkonstruktive Argumentation bewiesen werden. Daher bedarf auch die iterative Herstellung dieser Fixpunkte einer eigenen Untersuchung.

Einige der bereit gestellten Fixpunktsätze ziehen wir zum Nachweis der Existenz von Lösungen bei Differential- und Integralgleichungen heran.

2.1 Kontraktive Operatoren

X bedeutet in diesem Abschnitt einen metrischen Raum, S eine Teilmenge von X. Ein Operator T, der die Bedingung

(1) $\quad d(Tx,Ty) < d(x,y) \;\; \forall\, x,y \in S$ mit $x \neq y$

erfüllt, heißt <u>kontraktiv auf</u> S. Obwohl diese Eigenschaft nur eine geringfügige Abschwächung der Banachschen Bedingung (B) zu sein scheint, ist sie nicht mehr hinreichend für die Existenz eines Fixpunktes von T in S. Das zeigen wir anhand eines einfachen Beispieles: Es sei $X \equiv \mathbb{R}$ mit $d(x,y) \equiv |x-y|$. Die Abbildung $T:X \to X$ mit

$$Tx \equiv \begin{cases} x+\exp(-x/2) & \text{für } x \geq 0 \\ \exp(x/2) & \text{für } x \leq 0 \end{cases}$$

ist kontraktiv auf X, besitzt aber keinen Fixpunkt.

Wenn ein auf S kontraktiver Operator jedoch einen Fixpunkt besitzt, dann ist dieser eindeutig bestimmt. Nimmt man nämlich an, x^* und y^* seien zwei verschiedene Fixpunkte von T in S, so hieße das $d(Tx^*,Ty^*)=d(x^*,y^*)$, was im Widerspruch zu (1) stünde.

Hinsichtlich der Existenz eines Fixpunktes besteht bei kontraktiven Operatoren der folgende Sachverhalt.

(2) <u>Der Operator</u> $T:X \to X$ <u>sei kontraktiv auf</u> X <u>und es gebe ein</u> $y \in X$,

<u>so daß</u> $\{T^i y \mid i\in N\}$ <u>einen Häufungspunkt in</u> X <u>hat</u>. <u>Dann besitzt</u> T <u>genau einen Fixpunkt</u> x^* <u>in</u> X <u>und es gilt</u> $T^i y \to x^*\,(i\in N)$.

<u>Beweis</u>: Im ersten Schritt beweisen wir, daß jeder Häufungspunkt von $(T^i y)$ ein Fixpunkt von T ist.

Zu jedem Häufungspunkt x^* von $(T^i y)$ gibt es eine Teilfolge $N'\subset N$ mit

(3) $\quad d(x^*,T^{i'}y) \to 0 \;(i'\in N')$.

Jeder kontraktive Operator ist stetig. Damit kann man aus (3) erschließen, daß

(4) $\quad d(Tx^*,T^{i'+1}y) \to 0 \;(i'\in N')$.

Nun wird angenommen, x^* sei kein Fixpunkt von T, also $d(x^*,Tx^*)>0$. Unter dieser Annahme fällt auch $d(T^{i'}y,T^{i'+1}y)>0$ aus für jedes $i'\in N'$. Sonst gäbe es nämlich $n'\in N'$ mit $T^{n'}y=T^{n'+1}y$, was sofort zu $T^{n'+k}y=T^{n'}y$ für alle $k\in N$ führte. Aus (3) folgte dann $x^*=T^{n'}y$ und $Tx^*=T(T^{n'}y)=T^{n'+1}y=T^{n'}y=x^*$, was im Widerspruch zur Annahme stünde.

Aufgrund der Annahme erhielte man also für den metrischen Teilraum $Y\equiv \{T^{i'}y \mid i'\in N'\}\cup\{y\}$ von X, daß $d(w,Tw)>0$ ausfiele für alle $w\in Y$. In diesem Falle kann eine Abbildung $\Phi:Y\to R$ definiert werden durch

$$\Phi w \equiv d(T^2w,Tw)\,(d(Tw,w))^{-1},\quad w\in Y.$$

Nun ist Y kompakt und Φ stetig auf Y. Zusammen mit (1) liefert das die Existenz von $\gamma\in(0,1)$ mit $\Phi w\le\gamma$ für alle $w\in Y$. Speziell für $w\equiv T^{i'}y$ haben wir

$$d(T^{i'+2}y,T^{i'+1}y) \le \gamma d(T^{i'+1}y,T^{i'}y),\quad i'\in N'.$$

Ziehen wir jetzt wieder (1) heran, so zeigt ein einfacher Induktionsschluß

$$d(T^{i'+1}y,T^{i'}y) \le \gamma^{|i'|-1} d(T^{i_1'+1}y,T^{i_1'}y),\quad i'\in N',$$

wobei i_1' das erste Element von N' und $|i'|$ die Nummer des Elements $i'\in N'$ in N' bezeichnen. Der Grenzübergang $i'\in N'$ liefert wegen $\gamma<1$ die Konvergenz

(5) $\quad d(T^{i'+1}y,T^{i'}y) \to 0 \;(i'\in N')$.

Nun nehmen wir die Relation

$$d(x^*,Tx^*) \le d(x^*,T^{i'+1}y)+d(T^{i'+1}y,T^{i'}y)+d(T^{i'}y,Tx^*),\quad i'\in N',$$

und führen den Grenzübergang $i'\in N'$ durch. Wegen (3), (4) und (5) folgt, daß $d(x^*,Tx^*)=0$ ist, was der Annahme widerspricht. Also ist

x^* ein Fixpunkt von T. Wie wir bereits wissen, kann es keine weiteren geben.

Zum Nachweis der Konvergenz der ganzen Folge $(T^i y)$ gegen x^* wählen wir ein beliebiges $\varepsilon>0$. Dann gibt es wegen (3) ein $n' \in N'$, so daß $d(T^{n'+1}y,x^*)<\varepsilon$ ausfällt. Für jedes $i \in N$ mit $i \geq n'+1$ bedeutet das

$$d(T^i y,x^*) = d(T^{i-n'-1}(T^{n'+1}y),T^{i-n'-1}x^*) \leq d(T^{n'+1}y,x^*) < \varepsilon. \blacksquare$$

Die Voraussetzung des Satzes (2) wird von jedem kontraktiven Operator $T:X\to X$ mit kompakter Wertmenge $T(X)$ erfüllt. In diesem Falle konvergiert $(T^i y)$ sogar für jedes $y \in X$ gegen den Fixpunkt x^* von T. Im folgenden beschäftigen wir uns mit Bedingungen, die nicht auf Kompaktheitseigenschaften zurückgreifen.

(6) X sei vollständig, $T:X\to X$ kontraktiv auf X und es gebe ein $y \in X$, so daß $(T^i y)$ eine Cauchy-Folge ist. Dann besitzt T genau einen Fixpunkt x^* in X und es gilt $T^i y \to x$ $(i \in N)$.

Beweis: Weil X vollständig ist, haben wir die Konvergenz der Cauchy-Folge $(T^i y)$ in X. Damit folgt die Behauptung aus (2). ∎

Es sind zahlreiche Bedingungen herausgefunden worden, unter denen $(T^i y)$ für jedes $y \in X$ eine Cauchy-Folge ist. Davon führen wir eine recht allgemeine vor.

(7) Für $T:X\to X$ gebe es zu jedem $\varepsilon>0$ ein $\delta>0$, so daß $d(Tx,Ty)<\varepsilon$ ist für alle $x,y \in X$ mit $\varepsilon \leq d(x,y)<\varepsilon+\delta$. Dann ist $(T^i w)$ für jedes $w \in X$ eine Cauchy-Folge.

Beweis: Man wählt ein beliebiges $w \in X$ und setzt

$$z_0 \equiv w \text{ und } z_i \equiv Tz_{i-1}, \; i \in N.$$

Im ersten Schritt beweisen wir die Konvergenz $d(z_{i+1},z_i)\to 0 (i \in N)$.

Zunächst ist klar, daß T unter der gegebenen Voraussetzung kontraktiv auf X ist. Für (z_i) bedeutet das, daß die Folge $(d(z_{i+1},z_i))$ nichtnegativ und nichtwachsend ist. Also ist sie konvergent mit einem Grenzwert $\varepsilon \geq 0$. Angenommen es sei $\varepsilon>0$. Dann könnten wir gemäß der Voraussetzung zu ε ein $\delta>0$ hinzubestimmen. Zu diesem δ gäbe es wegen der Konvergenz und des Nichtwachsens von $(d(z_{i+1},z_i))$ ein $n \in N$, so daß $\varepsilon \leq d(z_{i+1},z_i)<\varepsilon+\delta$ für alle $i \geq n$ gälte. Im Widerspruch dazu folgte aus $\varepsilon \leq d(z_{n+1},z_n)<\varepsilon+\delta$ mit der Voraussetzung, daß $d(z_{n+2},z_{n+1})=d(Tz_{n+1},Tz_n)<\varepsilon$ sein müßte. Also haben wir das Zwischenresultat

(8) $d(z_{i+1},z_i) = d(Tz_i,z_i) \to 0 \ (i\in N)$

Im zweiten Schritt nehmen wir an, (z_i) sei keine Cauchy-Folge. Dann müßte es $\varepsilon>0$ geben mit $\lim\sup\{d(z_i,z_{i+j})\,|\,i,j\in N\}>2\varepsilon$. Zu diesem ε wird $\delta>0$ aus der Voraussetzung bestimmt und $\alpha\equiv\min\{\varepsilon,\delta\}$ gesetzt. Wegen (8) gibt es nun $n\in N$, so daß

(9) $d(z_{i+1},z_i) = d(Tz_i,z_i) < \frac{\alpha}{3} \ \forall \ i\in N, i\geq n.$

Aufgrund unserer Annahme ist es jetzt ohne Einschränkung der Allgemeinheit möglich, Indizes $k,l\in N$ mit $k>n$, $l>1$, so zu finden, daß $d(z_k,z_{k+l})\geq\varepsilon+\alpha$, jedoch $d(z_k,z_{k+l-1})<\varepsilon+\alpha$ ausfällt. Bemerken wir noch, daß wegen $k>n$ gilt

$$|d(z_k,z_{k+l-1})-d(z_k,z_{k+l})| \leq d(z_{k+l-1},z_{k+l}) < \frac{\alpha}{3},$$

so gibt das insgesamt

(10) $\varepsilon+\frac{2\alpha}{3} \leq d(z_k,z_{k+l-1}) < \varepsilon+\alpha.$

Damit wäre erst recht $\varepsilon\leq d(z_k,z_{k+l-1})<\varepsilon+\delta$, was wegen der Voraussetzung $d(Tz_k,Tz_{k+l-1})<\varepsilon$ bedeutete. Damit hätten wir

$$d(z_k,z_{k+l-1}) \leq d(z_k,Tz_k)+d(Tz_k,Tz_{k+l-1})+d(Tz_{k+l-1},z_{k+l-1})$$
$$< \frac{\alpha}{3} +\varepsilon+\frac{\alpha}{3} = \varepsilon+\frac{2\alpha}{3},$$

was im Widerspruch zu (10) steht. Die Annahme, (z_i) sei keine Cauchy-Folge, ist also falsch. ∎

Jeder Operator, der die im Banachschen Fixpunktsatz geforderten Eigenschaften besitzt, erfüllt auch die Voraussetzungen von (7). Wir haben es also mit einer direkten Verallgemeinerung jenes Resultats zu tun. Neben (B) lassen sich auch noch andere, aus der Literatur bekannte Bedingungen dafür, daß $(T^i w)$ eine Cauchy-Folge ist, als Spezialfall von (7) einordnen. Ein Beispiel:

(11) Für $T:X\to X$ gebe es eine von rechts stetige Funktion $\varphi:[0,\infty)\to[0,\infty)$ mit $\varphi(r)<r$ für $r>0$, so daß $d(Tx,Ty)\leq\varphi(d(x,y))$ für alle $x,y\in X$ gilt. Dann ist $(T^i w)$ für jedes $w\in X$ eine Cauchy-Folge.

Den Beweis lassen wir als Übungsaufgabe.

Das folgende Beispiel zeigt, daß kontraktive Operatoren, die keine Selbstabbildung sind, trotzdem Fixpunkte besitzen können. Auf der Teilmenge $S\equiv\{-1/4\}\cup[0,1/2]$ von R mit $d(x,y)\equiv|x-y|$ ist T mit

$$Tx \equiv \begin{cases} -\frac{1}{4} \text{ für } x=-\frac{1}{4} \\ x^2-\frac{1}{4} \text{ für } x\in[0,\frac{1}{2}] \end{cases}$$

kontraktiv, wobei $Tx\notin S$ für $x\in(0,1/2)$ und $x^*=-1/4$ Fixpunkt von T in S ist.

Wir wollen nun den soeben bewiesenen Fixpunktsatz so modifizieren, daß auf die Voraussetzung, T sei eine Selbstabbildung, verzichtet werden kann. In diesem Falle können wir ohne Einschränkung der Allgemeinheit annehmen, daß die Bildung der Folge $(T^i w)$ aus dem zugrunde liegenden metrischen Raum hinausführt. Andernfalls ist in (7) bereits alles bewiesen, es müßte nämlich einen Startpunkt $w\in X$ und ein $m\in N$ geben, so daß $T^{m+k}w\in X$ ist für alle $k\in N$. Für diese Folge ergäbe sich dann mit der Argumentation zu (7), daß es sich um eine Cauchy-Folge handelte, womit die Existenz und Eindeutigkeit des Fixpunkts von T in X klar wäre. Um eine gegen den gesuchten Fixpunkt konvergente Folge innerhalb von X zu konstruieren, nehmen wir daher Korrekturen bei $(T^i w)$ vor. Diese sind allerdings nur bei speziellen metrischen Räumen unter besonderen Randbedingungen für T möglich.

(12) X <u>sei metrischkonvex und vollständig</u>, <u>$S\subset X$ nichtleer und abgeschlossen. Für</u> $T:S\to X$ <u>gelte</u> $T(\partial S)\subset S$ <u>und gebe es zu jedem</u> $\varepsilon>0$ <u>ein</u> $\delta>0$, <u>so daß</u> $d(Tx,Ty)<\varepsilon$ <u>ausfällt für alle</u> $x,y\in S$ <u>mit</u> $\varepsilon\leq d(x,y)<\varepsilon+\delta$. <u>Dann besitzt</u> T <u>genau einen Fixpunkt</u> x^* <u>in</u> S.

<u>Beweis</u>: Wir werden eine Folge $(z_i)\subset S$ konstruieren und nachweisen, daß sie gegen einen Fixpunkt von T in S konvergiert. Dabei halten wir uns so eng wie möglich an den Beweis von (7).

Wähle ein beliebiges $w\in S$ und setze $z_0\equiv w$, $v_1\equiv Tz_0$. Wenn $v_1\in S$ ist, dann definiert man $z_1\equiv v_1$. Andernfalls nützen wir die Konvexität von X aus und wählen aufgrund von 1.1.(16) ein $z_1\in\partial S$ mit $d(z_0,z_1)+d(z_1,v_1)=d(z_0,v_1)$. Jedenfalls haben wir $z_1\in S$ und wegen $T(\partial S)\subset S$ auch $T(z_1)\in S$. Nun baut man rekursiv und parallel die Folgen (v_i), (z_i) auf, indem man $v_i\equiv T(z_{i-1})$ bildet und, je nachdem, ob v_i in S ist oder nicht, $z_i\equiv v_i$ setzt bzw. ein $z_i\in\partial S$ aufsucht mit

(13) $d(z_{i-1},z_i)+d(z_i,v_i) = d(z_{i-1},v_i)$, $i\in N$,

was wegen 1.1.(16) unter den gegebenen Voraussetzungen stets möglich ist. Die Randbedingung $T(\partial S)\subset S$ sichert, daß die beschriebene Vorgehensweise zu einer wohldefinierten Folge $(z_i)\subset S$ führt.

Das nächste Ziel besteht darin, die Konvergenz $d(z_{i+1},z_i)\to 0\,(i\in N)$ zu beweisen. Die entsprechende Aussage (8) im Beweis von (7) beruhte auf dem dort gültigen Bildungsgesetz $z_{i+1}=Tz_i$. Wir haben jedoch bereits bemerkt, daß wir annehmen können, daß es zu jedem Startpunkt $w\in S$ eine Teilfolge $N'\subset N$ gibt mit $v_{i'}=Tz_{i'-1}\in X\setminus S$, also $z_{i'}\neq Tz_{i'-1}$ ist für alle $i'\in N'$. Deshalb müssen wir zunächst einmal den Zusammenhang von $z_{i'-1}$ und $v_{i'}=Tz_{i'-1}, i'\in N'$, klären.

Wenn m',n' mit $m'<n'$ zwei beliebige aufeinanderfolgende Indizes aus N' sind, so bedeutet das $z_{m'}\neq v_{m'}$ und $z_{n'}\neq v_{n'}$, aber $z_{m'+1}=v_{m'+1},\ldots,$ $z_{n'-1}=v_{n'-1}$. Aus der Voraussetzung folgt wieder, daß T kontraktiv auf S ist, was bedeutet, daß

(14) $d(z_{n'-1},v_{n'})<d(z_{n'-2},z_{n'-1})<\ldots<d(z_{m'+1},z_{m'+2})<d(z_{m'},z_{m'+1})$.

Mit (1) und (13) bekommt man dann

$$\begin{aligned} & d(z_{n'-1},v_{n'}) < d(z_{m'},z_{m'+1}) \leq d(z_{m'},v_{m'})+d(v_{m'},z_{m'+1}) \\ (15)\quad & = d(z_{m'},v_{m'})+d(Tz_{m'-1},Tz_{m'}) < d(z_{m'},v_{m'})+d(z_{m'-1},z_{m'}) \\ & = d(z_{m'-1},v_{m'}). \end{aligned}$$

Dies zeigt, daß die Folge $(d(z_{i'-1},v_{i'}))$ nichtnegativ und nichtwachsend, also sogar konvergent ist mit einem Grenzwert $\varepsilon\geq 0$. Wir nehmen an, es sei $\varepsilon>0$. Dann kann man gemäß der Voraussetzung $\delta>0$ zu ε hinzubestimmen. Zu δ gibt es seinerseits einen Index $l'\in N'$, so daß wegen der genannten Eigenschaften von $(d(z_{i'-1},v_{i'}))$ für alle $j'\in N'$ mit $j'\geq l'$ gilt $\varepsilon\leq d(z_{j'-1},v_{j'})<\varepsilon+\delta$. Für aufeinanderfolgende $m',n'\in N'$ mit $n'>m'\geq l'$ entnehmen wir damit aus (14) bzw. (15)

$$\varepsilon \leq d(z_{n'-1},v_{n'}) < d(z_{m'},z_{m'+1}) \leq d(z_{m'-1},v_{m'}) < \varepsilon+\delta.$$

Wegen der Voraussetzung über T folgt daraus $d(Tz_{m'},Tz_{m'+1})<\varepsilon$, und, zusammen mit (14),

$$d(z_{n'-1},v_{n'}) < d(z_{m'+1},z_{m'+2}) = d(Tz_{m'},Tz_{m'+1}) < \varepsilon.$$

Das steht aber im Widerspruch zur Annahme, die ja $d(z_{i'-1},v_{i'})\geq\varepsilon>0$, $i'\in N'$, beinhaltet. Wir haben damit die Konvergenz

(16) $d(z_{i'-1},v_{i'}) \to 0\ (i'\in N')$.

Nun nehmen wir an, die gewünschte Aussage $d(z_{i+1},z_i)\to 0\,(i\in N)$ sei falsch, d.h., daß es $\alpha>0$ gebe, so daß $\lim\sup\{d(z_{i+1},z_i)\mid i\in N\}>2\alpha$. Aus (16) entnehmen wir, daß es $l'\in N'$ gibt, so daß $d(z_{j'-1},v_{j'})<\alpha$ ausfällt für jedes $j'\in N'$ mit $j'\geq l'$. Ziehen wir nun noch (14), (15) heran, so erhalten wir

$$d(z_{j'+i+1},z_{j'+i}) \leq d(z_{l'-1},v_{l'}) < \alpha \ \forall \ i\in N$$

für jedes $j'\in N'$ mit $j'\geq l'$, was die Annahme widerlegt. Damit haben wir die Konvergenz

(17) $d(z_{i+1},z_i) \to 0 \ (i\in N)$.

Aufgrund der Konstruktion der Folge (z_i) in diesem Beweis ist damit im Gegensatz zu (8) die Konvergenz

(18) $d(Tz_i,z_i) \to 0 \ (i\in N)$

noch nicht bewiesen. Man kann das jedoch mit der gleichen Argumentation wie bei (17) besorgen. Wir verzichten auf dieses Detail.

Der Nachweis, daß (z_i) eine Cauchy-Folge ist, kann ganz genau wie im zweiten Teil des Beweises von Satz (7) geführt werden, wenn man dort (17) und (18) anstelle von (8) heranzieht. Wegen der Voraussetzungen über X und S ist dann klar, daß (z_i) mit einem Grenzwert $x^*\in S$ konvergiert. Für diesen haben wir

$$d(Tx^*,x^*) \leq d(Tx^*,Tz_i)+d(Tz_i,z_i)+d(z_i,x^*),$$

woraus mit der Stetigkeit von T und (18) die Fixpunkteigenschaft von x^* folgt. Die Eindeutigkeit ist wegen der Kontraktivität von T klar. ∎

Noch ein kurzer Blick auf das vor diesem Satz stehende Beispiel: Für T gilt $T(\partial S)\subset S$. Da T kontraktiv auf der kompakten Menge S ist, folgt (Nachweis in einer Übungsaufgabe), daß auch die andere Forderung an T in (12) erfüllt ist. Da R mit $d(x,y)\equiv|x-y|$ vollständig und metrischkonvex ist, haben wir einen Fall, auf den der vorstehende Satz genau paßt.

Die Behauptung des Banachschen Fixpunktsatzes bleibt bestehen, wenn die Bedingung (B) nicht von T selbst, sondern nur von T^n für ein $n\in N$ erfüllt wird. Etwas allgemeiner ist die folgende "lokale" Variante dieses asymptotischen Fixpunktsatzes.

(19) X _sei vollständig und_ $T:X\to X$ _stetig auf_ X. _Ferner gebe es_ $q\in(0,1)$, _so daß zu jedem_ $x\in X$ _ein_ $n(x)\in N$ _existiert, mit dem für alle_ $y\in X$ _gilt_ $d(T^{n(x)}x,T^{n(x)}y)\leq qd(x,y)$. _Dann besitzt_ T _genau einen Fixpunkt_ x^* _in_ X _und es gilt_ $T^iw\to x^*(i\in N)$ _für jedes_ $w\in X$.

Beweis: Wähle $w\in X$ beliebig und setze $m_0\equiv n(w)$, $z_1\equiv T^{m_0}w$ sowie rekursiv $m_i\equiv n(z_i)$, $z_{i+1}\equiv T^{m_i}z_i$ für $i\in N$.

Im ersten Schritt behaupten wir, daß (z_i) eine Cauchy-Folge ist.

Wir beginnen mit der Beobachtung

$$d(z_{i+1},z_i) = d(T^{m_i-1}(T^{m_i}z_{i-1}),T^{m_i-1}z_{i-1}) \leq qd(T^{m_i}z_{i-1},z_{i-1})$$

und erhalten durch einen Induktionsschluß

$$(20) \quad d(z_{i+1},z_i) \leq q^i d(T^{m_i}w,w), i\in N.$$

Zu jedem m_i sei $s_i \in N_0$ die Zahl, mit der $s_i m_0 < m_i < (s_i+1)m_0$ gilt. Damit haben wir für jedes $i\in N$

$$d(T^{m_i}w,w) \leq d(T^{m_0}(T^{m_i-m_0}w),T^{m_0}w)+d(T^{m_0}w,w)$$

$$\leq qd(T^{m_i-m_0}w,w)+d(T^{m_0}w,w)$$

$$\leq (1+q...+q^{s_i})d(T^{m_0}w,w) \leq \frac{1}{1-q}d(T^{m_0}w,w).$$

In (20) eingesetzt ergibt dies

$$d(z_{i+1},z_i) \leq \frac{q^i}{1-q}\, d(T^{m_0}w,w),$$

woraus mit einem weiteren Induktionsschluß folgt

$$d(z_{i+j},z_i) \leq q^i(1-q)^{-2}d(T^{m_0}w,w), i,j\in N.$$

Der Grenzübergang $i\in N$ beweist die Zwischenbehauptung. Wegen der Vollständigkeit von X konvergiert (z_i) sogar mit einem Grenzwert $x^*\in X$.

Wenn wir nun annehmen, daß dies x^* kein Fixpunkt von T sei, so gäbe es $\alpha>0$ mit $d(x^*,Tx^*)>2\alpha$. Mit der Stetigkeit von T folgt aus $d(x^*,z_i) \to 0(i\in N)$ sofort $d(Tx^*,Tz_i)\to 0(i\in N)$ und damit die Existenz von $n\in N$ mit

$$(21) \quad \begin{aligned} d(z_i,Tz_i) &\geq d(x^*,Tx^*)-d(x^*,z_i)-d(Tx^*,Tz_i) \\ &\geq d(x^*,Tx^*)-2\alpha \;\forall\; i\in N, i\geq n. \end{aligned}$$

Andererseits besagt die Voraussetzung, daß

$$d(z_i,Tz_i) = d(T^{m_i-1}z_{i-1},T^{m_i-1}(Tz_{i-1}))$$

$$\leq qd(z_{i-1},Tz_{i-1}) \leq q^i d(w,Tw),$$

was nach dem Grenzübergang $i\in N$ zu einem Widerspruch zu (21) führt.

Nun ist noch die Konvergenz von $(T^i w)$ zu zeigen. Wir bemerken dazu, daß für genügend große $i\in N$ die Darstellung $i=jn(x^*)+k$ mit $j,k\in N$ und $0\leq k\leq n(x^*)-1$ möglich ist. Damit haben wir nämlich

$$d(T^i w,x^*) = d(T^{jn(x^*)+k}w,T^{n(x^*)}x^*)$$

$$\leq qd(T^{(j-1)n(x^*)+k}w,x^*) \leq q^j d(T^k w,x^*)$$

$$\leq q^j \max\{d(T^k w,x^*)\,|\,k=0,...,n(x^*)-1\}.$$

Nun braucht man nur noch den Grenzübergang $i\in N$ und damit den für

$j \in \mathbb{N}$ durchführen. ■

Zum Schluß führen wir noch einen Operator vor, bei dem keine Iterierte T^n die Eigenschaft (B) besitzt, der jedoch die Voraussetzung von (19) erfüllt. Dazu nimmt man $X \equiv [0,1]$ und schreibt dafür $X = \cup\{[2^{-i}, 2^{-(i-1)}] \mid i \in \mathbb{N}\} \cup \{0\}$. Einen Operator $T: X \to X$ definieren wir durch $T(0)=0$ und

$$Tx \equiv \begin{cases} 2^{-(i+1)} & \text{für } x \in [2^{-i}, 2^{-(i+1)}(i+2)^{-1}(3i+5)] \\ (i+3)^{-1}(i+2)(x-2^{-(i-1)}) & \text{für } x \in [2^{-(i+1)}(i+2)^{-1}(3i+5), \\ & \qquad 2^{-(i-1)}] \end{cases}$$

für jedes $i \in \mathbb{N}$. T ist auf X nichtfallend und stetig. Also ist 0 der einzige Fixpunkt.

Man wählt nun $x \in [2^{-i}, 2^{-(i-1)}]$ und $y \in [2^{-j}, 2^{-(j-1)}]$ und hat alle Fälle $j \geq i$ bzw. $j \leq i$ zu diskutieren. Resultat ist

$$|Tx - Ty| \leq (i+4)^{-1}(i+3)|x-y| \quad \forall\ x,y \in X.$$

Für $q \equiv 1/2$ ist die Voraussetzung von (19) mit $n(x)=i+3$ für jedes $x \in [2^{-i}, 2^{-(i-1)}]$ und jeder natürlichen Zahl größer als 1 für $n(0)$ erfüllt.

2.2 Existenz von Lösungen bei Abel-Liouvilleschen Integralgleichunge

Den Fixpunktsätzen für kontraktive Operatoren begegnet man oft dann, wenn die Existenz von Lösungen bei Evolutionsgleichungen nachgewiesen werden soll. Dabei führt man diese Probleme meist in eine äquivalente Integralgleichung über. Bekanntestes Beispiel ist die Anfangswertaufgabe für explizite gewöhnliche Differentialgleichungen,

$$u'(t) = f(t,u(t)), t \in [0,a],\ u(0) \equiv v_0,$$

die aufgrund des Hauptsatzes 1.2.(33) der Differentialrechnung äquivalent ist zu

$$u(t) = v_0 + \int_0^t f(s,u(s))ds,\ t \in [0,a].$$

Wir zeigen in diesem Abschnitt, wie man mit Hilfe des Satzes 1.(2) die Existenz von Lösungen bei etwas allgemeineren Problemen, nämlich <u>Abel-Liouvilleschen Integralgleichungen</u>

$$(1) \qquad u(t) = v(t) + (\Gamma(\mu))^{-1} \int_0^t (t-s)^{\mu-1} f(t,s,u(s))ds,\ t \in [0,a],$$

erhält. Dabei ist $\mu \in (0,1]$, Γ bedeutet die Gamma-Funktion. Mit $\mu \equiv 1$ und $v(t) \equiv v_0, t \in [0,a]$ erhält man die ursprüngliche Aufgabe.

Beim Nachweis der Existenz einer Lösung von (1) werden wir die folgenden Bezeichnungen und Voraussetzungen verwenden:

(2) Mit $a'>0$ bedeutet $I' \equiv [0,a']$ und es sei $v \in C(I',R^n)$

(3) Mit $b>0$ bedeutet $L \equiv \{z \mid z \in R^n, \|z-v(s)\| \leq b, s \in I'\}$, ferner $\Delta' \equiv \{(t,s) \mid t,s \in I', 0 \leq s \leq t\}$ sowie $P \equiv \Delta' \times L$ und es sei $f \in C(P,R^n)$.

(4) $\max\{\|f(t,s,z)\| \mid (t,s,z) \in P\} \leq \alpha$

(5) $s^{\mu}\|f(t,s,z_1)-f(t,s,z_2)\| \leq \Gamma(\mu)\|z_1-z_2\| \;\forall (t,s,z_1),(t,s,z_2) \in P$

Aufgrund der Äquivalenz aller Normen auf R^n ergibt sich dort und auf $C(I,R^n)$ unabhängig von der speziellen Wahl von $\|.\|$ auf R^n stets dieselbe Topologie.

Das Ziel ist, mit Hilfe von (2) bis (5) die Voraussetzungen von 1.(2) bei (1) zu verifizieren. Im ersten Schritt beschreiben wir eine Teilmenge von $C(I,R^n)$, die den Forderungen von 1.(2) entspricht. Dazu wird

$$a \equiv \min\{a', (\Gamma(\mu+1)\tfrac{b}{M})^{1/\mu}\}, \quad I \equiv [0,a],$$

gesetzt und mit v aus (1) definiert

$$M \equiv \{w \mid w \in C(I,R^n), w(0)=v(0), \sup\{\|w(t)-v(t)\| \mid t \in I\} \leq b\}.$$

Es ist $M \neq \emptyset$, denn $v|I \in M$. Gemäß (1) wird der Operator $T:M \to C(I,R^n)$ definiert durch

(6) $$Tw(t) \equiv v(t)+(\Gamma(\mu))^{-1}\int_0^t (t-s)^{\mu-1} f(t,s,w(s))ds, \quad t \in I.$$

Wir bemerken, daß $Tw(0)=v(0)$ ist und mit (4) gilt

$$\max\{\|Tw(t)-v(t)\| \mid t \in I\} \leq \max\{\alpha(\Gamma(\mu))^{-1}\int_0^t (t-s)^{\mu-1}ds \mid t \in I\}$$

$$= \alpha(\Gamma(\mu+1))^{-1} \max\{t^{\mu} \mid t \in I\} \leq \alpha(\Gamma(\mu+1))^{-1}a^{\mu} \leq b.$$

Also ist $T(M) \subset M$ und wir setzen $X \equiv T(M)$, was natürlich auch $T:X \to X$ bedeutet.

Für die Menge X ist nun eine passende Metrik zu finden. Dazu zeigen wir als nächstes

(7) $t^{-\mu}\|w_1(t)-w_2(t)\| \to 0 \;(t \to 0), \quad w_1,w_2 \in X.$

Zur Vereinfachung der Schreibweise wird die Funktion $\omega:[0,\infty) \to [0,\infty)$ eingeführt durch

$$\omega(r) \equiv \sup\{\|f(t_1,s_1,z_1)-f(t_2,s_2,z_2)\| \mid p(r)\}, \quad r \geq 0,$$

$p(r)$: $(t_i,s_i,z_i)\in P$, $\max\{|t_1-t_2|,|s_1-s_2|,\|z_1-z_2\|\}\le r$, $i=1,2$.

Dabei stellt man fest:

(8) $\omega(0) = 0$

(9) ω <u>ist stetig in</u> 0 <u>und monoton wachsend</u>

(10) $\|f(t,s,z_1)-f(t,s,z_2)\| \le \omega(\|z_1-z_2\|) \ \forall \ (t,s,z_i)\in P, i=1,2$

(11) $\|f(t_1,s,z)-f(t_2,s,z)\| \le \omega(|t_1-t_2|) \ \forall \ (t_i,s,z)\in P, i=1,2$

Zu beliebigem $w_1,w_2\in X$ gibt es $u_1,u_2\in M$ mit $w_i=Tu_i, i=1,2$. Mit Hilfe von (10) bzw. (9) erhält man sodann für jedes $t\in I$

$$\begin{aligned}
&\|Tu_1(t)-Tu_2(t)\| \\
&\le (\Gamma(\mu))^{-1}\int_0^1 (t-s)^{\mu-1}\|f(t,s,u_1(s))-f(t,s,u_2(s))\|ds \\
&\le (\Gamma(\mu))^{-1}\int_0^1 (t-s)^{\mu-1}\omega(\|u_1(s)-u_2(s)\|)ds \\
&\le (\Gamma(\mu+1))^{-1}\omega(\max\{\|u_1(s)-u_2(s)\|\,|0\le s\le t\})t^{\mu}
\end{aligned}$$

Da $u_1(0)=u_2(0)=v(0)$, können (6), (7) herangezogen werden mit dem Resultat

$$\omega(\max\{\|u_1(s)-u_2(s)\|\,|0\le s\le t\}) \to 0 \ (t\to 0).$$

Dies beweist mit der vorangehenden Relation auch gleich (7). Nun sieht man, daß auf X durch

(12) $d(u,w) \equiv \sup\{t^{-\mu}\|u(t)-w(t)\|\,|t\in I\setminus\{0\}\}$, $u,w\in X$,

eine Metrik d eingeführt werden kann.

Der metrische Raum (X,d) ist so bestimmt worden, daß $T:X\to X$ erfüllt ist. Als nächstes zeigen wir, daß T die Kontraktionsbedingung 1.(1) auf X erfüllt.

Für beliebige, aber verschiedene $w_1,w_2\in X$ ist entweder $Tw_1=Tw_2$, in welchem Falle 1.(1) trivialerweise erfüllt ist, oder wir haben $d(Tw_1,Tw_2)>0$. Trifft das zu, so definieren wir $\varphi:I\to[0,\infty)$ durch

$$\varphi(t) \equiv \begin{cases} 0 \text{ für } t=0, \\ t^{-\mu}\|w_1(t)-w_2(t)\| \text{ für } t\in I\setminus\{0\}. \end{cases}$$

Weil I kompakt und φ stetig ist, gibt es aufgrund von (12) ein $t_1\in I\setminus\{0\}$, so daß

$$t_1^{-\mu}\|Tw_1(t_1)-Tw_2(t_1)\| = d(Tw_1,Tw_2).$$

Damit hat man die Kontraktivität:

$$d(Tw_1,Tw_2) \le (\Gamma(\mu) t_1^{\mu})^{-1}\Gamma(\mu+1)\int_0^{t_1}(t_1-s)^{\mu-1}\varphi(s)ds$$

$$< (\mu t_1^{-\mu}\int_0^{t_1}(t_1-s)^{\mu-1}ds)d(w_1,w_2) = d(w_1,w_2).$$

Um die Existenz eines Punktes $y\in X$ nachzuweisen, bei dem die Folge $(T^i y)$ einen Häufungspunkt in X besitzt, ziehen wir den Satz 1.1.(50) von Arzela-Ascoli heran. Zuerst behandeln wir die Gleichstetigkeit der Funktionen aus X. Dazu werden $t_1,t_2\in I$ mit $t_1\le t_2$ und $w\in M$, d.h. $T(w)\in X$, gewählt.

$$\|Tw(t_2)-Tw(t_1)\| \le \|v(t_2)-v(t_1)\|$$

$$+(\Gamma(\mu))^{-1}\int_0^{t_1}|(t_2-s)^{\mu-1}-(t_1-s)^{\mu-1}|\|f(t_2,s,w(s))\|ds$$

$$+(\Gamma(\mu))^{-1}\int_0^{t_1}(t_1-s)^{\mu-1}\|f(t_2,s,w(s))-f(t_1,s,w(s))\|ds$$

$$+(\Gamma(\mu))^{-1}\int_{t_1}^{t_2}(t_2-s)^{\mu-1}\|f(t_2,s,w(s))\|ds$$

$$\le \|v(t_2)-v(t_1)\|+(\Gamma(\mu+1))^{-1}\alpha((t_2-t_1)^{\mu}-(t_2^{\mu}-t_1^{\mu}))$$

$$+(\Gamma(\mu+1))^{-1}\omega(|t_1-t_2|)t_1^{\mu}+\alpha(\Gamma(\mu+1))^{-1}(t_2-t_1)^{\mu}$$

$$\le \|v(t_2)-v(t_1)\|+\alpha(\Gamma(\mu+1))^{-1}(2(t_2-t_1)^{\mu}-(t_2-t_1)^{\mu})$$

$$+a^{\mu}(\Gamma(\mu+1))^{-1}\omega(|t_2-t_1|).$$

Hierbei wurden (4) und (11) verwendet. Weil die Ungleichung bezüglich t_1,t_2 symmetrisch ist, gilt sie auch für $t_2<t_1$. Damit haben wir gezeigt, daß $T(M)=X$ insgesamt eine Familie gleichstetiger Funktionen auf I ist. Speziell trifft das natürlich für $\{T^i w|i\in N\}$ mit jedem $w\in M$ zu. Außerdem haben wir für jedes $t\in I$

$$\|T^i w(t)\| \le \|T^i w(t)-v(t)\|+\|v(t)\| \le b+\|v\|_C.$$

Die Voraussetzungen von 1.1.(50) sind hiermit bei $\{T^i w|i\in N\}, w\in M$, verifiziert und wir haben deshalb die Existenz einer Teilfolge $N'\subset N$ und von $u_0\in M$, so daß

(14) $\|T^{i'}w-u_0\|_C \to 0 (i'\in N')$.

Dieses Resultat verwenden wir, um die Konvergenz $T^{i'}w\to Tu_0 (i'\in N')$ im Sinne der Metrik (12) auf X zu beweisen. Für jedes $t>0$ gilt:

$$t^{-\mu}\|T^{i'+1}w(t)-Tu_0(t)\|$$
$$\leq (t^{\mu}\Gamma(\mu))^{-1}\int_0^t (t-s)^{\mu-1}\|f(t,s,T^{i'}w(s))-f(t,s,u_0(s))\|ds$$
$$\leq (t^{\mu}\Gamma(\mu))^{-1}\left(\int_0^t (t-s)^{\mu-1}ds\right)\omega(\|T^{i'}w-u_0\|_C)$$
$$\leq (\Gamma(\mu+1))^{-1}\omega(\|T^{i'}w-u_0\|_C).$$

Es wurden (9) bzw. (10) verwendet. Im Sinne von (12) bedeutet das

(15) $\quad d(T^{i'+1}w,Tu_0) \leq (\Gamma(\mu+1))^{-1}\omega(\|T^{i'}w-u_0\|_C)$,

was wegen (8), (9) und (14) die gewünschte Konvergenz beweist.

Mit (11) und (15) sind die Voraussetzungen von 1.(2) bei dem Operator T aus (6) verifiziert und wir erhalten, daß Tu_0 einziger und durch sukzessive Approximation $(T^i w)$, $w \in M$, herstellbarer Fixpunkt von T in X ist. Damit ist auch die eindeutige Existenz einer Lösung von (1) auf konstruktive Weise bewiesen.

Zu diesem Existenz- und Konvergenzresultat können noch weitergehende Beobachtungen angestellt werden. Weil für beliebige $w_1,w_2 \in X$ gilt

$$\|w_1-w_2\|_C \leq \sup\{t^{-\mu}\|w_1(t)-w_2(t)\|a^{\mu} \mid t \in I\setminus\{0\}\} = a^{\mu}d(w_1,w_2),$$

haben wir mit der Konvergenz $T^i w \to Tu_0$ $(i \in N)$ im Sinne der Metrik (12) auf X auch die im Sinne von $\|\cdot\|_C$ gezeigt. Mit dieser Überlegung entnimmt man (14) auch noch, daß $u_0 = Tu_0$ und deshalb u_0 der eigentliche Fixpunkt von T in X ist.

Insgesamt haben wir damit: Unter den Voraussetzungen (2) bis (5) an v und f existiert genau ein $u_0 \in C(I,R^n)$ mit $\|u_0(t)-v(t)\| \leq \alpha(\Gamma(\mu+1))^{-1}t^{\mu}$, $t \in I$, das die Integralgleichung (1) löst. Diese Lösung kann mit Hilfe der Methode der sukzessiven Approximation konstruiert werden, d.h., die Folge (u_i)

$$u_i(t) \equiv v(t)+(\Gamma(\mu))^{-1}\int_0^t (t-s)^{\mu-1}f(t,s,u_{i-1}(s))ds, \quad t \in I,$$

konvergiert auf I gleichmäßig gegen u_0.

2.3 Nichtexpansive Operatoren

Ein Operator T, der auf einer Teilmenge S von X die Bedingung

$$d(Tx,Ty) \leq d(x,y) \quad \forall\ x,y \in S$$

erfüllt, heißt nichtexpansiv auf S. Diese Klasse enthält natürlich alle kontraktiven Abbildungen, aber auch die Isometrien von X. Das hat zur Folge, daß nichttriviale Fixpunkte bei nichtexpansiven Operatoren nur unter einschneidenden zusätzlichen Bedingungen an die metrischen Räume nachgewiesen werden können.

Die erste Einschränkung besteht darin, daß die weiteren Untersuchungen in einem Banach-Raum E oder einer Teilmenge S davon durchgeführt werden müssen. In diesem Falle ist $T:S\to E$ nichtexpansiv auf S, wenn gilt

(1) $\quad \|Tx-Ty\| \le \|x-y\| \;\forall\, x,y\in S.$

Eine Schlüsselrolle werden die Forderung nach schwacher lokaler Kompaktheit von E sowie mit der Konvexität verbundene geometrische Eigenschaften von E bzw. seinen Teilmengen spielen.

Der erste Fixpunktsatz dient als Grundlage für entsprechende Resultate bei nichtexpansiven Operatoren. Seine Voraussetzungen werden dann durch einfacher überprüfbare Bedingungen ersetzt werden. Wir benötigen dazu die folgende Beziehung zwischen Teilmengen $S\subset E$ und Operatoren $T:S\to E$:

(2) Jede nichtleere, abgeschlossene, konvexe Teilmenge $M\subset S$ mit $\mathrm{diam}(M)>0$ und $T(M)\subset M$ besitzt eine nichtleere, abgeschlossene, konvexe echte Teilmenge G mit $T(G)\subset G$.

Nun wird behauptet:

(3) E sei reflexiv, $S\subset E$ nichtleer, abgeschlossen, beschränkt und konvex. Ferner erfüllen S und $T:S\to S$ die Bedingung (2). Dann besitzt T einen Fixpunkt in S.

Beweis: Mit k bezeichnen wir die durch die Inklusion geordnete Menge der nichtleeren, abgeschlossenen, konvexen Teilmengen von S, die von T in sich abgebildet werden. Wir haben $k\neq\emptyset$, weil $S\in k$ ist. Bedeutet k_0 eine beliebige Kette in k, so ist klar, daß jeweils endlich viele Elemente aus k_0 einen nichtleeren Durchschnitt besitzen. Wegen 1.1.(44) hat man dann $D = \cap\{M|M\in k_0\}\neq\emptyset$. Dabei ist D abgeschlossen und konvex, aus $T(M)\subset M$ bei allen $M\in k_0$ folgt ferner $T(D)\subset\cap\{T(M)|M\in k_0\}\subset D$. Damit haben wir $D\in k$ gezeigt, was bedeutet, daß D eine untere Schranke für k_0 ist.

Mit dem Zornschen Lemma 1.1.(55) folgt nun, daß k ein minimales Element K hat. Wäre diam (K)>0, so gäbe es aufgrund von (2) eine echte Teilmenge von K, die selbst in k enthalten ist. Dies stünde jedoch im Widerspruch dazu, daß K minimal in $\mathfrak{k}$ ist. Also ist diam(K)=0, was heißt, daß K aus genau einem Punkt besteht. Dieser ist wegen $T(K)\subset K$ ein Fixpunkt von T. ∎

Man beachte, daß (3) nicht nur für nichtexpansive Operatoren gilt. Die Beobachtung, daß die Bedingung (2) für eine Menge S und einen Operator T bestehen bleibt, wenn man S durch eine abgeschlossene, konvexe Teilmenge $K\subset S$ mit $T(K)\subset K$ ersetzt, nützen wir aus, um die Forderung der Beschränktheit von S in (2) durch die etwas schwächere Bedingung, daß $(T^i w)$ für ein $w\in S$ beschränkt sei, zu ersetzen. Wir zeigen vorweg, wie man bei nichtexpansiven Operatoren zu $(T^i w)$ eine beschränkte Teilmenge von S konstruiert, die im übrigen die gleichen Eigenschaften wie S besitzt.

(4) $S\subset E$ <u>sei nichtleer, abgeschlossen und konvex</u>, $T:S\to S$ <u>sei nichtexpansiv auf</u> S <u>und es gebe</u> $w\in S$ <u>und</u> $r>0$ <u>mit</u> $\operatorname{diam}(\{T^i w\mid i\in N_0\})\le r$. <u>Dann gibt es eine nichtleere, abgeschlossene, beschränkte und konvexe Teilmenge</u> $B(S)\subset S$ <u>mit</u> $T(B(S))\subset B(S)$ <u>und</u> $\operatorname{diam}(B(S))\le 2r$.

<u>Beweis</u>: Jede Menge

$$G_k \equiv \cap\{B(T^i w,r)\cap S\mid i\in N_0, i\ge k\},\ k\in N_0,$$

ist abgeschlossen und konvex, weiter ist $G_k\subset G_{k+1}$ klar.

Aus der Voraussetzung entnimmt man, daß $\|T^k(T^j w)-T^k w\|\le r$ für alle $j,k\in N_0$, was $T^{k+j}w\in B(T^k w,r)\cap S$ für alle $j,k\in N_0$ bedeutet. Mit $G_k\subset G_{k+1}$ folgt $T^{k+j}w\in G_k$ für alle $j,k\in N_0$. Insbesondere hat man damit $G_k\neq\emptyset$, $k\in N_0$.

Nun sieht man sich $V\equiv\cup\{G_k\mid k\in N_0\}$ an. Klar ist, daß diese Menge nichtleer und wegen $G_k\subset G_{k+1}$ und der Konvexität der G_k ebenfalls konvex ist. Ferner ist $V\subset\cup\{B(T^j w,r)\mid j\in N_0\}$, woraus $\operatorname{diam}(V)\le 2r$, also die Beschränktheit von V, folgt. Mit (1) folgt schließlich für jedes $z\in B(T^j w,r)\cap S$, daß

$$\|T^{j+1}w-Tz\| \le \|T^j w-z\| \le r,\ j\in N_0,$$

was sogleich $T(G_k)\subset\cap\{T(B(T^j w,r)\cap S)\mid j\ge k\}\subset G_{k+1}$ nach sich zieht. Damit erhalten wir weiter

$$T(V) \subset \cap\{T(G_k)\mid k\in N_0\} \subset \cup\{G_{k+1}\mid k\in N_0\} \subset V.$$

Insgesamt haben wir jetzt, daß V nichtleer und konvex mit $T(V)\subset V$ und $\operatorname{diam}(V)\le 2r$ ist. Diese Eigenschaften bleiben beim Übergang zu $\overline{V}$ erhalten, so daß $B(S)\equiv\overline{V}$ die behaupteten Eigenschaften besitzt. ∎

Der angekündigte Fixpunktsatz ergibt sich nun als einfaches Korollar.

(5) E sei reflexiv, $S \subset E$ nichtleer, abgeschlossen und konvex sowie $T: S \to S$ nichtexpansiv auf S. Ferner erfüllen S und T die Bedingung (2) und für ein $w \in S$ sei $\{T^i w \mid i \in N\}$ beschränkt. Dann besitzt T einen Fixpunkt in S.

Beweis: Es gibt $r>0$ mit $\{T^i w \mid i \in N_0\} \subset B(w, r/2)$, daher können wir zu $(T^i w)$ die Menge B(S) aus (4) bilden. Weil (2) für S und T vorliegt, erfüllen B(S) und T ebenfalls diese Bedingung. Nun folgt die Behauptung aus (3), angewandt auf B(S) und T. ∎

Die unter beweistechnischen Gesichtspunkten formulierte Bedingung (2) kann man durch leichter zugängliche Forderungen ersetzen, indem man weitere Eigenschaften entweder beim Operator T oder bei der Teilmenge $S \subset E$ voraussetzt. Wir führen ein Beispiel dafür an, wie strengere Voraussetzungen an T aussehen können, verfolgen dies aber anschließend nicht weiter. Es handelt sich um die Existenz von Folgen $(T^i w)$ mit "kleinem" Durchmesser.

(6) E sei reflexiv, $S \subset E$ nichtleer, abgeschlossen und konvex sowie $T: S \to S$ nichtexpansiv auf S. Ferner gebe es in jeder nichtleeren, abgeschlossenen, konvexen Teilmenge $G \subset S$ mit $\operatorname{diam}(G) > 0$ und $T(G) \subset G$ ein $w \in G$, so daß $\{T^i w \mid i \in N_0\}$ beschränkt ist mit $r \equiv \operatorname{diam}(\{T^i w \mid j \in N_0\}) < 2^{-1} \operatorname{diam}(G)$. Dann erfüllen S und T die Bedingung (2).

Beweis: Es sei $G \subset S$ eine Teilmenge mit den genannten Eigenschaften. Dazu bilden wir die Menge B(G) aus (4). Weil $\operatorname{diam}(B(G)) \leq 2r < \operatorname{diam}(G)$ ausfällt, ist B(G) eine echte Teilmenge von G, die nach (4) alle in (2) geforderten Eigenschaften besitzt. ∎

Man sieht übrigens bei (5), daß die Voraussetzungen (6) schon ausreichen, um die Existenz eines Fixpunktes von T in S nachzuweisen.

Nun wird eine recht handliche, mit (2) in Zusammenhang stehende Eigenschaft von Teilmengen von E vorgestellt. Man sagt, $S \subset E$ besitze normale Struktur, wenn gilt:

(7) Jede nichtleere, abgeschlossene, beschränkte, konvexe Teilmenge $G \subset S$ mit $\operatorname{diam}(G) > 0$ enthält ein $w \in G$, so daß $\sup\{\|w-z\| \mid z \in G\} < \operatorname{diam}(G)$ ausfällt.

Zu jeder der genannten Teilmengen von S muß es also einen Ball geben, der sie ganz enthält, wobei sein Mittelpunkt in ihr liegt und sein Radius kleiner ist als ihr Durchmesser. Klar ist, daß jede abgeschlossene, konvexe Teilmenge einer Menge mit normaler Struktur ebenfalls diese Eigenschaft hat. Andererseits gibt es Mengen, die nicht von normaler Struktur sind, wie z.B. in $E\equiv C([0,1])$ die Menge $\{x \mid x\in B_E(0,1), x(0)=0, x(1)=1\}$ (Nachweis als Übungsaufgabe).

(8) E sei reflexiv, $S\subset E$ nichtleer, abgeschlossen, beschränkt, konvex und von normaler Struktur sowie $T:S\to S$ nichtexpansiv auf S. Dann erfüllen S und T die Bedingung (2).

Beweis: Weil die Aussage sonst trivial wird, dürfen wir annehmen, daß es eine nichtleere, abgeschlossene, konvexe Teilmenge $G\subset S$ mit $\operatorname{diam}(G)>0$ und $T(G)\subset G$ gibt. Mit S ist auch G beschränkt, wegen der normalen Struktur von S gibt es dann $w\in G$ mit $r\equiv\{\sup\|w-z\| \mid z\in G\}<\operatorname{diam}(G)$. Setze nun

(9) $\quad M \equiv \{z \mid z\in G, G\subset B(z,r)\}$.

Zumindest w gehört zu M, also ist $M\neq\emptyset$. Daß M abgeschlossen und konvex ist, kann man schnell nachprüfen. Schließlich zieht $r<\operatorname{diam}(G)$ nach sich, daß es $u,v\in G$ mit $\|u-v\|>r$ gibt. Deshalb sind $u,v\notin M$, M ist eine echte Teilmenge von G.

Im Falle $T(M)\subset M$ sind wir damit fertig. Sonst muß es $y\in M$ mit $Ty\in S\setminus M$ geben. Anstelle M betrachten wir bei diesem Sachverhalt die Menge $Y\equiv G\cap B(Ty,r)$. Da $y\in M\subset G$ und $T(G)\subset G$ sind, folgt $Ty\in G$, also $Y\neq\emptyset$. Die Abgeschlossenheit und Konvexität von Y sind klar. Mit $Ty\in G\setminus M$ entnimmt man aus (9) die Existenz von $v\in G$ mit $\|Ty-v\|>r$, was $v\in G\setminus Y$ nach sich zieht. Y ist somit eine echte Teilmenge von G. Schließlich haben wir für jedes $z\in Y$ wegen $Y\subset G$ und $T(G)\subset G$, daß $Tz\in G$ ist. Andererseits war $y\in M$, also $\|z-y\|\leq r$. Mit (1) folgt noch $\|Tz-Ty\|\leq r$, was $Tz\in Y$ bzw. $T(Y)\subset Y$ bedeutet. ∎

Die Sätze (3) und (8) geben zusammen den zentralen Fixpunktsatz dieses Abschnittes.

(10) E sei reflexiv, $S\subset E$ nichtleer, abgeschlossen, beschränkt, konvex und von normaler Struktur sowie $T:S\to S$ nichtexpansiv auf S. Dann besitzt T einen Fixpunkt in S.

Die S betreffenden Voraussetzungen dieses Satzes können nicht wesentlich abgeschwächt werden. Nehmen wir nämlich für S die offene Menge $K_E(0,1)$ und definieren den Operator T auf S durch $Tx\equiv x/2+a/2$, $x\in S$, mit einem Einheitsvektor $a\in E$, so ist klar, daß $T:S\to S$ zwar nichtexpansiv ist, jedoch keinen Fixpunkt in S besitzt. Wenn S nicht beschränkt ist, also z.B. aus E selbst besteht, so ist jede Translation auf E als Isometrie eine nichtexpansive Abbildung von E in sich, besitzt aber keinen Fixpunkt. Hätten wir sodann $S\equiv\{a,b\}$ mit $a\neq b$ aus E und erklärten T durch $Ta\equiv b, Tb\equiv a$, so hätten wir eine isometrische also nichtexpansive Abbildung von S in sich, die jedoch ebenfalls keinen Fixpunkt in S besitzt. Nehmen wir schließlich $E\equiv C([0,1])$ und wählen $S\equiv\{x \mid x\in B_E(0,1), x(0)=0, x(1)=1\}$, also eine abgeschlossene, beschränkte und konvexe Menge, so ist der Operator T mit $Tx(t)\equiv tx(t), t\in[0,1], x\in S$, zwar nichtexpansiv auf S, hat dort jedoch keinen Fixpunkt. Da $C([0,1])$ nicht reflexiv ist und S nicht normale Struktur hat (Übungsaufgabe), zeigt das letzte Beispiel, daß man nicht gleichzeitig auf diese beiden Voraussetzungen verzichten kann. Jedoch scheint nicht bekannt zu sein, ob immerhin eine dieser Forderungen fortgelassen oder wenigstens abgeschwächt werden kann.

Angesichts der Bedeutung der Strukturbedingung (7) geben wir jetzt zwei wichtige Kriterien dafür an.

(11) Jede nichtleere, kompakte und konvexe Teilmenge S von E besitzt normale Struktur.

Beweis: Wir nehmen an, die Behauptung sei falsch, d.h., es gebe eine nichtleere, kompakte und konvexe Menge $G\subset S$ mit $\text{diam}(G)>0$, so daß

(12) $\sup\{\|y-z\| \mid z\in G\} = \text{diam}(G) \;\; \forall\; y\in G.$

Zu beliebigem $x_1\in G$ gäbe es dann aufgrund der Kompaktheit von G ein $x_2\in G$ mit $\|x_1-x_2\|=\text{diam}(G)$. Nun geht man davon aus, es seien $x_1,\ldots,x_n\in G$ mit $\|x_i-x_j\|=\text{diam}(G)$ für $i,j=1,\ldots,n$ und $i\neq j$ gefunden worden. Weil G konvex ist, folgt aus $x_1,\ldots,x_n\in G$, daß auch $w\equiv n^{-1}(x_1+\ldots+x_n)\in G$ ist. Die Annahme (12) bedeutete, daß $\sup\{\|w-z\| \mid z\in G\}=\text{diam}(G)$ ausfällt. Wegen der Kompaktheit haben wir dann die Existenz von $x_{n+1}\in G$ mit $\|w-x_{n+1}\|=\text{diam}(G)$. Also ist

$$\text{diam}(G) = \Big\|\frac{1}{n}\sum_{j=1}^{n}(x_{n+1}-x_j)\Big\| \le \frac{1}{n}\sum_{j=1}^{n}\|x_{n+1}-x_j\| \le \text{diam}(G)$$

woraus $\|x_{n+1}-x_j\|=\text{diam}(G), j=1,\ldots,n$, folgt. Damit wurde gezeigt, daß (12) die Existenz einer Folge $(x_i)\subset G$ mit $\|x_i-x_j\|=\text{diam}(G)>0$ für alle $i,j\in\mathbb{N}$ mit $i\neq j$ nach sich zöge. Das stünde jedoch im Widerspruch zu der Kompaktheit von G. ∎

(13) Jeder gleichmäßig konvexe B-Raum E besitzt normale Struktur.

Beweis: G sei eine nichtleere, abgeschlossene, beschränkte, konvexe

Teilmenge von E mit diam(G)>0. Dann gibt es $x_1,x_2 \in G$ mit $x_1 \neq x_2$ und $\|z-x_1\| \leq \mathrm{diam}(G), \|z-x_2\| \leq \mathrm{diam}(G)$ für alle $z \in G$. Setzt man $y \equiv 2^{-1}(x_1+x_2)$, so folgt aufgrund der gleichmäßigen Konvexität 1.1.(17) für jedes $z \in G$ die Existenz von $\delta \in (0,1)$ mit

$$\|z-y\| = \|2^{-1}((z-x_1)+(z-x_2))\| \leq (1-\delta)\mathrm{diam}(G).$$

Das bedeutet $\sup\{\|z-y\| \mid z \in G\} < \mathrm{diam}(G)$, womit (7) nachgewiesen ist. ■

Mit (11) und (13) ergeben sich jeweils Varianten des Fixpunktsatzes (10), die wir jedoch nicht extra formulieren.

Kontraktive Operatoren können höchstens einen Fixpunkt haben. Weil die Identität nichtexpansiv ist, liegt auf der Hand, daß jene Eigenschaft bei den hier behandelten Operatoren verloren geht. Über die Struktur der <u>Fixpunktmenge</u> $\mathrm{fix}(T) \equiv \{x \mid x \in D(T), x=Tx\}$ erhalten wir das folgende Ergebnis.

(14) E <u>sei strikt normiert</u>, $S \subset E$ <u>konvex sowie</u> $T:S \to E$ <u>nichtexpansiv auf</u> S. <u>Dann ist</u> fix(T) <u>konvex und in</u> S <u>relativabgeschlossen</u>.

<u>Beweis</u>: Die Abgeschlossenheit ist mit der Stetigkeit nichtexpansiver Operatoren klar. Nun wählt man beliebige $x_1,x_2 \in \mathrm{fix}(T)$ und setzt $x_\alpha \equiv (1-\alpha)x_1+\alpha x_2, \alpha \in (0,1)$. Mit (1) folgen dann die Relationen

(15) $\|x_1-Tx_\alpha\| \leq \|x_1-x_\alpha\| = \alpha\|x_1-x_2\|$

(16) $\|x_2-Tx_\alpha\| \leq \|x_2-x_\alpha\| = (1-\alpha)\|x_1-x_2\|$

(17) $\|x_1-x_2\| \leq \|x_1-Tx_\alpha\|+\|Tx_\alpha-x_2\| \leq \|x_1-x_2\|$

Aus (17) folgt mit der strikten Normierung 1.1.(21) von E, daß es $a>0$ gibt mit $x_1-Tx_\alpha=a(Tx_\alpha-x_2)$. Daraus berechnen wir

$$Tx_\alpha = (1-b)x_1+bx_2, \; b \equiv a(1+a)^{-1},$$

womit wir $b \leq \alpha$ aus (15) und $1-b \leq 1-\alpha$ aus (16) entnehmen. Zusammen ergibt das $b=\alpha$ oder $x_\alpha=Tx_\alpha$, also $x_\alpha \in \mathrm{fix}(T)$ für jedes $\alpha \in (0,1)$. ■

In allgemeinen B-Räumen ist diese Behauptung nicht immer richtig. Dazu nehmen wir als Beispiel eines nicht strikt normierten B-Raumes den R^2 mit der Norm $\|x\| \equiv \max\{|x_1|,|x_2|\}, x \equiv (x_1,x_2)$. Der Operator $T: R^2 \to R^2$ mit $Tx \equiv (|x_1|,x_1)$ ist nichtexpansiv auf R^2 und hat $\mathrm{fix}(T) = \{(1,1),(1,-1)\}$. Man sieht, daß (1,0) kein Fixpunkt von T, also fix(T) nicht konvex ist.

Mit Hilfe dieses Satzes kann man die Frage nach gemeinsamen Fixpunkten mehrerer Operatoren, die auf derselben Menge nichtexpansiv sind, angehen. Dabei heißt eine Familie von Operatoren $\{T_\lambda | T_\lambda : S \to S, \lambda \in \Lambda\}$ eine kommutative Familie, wenn $T_\mu \circ T_\lambda = T_\lambda \circ T_\mu$ für alle $\lambda, \mu \in \Lambda$ gilt.

(18) E sei reflexiv und strikt normiert, $S \subset E$ nichtleer, abgeschlossen, beschränkt, konvex und von normaler Struktur sowie $\mathcal{T} \equiv \{T_\lambda | T_\lambda : S \to S$ nichtexpansiv auf $S, \lambda \in \Lambda\}$ eine kommutative Familie. Dann besitzt $\mathcal{T}$ einen gemeinsamen Fixpunkt in S.

Beweis: Aus (10) und (14) sowie der Abgeschlossenheit von S ist ersichtlich, daß $\mathrm{fix}(T_\lambda)$ für jedes $\lambda \in \Lambda$ eine nichtleere, abgeschlossene, konvexe Teilmenge von S ist. Angesichts 1.1.(44) genügt es also zu zeigen, daß $\{\mathrm{fix}(T_\lambda) | \lambda \in \Lambda\}$ die Endliche-Durchschnitte-Eigenschaft besitzt.

Man bemerkt außerdem, daß jedes $\mathrm{fix}(T_\lambda)$ aufgrund der entsprechenden Eigenschaften von S beschränkt ist und normale Struktur hat. Wird nun $\mu \in \Lambda$ und $w \in \mathrm{fix}(T_\mu)$ beliebig ausgewählt, so hat man für jedes $\lambda \in \Lambda$

(19) $T_\mu(T_\lambda w) = T_\lambda(T_\mu w) = T_\lambda w,$

was $T_\lambda(\mathrm{fix}(T_\mu)) \subset \mathrm{fix}(T_\mu)$ bedeutet. Mit (10) erhalten wir ferner die Existenz eines Fixpunktes von T_λ in $\mathrm{fix}(T_\mu)$, also $\mathrm{fix}(T_\lambda) \cap \mathrm{fix}(T_\mu) \neq \emptyset$. Nun nehmen wir an, für $\mu_1, \ldots, \mu_m \in \Lambda$ sei $F \equiv \cap\{\mathrm{fix}(T_\nu) | \nu = \mu_1, \ldots, \mu_m\} \neq \emptyset$. Offensichtlich ist F abgeschlossen, beschränkt, konvex und von normaler Struktur. Wählen wir zu $\mu_1, \ldots, \mu_m$ noch ein beliebiges weiteres $\lambda \in \Lambda$ aus, so folgt mit (19), daß $T_\lambda(F) \subset F$ ist und daher T_λ aufgrund von (10) einen Fixpunkt in F besitzt. Damit ist induktiv die Endliche-Durchschnitte-Eigenschaft bei $\{\mathrm{fix}(T_\lambda) | \lambda \in \Lambda\}$ nachgewiesen. ∎

Wie bei den kontraktiven Operatoren zeigen wir jetzt noch, daß man bei T auf die Voraussetzung, daß es eine Selbstabbildung ist, verzichten kann, falls man die Konvexität bei der zugrunde liegenden Menge und Randbedingungen für T hinzunimmt.

(20) E sei reflexiv, $M \subset E$ nichtleer, abgeschlossen und konvex, $S \subset M$ nichtleer, abgeschlossen, beschränkt, konvex und von normaler Struktur sowie $T : S \to M$ nichtexpansiv auf S mit $T(\partial S) \subset S$. Dann besitzt T einen Fixpunkt in S.

Beweis: Es darf angenommen werden, daß $\{x | x \in S, K_E(x,r) \cap (M \setminus S) \neq \emptyset \ \forall r > 0\} \neq \emptyset$ ist, weil sonst die Voraussetzungen und die Behauptung identisch mit denen von (10) sind. Der Beweis hält sich so eng wie möglich an den von (10) in (3) und (8).

Mit $\mathcal{k}$ bezeichnen wir diesmal die durch die Inklusion geordnete Menge der nichtleeren, abgeschlossenen, konvexen Teilmengen G von M mit $G\cap S\neq\emptyset$ und $T(G\cap S)\subset G$. Dabei ist $\mathcal{k}\neq\emptyset$, weil $M\in\mathcal{k}$ ist. Wie im Beweis von (3) erschließt man mit dem Zornschen Lemma, daß $\mathcal{k}$ ein minimales Element K besitzt. Dabei darf wieder

$$(21)\quad \partial_K S \equiv \{x\,|\,x\in S, K_E(x,r)\cap(K\setminus S)\neq\emptyset\ \forall\ r>0\} \neq \emptyset$$

angenommen werden, weil sonst $K\subset S$ wäre und für diesen Fall alles bereits in (3) und (8) bewiesen wurde.

Der Beweis ist vollzogen, wenn wir zeigen können, daß $K\cap S$ aus genau einem Punkt x^* besteht. Dann ist entweder $K=\{x^*\}$, womit aus $T(K\cap S)\subset K$ folgt $x^*\in fix(T)$, oder es ist $diam(K)>0$, was aber $x^*\in\partial S$ und wegen $T(\partial S)\subset S$ wieder $x^*\in fix(T)$ bedeutet.

Wir nehmen an, $K\cap S$ enthalte mehr als nur einen Punkt, d.h., es sei $diam(K\cap S)>0$. Weil S normale Struktur hat, gäbe es dann $y\in K\cap S$ mit $r\equiv\sup\{\|y-z\|\,|\,z\in K\cap S\}<diam(K\cap S)$. Damit definieren wir

$$(22)\quad B \equiv \{z\,|\,z\in K, K\cap S\subset B_E(z,r)\}$$

und zeigen, daß B eine echte nichtleere Teilmenge von K ist und zu $\mathcal{k}$ zählt. Das widerspricht der Minimaleigenschaft von K in $\mathcal{k}$ und widerlegt die Annahme, daß $K\cap S$ mehr als einen Punkt enthält.

Zunächst ist klar, daß $y\in B$ ist, also $B\neq\emptyset$. Weil definitionsgemäß $r<diam(K\cap S)$ ist, gibt es $u,v\in K\cap S$, für die $\|u-v\|>r$ ausfällt. Wegen (22) bedeutet das $u,v\in(K\cap S)\setminus B$ und deshalb erst recht, daß B eine echte Teilmenge von K ist. Zum Nachweis von $B\in\mathcal{k}$ kann man zuerst einfach nachrechnen, daß B abgeschlossen und konvex ist. Da $y\in K\cap S$ und $y\in B$, hat man ferner $B\cap S\neq\emptyset$. Es fehlt also nur noch der Nachweis von $T(B\cap S)\subset B$.

Dazu definieren wir $V\equiv B_E(Tx,r)\cap K$ mit beliebigem $x\in B\cap S$. Wenn $V\in\mathcal{k}$ ist, folgt mit der Minimaleigenschaft von K in $\mathcal{k}$ sofort, daß $V=K$ ist. Das bedeutet, daß K und erst recht $K\cap S$ in $B_E(Tx,r)$ enthalten sind, womit $Tx\in B$ klar ist. Sofern wir also $V\subset\mathcal{k}$ zeigen, haben wir aufgrund der willkürlichen Auswahl von $x\in B\cap S$, daß $T(B\cap S)\subset B$ und sind fertig.

Zunächst ist klar, daß V abgeschlossen und konvex ist. Nun erinnern wir an (21) und wählen $y\in\partial_K S$. Dafür gilt auch $y\in K\cap S$ und deshalb $Ty\in K$. Wegen (22) und $x\in B\cap S$ gilt $\|y-x\|\leq r$, was mit (1) zu $\|Tx-Ty\|\leq r$ führt. Mit $Ty\in K$ zeigt dies $Ty\in V$. Auf der anderen Seite entnehmen wir $T(\partial S)\subset S$ und $y\in\partial_K S\subset\partial S$, daß $Ty\in S$ ist. Damit ist $Ty\in S\cap V$ und $S\cap V\neq\emptyset$ Schließlich können wir $u\in S\cap V$ wählen. Natürlich ist dann $u\in K\cap S$ und deshalb $Tu\in K$. Aus (22) entnehmen wir wieder $\|u-x\|\le r$, mit (1) also $\|Tu-Tx\|\le r$. Zusammen liefert das $Tu\in V$ für beliebiges $u\in S\cap V$ oder $T(S\cap V)\subset V$. Damit ist $V\in k$ bewiesen. ∎

2.4 Existenz von periodischen Lösungen bei nichtlinearen Evolutionsgleichungen

Auf einem H-Raum $(E,(.,.))$ sei eine Familie dicht definierter, abgeschlossener, linearer Operatoren $A(t):D(A(t))\subset E\to E, t\in I\equiv[0,\infty)$ gegeben, ferner sei $f:I\times E\to E$. Wir betrachten die Evolutionsgleichung

(1) $\quad \frac{du}{dt}(t)+A(t)u(t) = f(t,u(t)),\ t\in I.$

Unter der Voraussetzung, daß A und f bezüglich t die gemeinsame Periode $\omega>0$ besitzen, fragen wir nach der Existenz von periodischen Lösungen dieses Problems.

Dabei muß natürlich gesichert sein, daß (1) überhaupt Lösungen besitzt. Dazu wird vorausgesetzt, daß die homogene lineare Anfangswertaufgabe

$$\frac{du}{dt}(t)+A(t)u(t) = 0, t>s, \qquad u(s) \equiv a\in D(A(s)),$$

für jedes $s\in I$ eine Lösung besitzt. Diese kann in bekannter Weise mit der Abbildung $U(.,s):I\times D(A(s))\to E$ in der Form

$$u(t) = U(t,s)a, t\ge s,$$

dargestellt werden. Unter der Bedingung

(2) $\quad (A(t)u,u) \ge 0\ \forall\ u\in D(A(t)),\quad t\in I,$

ergibt sich $\|U(t,s)\|\le 1$ für alle $t>s$.

Nun bezeichnet man $u\in C(I,E)$ als <u>milde Lösung</u> von (1) zu der Anfangsbedingung $u(0)\equiv a\in E$, wenn folgende Darstellung gilt:

$$u(t) = U(t,0)a+\int_0^t U(t,s)f(s,u(s))ds, t\in I.$$

Die Existenz und Eindeutigkeit dieser Lösungen ist Gegenstand einer umfangreichen Theorie. Wenn z.B. A in (1) fehlt, können Fixpunktsätze aus Abschnitt 2.1 herangezogen werden, wie es in 2.2 angedeutet wurde. Oder es stehen Monotoniemethoden zur Verfügung, worauf wir in Kapitel 5 zurückkommen werden. Der Vollständigkeit halber geben wir hier einfach Bedingungen an, unter denen (1) eine milde Lösung besitzt:

(3) Die Familie $\{A(t) | t \in I\}$ erfülle (2), ferner sei $D(A(t)) = D$ für alle $t \in I$ und die Abbildung $t \to A(t)$ stetig differenzierbar auf I, sowie $D(A(t)^*) \subset D$.

(4) Die Abbildung $f: I \times E \to E$ sei beschränkt und stetig, ferner gelte

(5) $\quad (f(t,u)-f(t,v),u-v) \leq 0 \;\forall\; t \in I,\; u,v \in E.$

Im folgenden setzen wir voraus, daß (1) zu jeder Anfangsbedingung $a \in E$ genau eine milde Lösung u_a besitze, unabhängig davon, unter welchen Voraussetzungen dies geschieht. Unter dieser Annahme behaupten wir:

(6) Wenn A und f die Bedingungen (2) und (5) erfüllen, bezüglich t die Periode $\omega > 0$ besitzen und noch gilt

(7) $\quad \exists\; R>0: (f(t,x),x) < 0 \;\forall\; x \in S_E(0,R), t \in I,$

dann gibt es ein $a \in K_E(0,R)$, so daß die milde Lösung u_a von (1) zu der Anfangsbedingung $u_a(0) \equiv a$ die Periode ω besitzt.

Zum Beweis wollen wir den Fixpunktsatz 3.(10) heranziehen. Dazu wird der Operator $T: B_E(0,R) \to E$ durch $Ta \equiv u_a(\omega), a \in B_E(0,R)$ definiert. Aufgrund der Anfangsbedingung $u_a(0) = a$ reduziert er die Suche nach periodischen Lösungen von (1) darauf, die Existenz von Fixpunkten von T in $B_E(0,R)$ nachzuweisen.

Weil E ein H-Raum ist, muß wegen 3.(13) nur gezeigt werden, daß T eine nichtexpansive Selbstabbildung von $B_E(0,R)$ ist.

Dazu wählt man $a \in B_E(0,R)$. Mit (2) und 1.2.(13) ergibt sich

$$\frac{1}{2}\frac{d}{dt}(\|u_a(t)\|^2) = (\frac{du_a}{dt}(t), u_a(t))$$

$$= (f(t,u_a(t)) - A(t)u_a(t), u_a(t)) \leq (f(t,u_a(t)), u_a(t)).$$

Aus (7) folgt dann, daß $\frac{d}{dt}(\|u_a(t)\|^2) < 0$ ist, falls es ein $t \in [0,\omega]$ gibt mit $\|u_a(t)\| = R$. Das bedeutet $\{u_a(t) | t \in [0,\omega]\} \subset B_E(0,R)$. Damit ist $T(B_E(0,R)) \subset B_E(0,R)$ nachgewiesen.

Unter Verwendung von (2) und (5) erhalten wir außerdem für beliebige $a,b \in B_E(0,R)$ und für jedes $t \in [0,\omega]$:

$$\frac{1}{2}\frac{d}{dt}(\|u_a(t)-u_b(t)\|^2)$$

$$= (f(t,u_a(t)) - f(t,u_b(t)), u_a(t)-u_b(t)) -$$

$$-(A(t)(u_a(t)-u_b(t)),u_a(t)-u_b(t)) \le 0.$$

Daraus entnimmt man, daß $\|u_a(.)-u_b(.)\|$ auf dem Intervall $[0,\omega]$ nichtwachsend ist, insbesondere also gilt:

$$\|u_a(\omega)-u_b(\omega)\| \le \|u_a(0)-u_b(0)\|$$

Dies heißt jedoch $\|Ta-Tb\| \le \|a-b\|$.

2.5 Iterationsverfahren bei nichtexpansiven Operatoren

Auf den Zusammenhang zwischen sukzessiven Approximationen und Fixpunkten nichtexpansiver Operatoren ging Satz 3.(5) ein: Unter weiteren Voraussetzungen folgt aus der Beschränktheit von $(T^i w)$ die Existenz eines Fixpunktes. Besitzt umgekehrt ein nichtexpansiver Operator einen Fixpunkt, so ist die Folge $(T^i w)$ zwar immer beschränkt, über ihre Konvergenz kann im allgemeinen jedoch keine Aussage gemacht werden. Das zeigen Beispiele wie die Spiegelung an einer Geraden bzw. eine Drehung um den Ursprung im R^2, falls man nicht gerade einen Fixpunkt als Startpunkt nimmt. Wenn die sukzessiven Approximationen konvergieren, dann ist ihr Grenzwert aufgrund der Stetigkeit jedes nichtexpansiven Operators ein Fixpunkt. Übrigens trifft diese Beobachtung nicht schon für jeden Häufungspunkt von $(T^i w)$ zu. Das erkennt man, indem man $T:[0,1]\to[0,1]$ mit $Tx \equiv 1-x, x\in[0,1]$, heranzieht.

Notwendige Voraussetzung für die Konvergenz von $(T^i w)$ ist ein entsprechendes Verhalten der Zahlenfolge $(\|T^{i+1}w-T^i w\|)$. Bei einem nichtexpansiven Operator $T:S\subset E\to E$ kann man im allgemeinen nur

$$\|T^{i+1}w-T^i w\| \le \|T^i w-T^{i-1}w\|, \quad w\in S, i\in N,$$

feststellen. Wenn über dieses Nichtwachsen hinaus sogar gilt

(1) $\quad \|T^{i+1}w-T^i w\| \to 0 \ (i\in N) \ \forall\, w\in S,$

dann heißt T <u>asymptotisch regulär</u> auf S. Wie wir sogleich sehen werden, ist diese Eigenschaft allein noch nicht hinreichend, um die Konvergenz der sukzessiven Approximationen zu sichern. Dazu brauchen wir noch die folgende Bedingung.

(2) <u>Für jede abgeschlossene, beschränkte Menge</u> $G\subset S$ <u>ist</u> $\{z \mid z \equiv x-Tx, x\in G\}$ <u>abgeschlossen in</u> E.

Damit erhalten wir den grundlegenden Konvergenzsatz für die sukzessiven Approximationen nichtexpansiver Operatoren.

(3) $S\subset E$ <u>sei abgeschlossen</u>, $T:S\to S$ <u>nichtexpansiv und asymptotisch regulär auf</u> S, <u>ferner gelte die Bedingung</u> (2) <u>und es sei</u> $fix(T)\neq\emptyset$. <u>Dann konvergiert</u> $(T^i w)$ <u>für jedes</u> $w\in S$ <u>gegen einen Fixpunkt von</u> T <u>in</u> S.

<u>Beweis</u>: Wegen 3.(1) ist $(\|T^i w-y\|)$ bei beliebigem $w\in S$ für jedes $y\in fix(T)$ nichtwachsend, womit auch $(T^i w)$ beschränkt ist. Setze $K\equiv cl\{T^i w \mid i\in N_0\}$, dabei ist $K\subset S$ klar. Wegen (2) ist $M\equiv\{z\mid z\equiv x-Tx, x\in K\}$ ebenfalls abgeschlossen, was zusammen mit (1) zeigt, daß $0\in M$ ist. Daher gibt es $u\in K$ mit $u-Tu=0$, also $u\in fix(T)$. Dabei existiert entweder $n\in N$ mit $T^n w=u$, oder es gibt eine Teilfolge $N'\subset N$ mit $T^{i'}w\to u$ $(i'\in N')$. Im ersten Fall ist $T(T^n w)=Tu=u$, also $T^{n+i}w=u$ für alle $i\in N$. Im zweiten Fall folgt die Konvergenz der gesamten Folge $(T^i w)$ in bekannter Weise aus dem Nichtwachsen von $(\|T^i w-u\|)$. ∎

Es ist klar, daß man $fix(T)\neq\emptyset$ in (3) durch passende Voraussetzungen an E,S und T ersetzen kann, dazu wird auf Abschnitt 2.3 verwiesen.

Hier sollen die Bedingungen (1) und (2) näher angesehen werden. Zunächst macht man bei den eingangs genannten Beispielen Spiegelung und Drehung eine weitere Beobachtung: die "modifizierten" sukzessiven Approximationen $((\frac{1}{2}(I+T))^i w)$ konvergieren für jeden Startpunkt w gegen einen Fixpunkt von T. Dies nehmen wir zum Anlaß, um im folgenden etwas allgemeiner neben T die Operatoren

(4) $\quad T_\alpha \equiv \alpha I+(1-\alpha)T, \quad \alpha\in(0,1)$

mit einzubeziehen und ihre Brauchbarkeit im Hinblick auf Satz (3) aufzuzeigen.

(5) E <u>sei gleichmäßig konvex</u>, $S\subset E$ <u>konvex und</u> $T:S\to S$ <u>nichtexpansiv auf</u> S <u>mit</u> $fix(T)\neq\emptyset$. <u>Dann ist</u> $T_\alpha\equiv\alpha I+(1-\alpha)T$ <u>für jedes</u> $\alpha\in(0,1)$ <u>eine nichtexpansive und asymptotisch reguläre Selbstabbildung von</u> S <u>mit</u> $fix(T_\alpha)=fix(T)$.

<u>Beweis</u>: Wähle $\alpha\in(0,1)$. Aus (4) folgt mit der Konvexität von S und $T(S)\subset S$ sogleich $T_\alpha(S)\subset S$. Ferner hat man mit 3.(1)

$$\|T_\alpha x-T_\alpha y\| = \|\alpha(x-y)+(1-\alpha)(Tx-Ty)\| \le \|x-y\| \quad \forall\ x,y\in S.$$

Die Identität $fix(T_\alpha)=fix(T)$ läßt sich einfach nachrechnen. Um (1) bei T_α nachzuweisen, setzen wir $z_i\equiv T_\alpha{}^i w, i\in N_0$, mit beliebigem $w\in S$. Nun wird

(6) $\quad \|T_\alpha{}^{i+1}w-T_\alpha{}^i w\| = \|T_\alpha z_i-z_i\| = (1-\alpha)\|Tz_i-z_i\|.$

Wegen der Nichtexpansivität von T_α ist $(\|T_\alpha^{i+1}w-T_\alpha^i w\|)$ nichtnegativ und nichtwachsend, also konvergent mit einem nichtnegativen Grenzwert. Mit (6) bedeutet das $\|Tz_i-z_i\|\to\gamma\geq 0(i\in N)$. Die Eigenschaft (1) erhalten wir mit Hilfe der Annahme $\gamma>0$.

Das hieße $\|Tz_i-z_i\|\geq\gamma>0, i\in N$. Mit beliebigem $y\in fix(T)$ folgt aus 3.(1), daß $\|Tz_i-y\|\leq\|z_i-y\|, i\in N$. Die gleichmäßige Konvexität 1.1.(18) bringt dann die Existenz von $\delta\in(0,1)$ mit

$$\|\alpha(z_i-y)+(1-\alpha)(Tz_i-y)\| = \|z_{i+1}-y\| \leq (1-\delta)\|z_i-y\|, i\in N.$$

Daraus folgt die Konvergenz $\|z_i-y\|\to 0(i\in N)$, was sofort $\|Tz_i-y\|\to 0(i\in N)$ nach sich zieht. Zusammen hätte man dann auch $\|Tz_i-z_i\|\to 0(i\in N)$, im Gegensatz zur Annahme. Wegen (6) ist damit die gewünschte Bedingung (1) für T_α gezeigt. ∎

Beim Übergang von T zu T_α ergibt sich demnach die asymptotische Regularität bei T_α mit nichtexpansiven Operatoren T von selbst.

(7) E _sei gleichmäßig konvex_, $S\subset E$ _abgeschlossen und konvex sowie_ $T:S\to S$ _nichtexpansiv auf_ S _mit der Eigenschaft_ (2) _und_ $fix(T)\neq\emptyset$. _Dann konvergiert die Folge_ $(T_\alpha^i w)$ _für jedes_ $w\in S$ _und jedes_ $\alpha\in(0,1)$ _gegen einen Fixpunkt von_ T _in_ S.

Beweis: Weil $I-T_\alpha=(1-\alpha)(I-T)$, hat mit T auch T_α die Eigenschaft (2). Die Behauptung ergibt sich nun aus (3) und (5). ∎

Die zentrale Rolle bei den Iterationsverfahren für Fixpunkte nichtexpansiver Operatoren spielt also die Bedingung (2). Ein Kriterium erhält man mit dem folgenden Begriff. Ein Operator $T:S\subset E\to E$ heißt _demikompakt_ auf S, wenn gilt:

(8) _Jede beschränkte Folge_ $(x_i)\subset S$, _bei der_ (x_i-Tx_i) _konvergiert, besitzt eine konvergente Teilfolge_ $(x_{i'})$.

Zwischen der Demikompaktheit und der Stetigkeit von Operatoren besteht kein Zusammenhang.

(9) $T:S\subset E\to E$ _sei demikompakt und stetig auf_ S. _Dann besitzt_ T _die Eigenschaft_ (2).

Beweis: $G\subset S$ sei abgeschlossen und beschränkt. Setze $M\equiv\{z|z\equiv x-Tx, x\in G\}$ und wähle $u\in\overline{M}$. Dann gibt es eine Folge $(x_i)\subset G$ mit $u_i\equiv x_i-Tx_i\to u$ $(i\in N)$. Mit G ist (x_i) beschränkt, wegen (8) gibt es also eine Teilfolge $N'\subset N$ und $x\in E$ mit $x_{i'}\to x(i'\in N')$. G ist abgeschlossen, also $x\in G$. Die Stetigkeit von T führt zu $u_{i'}\to x-Tx(i'\in N')$, was $x-Tx=u$ bedeutet. Damit haben wir $u\in M$, d.h., $\overline{M}\subset M$ und damit M abgeschlossen. ∎

In den Konvergenzsätzen (3) und (7) können wir nun die Bedingung (2) durch die Demikompaktheit von T ersetzen, was natürlich eine gewisse Einschränkung bedeutet. Trotzdem gehen wir mit Kriterien für die Demikompaktheit sogar noch ein wenig weiter in diese Richtung. Immerhin kann man ihnen auch entnehmen, daß die Klasse der demikompakten Operatoren recht reich ist.

(10) $S\subset E$ sei abgeschlossen. Dann ist $T:S\to E$ demikompakt, falls eine der folgenden Bedingungen erfüllt ist:

(i) $T(S)$ relativkompakt

(ii) $M\equiv\{z\,|\,z\equiv x-Tx, x\in S\}$ abgeschlossen, $(I-T)^{-1}$ existiert auf M und ist stetig

(iii) E ist ein H-Raum und für alle $x,y\in S$ gilt
$(Tx-Ty,x-y)\le a\|x-y\|^2$, $1-2a\ge 0$

(iv) E ist ein H-Raum und für alle $x,y\in S$ gilt
$(Tx-Ty,x-y)\le a\|Tx-Ty\|^2$, $1-2a\ge 0$

Beweis: $(x_i)\subset S$ sei beschränkt und (x_i-Tx_i) konvergent, zu beweisen ist jeweils die Existenz einer konvergenten Teilfolge $(x_{i'})$. (i): Wenn T(S) relativkompakt ist, dann besitzt (Tx_i) eine konvergente Teilfolge $(Tx_{i'})$. Damit konvergiert auch $x_{i'}=(x_{i'}-Tx_{i'})+Tx_{i'}, i'\in N'$. (ii): Da (x_i-Tx_i) mit einem Grenzwert in M konvergiert, folgt die Konvergenz von $x_i=(I-T)^{-1}(x_i-Tx_i)$ aus der Stetigkeit von $(I-T)^{-1}$. (iii): (x_i-Tx_i) ist als konvergente Folge erst recht eine Cauchy-Folge. Damit entnimmt man

$$\|(x_i-Tx_i)-(x_{i+j}-Tx_{i+j})\|^2 = \|x_i-x_{i+j}\|^2+\|Tx_i-Tx_{i+j}\|^2 - -2(x_i-x_{i+j},Tx_i-Tx_{i+j}) \ge \|Tx_i-Tx_{i+j}\|^2,$$

daß auch (Tx_i) eine Cauchy-Folge ist. Wegen der Vollständigkeit von E konvergiert sie sogar, womit wir auch die Konvergenz von $x_i=(x_i-Tx_i)+Tx_i$ erschließen. (iv): Wie bei (iii) zeigt man, daß (x_i) eine Cauchy-Folge aus S ist. Die Konvergenz folgt mit der Vollständigkeit dieser Menge. ■

Wir fassen nun einige der bisher erzielten Existenz- und Konvergenzresultate zusammen.

(11) E sei gleichmäßig konvex, $S\subset E$ nichtleer, abgeschlossen, beschränkt und konvex sowie $T:S\to S$ nichtexpansiv auf S mit T(S) relativkompakt. Dann besitzt T einen Fixpunkt in S und $(T_\alpha^{\,i}w)$ konvergiert für jeden Startvektor $w\in S$ und jedes $\alpha\in(0,1)$ gegen einen

Fixpunkt von T in S.

Beweis: Aus 3.(13) entnehmen wir die normale Struktur von S, T und S erfüllen damit die Voraussetzungen von 3.(10). Also ist $\mathrm{fix}(T) \neq \emptyset$. Wegen (10,i) und (9) liegt (2) vor, damit folgt die Behauptung vollends aus (7). ∎

Dieses Resultat hat eine nichttriviale Verallgemeinerung.

(12) E sei strikt normiert, $S \subset E$ abgeschlossen und konvex sowie $T: S \to S$ nichtexpansiv auf S mit $T(S)$ relativkompakt und $\mathrm{fix}(T) \neq \emptyset$. Dann konvergiert $(T_\alpha{}^i w)$ für jedes $w \in S$ und jedes $\alpha \in (0,1)$ gegen einen Fixpunkt von T in S.

Beweis: Zu Beginn beweisen wir den folgenden Hilfssatz: $x \in S$ ist genau dann ein Fixpunkt von T, wenn gilt

(13) $\|T_\alpha x - y\| = \|x-y\| \;\; \forall\, y \in \mathrm{fix}(T).$

Für $x \in \mathrm{fix}(T)$ ist (13) wegen $\mathrm{fix}(T) = \mathrm{fix}(T_\alpha)$ klar. Wenn andererseits (13) für $x \in S$ gilt, dann ist mit 3.(1) für $y \in \mathrm{fix}(T)$:

$$\|x-y\| = \|T_\alpha x - y\| = \|\alpha(x-y) + (1-\alpha)(Tx-y)\|$$
$$\leq \alpha\|x-y\| + (1-\alpha)\|Tx-Ty\| \leq \|x-y\|,$$

also

(14) $\|x-y\| = \alpha\|x-y\| + (1-\alpha)\|Tx-y\|.$

Wegen der strikten Normierung 1.1.(21) erhält man daraus $x-y = \alpha(Tx-y), \alpha > 0$. Daneben entnimmt man direkt aus (14), daß $\|x-y\| = \|Tx-y\|$. Diese beiden Relationen sind nur im Falle $x = Tx$, also $x \in \mathrm{fix}(T)$, miteinander zu vereinbaren.

Der Kern des eigentlichen Beweises besteht darin, daß man aus der Kompaktheit von $\mathrm{cl}T(S)$ die Existenz einer konvergenten Teilfolge von $(T_\alpha{}^i w)$ erschließt und zeigt, daß deren Grenzwert ein Fixpunkt von T ist.

Wir betrachten $M \equiv \overline{\mathrm{co}}(\mathrm{cl}T(S) \cup \{w\})$ mit beliebigem $w \in S$. $M \subset S$ ist klar. Weil $\mathrm{cl}T(S) \cup \{w\}$ kompakt ist, sieht man mit 1.1.(15), daß auch M kompakt ist. Da $(T_\alpha{}^i w) \subset M$, besitzt diese Folge eine konvergente Teilfolge mit dem Grenzwert $y \in M$. Für sie erhält man mit Hilfe der Stetigkeit von T_α

(15) $\|T_\alpha{}^{i'+1} w - T_\alpha y\| \to 0 \;\; (i' \in N').$

Angenommen, es sei $y \notin \mathrm{fix}(T)$. In diesem Falle folgt aus 3.(1) und

(13), daß für jedes $u \in fix(T)$ gilt

(16) $\gamma \equiv \|y-u\| - \|T_\alpha y-u\| > 0$.

Die Relationen (15),(16) zeigen die Existenz von $n' \in N'$, mit dem gilt

(17) $\|T_\alpha^{i'+1}w-u\| \le \|T_\alpha y-u\| + \frac{\gamma}{2} \;\forall\; i' \in N', i' \ge n'$.

Wenn nun für ein $j \in N$ gälte $T_\alpha^{j}w \in fix(T)$, dann folgte aus $fix(T) = fix(T_\alpha)$, daß $T_\alpha^{j}w = T_\alpha^{j+k}w$ für alle $k \in N$. Damit wäre aber $y \in fix(T)$, was der Annahme widerspricht. Dies bedeutet, daß unter der Annahme $y \notin fix(T)$ auch $T_\alpha^{i}w \notin fix(T)$ ist für jedes $i \in N$. In diesem Falle ergibt sich wieder aus 3.(1) und (13) für jedes $i \in N$ mit $i > n'$

$$\|T_\alpha^{i}w-u\| < \|T_\alpha^{i-1}w-u\| < \|T_\alpha^{n'+1}w-u\| \le \|T_\alpha w-u\| + \frac{\gamma}{2},$$

wobei zuletzt (17) herangezogen wurde. Mit (16) ergibt sich weiter

$$\|T_\alpha^{i}w-u\| \le \frac{1}{2}(\|y-u\| + \|T_\alpha y-u\|) \;\forall\; i \in N, i > n'.$$

Damit gewinnen wir schließlich für $i > n'$:

$$\|T_\alpha^{i}w-y\| \ge \|y-u\| - \|T_\alpha^{i}w-u\| \ge \frac{1}{2}(\|y-u\| - \|T_\alpha y-u\|) = \frac{\gamma}{2} > 0.$$

Dies widerspricht jedoch der Konvergenz $T_\alpha^{i'}w \to y\,(i' \in N')$, weshalb die Annahme $y \notin fix(T)$ widerlegt ist.

Die Konvergenz der gesamten Folge $(T_\alpha^{i}w)$ gegen **y** erhält man auf bekannte Weise mit Hilfe des Nichtwachsens von $(\|T_\alpha^{i}w-y\|)$ aus der Konvergenz der Teilfolge. ∎

Weil dieser Satz im wesentlichen auf Kompaktheitsargumenten beruht, liegt es nahe, auch die Existenz eines Fixpunktes von T darauf zurückzuführen. Darauf kommen wir in Kapitel 3 zurück.

Wir wenden uns nun noch dem Fall zu, daß T die Bedingung (2) nicht erfüllt. Man kann dann in H-Räumen immerhin noch die s-Konvergenz der sukzessiven Approximationen nachweisen. Im Hintergrund dieser Überlegungen steht die folgende Bedingung. Ein Operator $T: S \subset E \to E$ heißt <u>demiabgeschlossen</u> auf S, wenn gilt

(18) <u>Für jede Folge</u> $(x_i) \subset S$ <u>mit</u> $x_i \rightharpoonup x\,(i \in N)$ <u>und</u> $Tx_i \to y\,(i \in N)$ <u>folgt</u> $x \in S$ <u>und</u> $y = Tx$.

Jeder s-stetige Operator T ist demiabgeschlossen. Wichtiger ist in diesem Zusammenhang, daß I-T bei nichtexpansiven Operatoren T demiabgeschlossen ist. Da wir später darauf zurückkommen werden, beweisen wir diesen Sachverhalt in etwas allgemeinerem Rahmen als es beim nächsten Satz erforderlich erscheint.

(19) E <u>sei gleichmäßig konvex</u>, $S\subset E$ <u>nichtleer, abgeschlossen, beschränkt und konvex, sowie</u> $T:S\to E$ <u>nichtexpansiv auf</u> S. <u>Dann ist</u> I-T <u>demiabgeschlossen auf</u> S.

<u>Beweis</u>: Im ersten Schritt wird gezeigt, daß es eine Funktion ψ: $(0,1)\to(0,\infty)$ mit $\psi(\varepsilon)\to 0(\varepsilon\to 0)$ gibt, so daß aus

(20) $\|Tx_i-x_i\| < \varepsilon,\ \varepsilon\in(0,1),\ x_i\in S,\ i=1,2,$

für alle $x_\alpha\equiv\alpha x_1+(1-\alpha)x_2, \alpha\in[0,1]$, folgt

(21) $\|Tx_\alpha-x_\alpha\| < \psi(\varepsilon).$

Zunächst wird vorausgesetzt, daß $x_1\neq x_2$ und $\alpha\in(0,1)$. Dann hat man, wobei für x_i entweder x_1 oder x_2 einzusetzen ist,

(22) $\|x_i-\frac{1}{2}(x_\alpha+Tx_\alpha)\| \geq \|x_i-x_\alpha\| \equiv r_i > 0.$

Anderenfalls erhielte man nämlich die widersprüchliche Aussage

$$\|x_2-x_1\| \leq \|x_1-\tfrac{1}{2}(x_\alpha+Tx_\alpha)\|+\|x_2-\tfrac{1}{2}(x_\alpha-Tx_\alpha)\|$$
$$< \|x_1-x_\alpha\|+\|x_2-x_\alpha\| = \|x_2-x_1\|.$$

Mit 3.(1) und der Voraussetzung (20) erhalten wir ferner

$$\|Tx_\alpha-x_i\| \leq \|x_\alpha-x_i\|+\|Tx_i-x_i\| < r_i+\varepsilon.$$

Nun wollen wir die gleichmäßige Konvexität 1.1.(20) von E zu Hilfe nehmen. Dazu bemerken wir, daß die dort vorkommende Funktion δ eine monoton fallende Umkehrfunktion φ besitzt. Wir behaupten, daß mit ihr aus $\|x_i-x_\alpha\|\leq r_i+\varepsilon, \|x_i-Tx_\alpha\|\leq r_i+\varepsilon$ und $\|x_i-1/2(x_\alpha+Tx_\alpha)\|\geq r_i$ folgt

(23) $\|Tx_\alpha-x_\alpha\| \leq (r_i+\varepsilon)\varphi(\frac{\varepsilon}{r_i+\varepsilon}).$

Anderenfalls wäre ja $\|Tx_\alpha-x_\alpha\|>(r_i+\varepsilon)\varphi(\varepsilon/(r_i+\varepsilon))$, was mit $\delta(\varphi(\varepsilon/(r_i+\varepsilon)))$ $=\varepsilon/(r_i+\varepsilon)$ wegen 1.1.(20) hieße $\|(x_i-x_\alpha)+(x_i-Tx_\alpha)\|<2(r_i+\varepsilon)(1-\varepsilon/(r_i+\varepsilon))=$ $2r_i$, im Widerspruch zu $\|2x_i-(x_\alpha+Tx_\alpha)\|\geq 2r_i$.

Bei (22) sieht man, daß $r_i\leq\text{diam}(S)\equiv d$ ist. Damit erschließt man aus (23)

$$\|Tx_\alpha-x_\alpha\| \leq \sup\{(r+\varepsilon)\varphi(\tfrac{\varepsilon}{r+\varepsilon})\,|\,r\varepsilon[0,d]\} \equiv \psi(\varepsilon)$$

Die rechts vorgenommene Definition muß noch gerechtfertigt werden. Dazu bildet man das Supremum getrennt über $[0,\sqrt{\varepsilon}-\varepsilon)$ und $[\sqrt{\varepsilon}-\varepsilon,d]$. Wegen der Monotonie von φ ergibt sich das gewünschte Resultat:

$$\psi(\varepsilon) \leq \max\{\sqrt{\varepsilon}\varphi(1),(d+\varepsilon)\varphi(\sqrt{\varepsilon})\} \to 0\ (\varepsilon\to 0).$$

Schließlich stellt man noch $\psi(\varepsilon)\leq 2\varepsilon$ fest, womit (21) auch für $x_1=x_2$ richtig ist.

Im zweiten Schritt beweisen wir einen Spezialfall der Behauptung: Wenn $x_i \rightharpoonup x(i\in N)$ und $(x_i-Tx_i)\to 0(i\in N)$, dann ist $x\in S$ und $x-Tx=0$. Damit werden wir aber auch schon mit dem ganzen Beweis fertig sein, denn mit der Abbildung T ist natürlich auch T.-y nichtexpansiv.

Aufgrund von 1.1.(40) folgt aus $(x_i)\subset S$ und $x_i\rightharpoonup x(i\in N)$, daß $x\in S$ ist. Zu einem beliebigen $\varepsilon_0\in(0,1)$ wählt man eine Folge (ε_i) mit $\varepsilon_i\leq\varepsilon_{i-1}$, $\varphi(\varepsilon_i)\leq\varepsilon_{i-1}$, $i\in N$. Indem man notfalls zu einer Teilfolge übergeht, kann man außerdem noch $\|Tx_i-x_i\|\leq\varepsilon_i$, $i\in N$, erreichen, weil ja $x_i-Tx_i\to 0(i\in N)$ konvergieren soll.

Nun zeigen wir mit Hilfe eines Induktionsbeweises

(24) $\|Ty-y\| \leq \varepsilon_0 \;\forall\; y\in co\{x_i \mid i\in N\}$.

Man beginnt mit $y_1\in co\{x_j,x_k\}$, wobei $1\leq j<k$ zu wählen ist. In diesem Falle hat man $\|Tx_j-x_j\|\leq\varepsilon_j$, $\|Tx_k-x_k\|\leq\varepsilon_j$, weshalb mit (21) und der obigen Konstruktion folgt

$$\|Ty_1-y_1\| \leq \varphi(\varepsilon_j) \leq \varepsilon_0.$$

Nun wählt man $y_2\in co\{x_j,x_k,x_l\}$, $1\leq j<l<m$. Dabei ist $y_2\in co\{y_1,x_l\}$, $y_1\in co\{x_j,x_k\}$, insgesamt also

$$\|Tx_l-x_l\| \leq \varepsilon_l,\ \|Ty_1-y_1\| \leq \varepsilon_j \leq \varepsilon_l.$$

Daraus folgt wieder mit (21)

$$\|Ty_2-y_2\| \leq \varphi(\varepsilon_l) \leq \varepsilon_0.$$

Damit ist klar, wie der Induktionsbeweis weiterhin verläuft und wir können auf die Einzelheiten verzichten.

Mit $x_i\rightharpoonup x(i\in N)$ folgt aus 1.1.(40), daß $x\in\overline{co}\{x_i \mid i\in N\}$. Damit entnehmen wir (24), daß $\|Tx-x\|\leq\varepsilon_0$ ausfällt. Wegen der Willkür bei der Auswahl von ε_0 haben wir also $Tx-x=0$ und sind fertig. ∎

Als nächstes werden zwei Folgerungen für demiabgeschlossene Operatoren gezogen.

(25) $S\subset E$ <u>sei abgeschlossen und konvex</u>, $T:S\to S$ <u>asymptotisch regulär und</u> $I-T$ <u>demiabgeschlossen auf</u> S. <u>Dann ist bei jedem</u> $w\in S$ <u>der Grenzwert jeder s-konvergenten Teilfolge von</u> (T^iw) <u>ein Fixpunkt von</u> T <u>in</u> S. <u>Ist</u> E <u>außerdem reflexiv und</u> T <u>nichtexpansiv auf</u> S <u>mit genau einem Fixpunkt</u> $x^*\in S$, <u>dann konvergiert für jedes</u> $w\in S$ <u>die ganze Folge</u> (T^iw) <u>schwach gegen</u> x^*.

Beweis: Wegen 1.1.(40) gehört der Grenzwert y einer s-konvergenten Teilfolge $(T^{i'}w)$ ebenfalls zu S. Schreiben wir (1) in der Form $T^{i'}w-T(T^{i'}w)\to 0\,(i'\in\mathbb{N}')$, so folgt mit (18), daß $y-Ty=0$, also $y\in \mathrm{fix}(T)$.

Hat T überhaupt einen Fixpunkt, so wissen wir, daß bei nichtexpansivem T die Folge (T^iw), $w\in S$, beschränkt ist. Bei reflexivem E gibt es aufgrund von 1.1.(47) eine s-konvergente Teilfolge $(T^{i'}w)$. Bei einem eindeutig bestimmten Fixpunkt x^* ist dieser der Grenzwert jeder s-konvergenten Teilfolge von (T^iw), weshalb die ganze Folge schwach gegen x^* konvergiert. ∎

Nun kommen wir zu dem angekündigten Konvergenzsatz.

(26) E sei ein H-Raum, $S\subset E$ abgeschlossen, beschränkt und konvex sowie $T:S\to S$ nichtexpansiv und asymptotisch regulär auf S. Dann konvergiert (T^iw) für jedes $w\in S$ schwach gegen einen Fixpunkt von T in S.

Beweis: Als H-Raum ist E gleichmäßig konvex, deshalb folgt $\mathrm{fix}(T)\neq\emptyset$ aus 3.(10) und 3.(13). E ist damit erst recht strikt normiert, somit ist fix(T) wegen 3.(14) abgeschlossen und konvex.

Wähle $w\in S$. Wegen der Nichtexpansivität von T ist die Folge $(\|T^iw-y\|)$ für jedes $y\in \mathrm{fix}(T)$ nichtnegativ und nichtwachsend, sie konvergiert also mit einem Grenzwert $\gamma(y)\ge 0$. Wir setzen $F_d\equiv\{y\,|\,y\in \mathrm{fix}(T),\gamma(y)\le d\}$ für $d\ge 0$. Sofern d ausreichend groß ist, hat man $F_d\neq\emptyset$. Wegen der Beschränktheit von (T^iw) gibt es ein $D>0$, so daß $F_d\subset B_E(0,D+d)$ gilt. Unter Zuhilfenahme der entsprechenden Eigenschaften von fix(T) rechnet man wie üblich schnell nach, daß jedes F_d abgeschlossen und konvex ist. Jetzt definieren wir mit $a\equiv\inf\{d\,|\,d\ge 0,F_d\neq\emptyset\}$ und $b>a$, also $F_b\neq\emptyset$, die Familie $\mathfrak{F}\equiv\{F_d\,|\,0\le d\le b,F_d\neq\emptyset\}$. Wegen $F_b\in\mathfrak{F}$ ist $\mathfrak{F}\neq\emptyset$. Ferner besitzt $\mathfrak{F}$ die Endliche-Durchschnitte-Eigenschaft, denn es ist $\cap\{F_j\,|\,F_j\in\mathfrak{F},j=d_1,\dots,d_m\}=F_\delta$ mit $\delta\equiv\min\{d_1,\dots,d_m\}$ für jede beliebige endliche Teilmenge $\{F_j\,|\,j=d_1,\dots,d_m\}$ von $\mathfrak{F}$. Weil jedes $G\in\mathfrak{F}$ abgeschlossen und konvex sowie in $B_E(0,D+b)$ enthalten ist, können wir 1.1.(44) heranziehen mit dem Resultat $M\equiv\cap\{G\,|\,G\in\mathfrak{F}\}\neq\emptyset$. Für jedes $d\in(a,b]$ ist $F_d\in\mathfrak{F}$, also ist $\gamma(u)\le d$ für jedes $u\in M$ und jedes $d\in[a,b]$. Das bedeutet $\gamma(u)\le a$ für jedes $u\in M$, also ist $M\subset F_a$ und deshalb auch $F_a\neq\emptyset$.

Wenn $a=0$ ist, haben wir $\gamma(y)=0$ für jedes $y\in F_0\subset \mathrm{fix}(T)$, also $T^iw\to y$ $(i\in\mathbb{N})$, womit wir fertig sind.

Im Fall $a>0$ zeigen wir zunächst, daß F_a aus genau einem Punkt besteht. Angenommen, es gebe $y_1,y_2\in\mathfrak{F}_a$ mit $y_1\neq y_2$. Wegen $0<a=\gamma(y_1)=\gamma(y_2)$ dürfen wir annehmen, daß für jedes $i\in\mathbb{N}$ gilt $r_i\equiv\max\{\|T^iw-y_1\|,$

$\|T^i w-y_2\|\}>0$. Aufgrund der Annahme ist $\|(T^i w-y_1)-(T^i w-y_2)\|>0$. Mit der gleichmäßigen Konvexität 1.1.(17) erhalten wir daraus die Existenz von $\delta\in(0,1)$ mit $\|T^i w-2^{-1}(y_1+y_2)\|\leq(1-\delta)r_i$ für alle hinreichend großen $i\in N$. Wegen $r_i\to a(i\in N)$ folgt schließlich $\gamma(\frac{1}{2}(y_1+y_2))<a$, im Widerspruch zur Definition von a. Also ist die Annahme falsch und wir haben $F_a=\{y\}$.

Nun nehmen wir an, $(T^i w)$ konvergiere nicht schwach gegen y. Da die Folge beschränkt ist, gibt es nach 1.1.(47) eine s-konvergente Teilfolge $(T^{i'}w)$, wegen der Annahme wäre ihr Grenzwert $v\neq y$. Aus (19) und (25) entnehmen wir jedoch $v\in \mathrm{fix}(T)$. Aus

(27) $\|T^i w-y\|^2 = \|T^i w-v\|^2+\|y-v\|^2+2(T^i w-v,v-y)$

folgt mit $T^{i'}w\to v(i'\in N')$, daß

$$a = \gamma(y) = \lim\|T^i w-y\| > \lim\|T^i w-v\| = \gamma(v).$$

Das steht im Widerspruch zur Definition von a, weswegen die Annahme falsch und deshalb $T^i w\to y(i\in N)$ wahr ist. ∎

Ziehen wir noch (5) heran, so erhalten wir auch für die modifizierten sukzessiven Approximationen einen s-Konvergenzsatz.

(28) E <u>sei ein H-Raum</u>, $S\subset E$ <u>abgeschlossen, beschränkt und konvex sowie</u> $T:S\to S$ <u>nichtexpansiv auf</u> S. <u>Dann konvergiert die Folge</u> $(T_\alpha^i w)$ <u>für jedes</u> $x\in S$ <u>und jedes</u> $\alpha\in(0,1)$ <u>schwach gegen einen Fixpunkt von</u> T <u>in</u> S.

Eine Analyse des Beweises von Satz (26) zeigt, daß bei E mit Ausnahme von (27) nur die gleichmäßige Konvexität von H-Räumen benötigt wird. Das Hinzufügen einer Ersatzbedingung für (27) erlaubt dann eine entsprechende leichte Verallgemeinerung von Satz (26) und der Folgerung (28), was wir im Rahmen einer Übungsaufgabe tun werden.

2.6 Bemerkungen und Hinweise

Ausgangspunkt dieses Kapitels ist der Fixpunktsatz aus der Dissertation von Banach [11]. Auf die Untersuchungen, die eine Übertragung dieses Prinzips auf allgemeinere Räume zum Ziel haben, wurde hier nicht eingegangen, man kann sich darüber bei Reinermann [128] orientieren.

Satz 1.(2) geht auf Edelstein [63] zurück, der hier vorgeführte Beweis folgt Reinermann-Stallbohm [130]. Die weiteren Fixpunktsätze in Abschnitt 1 sind als Vertreter einiger in der kaum mehr zu übersehenden einschlägigen Literatur auszumachenden Arbeitsrichtungen gedacht. Satz 1.(7) stammt von Meir-Keeler [108], der Spezialfall 1.(11) wurde von Boyd-Wong [17] und Browder [33] gefunden. In diesen Zusammenhang passen auch Resultate von Wong [157] und Eisenfeld-Lakshmikantham [66]. In den vorliegenden Zusammenhang nicht einzuordnen, aber ähnliche Zielrichtung besitzen Arbeiten über Operatoren mit "diminishing orbital diameter", wir nennen dazu Kirk [100]. Neben Satz 1.(12) von Assad [9] gibt es weitere Fixpunktsätze, wo Operatoren mit gewissen Randeigenschaften anstelle der Selbstabbildungen treten, dazu nennen wir Gatica-Kirk [76]. Die von uns benützte Randbedingung wird nach Rothe [135] benannt. Auf Seghal [142] geht Satz 1.(19) zurück, ihm kann man den auch numerisch erprobten Fixpunktsatz von Weissinger [155] unterordnen. In diesem Zusammenhang ist auch ein Resultat von Browder [33] zu nennen.

Beim Abschnitt 2.2 halten wir uns an die Arbeit [130] von Reinermann-Stallbohm. Die Anwendung von Fixpunktsätzen für kontraktive Operatoren auf die Existenztheorie abstrakter Evolutionsgleichungen behandelt Browder in dem Buch [41]. Als Beispiele für weitere Anwendungen auf Differentialgleichungen nennen wir Durikovic [61] , Eisenfeld-Lakshmikantham [66] und Rautmann [126].

Der Satz 3.(10) geht auf Kirk [99] zurück, unabhängig und gleichzeitig fanden Browder [27] und Göhde [81] dieses Resultat für gleichmäßig konvexe Banach-Räume. Auch Satz 3.(20) ist von Kirk [101], die hier benutzte Randbedingung ist wieder nur eine unter mehreren möglichen. Aktuelle Entwicklungen findet man z.B. bei Caristi [47]. Browder [27] und DeMarr [56] bewiesen Spezialfälle von 3.(18). Etwas allgemeinere Bedingungen als die Nichtexpansivität 3.(1) behandeln Goebel-Kirk [80] und Petryshyn-Williamson [123].

Der Nachweis periodischer Lösungen mithilfe von Satz 3.(10) geht auf Browder [35] zurück. Der erwähnte, auf Monotoniemethoden beruhende Existenzsatz für Evolutionsgleichungen wird beim vierten Beispiel in Abschnitt 5.2 behandelt, man vergleiche Satz 5.2.(26).

Die Grundidee für die in 2.5 vorgeführten Iterationsverfahren stammt von Schaefer [137]. Die hier angegebenen Resultate gehen fast alle auf Browder und Petryshyn zurück, eine Auswahl unter den einschlägigen Arbeiten sind [30,44,45,118]. Die demikompakten Operatoren werden von Petryshyn in der Arbeit [118] eingeführt, dort findet man auch Satz 5.(10). Die Demiabgeschlossenheit und die asymptotische Regularität stammen von Browder-Petryshyn [44]. Die erste Eigenschaft ist nicht nur für die Konvergenz von Iterationsverfahren von Bedeutung, sondern auch für die Existenz von Fixpunkten, was man aus Aufgabe (6) und dem Beweis zu Satz 3.9.(4) entnehmen kann. Die zweite könnte man anstelle auf S auch auf einen bestimmten Punkt aus S beziehen, man erhielte dementsprechend nicht die Konvergenz der Iterierten zu beliebigen Startpunkten $w \in S$, sondern nur die der zu x gehörenden. Die Sätze 5.(12) und 5.(26) gehen auf Edelstein [64] bzw. Opial [114] zurück. Opials Überlegungen führen auch zu Aufgabe (10). Eine Weiterführung der Untersuchungen in diesem Abschnitt findet man bei Petryshyn-Williamson [123].

Gegenstände aus diesem Kapitel werden in folgenden Lecture Notes, Monographien oder Übersichtsartikeln behandelt: Browder [41], Döring [58], Eisenack-Fenske [65], De Figueiredo [52], Opial [115], Riedrich [132], Smart [145], Zeidler [160]. Bibliographien zum Thema sind Bryant-Gusemann [46] sowie [162].

2.7 Übungsaufgaben

(1) Beweise Satz 1.(11).

(2) X sei ein vollständiger metrischer Raum, $S \subset X$ kompakt und $T: S \to X$ kontraktiv auf S. Dann gibt es zu jedem $\varepsilon > 0$ ein $\delta > 0$, so daß $d(Tx, Ty) < \varepsilon$ ausfällt für alle $x, y \in S$ mit $\varepsilon \leq d(x,y) < \varepsilon + \delta$.

(3, Edelstein [62]) Ein vollständiger metrischer Raum X und $T: X \to X$ besitzen die folgenden Eigenschaften: (i) Zu festem $\varepsilon > 0$ und allen $u, v \in X$ gibt es ein $n \in N$ und $x_1, \ldots, x_n \in X$ mit $x_0 = u$, $x_n = v$, so daß $d(x_{i-1}, x_i) < \varepsilon$ ausfällt für $i = 1, \ldots, n$. (ii) Es gibt $\lambda \in (0,1)$, so daß für alle $x, y \in X$ mit $x \neq y$ und $d(x,y) < \varepsilon$ gilt $d(Tx, Ty) < \lambda d(x,y)$. Man zeige, daß T genau einen Fixpunkt in X besitzt.

(4) E sei ein B-Raum, $\varphi: [0,\infty) \to [0,\infty)$ stetig mit $\varphi(r) < r$ für $r > 0$ und $T: E \to E$ besitze die Eigenschaft $\|Tx - Ty\| \leq \varphi(\|x-y\|)$ für alle $x, y \in E$. Dann ist I-T bijektiv und $(I-T)^{-1}$ stetig auf E.

(5) $C([0,1])$ selbst und auch $\{x \mid x \in C([0,1]),\ x(0)=0,\ x(1)=1,\ \|x\|_C \leq 1\}$ besitzen keine normale Struktur.

(6, Goebel [79]) E sei gleichmäßig konvex, $S \subset E$ nichtleer, abgeschlossen, beschränkt und konvex sowie $T: S \to S$ nichtexpansiv auf S. Man beweise die Existenz eines Fixpunktes von T in S ohne Verwendung des Zornschen Lemmas. (Hinweis: Man approximiere T durch eine Folge von Operatoren, auf die der Banachsche Fixpunktsatz angewandt werden kann, und ziehe dann die Demiabgeschlossenheit von I-T heran).

(7, Goebel-Kirk [80]) $S\subset E$ sei abgeschlossen, $T:S\rightarrow E$ stetig auf S mit $fix(T)\neq\emptyset$, $\|Tx-p\|\leq\|x-p\|$ für alle $x\in S$ und jedes $p\in fix(T)$, ferner gebe es $x_0\in S$, so daß $x_i\equiv T^i x_0$ für alle $i\in N$ in S liegt. (x_i) konvergiert genau dann gegen einen Fixpunkt von T in S, wenn $dist(x_i, fix(T))\rightarrow 0 (i\in N)$ gilt.

(8) Es sei $(E,\|.\|)$ der mit der euklidischen Norm $\|x\|\equiv(x_1^2+x_2^2)^{1/2}$ versehene R^2 und $S\equiv\{(x_1,x_2)|x_1\geq 0,\ x_2\geq 0,\ x_1^2+x_2^2\leq 1\}$. Setzt man $r\equiv(x_1^2+x_2^2)^{1/2}$ und $\varphi\equiv\tan(x_1/x_2)$, so kann der Operator T auf S definiert werden durch

$$T(x_1,x_2) \equiv (r\cos(\varphi+\theta(\tfrac{\pi}{2}-\varphi)),\ r\sin(\varphi+\theta(\tfrac{\pi}{2}-\varphi))),\ 0<\theta<1.$$

Man zeige: Die Voraussetzungen von Satz 5.(26) sind erfüllt, die Folge $(T_\alpha^j(1,0))$ konvergiert nicht für jedes $\alpha\in(0,1)$ gegen denselben Grenzwert und nicht jeder Fixpunkt $p\in fix(T)$ ist als schwacher Grenzwert einer Folge $(T_\alpha^j w)$ mit $w\in S$, $w\neq p$, darstellbar.

(9) E sei H-Raum, $S\subset E$ abgeschlossen und konvex sowie $T:S\rightarrow E$ nichtexpansiv auf S. Man gebe einen elementaren Beweis dafür an, daß I-T demiabgeschlossen auf S ist.

(10) E sei gleichmäßig konvex und besitze die folgende Eigenschaft: Für jede s-konvergente Folge $(x_i)\subset E$ mit dem Grenzwert $x\in E$ und alle $y\in E$ mit $x\neq y$ folgt

$$\lim\inf\{\|x_i-y\|\,|\,i\in N\} > \lim\inf\{\|x_i-x\|\,|\,i\in N\}.$$

Ferner sei $S\subset E$ abgeschlossen und konvex sowie $T:S\rightarrow S$ nichtexpansiv und asymptotisch regulär auf S mit $fix(T)\neq\emptyset$. Dann konvergiert $(T^i w)$ für jedes $w\in S$ schwach gegen einen Fixpunkt von T in S.

3 Abbildungsgrade und kompakte Operatoren

Mit dem im Mittelpunkt dieses Kapitels stehenden Abbildungsgraden von Brouwer für stetige Operatoren im R^n bzw. von Leray-Schauder für vollstetige Störungen der Identität in B-Räumen wird ein gewissen Bedingungen unterliegendes Maß für die Anzahl der Lösungen von Gleichungen Tx=w in einer Teilmenge S des jeweiligen Raumes bereit gestellt. Anhand einiger Beispiele wird gezeigt, wie man durch Berechnung des Abbildungsgrades unmittelbar zu Existenzaussagen gelangt. Auf der anderen Seite beweisen wir mit seiner Hilfe weitere allgemeine Existenzprinzipien wie den Satz von Borsuk für ungerade Operatoren sowie den Schauderschen Fixpunktsatz für vollstetige Operatoren. Daß dieser Satz sogar für die umfassendere Klasse der verdichtenden Operatoren bestehen bleibt, zeigen wir am Ende des Kapitels. Beispiele für die Anwendung der abstrakten Existenzsätze werden von Fall zu Fall vorgeführt.

Im Zusammenhang mit der Definition des Abbildungsgrades benötigt man die lokale Homöomorphie von Operatoren. Mit der Diskussion dieser Eigenschaft beginnen wir anschließend und beweisen bei der Gelegenheit auch den Satz über implizite Funktionen. Außerdem werden Bedingungen angegeben, unter denen aus der lokalen sogar die globale Existenz von Lösungen von Tx=w erschlossen werden kann.

3.1 Die lokale Existenz des inversen Operators

Wir beginnen mit dem Nachweis, daß die Existenz einer stetigen Inversen eines linearen Operators beim Auftreten gewisser Störungen wenigstens lokal erhalten bleibt.

(1) $L:E\to F$ sei ein Isomorphismus und zu $A:S\subset E\to F$ gebe es $M\equiv B(w,r)\subset S$ mit

$$\|Ax-Ay\| \le a\|x-y\| \;\forall\; x,y\in M,\; 0<a<b^{-1},\; b\equiv\|L^{-1}\|.$$

Dann ist $T\equiv L-A:M\to F$ ein Homöomorphismus zwischen M und $T(M)$.

Beweis: Mit der Voraussetzung haben wir für $x,y\in M$

$$\|x-y\| = \|L^{-1}((Ax-Ay)+(Tx-Ty))\| \le ab\|x-y\|+b\|Tx-Ty\|,$$

woraus wegen $0<ab<1$ folgt

$$(b^{-1}-a)\|x-y\| \leq \|Tx-Ty\|, \quad x,y\in M.$$

Weil die Annahme, es gäbe $x,y\in M$ mit $x\neq y$ und $Tx=Ty$, mit dieser Relation nicht vereinbar ist, haben wir die Injektivität von T auf M. Also existiert $T^{-1}:T(M)\to E$ und wir brauchen nur noch dessen Stetigkeit nachzuweisen. Zu $u,v\in T(M)$ gibt es $x,y\in M$ mit $Tx=u$, $Ty=v$. Damit erhalten wir über die Stetigkeit hinaus sogar

(2)
$$\|T^{-1}u-T^{-1}v\| = \|x-y\| \leq (b^{-1}-a)^{-1}\|Tx-Ty\| \leq (b^{-1}-a)^{-1}\|u-v\|. \blacksquare$$

Einen wichtigen Spezialfall erhält man, wenn auch A ein linearer Operator ist, vergleiche auch 1.1.(11).

(3) $L:E\to F$ <u>sei ein Isomorphismus und</u> $T\in B(E,F)$ <u>mit</u> $\|L-T\|<\|L^{-1}\|^{-1}$. <u>Dann ist auch</u> T <u>ein Isomorphismus</u>.

Ein Operator $T:S\subset E\to F$ wird als <u>lokaler Homöomorphismus</u> in $v\in S$ bezeichnet, wenn es Umgebungen $U(v)\subset S$ von v und $U(Tv)\subset F$ von Tv gibt, die bezüglich $T|U(v)$ homöomorph sind. Den Operator $T_U^{-1}\equiv(T|U(v))^{-1}$ bezeichnet man als lokale Inverse in v. Im einzelnen bedeutet die lokale Homöomorphie, daß es zu jedem $w\in U(Tv)$ genau ein $u\in U(v)$ mit $Tu=w$ gibt. Bei festem w besitzt somit die Lösung u der Aufgabe $Tx=w$ eine Umgebung, nämlich $U(v)$, in der es keine weitere Lösung dieser Gleichung gibt, man nennt sie in diesem Fall isoliert. Aufgrund der Existenz von T_U^{-1} auf $U(Tv)$ bleibt die eindeutige Existenz einer Lösung auch bei Änderung der rechten Seite w der Gleichung erhalten, solange dies innerhalb der Menge $U(Tv)$ geschieht und die jeweilige Lösung hängt wegen der Stetigkeit von T_U^{-1} von der rechten Seite stetig ab.

Um den Zusammenhang zwischen der Lösbarkeit einer Gleichung und der lokalen Homöomorphie des Operators deutlicher herauszustellen, formulieren wir Satz (1) in einer etwas veränderten Form.

(4) <u>Zu</u> $T:S\subset E\to F$ <u>und</u> $v\in S$ <u>gebe es</u> $r>0$ <u>und einen Isomorphismus</u> $L:E\to F$, <u>so daß</u> $M\equiv B(v,r)\subset S$ <u>und</u>

$$\|Tx-Ty-L(x-y)\| \leq a\|x-y\| \;\forall\, x,y\in M,\; 0<a<b^{-1},\; b\equiv\|L^{-1}\|.$$

<u>Dann besitzt die Gleichung</u> $Tx=w$ <u>für jedes</u> $w\in K\equiv K(Tv,(b^{-1}-a)r)$ <u>eine eindeutig bestimmte Lösung</u>.

<u>Beweis</u>: Wähle ein beliebiges $w\in K$ und definiere die Abbildung $G:M\to E$ durch

$$Gx \equiv L^{-1}(Lx-Tx+w) = x-L^{-1}(Tx-w),\ x\in M.$$

Man sieht, daß jede Lösung von Tx=w ein Fixpunkt von G ist und umgekehrt. Deshalb sind wir fertig, wenn wir bei M und G die Voraussetzungen des Banachschen Fixpunktsatzes verifizieren. Aus der Voraussetzung entnehmen wir

$$\|Gx-Gy\| = \|L^{-1}(Tx-Ty-L(x-y))\| \le ab\|x-y\|,\ x,y\in M.$$

Dabei ist ab<1, G erfüllt also die Kontraktionsbedingung 2.(B). Für jedes $x\in M$ ist ferner

$$\|Gx-v\| \le \|Gx-Gv\|+\|Gv-v\| = \|L^{-1}(Tx-Tv-L(x-v))\|+\|L^{-1}(Tv+w)\|$$

$$\le ab\|x-v\|+b\|Tv-w\| \le abr+b(b^{-1}-a)r = r,$$

zuletzt wurden $x\in M$ und $w\in K$ benutzt. Damit ist $G(M)\subset M$ gezeigt. ∎

Bringen wir (1) und (4) zusammen, so sehen wir, daß T(M) die offene Menge $K\equiv K(Tv,(b^{-1}-a)r)$ und damit B die offene Menge $T^{-1}(K)$ enthält. Unter den Voraussetzungen von (1) bzw. (4) ist T somit ein lokaler Homöomorphismus. Diese Beobachtung nützen wir sofort aus, um eine wichtige Klasse lokaler Homöomorphismen zu beschreiben.

(5) $U\subset E$ _sei offen,_ $T\in C^1(U,F)$ _und es gebe_ $v\in U$, _so daß_ DT(v) _ein Isomorphismus ist. Dann ist_ T _ein lokaler Homöomorphismus in_ v.

Beweis: Wir wenden (4) auf T und DT(v) an. Da U offen ist, haben wir R>0 mit $K(v,R)\subset U$. Nun ergibt die Lagrange-Formel 1.2.(11)

(6) $\|Tx-Ty-DT(v)(x-y)\| \le \|DT(x+t(y-x))-DT(v)\|\,\|x-y\|,\ t\in(0,1).$

Mit der Stetigkeit von DT auf U können wir zu $a\in(0,\|DT(v)^{-1}\|^{-1})$ ein $r\in(0,R]$ finden, so daß

$$\|DT(z)-DT(v)\| \le a\ \forall\ z\in K(v,r).$$

Damit folgt aus (6) für alle $x,y\in K(v,r)$

(7) $\|Tx-Ty-DT(v)(x-y)\| \le a\|x-y\|\ \forall\ x,y\in B(v,r'),\ r'\in(0,r).$

Die Behauptung folgt nun aus (1) und (4). ∎

In (5) wurden die Voraussetzungen noch nicht vollständig ausgenutzt.

(8) _Unter den Voraussetzungen von_ (5) _sei_ $U(v)\subset U$ _eine Umgebung von_ $v\in U$, _so daß_ $(T|U(v))^{-1}$ _existiert. Dann besitzt_ Tv _eine Umgebung_ U(Tv), _auf der_ $(T|U(v))^{-1}$ _stetig F-differenzierbar ist mit_

$$D((T|U(v))^{-1})(Tx)=DT(x)^{-1}.$$

Beweis: Wegen (5) ist klar, daß T ein lokaler Homöomorphismus in v ist und daß es zu jedem $a\in(0,\|DT(v)^{-1}\|^{-1})$ einen Ball $B(v,r')$ gibt, so daß (7) gilt.

Nun setzen wir $T_B\equiv T|B(v,r)$ und wählen ein a aus dem angegebenen Intervall. Dann gilt für beliebiges $w\in T(B(v,r'))$ mit (7), wobei wir $y\in B(v,r')$ mit $Ty=w$ verwenden,

$$\|T_B^{-1}w-T_B^{-1}(Tv)-DT(v)^{-1}(w-Tv)\| = \|y-v-DT(v)^{-1}(Ty-Tv)\|$$

$$\leq \|DT(v)^{-1}\|\,\|DT(v)(y-v)-(Ty-Tv)\| \leq a\|DT(v)^{-1}\|\,\|y-v\|$$

$$\leq a\|DT(v)^{-1}\|(\|DT(v)^{-1}\|^{-1}-a)\|w-Tv\|,$$

wobei zuletzt (2) verwendet wurde. Wegen 1.2.(16) haben wir damit die F-Differenzierbarkeit von T_B^{-1} in Tv und die behauptete Formel für diesen Spezialfall.

Weil DT(v) ein Isomorphismus ist, gibt es aufgrund von (3) ein $s>0$ und $K(v,s)\subset U$, so daß DT(x) für alle $x\in K(v,s)$ Isomorphismen sind, wobei, was man (2) unter Berücksichtigung der Linearität von $DT(x)^{-1}$ entnehmen kann, es $c>0$ gibt, mit dem $\|DT(x)^{-1}\|\leq c$ ausfällt für alle $x\in K(v,s)$. Nun stellt man für beliebige $x,y\in K(v,s)$

$$\|DT(x)^{-1}-DT(y)^{-1}\| = \|DT(x)^{-1}(DT(y)-DT(x))DT(y)^{-1}\|$$

$$\leq c^2\|DT(x)-DT(y)\|.$$

fest, woraus wegen der Stetigkeit von DT auf U die von $DT(.)^{-1}$ auf K(v,s) folgt. Nun kann die zu Beginn des Beweises gebrauchte Argumentation für jedes feste y anstelle von v angewandt werden, was zu der behaupteten Formel führt. Die Stetigkeit entnimmt man der vorstehenden Bemerkung. ■

Eine erste Anwendung findet dieser Satz in dem Satz über implizite Funktionen. Dabei liegt die folgende Situation vor: U sei eine offene Menge in $E\equiv E_1\times E_2$ und $T:U\to F$ ein auf U stetig differenzierbarer Operator. Geht man davon aus, daß es $(a,b)\in E$ mit $T(a,b)=0$ gibt, so ist nach den Lösungen (u,v) der Aufgabe $T(x,y)=0$ gefragt, die "nahe" bei (a,b) liegen.

(9) $U\subset E\equiv E_1\times E_2$ sei offen, $T:U\to F$ auf U stetig differenzierbar und $T(a,b)=0$ für ein $(a,b)\in U$, sowie $D_2T(a,b):E_2\to F$ ein Isomorphismus. Dann gibt es eine Umgebung $U(a,b)\subset U$ von (a,b) sowie eine Umgebung $U(a)\subset E_1$ von a und eine auf U(a) stetig differenzierbare Abbildung $G:U(a)\to E_2$, so daß

$$T(x,y)=0 \text{ für } (x,y)\in U(a,b) \quad \Leftrightarrow \quad y=Gx \text{ für } x\in U(a).$$

<u>Beweis</u>: Man definiert $A:U\to E_1\times F$ durch $A(x,y)\equiv(x,T(x,y))$, $(x,y)\in U$. Weil T stetig differenzierbar vorausgesetzt wurde, besitzt A auf U stetige partielle Ableitungen bezüglich beider Variablen, nach 1.2.(47) ist A damit auf U stetig F-differenzierbar. Das F-Differential $DA(a,b)\in B(E_1\times E_2,E_1\times F)$ hat dabei die Form

$$DA(a,b) = \begin{pmatrix} D_1r_1(a,b) & D_2r_1(a,b) \\ D_1T(a,b) & D_2T(a,b) \end{pmatrix} = \begin{pmatrix} I_1 & 0 \\ D_1T(a,b) & D_2T(a,b) \end{pmatrix}$$

wobei $r_1:E\to E_1$ durch $r_1(x,y)\equiv x$ definiert ist und I_1 die Identität auf E_1 bedeutet. Wie man sieht, folgt aus der Isomorphie von $D_2T(a,b)$, daß auch $DA(a,b)$ ein Isomorphismus ist.

Damit haben wir die Voraussetzungen von (5) für A nachgewiesen, dieser Operator ist also ein lokaler Homöomorphismus in (a,b), wobei wegen (8) auch die Ableitung DA ein lokaler Homöomorphismus in (a,b) ist. Die lokale Inverse A_U^{-1} hat dabei die Gestalt $A_U^{-1}(x,u) =(x,G(x,u)),(x,u)\in U(a,0)\subset E_1\times F$. Die dadurch definierte Abbildung $G:U(a,0)\subset E_1\times F\to E_2$ ist wegen der aus (8) folgenden stetigen Differenzierbarkeit von A_U^{-1} und 1.2.(44) stetig F-differenzierbar auf U(a,0). Mit der Definition von G und der lokalen Homöomorphie haben wir die Äquivalenz

$$(x,y)\in U(a,b)\subset E_1\times E_2,\ T(x,y)=v \quad\Leftrightarrow\quad (x,v)\in U(a,0)\subset E_1\times F,\ G(x,v)=y.$$

Identifiziert man nun E_1 mit $\{(x,0)\,|\,x\in E_1\}\subset E_1\times F$, so ist $U(a)\equiv U(a,0)\cap E_1$ eine in E_1 offene Umgebung von a und $G:U(a)\to E_2$, definiert durch $Gx\equiv G(x,0)$ ist dort stetig F-differenzierbar. Setzt man in der vorstehenden Relation noch $v\equiv 0$ und führt die soeben festgelegten Beziehungen ein, so hat man gerade die Behauptung. ■

Als Anwendung dieses Satzes behandeln wir die stetige Änderung der Lösung der Gleichung $Tx=0$ bei Störung des Operators T.

(10) $U\subset E$ <u>sei offen</u>, $T:U\to E$ <u>stetig F-differenzierbar auf</u> U <u>und es gebe</u> $u\in U$, <u>so daß</u> $Tu=0$ <u>und</u> $DT(u):E\to E$ <u>ein Isomorphismus ist. Dann gibt es zu jedem</u> $a>0$ <u>ein</u> $b\equiv b(a)>0$, <u>so daß für alle auf</u> U <u>stetig differenzierbaren Operatoren</u> $A\equiv T+\Delta T:U\to E$ <u>mit</u> $\|\Delta T|_C<a$ <u>folgt, daß es</u> $v\equiv u+\Delta u\in U$ <u>gibt mit</u> $Av=0$ <u>und</u> $\|\Delta u\|<b$.

<u>Beweis</u>: Es wird $G:C^1(U,E)\times U\to E$ durch $G(B,x)\equiv Bx$ definiert. Dabei ist $G(T,u)=0$, sowie $D_2G(T,u)=DT(u)$, also ist $D_2G(T,u)$ ein Isomorphismus. Aufgrund der Stetigkeit der partiellen Ableitungen ist nach 1.2.(47) auch G selbst stetig differenzierbar. Damit sind die

Voraussetzungen von Satz (9) verifiziert. Das Resultat besagt, daß es Umgebungen $U(T,u)$ sowie $U(T)$ gibt, so daß für $A\in U(T)$ die Existenz von $v\in E$ folgt mit $(A,v)\in U(T,u)$ und $G(A,v)=Av=0$. Um die Behauptung zu erhalten, muß man nur noch zu passenden Kugeln übergehen. ∎

3.2 Die Globalisierung lokaler Homöomorphismen

In diesem Abschnitt wird die Frage erörtert, ob mit Hilfe zusätzlicher Bedingungen aus der lokalen Homöomorphie von $T:U\subset E\to F$ in jedem Punkt von einer offenen Menge $U\subset E$ erschlossen werden kann, daß T ein Homöomorphismus auf U ist. Daß dies nicht selbstverständlich ist, erkennt man aus dem Beispiel $Tx\equiv e^x, x\in R$. Obwohl $DT(x)=e^x\neq 0$ für alle $x\in R$, nach 1.(5) also T ein lokaler Homöomorphismus in jedem $x\in R$ ist, hat man $R(T)\neq R$.

Als Weg bezeichnet man eine stetige Abbildung $p:I\subset R\to E$ eines Intervalls in E. Der Operator $T:U\subset E\to F$ besitzt die Fortsetzungseigenschaft bezüglich des Weges $q\in C([0,1],F)$, wenn aus der Existenz eines Weges $p\in C([0,a),U)$, $a\in(0,1]$, mit $Tp(t)=q(t)$ für $t\in[0,a)$ folgt, daß der Grenzwert $p(a)\equiv \lim p(t)\,(t\in[0,a), t\to a)$ existiert mit $p(a)\in U$ und $Tp(a)=q(a)$.

(1) $U\subset E$ sei offen und $T:U\to F$ in jedem $x\in U$ ein lokaler Homöomorphismus, ferner besitze T die Fortsetzungseigenschaft bezüglich $q\in C([0,1],F)$ mit $q(0)\equiv Tv, v\in U$. Dann gibt es genau einen Weg $p\in C([0,1],U)$ mit $p(0)=v$ und $Tp(t)=q(t), t\in[0,1]$.

Beweis: Wegen der lokalen Homöomorphie von T in v gibt es offene Umgebungen $U(v)\subset U$ bzw. $U(Tv)$ von v bzw. Tv, die bezüglich $T|U(v)$ homöomorph sind. Mit T_U^{-1} bezeichnen wir die lokale Inverse. Nun gibt es $c\in(0,1]$ mit $q(t)\in U(Tv)$ für alle $t\in[0,c)$ und es kann p definiert werden durch $p(t)\equiv T_U^{-1}q(t), t\in[0,c)$. Wegen der Fortsetzungseigenschaft existiert $p(c)\equiv \lim p(t)\,(t\in[0,c), t\to c)$ und es ist $Tp(c)=q(c)$. Falls $c<1$ ist, kann man diese Vorgehensweise mit c und $q(c)$ anstelle von 0 bzw. $q(0)\equiv Tv$ und gegebenenfalls anschließend erneut wiederholen. Angenommen, $\bar{c}<1$ sei die größte Zahl, bis zu der der Fortsetzungsprozeß durchführbar ist. Dann ist jedenfalls $Tp(t)=q(t)$ für alle $t\in[0,\bar{c})$, mit der Fortsetzungseigenschaft also wieder $Tp(\bar{c})=q(\bar{c})$. Da $p(\bar{c})\in U$ und U offen ist, kann man nun erneut wie geschildert vorgehen und damit den Prozess über $\bar{c}$ hinaus fortsetzen, was der angenommenen Maximalität von $\bar{c}$ widerspricht. Also muß $\bar{c}=1$ gelten und man hat damit den gewünschten Weg $p\in C([0,1],U)$ konstruiert.

Wenn $r \in C([0,1],U)$ ein weiterer Weg mit den Eigenschaften von p ist, so folgt $Q \equiv \{t \mid t \in [0,1], r(s)=p(s)\ \forall\ s \in [0,t]\} \neq \emptyset$, damit gibt es $b \equiv \sup\{t \mid t \in Q\}$. Wegen der Stetigkeit von p und r ist sogar $b \in Q$. Angenommen, es ist $b<1$. Dann gäbe es $(t_i) \subset (b,1]$ mit $p(t_i) \neq r(t_i)$ und $t_i \to b\ (i \in N)$. Wegen der Stetigkeit folgte nun $\lim p(t_i) = p(t) = r(t) = \lim r(t_i)$. Das widerspräche jedoch der lokalen Homöomorphie von T in p(t). ∎

Diesen Hilfssatz dehnen wir nun auf <u>Homotopien</u> aus, d.h. auf $q \in C([0,1]\times[0,1],F)$, also stetig ineinander deformierte Wege $q(0,.)$ und $q(1,.)$.

(2) $U \subset E$ <u>sei offen</u>, $T:U \to F$ <u>in jedem</u> $x \in U$ <u>ein lokaler Homöomorphismus</u>, $q \in C([0,1]\times[0,1],F)$ <u>und</u> $r \in C([0,1],U)$ <u>mit</u> $Tr(s)=q(s,0)$ <u>für alle</u> $s \in [0,1]$. <u>Ferner besitze</u> T <u>die Fortsetzungseigenschaft bezüglich</u> $q_s(.) \equiv q(s,.)$ <u>für jedes</u> $s \in [0,1]$. <u>Dann existiert eine eindeutig bestimmte Abbildung</u> $p \in C([0,1]\times[0,1],U)$ <u>mit</u> $p(s,0)=r(s)$ <u>und</u> $Tp(s,t)=q(s,t)$ <u>für alle</u> $s,t \in [0,1]$. <u>Wenn außerdem</u> $q(s,1)=q(0,t)=q(1,t)$ <u>für alle</u> $s,t \in [0,1]$, <u>dann gilt</u> $r(0)=r(1)$.

<u>Beweis</u>: Für jedes feste $s \in [0,1]$ entnimmt man aus (1) die eindeutige Existenz eines Weges $p_s \in C([0,1],U)$ mit $p_s(0)=r(s)$ und $Tp_s(t)=q(s,t), t \in [0,1]$. Setzt man also $p(s,t) \equiv p_s(t), s,t \in [0,1]$, so hat man bereits die gewünschte Homotopie, wenn noch die Stetigkeit von p bewiesen werden kann.

Wir nehmen an, p sei in $(s_0,t_1) \in [0,1]\times[0,1]$ nicht stetig. Ferner seien $t_0 \equiv \inf\{t \mid t \in I, p$ nicht stetig in $(s_0,t)\}$ und $U(p(s_0,t_0)) \subset U$ bzw. $U(q(s_0,t_0))$ bezüglich $T|U(p(s_0,t_0))$ homöomorphe offene Mengen. Hierbei bezeichnet T_U^{-1} wieder die lokale Inverse. Nun erkennt man zunächst, daß $t_0>0$ ist. Die Stetigkeit von r zusammen mit der Eindeutigkeit von jedem $p(s,.)$ bedeutet nämlich $p(s,t)=T_U^{-1}q(s,t)$ für alle $q(s,t) \in U(q(s_0,t_0))$. Also ist p jedenfalls in den Punkten (s,t) stetig, für die $p(s,t) \in U(p(s_0,t_0))$ ist. Mit $U(s_0) \subset [0,1]$ und $U(t_0) \subset [0,1]$ bezeichnen wir offene Intervalle um s_0 bzw. t_0, für die $q(s,t) \in U(q(s_0,t_0))$ aus $(s,t) \in U(s_0)\times U(t_0)$ folgt. Die Existenz solcher Intervalle folgt aus der Stetigkeit von q. Weil $p(s_0,.)$ für $t<t_0$ stetig ist, können wir $t' \in U(t_0)$ mit $t'<t_0$ und $p(s_0,t') \in U(p(s_0,t_0))$ wählen. Aufgrund der Definition von t_0 ist p in (s_0,t') stetig, also gibt es ein Intervall $U'(s_0) \subset U(s_0)$, so daß $p(s,t') \in U(p(s_0,t_0))$ für alle $s \in U'(s_0)$. Damit hat man $p(s,t)=$

$T_U^{-1}q(s,t)$ für alle $(s,t)\in U'(s_0)\times U(t_0)$, so daß p in dieser Umgebung von (s_0,t_0) stetig wäre. Das widerspricht aber der Annahme.

Nun ist nur noch die Zusatzbehauptung nachzuweisen. Wir bemerken, daß $Tp(0,t)=q(0,t)\equiv u$ sowie die Stetigkeit von p zur Folge haben, daß $p(0,t)=r(0), t\in[0,1]$. Sonst gäbe es nämlich beliebig nahe bei $r(0)$ liegende Punkte, die von T in u abgebildet werden, was der lokalen Homöomorphie von T widerspräche. Genauso sieht man ein, daß aus $q(1,t)=u$ folgt $p(1,t)=r(1), t\in[0,1]$. In diesem Falle ist $p(.,1)$ stetig mit $Tp(s,1)=q(s,1)=u, s\in[0,1]$, sowie $p(0,1)=r(0)$, $p(1,1)=r(1)$. Wenn also $r(0)\neq r(1)$ wäre, dann gäbe es beliebig nahe bei $r(0)$ liegende Punkte $p(s,1)$, die in u abgebildet werden, was wieder einen Widerspruch zur lokalen Homöomorphie darstellte. ∎

Nun kommen wir zu dem in diesem Zusammenhang zentralen Resultat. Dabei heißt eine Menge $S\subset E$ <u>wegzusammenhängend</u>, wenn es zu jeweils zwei Punkten $x,y\in S$ einen Weg $p\in C([0,1],S)$ gibt mit $p(0)=x$, $p(1)=y$.

(3) $U\subset E$ <u>sei offen und wegzusammenhängend</u>, $T:U\to F$ <u>in jedem</u> $x\in U$ <u>ein lokaler Homöomorphismus</u>. T <u>ist dann und nur dann ein Homöomorphismus von</u> U <u>auf</u> F, <u>wenn es die Fortsetzungseigenschaft bezüglich jedes Weges</u> $q\in C([0,1],F)$ <u>besitzt</u>.

<u>Beweis</u>: Wenn T ein Homöomorphismus von U auf F ist und $p\in C([0,1),U)$, $q\in C([0,1],F)$ Wege mit $Tp(t)=q(t)$ für $t\in[0,1)$ sind, so können wir setzen $p(1)=T^{-1}q(1)$, was sogleich $p(1)\in U$ sichert. Die Stetigkeit von T^{-1} auf F liefert $\lim T^{-1}q(t)=p(1)$ $(t\in[0,1), t\to 1)$. Damit ist die Fortsetzungseigenschaft für alle Wege $q\in C([0,1],F)$ bewiesen.

Besitzt umgekehrt T die Fortsetzungseigenschaft bezüglich aller Wege $q\in C([0,1],F)$, so folgt aus (2), daß $T(U)=F$ ist. Die Stetigkeit von T ergibt sich aus dessen lokaler Homöomorphie. Nun ist T aber auch injektiv, denn wenn $Tx=Ty\equiv w$ für $x,y\in U$ und $r\in C([0,1],U)$ ein Weg mit $r(0)=x, r(1)=y$ ist, dann kann man $q:[0,1]\times[0,1]\to F$ durch $q(s,t)\equiv tw+(1-t)Tr(s)$ definieren. Man sieht, daß q stetig ist mit $q(0,t)=q(1,t)=q(s,1)=w, s,t\in[0,1]$. Aus der Zusatzbehauptung in (2) folgt nun $x=r(0)=r(1)=y$, also ist T bijektiv. Die Stetigkeit von T^{-1} folgt wieder mit Hilfe der lokalen Homöomorphie von T auf U. ∎

Mit diesem Satz ist klar, daß die Fortsetzungseigenschaft über die anschauliche Definition hinaus ihren Namen insofern zu Recht trägt, als sie tatsächlich die Globalisierung beherrscht. Schwierig ist es im allgemeinen jedoch, sie im konkreten Fall nachzuweisen. Als Beispiel führen wir ein Kriterium vor. Dabei heißt $T:U\subset E\to F$ normkoerziv auf einer offenen Menge U, wenn es zu jedem $\gamma>0$ eine abgeschlossene beschränkte Teilmenge $S_\gamma\subset U$ gibt mit $\|Tx\|>\gamma$ für alle $x\in U\setminus S_\gamma$. Falls $U\equiv E$ ist, folgt aus $\|Tx\|\to\infty(\|x\|\to\infty)$, daß T normkoerziv ist. Auch $\|Tx-Ty\|\geq\gamma\|x-y\|$ $\forall$ $x,y\in E$ mit $\gamma>0$ zieht die Normkoerzivität nach sich.

(4) $U\subset E$ sei offen und wegzusammenhängend, $V:U\to E$ vollstetig, $T\equiv I-V$ normkoerziv und in jedem $x\in U$ ein lokaler Homöomorphismus. Dann hat T die Fortsetzungseigenschaft bezüglich jedes Weges $q\in C([0,1],E)$.

Beweis: $q\in C([0,1],E)$ und $p\in C([0,a),U)$, $a\leq 1$ mit $Tp(t)=q(t)$ für $t\in[0,a)$ seien gegeben. Weil $q([0,1])$ kompakt ist, existiert $\gamma\equiv\max\{\|q(t)\|\,|\,t\in[0,\infty]\}<\infty$. Aufgrund der Normkoerzivität gibt es eine abgeschlossene, beschränkte Teilmenge $S_\gamma\subset U$ mit $\|Tx\|>\gamma$ für alle $x\in U\setminus S_\gamma$. Das zieht notwendig $p(t)\in S_\gamma$ für alle $t\in[0,a)$ nach sich. Wählt man nun $(t_i)\subset[0,a)$ mit $t_i\to a(i\in\mathbb{N})$, so besitzt die Folge $(Vp(t_i))\subset V(S_\gamma)$ eine konvergente Teilfolge, ohne Einschränkung der Allgemeinheit können wir sie wieder mit $(Vp(t_i))$ bezeichnen. Ihr Grenzwert sei w. Andererseits ist $\lim Tp(t_i)=\lim q(t_i)=q(a)\equiv u$, damit hat man

$$\|p(t_i)-(u+w)\| < \|p(t_i)-Vp(t_i)-u\|+\|Vp(t_i)-w\|$$
$$= \|Tp(t_i)-u\|+\|Vp(t_i)-w\|.$$

Das zeigt $p(t_i)\to u+w(i\in\mathbb{N})$. Weil $(p(t_i))\subset S_\gamma$ und diese Menge abgeschlossen ist, folgt $u+w\in S_\gamma\subset U$. Aufgrund der Stetigkeit von T ist schließlich $T(u+w)=q(a)$. Folglich existiert $\lim p(t)=u+w\equiv p(a)$ $(t\in[0,a),t\to a)$ und es ist $Tp(a)=q(a)$. ∎

Unter Verwendung der Fortsetzungseigenschaft erhält man die folgende globale Homöomorphieaussage.

(5) $T:E\to F$ sei auf E stetig differenzierbar und $DT(x)$ für jedes $x\in E$ ein Isomorphismus mit $\|DT(x)^{-1}\|\leq\alpha<\infty$ für alle $x\in E$. Dann ist T ein Homöomorphismus von E auf sich selbst.

Beweis: Aus 1.(5) und 1.(8) entnimmt man, daß T in jedem $x\in E$ ein lokaler Homöomorphismus ist und daß die entsprechenden lokalen Inversen stetig differenzierbar sind.

Im ersten Schritt zeigen wir, daß T bezüglich jeder beliebigen Strecke $q(t)\equiv(1-t)u+tv$, $t\in[0,1]$, $u,v\in F$, die Fortsetzungseigenschaft besitzt. Man geht aus von $p\in C([0,a),E)$, $a\leq 1$, mit $Tp(t)=q(t)$, $t\in[0,a)$.

Für ein festes, aber beliebiges $t\in[0,a)$ seien $U(p(t))$, $U(q(t))$ bezüglich $T|U(p(t))$ homöomorphe offene Umgebungen von $p(t)$ bzw. $q(t)$. Mit 1.(8) folgt dafür $DT_U^{-1}(Tx)=DT(x)^{-1}$ für jedes $x\in U(p(t))$. Mit der Kettenregel 1.2.(21) erhält man daraus die stetige Differenzierbarkeit von p auf $[0,a)$ mit

$$\frac{dp}{dt}(t) = DT(p(t))^{-1}(\frac{dq}{dt}(t)).$$

Nun wählt man eine monoton wachsende Folge $(t_i)\subset[0,a)$ mit $t_i\to a(i\in N)$. Für jedes Paar i,j mit i<j ergibt sich dann aus dem Fundamentalsatz 1.2.(33)

$$\|p(t_j)-p(t_i)\| = \|\int_{t_i}^{t_j} \frac{dp}{dt}(t)dt\| = \|\int_{t_i}^{t_j} DT(p(t))^{-1}(\frac{dq}{dt}(t))dt\|$$
$$\leq \alpha\|v-u\|\,|t_i-t_j|.$$

Das heißt, $(p(t_i))$ ist eine Cauchy-Folge im B-Raum E, also ist sie sogar mit dem Grenzwert $x\in E$ konvergent. Wegen der Stetigkeit von q ist noch $\lim Tp(t)=\lim q(t)=q(a)$ $(t\in[0,a),t\to a)$. Nun gibt es offene Umgebungen $U(x)$ und $U(q(a))$ von x bzw. $q(a)$, die bezüglich $T|U(x)$ homöomorph sind. Die Konvergenz $p(t_i)\to x(i\in N)$ zieht nach sich, daß es c<a gibt, so daß $p(t_i)\in U(x)$ sind für alle $t_i\in(c,a)$. Aufgrund der lokalen Homöomorphie kann man c sogar so bestimmen, daß außerdem $Tp(t)\in U(q(a))$ sind für alle $t\in(c,a)$. Mit der sich für $U(x)$ ergebenden lokalen Inversen T_U^{-1} folgt dann für die Abbildung $p'(t)\equiv T_U^{-1}(Tp(t))$, $t\in(c,a)$, daß $p'(t_i)=p(t_i)$, $t_i\in(c,a)$, gilt. Nun kann mit einem Argument, wie es im letzten Teil des Beweises von (1) benutzt wurde, gezeigt werden, daß sogar $p'(t)=p(t)$ gilt für $t\in(c,a)$. Wegen der Stetigkeit von T_U^{-1} folgt dann $x=\lim p'(t)=\lim p(t)$ $(t\in[0,a),t\to a)$. Die Stetigkeit von T bringt dann $Tx=q(a)$, womit der erste Beweisschritt abgeschlossen ist.

Im zweiten wird die Surjektivität von T bewiesen. Dazu wählen wir eine beliebige Strecke $q(t)\equiv(1-t)Tx+tv$, $t\in[0,1]$, $x\in E$, $v\in F$. Mit dem Resultat des ersten Schrittes folgt aus (1) die Existenz eines Weges $p\in C([0,1],E)$ mit $Tp(t)=q(t)$, $t\in[0,1]$. Insbesondere ist $Tp(1)=v$, man kann also zu jedem beliebigen $v\in F$ ein $y\equiv p(1)\in E$ mit $Ty=v$ angeben.

Nun fehlt uns nur noch die Injektivität von T. Angenommen, es sei $Tx=Ty\equiv w$ für $x,y\in E$. Setzt man $q(s,t)\equiv tw+(1-t)T((1-s)x+ys)$, $s,t\in[0,1]$, so ist $q(s,.)$ für jedes feste $s\in[0,1]$ eine Strecke. Im ersten

Schritt wurde gezeigt, daß T die Fortsetzungseigenschaft bezüglich dieser speziellen Wege besitzt. Darüber hinaus ist $q(s,1)=q(0,t)=q(1,t)=w$ für alle $s,t\in[0,1]$. Aus der Zusatzbehauptung von (2) folgt nun $x=y$.

Damit ist die Existenz der Inversen T^{-1} auf F bewiesen. Ihre Stetigkeit folgt aus derjenigen der lokalen Inversen. ■

Es ist klar, daß man auf diese Weise auch eine globale Version des Satzes über implizite Funktionen beweisen kann. Hier geben wir noch eine kleine Anwendung des letzten Satzes.

(6) $T:R^n\to R^n$ sei stetig differenzierbar auf R^n und mit $\gamma>0$ gelte $(Tx-Ty,x-y)\geq\gamma\|x-y\|^2$ für alle $x,y\in R^n$. Dann ist T ein Homöomorphismus von R^n.

Beweis: Aus der Voraussetzung folgt mit 1.2.(10) und der Stetigkeit der Ableitung

$$(DT(x)h,h) = \lim \frac{1}{t^2}(T(x+th)-Tx,th) \geq \gamma\|h\|^2$$

und weiter $\|DT(x)h\|\geq\gamma\|h\|$ für alle $x,h\in R^n$. Dies bedeutet, daß $DT(x)$ für jedes $x\in R^n$ ein Isomorphismus ist, wobei $\|DT(x)^{-1}u\|\leq\gamma^{-1}\|u\|$ für alle $u\in R^n$ gilt, d.h., $\|DT(x)^{-1}\|\leq\gamma^{-1}$ für alle $x\in R^n$. Aus (5) erhält man nun die Behauptung. ■

3.3 Der Brouwersche Abbildungsgrad

Wenn ein Operator $T:D(T)\subset E\to E$, eine Teilmenge $S\subset D(T)$ und ein Vektor $w\in E$ gegeben sind, dann ist man oft daran interessiert, was über die Anzahl der Lösungen der Aufgabe $Tx=w$ in S gesagt werden kann. Unter dem Gesichtspunkt des Auftretens von Störungen oder der Anwendung von Näherungsverfahren scheint es dabei wünschenswert, daß das gesuchte Maß für die Anzahl der Lösungen stetig von dem Operator T und der rechten Seite w abhängt. Diese Forderung schließt jedoch die Anzahl der Lösungen selbst oder etwa untere Schranken dafür von der Verwendung als ein solches Maß aus. Nimmt man etwa $E\equiv R, D(T)\equiv(-1,1)$ und $Tx\equiv x^2, x\in D(T)$, so besitzt $Tx=w$ für jedes $w>0$ zwei Lösungen, für $y=0$ jedoch nur eine.

Nun kann man bekanntlich für die Anzahl der w-Stellen einer holomorphen Funktion im Zusammenhang mit dem Satz vom logarithmischen Residuum eine Formel angeben, die diese mit der Windungszahl von Kurven in Beziehung bringt. Dabei sind gerade die oben gestellten Stetigkeitsforderungen erfüllt. Dies wird durch eine besondere

Zählung der w-Stellen, nämlich ihrer Vielfachheit nach, erreicht. Das Ziel dieses Abschnittes besteht darin, eine ähnliche Konstruktion für Abbildungen im R^n durchzuführen. Bei der Zählung der Lösungen von Tx=w wird die lokale Orientierung die wesentliche Rolle spielen.

Im folgenden bedeutet $\|.\|$ die Euklidische Norm des R^n und $\emptyset \neq U \subset R^n$ sei eine offene Menge, $T:U \to R^n$ stetig differenzierbar auf U und $S \subset U$, $S \neq \emptyset$, beschränkt und offen mit $\bar{S} \subset U$. Mit $J_T(x)$ wird die Jacobische Funktionaldeterminante $\det(DT(x)), x \in U$, mit $S_T(S)$ die Menge $\{y | y \in S, J_T(y)=0\}$ bezeichnet. Wenn dies für festes S ohne zu Verwechslungen zu führen möglich ist, schreibt man dafür kurz S_T.

Bedeutet $e_1,\ldots,e_n$ die kanonische Orthonormalbasis des R^n, so ist für jedes $x \in U$ durch $x+\varepsilon e_j$ ein lokales Koordinatensystem gegeben. Mit 1.2.(43) erhalten wir $T(x+\varepsilon e_j)=Tx+\varepsilon DT(x)e_j+O(\varepsilon)$, $j=1,\ldots,n$, bei hinreichend kleinem ε. Wenn DT(x) ein Isomorphismus ist, was genau dann der Fall ist, wenn $J_T(x) \neq 0$ ausfällt, dann bilden $Tx+\varepsilon DT(x)e_j$ ein lokales Koordinatensystem in Tx. Dieses hat die gleiche Orientierung wie $e_1,\ldots,e_n$, falls $J_T(x)>0$, die Orientierung ist entgegengesetzt, wenn $J_T(x)<0$ ist. Nun kann jedem $x \in T^{-1}(w) \cap S \setminus S_T$ die Zahl +1 oder -1 zugeordnet werden, je nachdem, wie das Vorzeichen von $J_T(x)$ aussieht, d.h., ob die Orientierung eines lokalen Koordinatensystems unter T invariant ist oder nicht. Die Zählung der Lösungen von Tx=w unter Berücksichtigung dieses Sachverhaltes wird die Grundlage der Definition des Abbildungsgrades sein.

(1) $U \subset R^n$ <u>sei offen</u>, T <u>auf</u> U <u>stetig differenzierbar</u>, $S \subset U$ <u>beschränkt und offen mit</u> $\bar{S} \subset U$ <u>und</u> $w \in R^n$ <u>mit</u> $T^{-1}(w) \cap (\partial S \cup S_T)=\emptyset$. <u>Dann ist</u> $T^{-1}(w) \cap S$ <u>eine endliche Menge</u>.

<u>Beweis</u>: Aus der Voraussetzung folgt, daß für jedes $x \in T^{-1}(w)$ das Differential DT(x) ein Isomorphismus ist, aus 1.(5) entnehmen wir dann, daß es zu jedem dieser Vektoren x eine nichtleere, offene Umgebung U(x) gibt, so daß $U(x) \cap T^{-1}(w)=\{x\}$ ist. Daher und wegen $T^{-1}(w) \cap \partial S=\emptyset$ kann $T^{-1}(w)$ keinen Häufungspunkt in $\bar{S}$ besitzen. Mit der Kompaktheit 1.1.(8) von $\bar{S}$ folgt daraus die Behauptung. ∎

Das ist Anlaß und Rechtfertigung für die folgende Definition.

(2) $U \subset R^n$ <u>sei offen</u>, $T:U \to R^n$ <u>auf</u> U <u>stetig differenzierbar</u>, $S \subset U$ <u>beschränkt und offen mit</u> $\bar{S} \subset U$, $w \in R^n$ <u>mit</u> $T^{-1}(w) \cap (\partial S \cup S_T)=\emptyset$. <u>Dann heißt</u>

$$\deg(T,S,w) \equiv \sum_{x\in M} \operatorname{sign} J_T(x)\,,\quad M\equiv T^{-1}(w)\cap S,$$

der Abbildungsgrad von T auf S bezüglich w. Dabei wird $\deg(T,S,w) \equiv 0$ vereinbart, falls $M=\emptyset$.

Man sieht, daß mit $|\deg(T,S,w)|$ immerhin eine untere Schranke für die Anzahl der Lösungen der Aufgabe $Tx=w$ in $\bar{S}$ bereit steht. Besonders unergiebig ist allerdings der Fall, daß der Abbildungsgrad Null ist, dann kann man nämlich überhaupt keine Aussage machen. Um die Anwendbarkeit von (2) zu erweitern, versuchen wir nun, die dort genannten, sehr einschränkenden Voraussetzungen abzuschwächen. Dazu wird im weiteren die Rechtfertigung der folgenden Definition verfolgt.

(3) $U\subset R^n$ sei offen, $T:U\to R^n$ auf U stetig, $S\subset U$ beschränkt und offen mit $\bar{S}\subset U$, $w\in R^n$ mit $T^{-1}(w)\cap\partial S=\emptyset$. Wähle $A\in C^1(U,R^n)$ und $v\in R^n\setminus A(\partial S\cup S_A)$ zu $\beta\in(0,\operatorname{dist}(w,T(\partial S)))$, so daß $\sup\{\|Tx-Ax\|\,|\,x\in\bar{S}\}<\beta/7$ und $\|w-v\|<\beta/7$ ausfallen. Als Abbildungsgrad von T wird definiert $\deg(T,S,w)\equiv\deg(A,S,v$

Unter den gegebenen Voraussetzungen ist $\deg(A,S,v)$ wohldefiniert. Wir haben zu zeigen, daß zu T und w die gewünschten A und v existieren, und daß der mit ihrer Hilfe definierte Abbildungsgrad für T unabhängig von der speziellen Wahl von A und v ist.

Grundlegendes Hilfsmittel zur Rechtfertigung von (3) ist eine Integraldarstellung für den Abbildungsgrad (2). Dabei verwenden wir die folgenden Klassen von Gewichtsfunktionen vom Index $\beta>0$: G'_β umfaßt alle stetigen Funktionen $\varphi:[0,\infty)\to R$, bei denen es $\delta\in(0,\beta)$ gibt, so daß $\varphi(t)=0$ ist für alle $t\notin[\delta,\beta]$. Damit wird gesetzt

(4) $\quad G_\beta \equiv \{\varphi\,|\,\varphi\in G'_\beta,\ \int_{R^n}\varphi(\|x\|)dx=1\}.$

Das Integral in der Definition von G_β existiert im Riemannschen Sinne, weil $\varphi(\|.\|):R^n\to R$ eine stetige Funktion mit kompaktem Träger ist. Ein Beispiel für Funktionen $\varphi_\beta\in G_\beta$ hat man mit

(5) $\quad \varphi_\beta(t) \equiv a_\beta \max\{0,(\beta-t)(t-\beta/2)\},\ t\geq 0,$

wobei $a_\beta\equiv 2^{n+2}(n+2)(n+1)n(\beta^{n+2}S_n(2^{n+1}(n-2)+(n+4)))^{-1}$ und S_n die Oberfläche der Einheitskugel im R^n bedeutet.

Wenn $w\notin T(\partial S)$ ist, dann folgt aus der Kompaktheit von ∂S und der Stetigkeit von T, daß $\gamma\equiv\operatorname{dist}(w,T(\partial S))>0$ ausfällt. Ferner gibt es eine Umgebung $U(\partial S)$ von ∂S, so daß $\|Tx-w\|\geq 2^{-1}(\alpha+\beta)>\beta$ für alle $x\in$

$U(\partial S)$ ausfällt, falls $\alpha\in(0,\gamma]$ und $\beta\in(0,\alpha)$ gewählt wird. Das bedeutet, daß $\phi: R^n \to R^1$, definiert durch

(6) $$\phi(x) \equiv \begin{cases} \varphi(\|Tx-w\|)J_T(x) & \text{für } x\in S, \\ 0 \text{ sonst} \end{cases}$$

mit $\varphi\in G_\beta$ und $\beta\in(0,\alpha)$, einen kompakten Träger besitzt. Da ϕ außerdem stetig ist auf R^n, existiert unter den genannten Voraussetzungen das Integral

(7) $$d_\varphi(T,S,w) \equiv \int_{R^n} \phi(z)dz.$$

Wir kommen nun zu der Darstellungsformel für den Abbildungsgrad differenzierbarer Operatoren.

(8) $T: U\to R^n$ <u>sei auf</u> U <u>stetig differenzierbar und</u> $w\notin T(\partial S\cup S_T)$. <u>Dann ist</u> $\deg(T,S,w)=d_\varphi(T,S,w)$ <u>für jedes</u> $\varphi\in G_\beta$ <u>mit beliebigem</u> $\beta\in(0,\alpha)$, <u>wobei</u> $\alpha\in(0,\gamma]$ <u>mit</u> $\gamma\equiv\operatorname{dist}(w,T(\partial S))$ <u>gewählt werden kann</u>.

<u>Beweis</u>: Wenn $T^{-1}(w)\cap\bar{S}=\emptyset$, so ist sogar $\bar{\gamma}\equiv\operatorname{dist}(w,\bar{S})>0$, was für $\varphi\in G_\beta$ mit $\beta\in(0,\alpha)$ und $\alpha\in(0,\bar{\gamma})$ bedeutet $\varphi(\|Tx-w\|)=0$ für alle $x\in\bar{S}$. Damit verschwindet ϕ in (6) auf R^n und man hat $d_\varphi(T,S,w)=0$, in Übereinstimmung mit (2).

Sonst gibt es wegen 1.(4), (1) und der Stetigkeit von DT auf U ein $\alpha\in(0,\gamma)$, so daß $K(w,\alpha)$ homöomorph ist zu offenen Umgebungen $U_j\subset S$ von $x_j\in M\equiv T^{-1}(w)\cap S$ und das Vorzeichen von J_T jeweils auf U_j konstant ist, $j=1,\ldots,m$. Nun wird $\|Tx-w\|>\alpha$ und damit $\varphi(\|Tx-w\|)=0$ für alle $x\in S\setminus\cup\{U_j \mid j=1,\ldots,m\}$, wenn $\varphi\in G_\beta$ und $\beta\in(0,\alpha)$ gewählt wird und man kann folgende einfache Rechnung durchführen:

$$\begin{aligned} d_\varphi(T,S,w) &= \sum_{j=1}^{m} \int_{U_j} \varphi(\|Tz-w\|)J_T(z)dz \\ &= \sum_{j=1}^{m} \operatorname{sign}J_T(x_j)\int_{K(w,\alpha)} \varphi(\|v\|)dv = \deg(T,S,w). \end{aligned}$$

Dabei wurde Gebrauch gemacht von $\varphi\in G_\beta$ mit (4), sowie von $DT(.)=D(T(.)-w)$ auf U und der bekannten Substitutionsregel

$$\int_{U(x_j)} \varphi(\|Tz-w\|)\,|\det(D(T(.)-w)(z))|\,dz = \int_{K(w,\alpha)} \varphi(\|v\|)dv. \blacksquare$$

Als nächsten Punkt zeigen wir, daß der Wert von $d_\varphi(T,S,w)$ auch dann nicht von der Wahl von $\varphi\in G$ und von $\beta\in(0,\alpha)$ abhängt, wenn man bei den Voraussetzungen von (8) auf die Bedingung $w\notin T(S_T)$ verzichtet.

(9) $T:U\to R^n$ sei auf U stetig differenzierbar und $w\notin T(\partial S)$. Dann gilt $d_\eta(T,S,w)=d_\zeta(T,S,w)$ für alle $\eta,\zeta\in G_\beta$ mit beliebigem $\beta\in(0,\alpha)$, wobei $\alpha\in(0,\gamma]$ und $\gamma\equiv\mathrm{dist}(w,T(\partial S))$.

Beweis: Zunächst ist mit der Definition der Klassen G_β klar, daß

$$\omega(\varphi) \equiv \int_0^\infty t^{n-1}\varphi(t)dt$$

für jedes $\varphi\in G'_\beta$ mit $\beta\in(0,\alpha)$ existiert. Im ersten Beweisschritt weisen wir nach, daß gilt

(10) $\omega(\varphi)=0 \Rightarrow \int_{R^n}\varphi(\|Tz\|)J_T(z)dz=0.$

Dazu definiert man zu $\varphi\in G_\beta$ mit $\omega(\varphi)=0$ die Funktion $g:[0,\infty)\to R$ durch

$$g(t) \equiv \begin{cases} t^{-n}\int_0^t s^{n-1}\varphi(s)ds \text{ für } t\in(0,\infty), \\ 0 \text{ für } t=0. \end{cases}$$

g ist auf $[0,\infty)$ differenzierbar mit

(11) $tg'(t)+ng(t) = \varphi(t),\ t\in[0,\infty).$

Wir benützen g zur Definition der Abbildungen $H:R^n\to R^n$ und $G:U\to R^n$ durch $Hx\equiv g(\|x\|)x, x\in R^n$, bzw. $Gx\equiv H(Tx), x\in U$. Aus 1.2.(14) entnimmt man die stetige Differenzierbarkeit von $\|.\|$ auf $R^n\setminus\{0\}$, da g mit φ in einer Umgebung von 0 verschwindet, hat man jedoch die stetige Differenzierbarkeit von H und G auf U. Damit wird es möglich, (11) umzurechnen in

(12) $\mathrm{div}Hx = \|x\|g'(\|x\|)+ng(\|x\|) = \varphi(\|x\|).$

An dieser Stelle schieben wir zwei Zwischenüberlegungen ein. Die erste geht den verallgemeinerten Weierstraßschen Approximationssatz 1.1.(51) an. Danach gibt es unter den vorliegenden Voraussetzungen zu jedem $\varepsilon>0$ einen auf R^n zweimal stetig differenzierbaren Operator $A:R^n\to R^n$, so daß

$$\max\{\|Tx-Ax\|,\|DT(x)-DA(x)\| \mid x\in\bar{S}\} < \varepsilon.$$

Wenn ε genügend klein gewählt wird, so bedeutet das natürlich auch $\min\{\|Ax-w\| \mid x\in\bar{S}\}>\beta$, weswegen $d_\varphi(A,S,w)$ wohldefiniert ist. Diese Beobachtungen bringen zusammen mit der Stetigkeit von φ und J_T, daß $|d_\varphi(T,S,w)-d_\varphi(A,S,w)|<\varepsilon_1$ mit beliebig gegebenem $\varepsilon_1>0$ ausfällt, wenn nur ε genügend klein ist. Falls $d_\varphi(T,S,w)=0$ tatsächlich wahr ist, so folgte daraus $|d_\varphi(A,S,w)|<\varepsilon_1$, bei willkürlicher Auswahl von ε_1 sogar $d_\varphi(A,S,w)=0$. Deshalb bedeutet es keine Einschränkung der Allgemeinheit, wenn wir für den Rest des Beweises annehmen, daß T selbst auf U zweimal stetig differenzierbar ist.

Die zweite Zwischenüberlegung geht von dieser Voraussetzung aus und besteht in der Behauptung, daß für den Kofaktor $d_{ij}(x)$ des Elementes $D_iT_j(x)$ in $J_T(x)$ gilt

$$\sum_{i=1}^{n} D_i d_{ij}(x) = 0,\ j=1,\dots,n,\ x\in U. \tag{13}$$

Dabei verwenden wir die Komponentenschreibweise von T, d.h., $Tx\equiv(T_1x,\dots,T_nx)$ mit $T_i:R^n\to R$. Hier, wie auch im weiteren, schreiben wir Vektoren aus R^n aus Platzgründen stets als Zeilen, obwohl das beim Lesen gewisse Aufmerksamkeit verlangt. Nun führen wir die Bezeichnung $s_k(x)\equiv(D_kT_1x,\dots,D_kT_{j-1}x,D_kT_{j+1}x,\dots,D_kT_nx)$ ein, mit den so benannten Spalten von $d_{ij}(x)$ können wir schreiben

$$d_{ij}(x) = (-1)^{i+j}\det(s_1(x),\dots,s_{i-1}(x),s_{i+1}(x),\dots,s_n(x)).$$

Partielle Differentiation liefert

$$\begin{aligned} D_i d_{ij}(x) = (-1)^{i+j}\Big(&\sum_{k=1}^{i-1}\det(s_1(x),\dots,D_is_k(x),\dots,s_{i-1}(x),\\ &s_{i+1}(x),\dots,s_n(x))+\sum_{k=i+1}^{n}\det(s_1(x),\dots,s_{i-1}(x),\\ &s_{i+1}(x),\dots,D_is_k(x),\dots,s_n(x))\Big)\end{aligned} \tag{14}$$

In den Determinanten unter den Summen bringt man nun jeweils die Spalte mit $D_is_k(x)$ an die erste Position und führt dann die Bezeichnung $c_{1i}(x)\equiv\det(D_is_1(x),s_2(x),\dots,s_{i-1}(x),s_{i+1}(x),\dots,s_n(x))$, $c_{2i}(x)\equiv\det(D_is_2(x),s_1(x),s_3(x),\dots,s_{i-1}(x),s_{i+1}(x),\dots,s_n(x))$, usw., ein. Unter Berücksichtigung des bei dieser Spaltenvertauschung auftretenden Vorzeichenwechsels der Determinanten wird aus (14)

$$\begin{aligned}(-1)^{i+j}D_id_{ij}(x) &= \sum_{k<i}(-1)^{k-1}c_{ki}(x)+\sum_{k>i}(-1)^{k-2}c_{ki}(x)\\ &= \sum_{k=1}^{n}(-1)^{k-1}\sigma_{ki}c_{ki}(x),\end{aligned}$$

wobei $\sigma_{ki}\equiv1$ für $k<i$, $\sigma_{ii}\equiv0$ und $\sigma_{ki}\equiv-1$ für $k>i$. Weil T zweimal stetig differenzierbar ist, haben wir $c_{ki}(x)=c_{ik}(x)$. Mit $\sigma_{ki}=-\sigma_{ik}$ folgt dann für jedes $j=1,\dots,n$:

$$(-1)^j \sum_{i=1}^{n} D_i d_{ij}(x) = \sum_{i=1}^{n} \sum_{k=1}^{n} (-1)^{i+k-1} \sigma_{ki} c_{ki}(x)$$

$$= \sum_{k=1}^{n} \sum_{i=1}^{n} (-1)^{k+i-1} \sigma_{ik} c_{ik}(x) = - \sum_{i=1}^{n} \sum_{k=1}^{n} (-1)^{i+k-1} \sigma_{ki} c_{ki}(x),$$

was sofort das gewünschte Resultat (13) nach sich zieht.

Nun kehren wir zum Beweis von (10) zurück. Wir definieren $P:U \to R^n$ durch

$$P_i x \equiv \sum_{j=1}^{n} d_{ij}(x) G_j x, \quad i=1,\dots,n,$$

wobei $G_j: U \to R$ die Komponenten von G bedeuten, $Gx \equiv (G_1 x,\dots,G_n x)$. Als nächstes berechnet man die Divergenz des Operators P.

$$\sum_{i=1}^{n} D_i \sum_{j=1}^{n} d_{ij}(x) G_j x = \sum_{i=1}^{n} \left(\sum_{j=1}^{n} (D_i d_{ij}(x)) G_j x + d_{ij}(x) D_i G_j(x) \right)$$

$$= \sum_{j=1}^{n} \left(\sum_{i=1}^{n} D_i d_{ij}(x) \right) G_j x + \sum_{i=1}^{n} \sum_{j=1}^{n} d_{ij}(x) D_i G_j(x)$$

$$= \sum_{i=1}^{n} \sum_{j=1}^{n} d_{ij}(x) \left(\sum_{k=1}^{n} (D_k H_j(Tx)) (D_i T_k(x)) \right)$$

$$= \sum_{j=1}^{n} \sum_{k=1}^{n} \left(\sum_{i=1}^{n} d_{ij}(x) D_i T_k(x) \right) D_k H_j(Tx)$$

$$= \sum_{j=1}^{n} (D_j H_j(Tx)) J_T(x) = J_T(x) \operatorname{div} H(Tx) = J_T(x) \varphi(\|Tx\|).$$

Hierbei haben wir (12) und eine Differentiationsregel für Determinanten verwendet, nämlich

$$\sum_{i=1}^{n} d_{ij}(x) D_i T_k(x) = \delta_{kj} J_T(x).$$

Beachtet man noch, daß der Träger von $\varphi(\|.\|) J_T$ kompakt ist, so bringt der bekannte Divergenzsatz mit

$$0 = \int_{R^n} \operatorname{div} P(x)\,dx = \int_{R^n} \varphi(\|Tx\|) J_T(x)\,dx$$

gerade die Zwischenbehauptung (10).

Der zweite Beweisschritt besteht in zwei Anwendungen von (10). Zuerst nehmen wir die Teilmenge $K(w,2\beta)$ von U und die Identität als Operator. Wenn $\omega(\varphi)=0$ für ein $\varphi \in G'_\beta$ ausfällt, so ist

(15) $$0 = \int_{R^n} \varphi(\|x\|)\,dx = d_\varphi(I, K(w,2\beta), w).$$

Nimmt man $T(.)-w$ und S, so folgt aus $\omega(\varphi)=0$ aufgrund von $DT(x)=$

$D(T(.)-w)(x)$, daß

(16) $\quad 0 = \int_{R^n}\varphi(\|Tx-w\|)J_T(x)dx = d_\varphi(T,S,w)$.

Im dritten Schritt bemerken wir zunächst, daß bei beliebigen η und ζ aus G_β auch $\psi\equiv\omega(\eta)\zeta-\omega(\zeta)\eta$ aus G'_β ist. Dafür berechnet man nun

$$\omega(\psi) = \int_0^\infty s^{n-1}\eta(s)\int_0^\infty t^{n-1}\zeta(t)dsdt-\int_0^\infty t^{n-1}\zeta(t)\int_0^\infty s^{n-1}\eta(s)dtds = 0.$$

Mit (15) hat man dann für ψ

$$0 = \int_{R^n}\psi(\|x\|)dx = \omega(\eta)\int_{R^n}\zeta(\|x\|)dx-\omega(\zeta)\int_{R^n}\eta(\|x\|)dx.$$

Da η,ζ aus G_β sind, entnehmen wir hieraus mit Hilfe der Definition von ω, daß $\omega(\eta)-\omega(\zeta)=\omega(\eta-\zeta)=0$ ausfällt, was mit (16) nach sich zieht

$$d_{\eta-\zeta}(T,S,w) = d_\eta(T,S,w)-d_\zeta(T,S,w) = 0. \blacksquare$$

Die Unabhängigkeit des Wertes des Integrals $d_\varphi(T,S,w)$ von φ, solange dies aus G_β mit einem $\beta\in(0,\text{dist}(w,T(\partial S)))$ gewählt wird, erlaubt uns, jedem auf U stetig differenzierbaren Operator T, jeder beschränkten, offenen Menge S mit $\overline{S}\subset U$ und jedem $w\in R^n\setminus T(\partial S)$ die Zahl

(17) $\quad d(T,S,w) \equiv d_\varphi(T,S,w),\ \varphi\in G_\beta$ mit $\beta\in(0,\text{dist}(w,T(\partial S)))$,

zuzuordnen. Wenn sogar $w\in T(S_T)$, dann ist $d(T,S,w)$ gerade gleich dem Abbildungsgrad (2) von T auf S bezüglich w. Als nächstes zeigen wir, daß $d(T,S,w)$ bezüglich T und w die eingangs vom Abbildungsgrad geforderten Stetigkeitseigenschaften besitzt.

(18) $T_1,T_2:U\to R^n$ _seien auf_ U _stetig differenzierbar_, $w\notin T(\partial S)$ _und_

$\sup\{\|T_1x-T_2x\| \mid x\in\overline{S}\} < \beta/7$ _mit_ $\beta\in(0,\alpha)$ _und_ $\alpha\in(0,\text{dist}(w,T(\partial S))]$.

Dann ist $d(T_1,S,w)=d(T_2,S,w)$.

Beweis: Wegen (9) genügt es, die Behauptung für $d_\varphi(T_i,S,w)$ mit beliebigem $\varphi\in G_\beta, \beta\in(0,\alpha)$ nachzuweisen.

Setze $\delta\equiv\beta/7$ und wähle eine stetig differenzierbare Funktion $f:[0,\infty)\to[0,1]$ mit $f(t)=1$ für $t\in[0,2\delta]$ und $f(t)=0$ für $t\geq 3\delta$. Dann ist die Abbildung $H:U\to R^n$ mit $Hx\equiv(1-f(\|T_1x-w\|))T_1x+f(\|T_1x-w\|)T_2x$ auf U stetig differenzierbar. Für $x\in\partial S$ hat man außerdem

$$\begin{aligned}\|Hx-w\| &\geq \|T_1x-w\|-\|Hx-T_1x\| \\ &\geq \|T_1x-w\|-f(\|T_1x-w\|)\|T_1x-T_2x\| > 6\delta,\end{aligned}$$

was bedeutet, daß $d_\varphi(H,S,w)$ für alle $\varphi\in G_{6\delta}$ wohldefiniert ist. Nun wählt man $\varphi\in G_{5\delta}$ mit $\varphi(t)=0$ für $t\in[0,4\delta]$. Dann folgt wegen

$$\|Hx-w\| \le \|T_1x-w\|+\|T_1x-Hx\|$$
$$\le \|T_1x-w\|+ f(\|T_1x-w\|)\|T_1x-T_2x\| \le \|T_1x-w\|+\delta,$$

daß $\varphi(\|Hx-w\|)=0$ ist, solange $x\in\overline{S}$ und $\|T_1x-w\|<3\delta$. Aus den Definitionen von f und H entnimmt man noch $Hx=T_1x$ für $x\in\overline{S}$ mit $\|T_1x-w\|\ge 3\delta$. Zusammen bringt das für $x\in\overline{S}$, daß $\varphi(\|Hx-w\|)J_H(x)=\varphi(\|T_1x-w\|)J_{T_1}(x)$, woraus auch $d_\varphi(H,S,w)=d_\varphi(T_1,S,w)$ folgt.

Ähnlich verfährt man mit T_2. Man wählt $\psi\in G_\delta$. Dann ist für $x\in\overline{S}$

$$\|T_2x-w\| \ge \|T_1x-w\|-\|T_2x-T_1x\|,$$

was für $x\in\partial S$ bedeutet, daß $\|T_2x-w\|>6\delta$ ausfällt. Damit ist $d_\psi(T,S,w)$ wohldefiniert. Außerdem entnehmen wir dieser Relation, daß $\|T_2x-w\|>\delta$ ist, falls $\|T_1x-w\|>2\delta$ ausfällt. Für diese $x\in\overline{S}$ ist aber auch $\|Hx-w\|>\delta$. Weil $\psi\in G_\delta$ gewählt war, heißt das $\psi(\|T_2x-w\|)=\psi(\|Hx-w\|)=0$ für alle $x\in\overline{S}$ mit $\|T_1x-w\|>2\delta$. Wenn jedoch $\|T_1x-w\|\le 2\delta$ ist für $x\in\overline{S}$, so folgt $T_2x=Hx$ aus der Definition von H. Damit ist wieder $\psi(\|Hx-w\|)J_H(x)=\psi(\|T_2x-w\|)J_{T_2}(x)$ für $x\in\overline{S}$. Insgesamt haben wir $d_\varphi(T_1,S,w)=d_\varphi(H,S,w)=d_\psi(H,S,w)=d_\psi(T_2,S,w)$, wobei (9) verwendet wird. Mit dem Satz (9) folgt schließlich auch die Behauptung. ∎

(19) $T:U\to R^n$ sei auf U stetig differenzierbar und $w\notin T(\partial S)$. Dann ist $d(T,S,w)=d(T,S,z)$ für alle $z\in K(w,\beta/7)$ mit $\beta\in(0,\mathrm{dist}(w,T(\partial S)))$.

Beweis: Definiere $T_2x\equiv Tx+w-z, x\in U$, mit beliebigem $z\in K(w,\beta/7)$. Dann ist $\|T_2x-Tx\|=\|w-z\|<\beta/7$ für alle $x\in U$ und die Behauptung folgt aus (18). ∎

Nun soll gezeigt werden, daß $d(T,S,w)$ nicht nur im Spezialfall $w\notin T(S_T)$, wenn diese Zahl also gleich dem Abbildungsgrad (2) ist, eine ganze Zahl ist. Dazu benötigt man den folgenden Hilfssatz.

(20) $T:U\to R^n$ sei auf U stetig differenzierbar und $S\subset U$ eine beschränkte, offene Menge. Dann besitzt $T(S_T(S))$ keine inneren Punkte.

Beweis: Da man $\overline{S}$ durch endlich viele Würfel Q mit $\overline{Q}\subset U$ überdecken kann, bedeutet es keine Einschränkung der Allgemeinheit, wenn angenommen wird, daß S ein solcher Würfel mit der Seitenlänge a sei. Da DT auf $\overline{Q}$ gleichmäßig stetig und beschränkt ist, gibt es zu jedem $\varepsilon>0$ ein $m\equiv m(\varepsilon)\in N$, so daß aus der Lagrange-Formel 1.2.(11) folgt

(21) $\|Tx-Ty-DT(y)(x-y)\|_\infty \leq \varepsilon\|x-y\|_\infty \ \forall\ x,y\in\overline{Q}:\|x-y\|_\infty \leq \frac{a}{m}$.

Dabei bedeutet $\|z\|_\infty \equiv \max\{|z_1|,\ldots,|z_n|\}, z\equiv(z_1,\ldots,z_n)\in R^n$. Nun zerlegt man $\overline{Q}$ in m^n Würfel mit der Kantenlänge $\frac{a}{m}$ und nimmt an, P sei einer von diesen mit $P\cap S_T(S)\neq\emptyset$. Mit $x_0\in P\cap S_T(S)$ definieren wir die Abbildung $A:R^n\to R^n$ durch $Ax\equiv DT(x_0)(x-x_0)+Tx_0, x\in R^n$. Da DT auf $\overline{Q}$ beschränkt ist, ergibt sich unmittelbar

(22) $\|Ax-Tx_0\|_\infty \leq c\|x-x_0\|_\infty \leq \frac{ac}{m}$, $x\in\overline{P}$.

Weil $J_T(x_0)=0$, der Rang von $DT(x_0)$ also kleiner als n ist, liegt A(P) in einer Hyperebene des R^n, die höchstens die Dimension n-1 besitzt. Aus (21) entnimmt man mit $y=x_0$ und Einsetzen der Definition von A, daß T(P) in der Menge $\{z\,|\,\|z-v\|_\infty<\varepsilon a/m, v\in A(P)\}$ enthalten ist. Diese kann man wieder in einen n-dimensionalen Quader einschließen, der n-1 Seiten der Länge $2a(c+\varepsilon)/m$ und eine mit $2\varepsilon a/m$ hat. Das Volumen dieses Quaders ist somit $(2a/m)^n(c+\varepsilon)^{n-1}\varepsilon$. Wir haben Q in m^n Würfel zerlegt, S_T ist also in höchstens m^n Würfeln mit den Eigenschaften von P enthalten. Das bedeutet, daß man $T(S_T)$ in höchstens m^n Quadern mit einem Gesamtinhalt von höchstens $(2a)^n(c+\varepsilon)^{n-1}\varepsilon$ einschließen kann. Diese Zahl kann man jedoch durch passende Wahl von ε beliebig klein machen. Daher besitzt $T(S_T)$ das Maß Null und hat mithin keine inneren Punkte. ∎

Aufgrund dieses Hilfssatzes kann man jedes $w\notin T(\partial S)$ beliebig genau durch $w_\delta\notin T(S_T(S)\cup\partial S)$ approximieren. Das bringt zusammen mit (19) die Ganzzahligkeit von d(T,S,w).

(23) $T:U\to R^n$ <u>sei auf</u> U <u>stetig differenzierbar und</u> $w\notin T(\partial S)$. <u>Dann ist</u> d(T,S,w) <u>ganzzahlig</u>.

<u>Beweis</u>: Wegen $w\notin T(\partial S)$ ist $0<\beta<\text{dist}(w,T(\partial S))$. Da $T(S_T)$ nach (20) keine inneren Punkte besitzt, kann man $w_\delta\notin T(S_T)$ mit $\|w-w_\delta\|<\beta/7$ und $\text{dist}(w_\delta,T(\partial S))>\beta/7$ finden. Damit existiert der Abbildungsgrad (2) von T auf S bezüglich w_δ, nach (8) und (9) gilt dabei $\deg(T,S,w_\delta)=d(T,S,w)$. Wegen (19) ist d(T,S,z) für alle $z\in K(w_\delta,\beta/7)$ konstant, womit aus der Ganzzahligkeit von $\deg(T,S,w_\delta)$ die von d(T,S,w) folgt. ∎

Die bisher durchgeführten Überlegungen zeigen, daß d(T,S,w) bei differenzierbaren Operatoren die eingangs an einen Abbildungsgrad gestellten Erwartungen erfüllt: es fällt für $w\notin T(S_T)$ mit dem Abbildungsgrad (2) zusammen, ist ganzzahlig und aufgrund von (18) und

(19) stetig bezüglich T bzw. w. Die Erweiterung auf stetige Operatoren und damit die Rechtfertigung von Definition (3) ergibt sich nun mit dem Weierstraßschen Approximationssatz 1.1.(53): Wenn $T:U\to R^n$ auf U stetig und $w\notin T(\partial S)$ ist, dann gibt es einen auf U stetig differenzierbaren Operator $A:U\to R^n$ mit $\sup\{\|Tx-Ax\| \mid x\in\overline{S}\}<\beta/7$ und $\mathrm{dist}(w,A(\partial S))>6\beta/7, \beta<\mathrm{dist}(w,T(\partial S))$. Mit (20) finden wir außerdem $v\notin A(S_A(S)\cup\partial S)$ mit $\mathrm{dist}(v,A(\partial S))>\beta/7$ und $\|v-w\|<\beta/7$. Für A,S und v existiert dann der Abbildungsgrad im Sinne von (2). Damit ist die Existenz von A und v mit den in (3) genannten Eigenschaften klar. Aufgrund von (8) und (9) ist weiter $\deg(A,S,v)=d(A,S,v)$. Nun entnimmt man (18), daß $d(G,S,v)$ für alle auf U stetig differenzierbaren Operatoren $G:U\to R^n$ mit $\sup\{\|Ax-Gx\| \mid x\in\overline{S}\}<\beta/7$ denselben Wert hat. Ferner folgt aus (19), daß dieser Wert auch für $d(G,S,u)$ gleich bleibt, falls $\|v-u\|<\beta/7$ gilt. Daraus schließt man, daß der in (3) für stetige Operatoren T auf S bezüglich w definierte Abbildungsgrad einen von der speziellen Wahl von A und v unabhängigen Wert hat, solange A und v die in (3) genannten Eigenschaften besitzen. Bei stetig differenzierbaren Operatoren $T:U\to R^n$ kann der Abbildungsgrad (3) auf S bezüglich jedem $w\notin T(\partial S)$ durch $d(T,S,w)$ dargestellt werden.

Die Definition (3) gewährt im Hinblick auf die Formel (2) jedenfalls eine theoretische Möglichkeit, den Abbildungsgrad auch bei stetigen Operatoren zu berechnen. Ein anderer Zugang zur Berechnung des Abbildungsgrades eröffnet sich, wenn man das Resultat der vorstehenden Überlegungen ein wenig anders formuliert.

(24) $T:U\to R^n$ sei auf U stetig und $w\notin T(\partial S)$. Dann gilt für jede Folge von auf U stetig differenzierbaren Operatoren $T_i:U\to R^n$ mit $\sup\{\|Tx-T_ix\| \mid x\in\overline{S}\}\to 0\ (i\in N)$, daß

$$d(T_i,S,w,) \to \deg(T,S,w) \quad (i\in N).$$

Aufgrund des Weierstraßschen Approximationssatzes gibt es Folgen (T_i) mit den gewünschten Eigenschaften. Die Berechnung von $d(T_i,S,w)$ kann numerisch mit Hilfe der speziellen Gewichtsfunktion φ_β aus (5) in (7) erfolgen. Hinsichtlich des Rechenaufwands ist es von Vorteil, daß der Grenzwert ganzzahlig ist.

Nun wollen wir die für das weitere wichtigsten Eigenschaften des Abbildungsgrades (3) für stetige Operatoren kennenlernen.

(25) $T:U\to R^n$ sei auf U stetig und $w\notin T(\partial S)$. Dann gilt für alle auf U stetigen Operatoren $A:U\to R^n$ mit $\sup\{\|Tx-Ax\| \mid x\in\overline{S}\}<\beta/14$, wobei $\beta\in(0,\alpha)$

<u>und</u> $\alpha\in(0,\mathrm{dist}(w,T(\partial S))]$, <u>daß</u> $\deg(T,S,w)=\deg(A,S,w)$ <u>ist</u>.

<u>Beweis</u>: Mit Hilfe des Weierstraßschen Approximationssatzes werden auf U stetig differenzierbare Operatoren $T_\delta, A_\delta: U\to R^n$ bestimmt für die

$$\sup\{\|Tx-T_\delta x\| \,|\, x\in\overline{S}\}+\sup\{\|Ax-A_\delta x\| \,|\, x\in\overline{S}\} < \beta/14$$

sowie $\mathrm{dist}(w,T_\delta(\partial S))>\beta/7$ und $\mathrm{dist}(w,A_\delta(\partial S))>\beta/7$ ausfallen. Wegen (18) ist dann $\deg(T_\delta,S,w)=\deg(A_\delta,S,w)$, die Behauptung ergibt sich nun aus der Definition (3). ∎

Die zentrale Rolle bei der Anwendung des Abbildungsgrades spielt der folgende <u>Homotopiesatz</u>.

(26) $H:\overline{S}\times[0,1]\to R^n$ <u>sei auf</u> $\overline{S}\times[0,1]$ <u>stetig und</u> $w\notin M\equiv\{H(x,t)\,|\,x\in\partial S, t\in[0,1]\}$. <u>Dann besitzt</u> $\deg(H(.,t),S,w)$ <u>denselben Wert für alle</u> $t\in[0,1]$.

<u>Beweis</u>: H ist sogar gleichmäßig stetig auf $\overline{S}\times[0,1]$, es gibt also ein $\delta>0$, so daß $\sup\{\|H(x,s)-H(x,t)\| \,|\, x\in\overline{S}\}<\beta/14$ für alle $s,t\in[0,1]$ mit $|s-t|<\delta$ ausfällt, wobei $\beta<\mathrm{dist}(w,M)$. Aus (25) folgt nun $\deg(H(x,s),S,w)=\deg(H(x,t),S,w)$ für alle $s,t\in[0,1]$ mit $|s-t|<\delta$. Da $[0,1]$ von endlich vielen Intervallen der Länge δ überdeckt werden kann, haben wir die Behauptung bewiesen. ∎

Eine Folgerung hieraus zeigt, daß der Abbildungsgrad nur von den Randwerten eines Operators abhängt.

(27) $T,A:U\to R^n$ <u>seien stetig auf</u> U <u>mit</u> $Tx=Ax$ <u>für alle</u> $x\in\partial S$ <u>sowie</u> $w\notin T(\partial S)$. <u>Dann ist</u> $\deg(T,S,w)=\deg(A,S,w)$.

<u>Beweis</u>: Man definiert die Homotopie $H:S\times[0,1]\to R^n$ durch $H(x,t)\equiv tAx+(1-t)Tx$, für alle $x\in\partial S$ ist dann $H(x,t)=Tx, t\in[0,1]$. Wegen $w\notin T(\partial S)$ sind die Voraussetzungen von (26) erfüllt und daher $\deg(T,S,w)=\deg(H(.,0),S,w)=\deg(H(.,1),S,w)=\deg(A,S,w)$. ∎

Mit (19) wissen wir, daß der Abbildungsgrad von T auf S bezüglich kleiner Störungen bei w konstant ist. Die Abhängigkeit des Abbildungsgrades von w untersuchen wir jetzt noch etwas eingehender.

(28) $T:U\to R^n$ <u>sei auf</u> U <u>stetig und</u> $w\notin T(\partial S)$. <u>Dann ist</u> $\deg(T,S,w)=\deg(T(.)-z,S,w-z)$ <u>für jedes</u> $z\in R^n$.

<u>Beweis</u>: Falls $T_\delta:U\to R^n$ auf U stetig differenzierbar und $w\notin T_\delta(\partial S)$ ist, dann hat man mit $A_\delta:U\to R^n$, wobei $A_\delta x\equiv Tx-z$, und passendem $\varphi\in G_\beta$

$$\varphi(\|T_\delta x-w\|)J_{T_\delta}(x) = \varphi(\|A_\delta x-(x-z)\|)J_{A_\delta}(x).$$

Also ist $d(T_\delta,S,w)=d(A_\delta,S,w-z)$ und damit $\deg(T_\delta,S,w)=\deg(A_\delta,S,w-z)$ $=\deg(T_\delta(.)-z,S,w-z)$. Diese Beobachtung bei stetig differenzierbaren Operatoren kann, wie bereits mehrfach durchgeführt, mit Hilfe des Weierstraßschen Approximationssatzes auf stetige Operatoren übertragen werden. ∎

Der Abbildungsgrad ist nicht nur auf kleinen Umgebungen von w konstant, sondern sogar auf allen Wegen im R^n, die $T(\partial S)$ nicht treffen.

(29) $T:U\to R^n$ <u>sei auf</u> U <u>stetig. Wenn</u> $u,v\notin T(\partial S)$ <u>und</u> $p:[0,1]\to R^n$ <u>eine stetige Abbildung ist mit</u> $p(0)=u, p(1)=v$ <u>und</u> $p(t)\notin T(\partial S)$ <u>für alle</u> $t\in[0,1]$, <u>dann ist</u> $\deg(T,S,u)=\deg(T,S,v)$.

<u>Beweis</u>: Man nimmt die Homotopie $H:\bar{S}\times[0,1]\to R^n$ mit $H(x,t)\equiv Tx-p(t)$, für die wegen $Tx\neq p(t)$ für $x\in\partial S$ und $t\in[0,1]$ folgt $H(x,t)\neq 0$ für $x\in\partial S, t\in[0,1]$. Für sie ergibt sich mit (26) und (28), daß $\deg(T,S,u)$ $=\deg(T(.)-u,S,0)=\deg(H(.,0),S,0)=\deg(H(.,1),S,0)=\deg(T(.)-v,S,0)=$ $\deg(T,S,v)$. ∎

Zuletzt wird die Abhängigkeit des Abbildungsgrades von S betrachtet.

(30) $T:U\to R^n$ <u>sei auf</u> U <u>stetig</u>, $S,S_1,\ldots,S_m\subset U$ <u>beschränkt und offen mit</u> $S_i\cap S_j=\emptyset$ <u>für</u> $i\neq j$ <u>und</u> $\cup\{\bar{S}_1,\ldots,\bar{S}_m\}=\bar{S}$, <u>sowie</u> $w\notin T(\cup\{\partial S_1,\ldots,\partial S_m\})$. <u>Dann gilt</u>

$$\deg(T,S,w) = \sum_{i=1}^{m}\deg(T,S_i,w).$$

<u>Beweis</u>: Nimmt man wieder einen stetig differenzierbaren Operator $T_\delta:U\to R^n$ mit $w\notin T_\delta(\cup\{\partial S_1,\ldots,\partial S_m\})$, dann ist $\deg(T_\delta,S,w)=d(T_\delta,S,w)$ und die Behauptung folgt im Falle T_δ aus der Additivität des Integrals bezüglich der Zerlegung von S in $S_1,\ldots,S_m$. Die Übertragung auf den stetigen Operator erfolgt wieder mit dem Weierstraßschen Approximationssatz. ∎

Die Vermutung, daß man Teilmengen $M\subset S$ mit $T^{-1}(w)\cap M=\emptyset$ bei der Berechnung des Abbildungsgrades weglassen kann, ist nun naheliegend.

(31) $T:U\to R^n$ <u>sei auf</u> U <u>stetig</u>, $w\notin T(\partial S)$ <u>sowie</u> $M\subset\bar{S}$ <u>abgeschlossen mit</u> $w\notin T(M)$. <u>Dann ist</u> $\deg(T,S,w)=\deg(T,S\setminus M,w)$.

<u>Beweis</u>: Aufgrund des Weierstraßschen Approximationssatzes kann ein stetig differenzierbarer Operator $T_\delta:U\to R^n$ gefunden werden mit $\sup\{\|Tx-T_\delta x\| \mid x\in\bar{S}\}<\beta/7$, $\beta<\operatorname{dist}(w,T(\partial S))$, und $\zeta<\operatorname{dist}(w,T_\delta(\partial S))>0$,

$\eta<\operatorname{dist}(w,T_\delta(M))>0$. Nun gilt für jedes $\varphi\in G_\beta$, $\beta\in(0,\min\{\zeta,\eta\})$, daß $\varphi(\|T_\delta x-w\|)=0$ ausfällt für $x\in M$, weshalb $d(T_\delta,M,w)=0$, also $\deg(T_\delta,M,w)=0$ ist. Für T_δ folgt die Behauptung aus (30), die Übertragung auf T ist mit der Definition (3) klar. ∎

Im Spezialfall $M=\bar{S}$ besagt der vorstehende Satz, daß $\deg(T,S,w)=0$ ist für $T^{-1}(w)\cap\bar{S}=\emptyset$, was in Übereinstimmung mit der Definition (2) bzw. (3) ist. Umgekehrt hat man folgendes Resultat.

(32) $T:U\to R^n$ <u>sei auf</u> U <u>stetig</u>, $w\notin T(\partial S)$ <u>sowie</u> $\deg(T,S,w)\neq 0$. <u>Dann besitzt die Aufgabe</u> $Tx=w$ <u>eine Lösung in</u> S.

<u>Beweis</u>: Wenn $T^{-1}(w)\cap S=\emptyset$ wäre, dann hätte man $w\notin T(\bar{S})$ und (31) führte zu einem Widerspruch. ∎

Daß der Abbildungsgrad in der Definition (3) eine natürliche und angemessene Begriffsbildung ist, läßt sich daraus erkennen, daß er durch seine wichtigsten Eigenschaften eindeutig festgelegt ist. Beim anschließenden Beweis dieser Behauptung bedeutet $\tilde{C}$ die Menge der Tripel (T,S,w) aus beschränkten, offenen Teilmengen S von U mit $\bar{S}\subset U$, auf U stetigen Operatoren T und Vektoren $w\notin T(\partial S)$.

(33) <u>Es gibt genau eine Abbildung</u> $g:\tilde{C}\to Z$ <u>mit den folgenden Eigenschaften</u>: (i) <u>Falls</u> $h:\bar{S}\times[0,1]\to R^n$ <u>und</u> $p:[0,1]\to R^n$ <u>stetig sind sowie</u> $p(t)\notin\{h(x,t)\,|\,x\in\partial S\}$ <u>für alle</u> $t\in[0,1]$ <u>gilt, besitzt</u> $g(h(.,t),S,w)$ <u>für alle</u> $t\in[0,1]$ <u>denselben Wert</u>. (ii): <u>Falls</u> T <u>sogar stetig differenzierbar und</u> $w\notin S_T(S)$ <u>ist, gilt</u>

$$g(T,S,w) = \sum_{x\in M}\operatorname{sign}J_T(x),\quad M\equiv T^{-1}(w)\cap S.$$

<u>Beweis</u>: Die Existenz einer Abbildung g mit den genannten Eigenschaften ist mit der Definition (3) bzw. (2) des Abbildungsgrades und dessen Eigenschaften, vor allem (26) und (29), klar. Umgekehrt nimmt man an, g_1 und g_2 seien Abbildungen mit den Eigenschaften (i) und (ii). Wenn nun $(T,S,w)\in\tilde{C}$ ist und $\beta<\operatorname{dist}(w,T(\partial S))$, dann gibt es aufgrund des Weierstraßschen Approximationssatzes einen auf U stetig differenzierbaren Operator $T_\delta:U\to R^n$ mit $\sup\{\|Tx-T_\delta x\|\,|\,x\in\bar{S}\}<\beta/3$ und aufgrund von (20) ein $w_\delta\notin T(S_T)$ mit $\|w-w_\delta\|<\beta/3$. Mit $h(x,t)\equiv Tx+t(T_\delta x-Tx)$ bzw. $p(t)\equiv w+t(w_\delta-w)$ folgen $g_1(T,S,w)=g_1(T_\delta,S,w_\delta)$ und $g_2(T,S,w)=g_2(T_\delta,S,w_\delta)$ aus (i), aus (ii) entnimmt man $g_1(T_\delta,S,w_\delta)=g_2(T_\delta,S,w_\delta)$. Insgesamt ist $g_1(T,S,w)=g_2(T,S,w)$, es gibt also nicht mehr als eine Abbildung von $\tilde{C}$ in Z mit den Eigenschaften (i) und (ii). ∎

Unser Satz (32) enthielt die grundlegende, auf dem Abbildungsgrad beruhende Existenzaussage für Lösungen der Aufgabe Tx=w. Auf ihr bauen die folgenden Resultate auf. Wir beginnen mit dem <u>Brouwerschen Fixpunktsatz</u>.

(34) $S\subset R^n$ <u>sei beschränkt, konvex und offen sowie</u> $T:\overline{S}\to\overline{S}$ <u>stetig auf</u> $\overline{S}$. <u>Dann besitzt</u> T <u>einen Fixpunkt in</u> $\overline{S}$.

<u>Beweis</u>: Im ersten Schritt wird der Beweis für $S\equiv K(0,r), r>0$, geführt Wenn dabei T einen Fixpunkt auf $S(0,r)$ besitzt, sind wir fertig. Es darf also ohne Einschränkung der Allgemeinheit angenommen werden, daß $\mathrm{fix}(T)\cap S(0,r)=\emptyset$, d.h. $x\neq Tx$ für alle $x\in S(0,r)$ ist. Nun definiert man die Homotopie $H:B(0,r)\times[0,1]\to R^n$ durch $H(x,t)\equiv x-tTx$. Die Stetigkeit von H ist klar, außerdem ist wegen $T:B(0,r)\to B(0,r)$

$$\|H(x,t)\| \geq \|x\|-t\|Tx\| \geq r(1-t) > 0 \text{ für } x\in B(0,r), t\in[0,1).$$

Dies und die Annahme $Tx\neq x$ für $x\in S(0,r)$ bringen $H(x,t)\neq 0$ für alle $x\in\partial S$ und $t\in[0,1]$. Aus (26) folgt jetzt $\deg(I-T(.),K(0,r),0)= \deg(H(.,1),K(0,r),0)=\deg(H(.,0),K(0,r),0)=\deg(I,K(0,r),0)=1$, mit (32) ist die Behauptung für $K(0,r)$ bewiesen.

Der zweite Schritt besteht in einem Studium der metrischen Projektion. Weil $\overline{S}$ kompakt ist, gibt es $r>0$, so daß $S\subset B(0,r)$. Bekanntlich gibt es zu jedem $x\in B(0,r)$ genau ein $m(x)\in\overline{S}$, für das $\|x-m(x)\|= \inf\{\|x-z\| \mid z\in\overline{S}\}$ gilt. Das gibt Anlaß zur Definition der Abbildung $m: B(0,r)\to\overline{S}$, die wegen $x=m(x)$ für alle $x\in\overline{S}$ als metrische Projektion von $B(0,r)$ auf $\overline{S}$ bezeichnet wird. Wir zeigen zunächst, daß m stetig ist. Wähle dazu $(x_j)\subset B(0,r)$ mit $x_j\to x\,(j\in N)$. Aufgrund der Kompaktheit von $\overline{S}$ gibt es eine Teilfolge $N'\subset N$ und $w\in\overline{S}$ mit $m(x_{j'})\to w\,(j'\in N')$, um $w=m(x)$ zu beweisen, reicht der Nachweis, daß $\|x-w\|= x-m(x)$ gilt. Angenommen, dies sei falsch, d.h., es gebe ein $\varepsilon>0$ mit

(35) $\|x-m(x)\|+3\varepsilon < \|x-w\|$.

Wegen der Konvergenzen $x_j\to x\,(j\in N)$ und $m(x_{j'})\to w\,(j'\in N')$ gibt es einen Index n, mit dem gilt

(36) $\|x-x_{j'}\| < \varepsilon$, $\|w-m(x_{j'})\| < \varepsilon$ für alle $j'\geq n$.

Damit haben wir

$$\|x-w\| \leq \|x-x_{j'}\|+\|x_{j'}-m(x_{j'})\|+\|m(x_{j'})-w\| < 2\varepsilon+\|x_{j'}-m(x_{j'})\|.$$

Weil die $m(x_{j'})$ beste Approximationen zu $x_{j'}$ aus $\overline{S}$, also $\|x_{j'}-m(x_{j'})\|\leq\|x_{j'}-m(x)\|$ sind, folgt mit (35) und (36)

$$\|x-w\| < 2\varepsilon+\|x_{j'}-x\|+\|x-m(x)\| < 3\varepsilon+\|x-m(x)\| < \|x-w\|.$$

Diese widersprüchliche Aussage zeigt, daß die Annahme (35) falsch ist. Damit ist bewiesen, daß jede konvergente Teilfolge von $(m(x_j))$ den Grenzwert $m(x)$ besitzt, womit die Stetigkeit von m klar ist.

Nun wird die stetige Abbildung $Tom:B(0,r)\to B(0,r)$ betrachtet. Im ersten Beweisschritt wurde gezeigt, daß sie einen Fixpunkt x^* besitzt. Weil $(Tom)(B(0,r))\subset\overline{S}$ ist, gilt $x^*\in\overline{S}$, aus $m(x)=x$ für $x\in\overline{S}$ folgt speziell $m(x^*)=x^*$. Damit haben wir $x^*\in fix(T)$. ∎

Als Korollar hat man sogleich:

(37) $S\subset R^n$ *sei homöomorph zu einer beschränkten, konvexen und offenen Menge sowie* $T:S\to S$ *stetig auf* S. *Dann besitzt* T *einen Fixpunkt in* S.

Beweis: Wenn h der entsprechende Homöomorphismus ist, dann erfüllt $A\equiv h^{-1}oToh$ mit $h^{-1}(S)$ die Voraussetzungen von (35). ∎

Wie bei den Fixpunktsätzen in Kapitel 2 kann auch hier die Voraussetzung, daß T eine Selbstabbildung von $\overline{S}$ ist, durch passende Randbedingungen ersetzt werden.

(38) $S\subset R^n$ *sei beschränkt, konvex und offen*, $T:\overline{S}\to R^n$ *stetig auf* S *mit* $T(\partial S)\subset\overline{S}$. *Dann besitzt* T *einen Fixpunkt in* $\overline{S}$.

Beweis: Man definiert die Abbildungen $p:R^n\to[0,\infty)$ durch

$$p(x) \equiv \begin{cases} \inf\{a\,|\,a>0,\ \frac{1}{a}(x-p)\in S\} & \text{für } x\neq p \\ 0 & \text{für } x=p \end{cases} \qquad p\in S \text{ beliebig}$$

und $q:R^n\to[1,\infty)$ durch $q(x)\equiv\max\{1,p(x)\}$ sowie $A:R^n\to S$ durch $Ax\equiv (q(x))^{-1}x$. Man sieht sofort, daß p und damit q und damit A stetig sind. Ferner beobachtet man $A(R^n)\subset\overline{S}$, wobei $x=Ax$ für alle $x\in\overline{S}$ und $A(R^n\setminus S)\subset\partial S$ ist. Mit $\overline{S}$ ist auch $T(\overline{S})$ eine beschränkte Menge. Daher gibt es $r>0$ mit $(\overline{S}\cup T(\overline{S}))\subset B(0,r)$. Setzt man $G\equiv ToA$, so zeigen $A(B(0,r))\subset\overline{S}$ und $T(\overline{S})\subset B(0,r)$ und die Stetigkeit von A und T, daß G eine stetige Abbildung von $B(0,r)$ in sich ist. Aus (34) entnehmen wir daher die Existenz eines Fixpunktes x^* von G in $B(0,r)$. Aus der Annahme $x^*\notin\overline{S}$ folgte $Ax^*\in\partial S$, also $x^*=Gx^*=T(Ax^*)\subset\overline{S}$, was $x^*\in\overline{S}$ zeigt. In diesem Falle war $Ax^*=x^*$, also $x^*\in fix(T)$. ∎

Wegen seiner vielfältigen Anwendbarkeit ist das folgende *Leray-Schaudersche Prinzip* besonders wichtig.

(39) $S\subset R^n$ *sei beschränkt und offen sowie* $T:\overline{S}\to R^n$ *stetig auf* $\overline{S}$. *Mit* $p\in S$ *gelte* $x\neq tTx+p$ *für alle* $t\in(0,1)$ *und alle* $x\in\partial S$. *Dann besitzt die*

<u>Aufgabe</u> $x-Tx=p$ <u>eine Lösung in</u> $\overline{S}$.

<u>Beweis</u>: Wenn $x-Tx=p$ eine Lösung $x\in\partial S$ hat, ist man fertig. Es darf ohne Einschränkung der Allgemeinheit angenommen werden, daß $x\neq Tx+p$ ist für alle $x\in\partial S$. Für die Homotopie $H:\overline{S}\times[0,1]\to R^n$ mit $H(x,t)\equiv x-p-tTx$ bedeutet das zusammen mit der Voraussetzung, daß $H(x,t)\neq 0$ für $x\in\partial S, t\in[0,1]$. Darüber hinaus ist H stetig. Da $p\in S$ ist, haben wir außerdem $\deg(H(.,0),S,0)=\deg(I-p,S,0)=1$, was mit (26) und (32) die Behauptung liefert. □

Wenn $p\equiv 0$ gesetzt wird und $0\in S$ ist, stellt (39) einen Fixpunktsatz dar, in dessen Voraussetzung die Forderung, T sei eine Selbstabbildung, durch Randbedingungen ersetzt ist. Damit kann ein weiterer Existenzsatz erschlossen werden.

(40) $S\subset R^n$ <u>sei beschränkt und offen mit</u> $0\in S$ <u>sowie</u> $T:\overline{S}\to R^n$ <u>stetig auf</u> $\overline{S}$ <u>mit</u> $(x-a,Tx)\geq 0$ <u>bei einem</u> $a\in S$ <u>für alle</u> $x\in\partial S$. <u>Dann besitzt die Aufgabe</u> $Tx=0$ <u>eine Lösung in</u> $\overline{S}$.

<u>Beweis</u>: Setze $S_a\equiv\{x\,|\,a+x\in S\}$ und $Ax\equiv x-T(x+a), x\in S_a$. Die Stetigkeit von $A:S_a\to R^n$ ist klar. Für jedes $y\in\partial S_a$ ist $y+a\in\partial S$, man erhält also für $t\in(0,1)$ und $y\in\partial S_a$

$$(y,y-tAy) = (y,(1-t)y+tT(y+a)) = (1-t)(y,y)$$
$$+t((y+a)-a,T(y+a)) \geq (1-t)|y|^2 > 0,$$

weil $a\in S$ ist, hat man nämlich $y\neq 0$. Aus (39) folgt nun mit $p\equiv 0$, daß A einen Fixpunkt $x^*\in\overline{S}_a$ besitzt. Das bedeutet dann $T(x^*+a)=0$ mit $x^*+a\in\overline{S}$. □

Gegenüber dem Banachschen Fixpunktsatz und seinen Varianten für kontraktive Operatoren muß man beim Brouwerschen Fixpunktsatz auf die Eindeutigkeit des Fixpunktes verzichten. Vergleicht man jedoch die Voraussetzungen an den Operator und die zugrunde liegenden Mengen, so sind diese beim Brouwerschen Satz wesentlich schwächer und leichter nachprüfbar. Falls T die Voraussetzungen von (34) erfüllt und nichtexpansiv ist, dann erhält man nach 2.5.(11) die Konvergenz der Folge $x_{i+1}\equiv\alpha x_i+(1-\alpha)Tx_i, i\in N_0$, für jedes $\alpha\in(0,1)$ bei beliebigem Startvektor $x_0\in\overline{S}$ gegen einen Fixpunkt von T in $\overline{S}$.

3.4 Der Satz von Borsuk

Im allgemeinen ist es nicht einfach, den Abbildungsgrad eines Operators festzustellen. Bei ungeraden Operatoren auf symmetrischen

Mengen kann man immerhin beweisen, daß er ungerade, insbesondere also von Null verschieden ist. Um das zu tun, benötigen wir einige Resultate über die Fortsetzbarkeit stetiger Operatoren.

(1) E,F seien B-Räume, $\emptyset \neq S \subset E$ abgeschlossen und $T \in C(S,F)$. Dann besitzt T eine stetige Fortsetzung $\tilde{T}: E \to F$ mit $\tilde{T}(E) \subset \mathrm{co}T(S)$.

Beweis: Wir gehen davon aus, daß es für $E \setminus S$ eine lokalendliche offene Überdeckung $\{U_\lambda | \lambda \in \Lambda\}$, wobei $\mathrm{diam}(U_\lambda) < \mathrm{dist}(U_\lambda, S)$ sind, mit nachgeordneter Zerlegung der Eins, $\{f_\lambda | \lambda \in \Lambda\}$ gibt, wobei zu jedem $\lambda \in \Lambda$ ein $a_\lambda \in S$ gewählt werden kann, so daß $\mathrm{dist}(a_\lambda, U_\lambda) < \mathrm{dist}(S, U_\lambda)$ gilt. Nun setzt man

$$(2) \qquad \tilde{T}x \equiv \begin{cases} Tx \text{ für } x \in S, \\ \sum_{\lambda \in \Lambda} f_\lambda(x) T a_\lambda \text{ für } x \in E \setminus S. \end{cases}$$

Da $\{U_\lambda | \lambda \in \Lambda\}$ lokal endlich und $\sum f_\lambda(x) = 1$ ist, folgt sofort $\tilde{T}(E) \subset \mathrm{co}T(S)$. Klar ist auch, daß $\tilde{T}$ auf dem Inneren von S und auf $E \setminus S$ stetig ist. Daher bleibt die Stetigkeit von $\tilde{T}$ auf ∂S zu beweisen.

Man wählt ein beliebiges $x \in \partial S$. Wegen der Voraussetzungen über S und T haben wir zu jedem $\varepsilon > 0$ ein $\delta \equiv \delta(x, \varepsilon) > 0$, so daß $\|\tilde{T}y - \tilde{T}x\| < \varepsilon$ ausfällt für alle $y \in S$ mit $\|y - x\| < \delta$.

Nun wird $\|\tilde{T}z - \tilde{T}x\|$ für $z \in E \setminus S$ betrachtet, man hat $\|\tilde{T}z - \tilde{T}x\| \leq \sum f_\lambda(z) \|Tx - Ta_\lambda\|$. Von Interesse sind nur die Punkte z mit $f_\lambda(z) \neq 0$. Dieser Fall tritt nur für endliche viele λ ein, d.h., wir haben $\|\tilde{T}z - \tilde{T}x\| \leq \sup\{\|Tx - Ta_\lambda\| \mid \lambda_1, \ldots, \lambda_m\}$. Hier ist die rechte Seite kleiner als ε, wenn $\|x - a_\lambda\| < \delta$ ist, wofür wir jetzt eine Bedingung nachweisen wollen. Wenn $f_\lambda(z) \neq 0$ ist, so heißt das $z \in U_\lambda$, somit $\|z - a_\lambda\| \leq \|z - u\| + \|u - a_\lambda\| \leq \mathrm{dist}(z, U_\lambda) + \|u - a_\lambda\|$ für jedes $u \in U_\lambda$. Daraus entnimmt man $\|z - a_\lambda\| \leq \mathrm{dist}(a_\lambda, U_\lambda) + \mathrm{diam}(U_\lambda) < 2\mathrm{dist}(S, U_\lambda) + \mathrm{diam}(U_\lambda) \leq 3\mathrm{dist}(S, U_\lambda) \leq 3\|z - x\|$. Nun hat man $\|x - a_\lambda\| \leq \|x - z\| + \|z - a_\lambda\| < 4\|z - x\|$. Wenn also $\|z - x\| < \delta/4$ ist, dann folgt $\|x - a_\lambda\| < \delta$. Insgesamt ist bewiesen, daß es zu jedem $\varepsilon > 0$ ein $\delta \equiv \delta(x, \varepsilon) > 0$ gibt, so daß $\|\tilde{T}y - \tilde{T}x\| < \varepsilon$ ausfällt für alle $y \in K(x, \delta/4)$. ∎

(3) Es sei $n > m$, $S \subset R^m$ kompakt, $Q \subset R^m$ ein kompakter Quader mit $S \subset Q$ und $T \in C(S, R^n)$ mit $O \notin T(S)$. Dann besitzt T eine Fortsetzung $\tilde{T} \in C(Q, R^n)$ mit $O \notin \tilde{T}(Q)$.

Beweis: R^m wird in R^n eingebettet, und zwar darf man identifizieren $R^m = \{x | x \in R^n, x = (x_1, \ldots, x_m, 0, \ldots, 0)\}$. Setzt man $r \equiv \mathrm{dist}(O, T(S)) > 0$, so existiert nach dem Weierstraßschen Approximationssatz ein stetig differenzierbarer Operator $p: R^n \to R^n$ mit $b \equiv \max\{\|Tx - px\| \mid x \in S\} < r/4$.

Aus 3.(20) entnimmt man nun, daß $p(S_p(Q))$ keine inneren Punkte enthält. Da jedoch $m<n$ und $Q\subset R^m$ ist, folgt $J_p(x)=0$ für alle $x\in Q$, was $Q=S_p(Q)$ bedeutet. Insbesondere ist also 0 kein innerer Punkt von $p(Q)$, d.h., es gibt $w\in R^n$ mit $w\notin p(Q)$ und $\|w\|<r/4-b$. Für $Ax\equiv px-w$, $x\in R^n$, folgt dann $0\notin A(Q)$ und $\max\{\|Ax-Tx\| \mid x\in S\}<r/4$. Nun setzt man für $x\in Q$

$$A'x \equiv \frac{Ax}{f(\|Ax\|)} \text{ mit } f(t) \equiv \begin{cases} 1 \text{ für } t\geq r/2 \\ 2t/r \text{ für } 0\leq t<r/2. \end{cases}$$

Der Operator A' ist stetig und man kann sofort nachrechnen, daß für alle $x\in S$ gilt

$$A'x = Ax, \ \min\{\|A'x\| \mid x\in S\} \geq r/2.$$

Das zieht $\|A'x-Tx\|<r/4$ für $x\in S$ nach sich. Jetzt setzt man die Abbildung $A'|S-T$ gemäß (1) auf Q fort, wobei die in (2) beschriebene Fortsetzung dieses Operators kurz mit $\tilde{A}$ bezeichnet wird. Für sie ist $\max\{\|\tilde{A}x\| \mid x\in Q\}\leq r/4$. Zuletzt wird noch $\tilde{T}\equiv A'-\tilde{A}$ definiert. Für $x\in S$ ist $\tilde{T}x=A'x-(A'|S)x-Tx=Tx$, für $x\in Q$ darüber hinaus $\|\tilde{T}x\|\geq\|A'x\|-\|\tilde{A}x\| \geq r/4$. ∎

Eine Menge $S\subset E$ heißt <u>symmetrisch</u>, wenn $S=\{-x \mid x\in S\}$ ist, $T:S\to F$ heißt <u>ungerader Operator</u>, wenn $T(-x)=-Tx$ ist für alle $x\in S$.

(4) <u>Es sei</u> $m<n, U\subset R^m$ <u>beschränkt, offen und symmetrisch mit</u> $0\notin\bar{U}$, <u>sowie</u> $T\in C(\partial U,R^n)$ <u>ungerade mit</u> $0\notin T(\partial U)$. <u>Dann besitzt</u> T <u>eine ungerade Fortsetzung</u> $T'\in C(\bar{U},R^n)$ <u>mit</u> $0\notin T'(\bar{U})$.

<u>Beweis</u>: Wir führen einen Induktionsschluß bezüglich $m<n$ durch.

Im Falle $m=1$ kann man U in der Form $U=\cup\{(a_i,b_i)\cup(-b_i,-a_i) \mid 0<\varepsilon\leq a_i<b_i \leq r, i\in\Lambda_N\}$, Λ_N eine abzählbare Indexmenge, darstellen. Nimmt man nun (3) mit $S\equiv\partial U\cap[\varepsilon,r]$, so hat man die Existenz einer stetigen Fortsetzung $\tilde{T}:[\varepsilon,r]\to R^n$ von $T|S$, wobei $0\notin\tilde{T}([\varepsilon,r])$. Die gewünschte Fortsetzung von T erhält man dann mit

$$T'x \equiv \begin{cases} \tilde{T}x \text{ für } x\in\bar{U}\cap[\varepsilon,r] \\ -\tilde{T}(-x) \text{ für } x\in\bar{U}\cap[-r,-\varepsilon]. \end{cases}$$

Nun wird angenommen, die Behauptung sei wahr für $m-1\geq 1$. R^{m-1} identifiziert man wieder mit einem Teilraum von R^m, $R^{m-1}=\{x \mid x\in R^m, x=(x_1, \ldots,x_{m-1},0)\}$. U wird zerlegt in U_+, U_- und U_0 wobei $U_+\equiv\{x \mid x\in U, x_m>0\}$, $U_-\equiv\{x \mid x\in U, x_m<0\}$ und $U_0\equiv U\cap R^{m-1}$.

Angenommen, es sei $U_0\neq\emptyset$. In diesem Falle hat $T|\partial U_0$ aufgrund der Induktionsannahme eine stetige, ungerade Fortsetzung T' auf $\overline{U}_0$ mit $0\notin T'(\overline{U}_0)$. Setzt man noch $T'x\equiv Tx$ für $x\in\partial U$, so ist T' stetig und ungerade auf $S\equiv\overline{U}_0\cup\partial U$. Dabei ist S kompakt und $0\notin T'(S)$. Nun kann wieder (3) angewandt werden mit dem Resultat einer stetigen Fortsetzung $\tilde{T}$ auf $S\cup U_+$ mit $0\notin\tilde{T}(S\cup U_+)$. Wie oben erhält man dann

$$T'x \equiv \begin{cases} \tilde{T}x \text{ für } x\in S\cup U_+, \\ -\tilde{T}(-x) \text{ für } x\in U_-. \end{cases}$$

Sollte $U_0=\emptyset$ sein, dann führt man die ganze Prozedur einfach mit $S\equiv\partial U$ durch. ∎

(5) Es sei $n\geq 2$, $S\subset R^n$ beschränkt, offen und symmetrisch mit $0\notin\overline{S}$ sowie $T\in C(\partial S,R^n)$ ungerade mit $0\notin T(\partial S)$. R^{n-1} wird mit $\{x|x\in R^n,\ x\equiv (x_1,\ldots,x_{n-1},0)\}$ identifiziert und es sei $S\cap R^{n-1}\neq\emptyset$. Dann besitzt T eine ungerade Fortsetzung $\tilde{T}\in C(\overline{S},R^n)$ mit $0\notin\tilde{T}(\overline{S}\cap R^{n-1})$.

Beweis: Es wird $U\equiv S\cap R^{n-1}$ gesetzt. Nach (4) besitzt dann $T|\partial U$ eine ungerade Fortsetzung $T'\in C(\overline{U},R^n)$ mit $0\notin T'(\overline{U})$. Wir definieren außerdem $T'x\equiv Tx, x\in\partial S$, aus (1) ist dann zu entnehmen, daß T' eine stetige Fortsetzung $\hat{T}$ auf $\overline{S}$ hat. Jetzt betrachtet man noch $\tilde{T}:\overline{S}\to R^n$ mit $\tilde{T}x\equiv 2^{-1}(\hat{T}x-\hat{T}(-x)), x\in\overline{S}$. Dieser Operator ist stetig und ungerade auf $\overline{S}$. Speziell haben wir für $x\in\partial S$, daß $\tilde{T}x=2^{-1}(Tx-T(-x))=Tx$, und für $x\in\overline{S}\cap R^{n-1}$, daß $\tilde{T}x=2^{-1}(T'x-T'(-x))=T'x\neq 0$, beides weil T bzw. T' auf den jeweiligen Mengen ungerade sind. ∎

Damit haben wir endlich die Hilfsmittel zusammen, um den angekündigten Satz von Borsuk beweisen zu können.

(6) $S\subset R^n$ sei beschränkt, offen und symmetrisch mit $0\in S$ sowie $T\in C(\overline{S},R^n)$ ungerade mit $0\notin T(\partial S)$. Dann ist $\deg(T,S,0)$ ungerade.

Beweis: Es werden nacheinander zwei Fortsetzungsprozesse durchgeführt.

Da $0\in S$ ist, gibt es $r>0$ mit $B(0,r)\subset S$. Man definiert nun $A':B(0,r)\cup\partial S\to R$ durch

$$A'x \equiv \begin{cases} x \text{ für } x\in B(0,r), \\ Tx \text{ für } x\in\partial S. \end{cases}$$

Aufgrund von (1) besitzt A' eine stetige Fortsetzung $\tilde{A}':\overline{S}\to R^n$. Damit definiert man $A:\overline{S}\to R^n$ durch $Ax\equiv 2^{-1}(\tilde{A}'x-\tilde{A}'(-x)), x\in\overline{S}$. Die Eigenschaften von A sind sofort klar: A ist stetig, ungerade sowie $A|B(0,r)=I$ und $A|\partial S=T|\partial S$. Mit $U\equiv S\setminus B(0,r)$ berechnet man dann mit 3.(27) und 3.(30)

$$\deg(T,S,0) = \deg(A,S,0) = \deg(A,K(0,r),0)+\deg(A,U,0)$$
$$= \deg(I,K(0,r),0)+\deg(A,U,0) = 1+\deg(A,U,0).$$

Jetzt muß noch gezeigt werden, daß $\deg(A,U,0)$ eine gerade Zahl ist. Aufgrund des Weierstraßschen Approximationssatzes darf man ohne Einschränkung der Allgemeinheit annehmen, daß A auf S stetig differenzierbar ist. Man beachte nun, daß mit S auch U symmetrisch ist, und daß $DA(x)$ für alle $x \in U$ gerade, $DA(x)=DA(-x)$, ist, weil A ungerade ist.

Wir nehmen an, es sei $0 \notin A(S_A(U))$. Dann lesen wir aus $Ax=0$ genau dann, wenn $A(-x)=0$, und $\operatorname{sign} J_A(x)=\operatorname{sign} J_A(-x)$, ab, daß es zweckmässig ist, U zu zerlegen in $U_+ \equiv \{x \mid x \in U, x_n > 0\}$, $U_- \equiv \{x \mid x \in U, x_n < 0\}$ und $U_0 \equiv \{x \mid x \in U, x_n = 0\} = U \cap R^{n-1}$ bei entsprechender Identifizierung. Falls man nun noch weiß, daß $0 \notin A(U_0)$, dann hat man mit 3.(30) und 3.(31) (es bedeuten $M_+ \equiv A^{-1}(0) \cap U_+, M_- \equiv A^{-1}(0) \cap U_-$)

$$\deg(A,U,0) = \deg(A,U_0,0)+\deg(A,U_+,0)+\deg(A,U_-,0)$$
$$= \sum_{x \in M_+} \operatorname{sign} J_A(x) + \sum_{x \in M_-} \operatorname{sign} J_A(x) = 2 \sum_{x \in M_+} \operatorname{sign} J_A(x).$$

Unter den vorgenommenen Annahmen wären wir also fertig.

Zunächst wird dafür gesorgt, daß stets $0 \notin A(\overline{U}_0)$ ist. Im Falle $n=1$ ist alles klar, für $n \geq 2$ haben wir laut (5) eine stetige ungerade Fortsetzung $\tilde{A}$ von $A|\partial S$ auf $\overline{S}$ mit $0 \notin \tilde{A}(\overline{U}_0)$. Aus 3.(27) entnimmt man $\deg(A,U,0)=\deg(\tilde{A},U,0)$. Mit Hilfe des Weierstraßschen Approximationssatzes kann man nun einen stetig differenzierbaren Operator $A:R^n \to R^n$ mit $0 \notin A'(\overline{U}_0)$ finden, so daß mit 3.(18) und der Definition des Abbildungsgrades gilt $\deg(A',U.0)=\deg(\tilde{A},U,0)$. Jede dieser Eigenschaften hat auch $\hat{A}x \equiv 2^{-1}(A'x-A'(-x))$, dieser Operator ist dazuhin aber auch noch ungerade. Damit wurde nachgewiesen, daß zu A stets ein Operator $\hat{A}$ angegeben werden kann, der neben den Eigenschaften von A auch noch $0 \notin \hat{A}(\overline{U}_0)$ hat, was bedeutet, daß dies ohne Einschränkung der Allgemeinheit auch bei A selbst vorausgesetzt werden darf.

Abschließend ist der Fall $0 \notin A(\overline{U}_0)$, jedoch $0 \in A(S_A(U))$, zu diskutieren. Aufgrund der Definition 3.(3) des Abbildungsgrades gibt es $w \notin A(S_A(U))$, so daß $\deg(A,U,0)=\deg(A,U,w)$, $\deg(A,U_-,w)=\deg(A,U_-,-w)$ sowie $-w \notin A(S_A(U))$ gilt. Da $DA(x)$ gerade ist, erhält man bei

$$\deg(A,U,0) = \sum_{x \in M_+} \operatorname{sign} J_A(x) + \sum_{x \in M_-} \operatorname{sign} J_A(x)$$

eine gerade Zahl. ∎

In der folgenden Fassung bezeichnet man den Satz von Borsuk auch als Antipodensatz.

(7) Es sei $m<n$, $S\subset R^n$ beschränkt, offen und symmetrisch mit $O\in S$ sowie $T\in C(\partial S, R^m)$. Dann gibt es $x\in\partial S$ mit $Tx=T(-x)$.

Beweis: Auch hier wird R^m mit dem bereits verwendeten Teilraum von R^n identifiziert. Wegen (1) können wir davon ausgehen, daß $T\in C(\overline{S},R^m)$ ist. Angenommen, es sei $Tx\neq T(-x)$ für alle $x\in\partial S$. Dann ist für $Ax\equiv Tx-T(-x)$, $x\in\overline{S}$, natürlich $Ax\neq O$ für $x\in\partial S$. Da A ungerade ist, folgt aus (6), daß $\deg(A,S,O)\neq O$. Mit Hilfe von 3.(29) erschließt man sogar die Existenz einer Kugel $K(O,r)$ in R^n, $r>O$, auf der der Abbildungsgrad konstant und von Null verschieden ist. Wegen 3.(32) bedeutet das $K(O,r)\subset A(S)$, was jedoch eine widersprüchliche Aussage ist, denn $K(O,r)$ ist offen in R^n, während $A(S)\subset R^m$ mit $m<n$ vorausgesetzt wurde. Also ist die Annahme falsch. □

3.5 Existenz von Lösungen bei einigen Eigenwertaufgaben

In diesem Abschnitt werden einige Existenzaussagen mit Hilfe des Brouwerschen Abbildungsgrades gewonnen. Ausgangspunkt ist die allgemeine Eigenwertaufgabe bei nichtlinearen Operatoren.

(1) $S\subset R^n$ sei beschränkt und offen mit $O\in S$ sowie $T,A\in C(\overline{S},R^n)$ mit $\deg(T,S,O)\neq\deg(A,S,O)$. Dann gibt es eine Lösung $\lambda<O$ und $x\in\partial S$ der Aufgabe $Tx=\lambda Ax$.

Beweis: Es wird daran erinnert, daß $Tx\neq O$, $Ax\neq O$ für $x\in\partial S$ notwendige Voraussetzungen für die Existenz der genannten Abbildungsgrade sind. Nun wird die Homotopie $H:\overline{S}\times[0,1]\to R^n$ durch $H(x,t)\equiv(1-t)Tx+tAx$ definiert. Da $\deg(T,S,O)\neq\deg(A,S,O)$, folgt aus 3.(26), daß es $t\in(0,1)$ und $x\in\partial S$ mit $H(x,t)=O$ gibt, für die also die Relation $Tx=-t(1-t)^{-1}Ax$ erfüllt ist. ■

Als Folgerung hieraus erhält man den bekannten "Igelsatz".

(2) Es sei $n\in N$ ungerade, $S\subset R^n$ beschränkt und offen mit $O\in S$ sowie $T:\partial S\to R^n$ stetig auf ∂S mit $O\notin T(\partial S)$. Dann gibt es eine Lösung $\lambda\in R$ und $x\in\partial S$ der Aufgabe $Tx=\lambda x$.

Beweis: Zunächst darf man davon ausgehen, daß T auf $\overline{S}$ definiert und stetig ist, nach 4.(1) kann es nämlich so fortgesetzt werden. Damit ist $\deg(T,S,O)$ definiert. Wegen $J_{-I}(x)=(-1)^nJ_I(x)=-J_I(x)$, $x\in R^n$, ist $\deg(-I,S,O)=-1$. Wenn $\deg(T,S,O)\neq-1$, so folgt die Behauptung mit $A\equiv -I$, bei $\deg(T,S,0)=-1$ mit $A\equiv I$ aus (1). ■

Bei ungerader Dimension von R^n besagt dieser Satz für $S\subset K(0,r)$, daß es mindestens eine Normale auf der Sphäre $S(0,r)$ gibt, die unter T höchstens die Orientierung ändert, oder, anders formuliert, es gibt dort kein stetiges nichtverschwindendes Tangentenvektorfeld. So werden Operatoren $T:S(0,r)\subset R^n\to R^n$ mit $Tx\neq 0$ und $(Tx,x)=0$ für alle $x\in S(0,r)$ bezeichnet. Für sie besteht andererseits der folgende Existenzsatz.

(3) Auf $S(0,r)\subset R^n$ gibt es genau dann ein stetiges, nichtverschwindendes Tangentenvektorfeld, wenn n gerade ist.

Beweis: Bei gerader Dimension $n\equiv 2m$ des R^n hat man mit $Tx\equiv(x_2,-x_1,x_4,-x_3,\ldots,x_{2m},x_{2m-1})$, $x\equiv(x_1,\ldots,x_{2m})\in S(0,r)$, ein auf $S(0,r)$ stetiges, nichtverschwindendes Tangentenvektorfeld.

Ist umgekehrt T ein solches Vektorfeld auf $S(0,r)\subset R^n$, so kann man damit die Homotopie $H:S(0,r)\times[0,1]\to R^n$ durch $H(x,t)\equiv x\cos\pi t+(Tx/\|Tx\|)\sin\pi t$ definieren. Aufgrund der Voraussetzungen ist $H(x,t)^2=r^2\neq 0$ für $t\in[0,1]$ und $x\in S(0,r)$ sowie $H(.,0)=I$ und $H(.,1)=-I$ auf $S(0,r)$. Für I und -I sind die Abbildungsgrade auf $K(0,r)$ definiert und gleich 1 bzw. $(-1)^n$. Die soeben erkannten Eigenschaften von H bedeuten aufgrund von 3.(26), daß $1=\deg(I,K(0,r),0)=\deg(-I,K(0,r),0)=(-1)^n$ ausfällt, was nur bei geradem n möglich ist. ■

In diesen Zusammenhang paßt auch die folgende Verallgemeinerung der Fredholmschen Alternative, die man mit dem Satz von Borsuk erhält.

(4) $T,A:R^n\to R^n$ seien auf R^n stetig und es gelte $A(tx)=t^mAx$, $0<t<\infty$, für ein $m\in N$, A sei ungerade und $A(R^n)\neq\{0\}$, aus $Ax=0$ folge $x=0$. Ferner gelte für $x\in S(0,r)$, daß $\|Tx\|=o(r^m)$ $(r\to\infty)$. Dann gibt es zu jedem $w\in R^n$ eine Lösung $x\in R^n$ der Aufgabe $Ax+Tx=w$.

Beweis: Aus der Homogenität von A folgt $a(A)\equiv\min\{\|Ax\|\,|\,x\in S(0,r)\}\geq ar^m$ mit $a>0$. Für jedes $w\in R^n$ und genügend große $r>0$ hat man für $x\in S(0,r)$:

(5) $$\|Ax-(Ax+Tx-w)\|\leq o(r^m)+\|w\|<a(A).$$

Da A ungerade ist, folgt aus 3.(6), daß für jedes $r>0$ der Abbildungsgrad $\deg(A,K(0,r),0)\neq 0$ ausfällt. Definiert man nun die Homotopie $H_r:B(0,r)\times[0,1]\to R^n$ durch $H(x,r)\equiv Ax+t(Tx-w)$, so wird mit (5)

$$\|H(x,t)\|\geq\|Ax\|-\|Ax-(Ax+Tx-w)\|>0,\ x\in S(0,r),t\in[0,1],$$

für jedes genügend große $r>0$. Mit 3.(26) hat man dann, daß die Abbildungsgrade von A und $A(.)+T(.)-w$ auf $S(x,0)$ bezüglich 0 gleich, also der letztere von 0 verschieden ist. ∎

Als letztes Beispiel schildern wir die Behandlung einer inversen Eigenwertaufgabe mit Hilfe des Brouwerschen Abbildungsgrades.

Es sei $A\equiv(a_{ij})$ eine reelle, symmetrische $n\times n$-Matrix und $u\equiv(u_1,\ldots,u_n)\in R^n$. Gesucht ist nun $b\equiv(b_1,\ldots,b_n)\in R^n$, so daß $u_1,\ldots,u_n$ gerade die Eigenwerte der Matrix $A+B$ sind, wobei B die mit b gebildete Diagonalmatrix $(b_i\delta_{ij})$ bedeutet. Dabei darf ohne Einschränkung der Allgemeinheit angenommen werden, daß bei A die Diagonalelemente $a_{jj}=0$ sind. Außerdem setzt man

$$g_i \equiv \sum_{j=1,j\neq i}^{n} |a_{ij}|, \; i=1,\ldots,n.$$

Mit diesen Bezeichnungen wird nun behauptet:

(6) <u>Falls</u> $u_1>u_2>\ldots>u_n$ <u>und</u> $u_i-u_{i+1}>2\max\{g_i,g_{i+1}\}, i=1,\ldots,n-1$, <u>gilt</u>, <u>so gibt es</u> $b\in R^n$, <u>so daß</u> $u_1,\ldots,u_n$ <u>die Eigenwerte von</u> $A+B$ <u>sind</u>.

<u>Beweis</u>: Zu jedem $w\equiv(w_1,\ldots,w_n)\in R^n$ kann man eine Diagonalmatrix $W\equiv(w_i\delta_{ij})$ definieren. Nun betrachtet man die Abbildung

$$H:R^n\times[0,1]\to R^n \text{ mit } H(w,t)\equiv\lambda, w\in R^n, t\in[0,1],$$

wobei $\lambda\equiv(\lambda_1,\ldots,\lambda_n)$ mit $\lambda_1\geq\lambda_2\geq\ldots\geq\lambda_n$ die angeordnete Menge der Eigenwerte der Matrix $tA+W$ bezeichnet und W die zu w gehörige Diagonalmatrix $(w_i\delta_{ij})$ ist. Diese Definition von H bedeutet, daß wir unsere Behauptung bewiesen haben, wenn wir ein $b\in R^n$ mit $H(b,1)=u$ nachweisen können. In diesem Zusammenhang ist die Beobachtung nützlich, daß auf der Teilmenge von R^n, die aus den angeordneten n-Tupeln $w\equiv(w_1,\ldots,w_n)$ mit $w_1\geq w_2\geq\ldots\geq w_n$ besteht, die Relation $H(w,0)=w$ gilt. Diesem w wird durch $H(.,0)$ der Vektor der angeordneten Eigenwerte der Matrix $W\equiv(w_i\delta_{ij})$, also w selbst, zugeordnet. Das gibt Anlaß zur Definition der Menge $D\equiv\{x|x\equiv(x_1,\ldots,x_n)\in R^n, u_1+\varepsilon\geq x_1\geq x_2\geq\ldots\geq x_n\geq u_n-\varepsilon,\ \varepsilon>0\}$. Offensichtlich ist D eine abgeschlossene, beschränkte Menge, die u in ihrem Inneren enthält. Damit wird $\deg(H(.,0),\mathrm{int}D,u)=1$. Der Beweis ist somit vollständig geführt, wenn gezeigt wird, daß H eine Homotopie auf $D\times[0,1]$ ist mit $H(w,t)\neq u$ für alle $(w,t)\in\partial D\times[0,1]$.

Angenommen, es gebe $y\equiv(y_1,\ldots,y_n)\in\partial D$ und $c\in[0,1]$, so daß $H(y,c)=u$. Bedeutet Y die Diagonalmatrix $(y_i\delta_{ij})$, so wären also $u_1,\ldots,u_n$ die Eigenwerte der Matrix $cA+Y$. Für die weitere Argumentation werden die

Gerschgorin-Kreise von $cA+Y$ herangezogen, das sind in diesem Fall die Intervalle $G_i \equiv \{s \mid |s-y_i| \le g_i\}, i=1,\dots,n$. Sie haben folgende Eigenschaften: i) Alle Eigenwerte $u_1,\dots,u_n$ sind in $\cup\{G_i \mid i=1,\dots,n\}$ enthalten, (ii) ist K eine Zusammenhangskomponente von $\cup\{G_i \mid i=1, \dots,n\}$, so ist die Anzahl der Eigenwerte in K gleich der Anzahl der in K enthaltenen G_i, (iii) in jedem G_i ist ein Eigenwert u_j enthalten.

Wenn $y \in \partial D$ ist, so gilt mindestens eine der Relationen $y_1=u_1+\varepsilon$, $y_n=u_n-\varepsilon, y_1=y_2,\dots,y_{n-1}=y_n$. Falls $y_j=y_{j+1}$, so ist entweder $G_j \subset G_{j+1}$ oder $G_{j+1} \subset G_j$, ohne Einschränkung der Allgemeinheit wird $G_{j+1} \subset G_j$ für ein $j \in \{1,\dots,n-1\}$ angenommen. Bedeutet K die Zusammenhangskomponente von $\cup\{G_i \mid i=1,\dots,n\}$, in der G_j enthalten ist, so besitzt diese Menge wegen der Anordnung der y_i die Gestalt $K=\cup\{G_k \mid k=p, \dots,q\}$ mit $1 \le p \le j \le q \le n$. In K liegen dann auch $q-p+1$ Eigenwerte. Da $u_1 > \dots > u_n$ gilt, ist in K ein Abschnitt $u_k > \dots > u_{k-q+p}$ aus dieser Menge enthalten. Ebenfalls wegen der Anordnung der y_i liegen die zu $y_1,\dots,y_{p-1}$ gehörenden $G_1,\dots,G_{p-1}$ rechts von K, ihr Durchschnitt mit K ist natürlich leer. Das bedeutet, daß $\cup\{G_k \mid k=1,\dots,p\}$ gerade die Eigenwerte $u_1,\dots,u_{p-1}$ enthält. Entsprechend argumentiert man für die Kreise $G_{q+1},\dots,G_n$, sie enthalten also die Eigenwerte $u_{q+1},\dots,u_n$. Also liegt der Abschnitt $u_p,\dots,u_q$ von $u_1,\dots,u_n$ in K. Mit den Durchmessern von G_i unter Berücksichtigung von $G_{j+1} \subset G_j$ hat man dann

$$u_p-u_q \le 2(g_p+\dots+g_{j-1}+g_j+g_{j+2}+\dots+g_q).$$

Aus der Voraussetzung entnehmen wir andererseits

$$u_p-u_q > 2(g_p+\dots+g_j+g_{j+1}+g_{j+2}+\dots+g_q).$$

Diese einander widersprechenden Relationen widerlegen die Annahme im Fall, daß mindestens ein $y_j=y_{j+1}$ ist.

Da y_i die Diagonalelemente, also Rayleigh-Quotienten zu Einheitsvektoren, und u_i die Eigenwerte von $cA+Y$ sind, hat man $u_1 \ge y_j \ge u_n$, $j=1,\dots,n$. Das widerlegt die Annahme $y_1=u_1+\varepsilon$ bzw. $y_n=u_n-\varepsilon$.

Es gibt also kein $y \in \partial D$ und $c \in [0,1]$ mit $H(y,c)=u$. Damit ist der Beweis abgeschlossen. ∎

3.6 Der Leray-Schaudersche Abbildungsgrad

Wir beginnen unsere Überlegungen zur Übertragung des Brouwerschen Abbildungsgrades auf Operatoren in allgemeinen B-Räumen mit der naheliegenden Erweiterung auf Abbildungen zwischen endlichdimensionalen B-Räumen. E bedeutet im weiteren stets einen B-Raum, $S\subset E$ eine nichtleere, beschränkte und offene Teilmenge.

Ist E n-dimensional mit der Basis $\{b_1,\ldots,b_n\}$, so kann man jedes $x\in E$ in der Form

$$x = \sum_{i=1}^{n} \langle\beta_i,x\rangle b_i \ , \ \beta_i\in E^*,\ i=1,\ldots,n.$$

darstellen. Nun definieren wir

$$h:E\to R^n,\ hx\equiv \sum_{i=1}^{n} \langle\beta_i,x\rangle e_i,$$

wobei $\{e_1,\ldots,e_n\}$ die kanonische Basis des R^n bedeutet. Diese Abbildung ist ein Isomorphismus zwischen E und R^n. Wenn also $T:\bar{S}\to E$ auf $\bar{S}$ stetig und $w\in E\smallsetminus T(\partial S)$ sind, dann ist laut Definition 3.(3) der Abbildungsgrad $\deg(hTh^{-1},h(S),hw)$ definiert. Nimmt man eine andere Basis $\{\bar{b}_1,\ldots,\bar{b}_n\}$ in E, so ist der Isomorphismus $\bar{h}$ analog zu h über die Darstellung von $x\in E$ definiert und man hat $h=A\circ\bar{h}:E\to R^n$ mit der Matrix $A\equiv(\langle\beta_i,\bar{b}_j\rangle)$, wobei $\det(A)\neq 0$ ist. Wieder ist $\deg(\bar{h}T\bar{h}^{-1},\bar{h}(S),\bar{h}w)$ definiert und das Zurückgehen auf die Definition des Brouwerschen Abbildungsgrades zeigt mit der Invarianz des Vorzeichens von $J_T(x)$ gegen solche Basistransformationen im R^n, daß sogar $\deg(hTh^{-1},h(S),hw)$ $=\deg(\bar{h}T\bar{h}^{-1},\bar{h}(S),\bar{h}w)$ ausfällt.

Damit ist die folgende Definition gerechtfertigt.

(1) <u>Es sei</u> E <u>ein B-Raum mit</u> $\dim E=n<\infty$, $S\subset E$ <u>beschränkt und offen</u>, $T:\bar{S}\to E$ <u>auf</u> $\bar{S}$ <u>stetig und</u> $w\in E\smallsetminus T(\partial S)$. <u>Dann heißt</u> $\deg(T,S,w)\equiv$ $\deg(hTh^{-1},h(S),hw)$ <u>der Abbildungsgrad von</u> T <u>auf</u> S <u>bezüglich</u> w, <u>wobei</u> h <u>der durch die Basen</u> $\{b_1,\ldots,b_n\}$ <u>von</u> E <u>und</u> $\{e_1,\ldots,e_n\}$ <u>von</u> R^n <u>wie oben definierte Isomorphismus zwischen</u> E und R^n <u>ist</u>.

Nicht ganz so einfach sind die Verhältnisse, wenn man den Grad von Operatoren zwischen B-Räumen E und F der gleichen endlichen Dimension mit den Basen $\{b_1,\ldots,b_n\}$ bzw. $\{c_1,\ldots,c_n\}$ definieren will. Nun hat man Isomorphismen h und g zwischen E bzw. F und R^n, der Brouwersche Abbildungsgrad $\deg(gTh^{-1},h(S),gw)$ ist definiert. Führt man nun Basistransformationen in E bzw. F durch, die durch $h=A\circ\bar{h}$ bzw. $g=B\circ\bar{g}$ beschrieben werden, dann ist wieder der Brouwersche Abbildungsgrad $\deg(\bar{g}T\bar{h}^{-1},\bar{h}(S),\bar{g}w)$ definiert. Geht man aber auf die Definition des Brouwerschen Abbildungsgrades zurück, dann hat man nicht mehr die oben festgestellte Gleichheit, sondern

$$\deg(\bar{g}T\bar{h}^{-1},\bar{h}(S),\bar{g}w) = \operatorname{sign}(\det(A)\det(B)^{-1})\deg(gTh^{-1},h(S),gw).$$

Die (1) entsprechende Definition des Abbildungsgrades für diesen Fall wird also sinnvoll, wenn man passende Basen in E und F auszeichnet, d.h., wenn man diese Räume geeignet orientiert.

Die Eigenschaften des Brouwerschen Abbildungsgrades übertragen sich in trivialer Weise auf die vorstehend geschilderte Situation, gleiches gilt für den Brouwerschen Fixpunktsatz und seine Folgerungen. Nun spielen dabei charakteristische Eigenschaften endlichdimensionaler B-Räume, wie z.B., daß abgeschlossene, beschränkte Teilmengen kompakt sind, eine so wesentliche Rolle, daß nicht erwartet werden kann, diese Theorie auch auf beliebige stetige Operatoren in allgemeinen B-Räumen übertragen zu können. Ein Indiz dafür ist auch das folgende Beispiel einer stetigen Selbstabbildung einer abgeschlossenen, beschränkten und konvexen Teilmenge S eines B-Raumes E, die keinen Fixpunkt in S besitzt, was zeigt, daß der Brouwersche Fixpunktsatz im allgemeinen Fall nicht mehr richtig ist.
Man betrachtet in l^2 den Ball $B(0,1)$ und definiert

$$T:B(0,1)\to l^2\ ,\ Tx \equiv (\sqrt{1-\|x\|^2},x_1,x_2,\ldots).$$

Tatsächlich hat man wegen $\|Tx\|^2=1-\|x\|^2+x_1^2+x_2^2+\ldots=1$ sogar $T(B(0,1))\subset S(0,1)$, T ist offensichtlich stetig. Nimmt man an, es gebe einen Fixpunkt x^* von T in $B(0,1)$, so hätte man wegen $x^*=Tx^*\in S(0,1)$ die Eigenschaft $\|x^*\|=1$. Andererseits müßte $(x_1^*,x_2^*,x_3^*,\ldots)=(0,x_1^*,x_2^*,\ldots)$ gelten, was $x^*=0$ nach sich zöge. Die Annahme führt also auf einen Widerspruch.

Eine Durchsicht unserer Resultate und Beweise zeigt, daß es vor allem auf Kompaktheitseigenschaften der Wertmenge von T ankommt. Zusammen mit der anschließend bewiesenen Eigenschaft des Brouwerschen Abbildungsgrades legt diese Beobachtung als nächsten Schritt die Untersuchung von Operatoren der Gestalt $T\equiv I-A$ auf $\bar{S}$ nahe, wobei die Wertmenge $R(A)$ in einem endlichdimensionalen Teilraum von E liegt.

Wir identifizieren wieder R^m für $m<n$ mit dem Teilraum $\{x\,|\,x\equiv(x_1,\ldots,x_m,0,\ldots,0)\}$ von R^n.

(2) $S\subset R^n$ <u>sei beschränkt und offen mit</u> $S\cap R^m\neq\emptyset$ <u>für ein</u> $m<n$ <u>sowie</u> $A\in C(\bar{S},R^m)$, $T\equiv I-A:\bar{S}\to R^n$ <u>und</u> $w\in R^m$ <u>mit</u> $w\notin T(\partial S)$. <u>Dann gilt</u>

$$\deg(T,S,w) = \deg(T|\bar{S}\cap R^m, S\cap R^m, w).$$

<u>Beweis</u>: Zunächst sieht man, daß $T(\bar{S}\cap R^m)\subset R^m$ ist, also ist

$\deg(T|\bar{S}\cap R^m, S\cap R^m, w)$ definiert.

Aufgrund der Definition des Abbildungsgrades dürfen wir ohne Einschränkung der Allgemeinheit annehmen, daß A und damit T auf R^n definiert und stetig differenzierbar sowie $w\notin T(S_T(S))$ ist. Damit ist 3.(2) anwendbar. Außerdem stellt man fest, daß für $x\in S$ mit $Tx=w$ folgt $x=w+Ax$, was bedeutet, daß sogar $x\in S\cap R^m$ ist. Daher haben wir $T^{-1}(w)=(T|\bar{S}\cap R^m)^{-1}(w)$ und der Nachweis der Behauptung reduziert sich wegen der Definition 3.(2) darauf, $\operatorname{sign} J_T(x)=\operatorname{sign} J_{T_m}(x)$ zu zeigen, $T_m\equiv T|\bar{S}\cap R^m$. Nun ist jedoch $DT_m=I_m-D(A|\bar{S}\cap R^m)$ bzw.

$$DT(x) = \left(\begin{array}{c:c} \delta_{ij}-D_j a_i(x) & \\ \hdashline 0 & \delta_{ij} \end{array}\right) \begin{array}{l} m \\ n-m \end{array}, \qquad \text{Spalten: } m,\ n-m$$

wobei a_i die Komponenten von A beschreiben, $a_i:\bar{S}\to R, i=1,\ldots,m$. Entwickelt man $DT(x)$ nach den letzten n-m Zeilen, dann hat man sofort $J_T(x)=J_{T_m}(x)$ für alle $x\in D\cap R^m$. ∎

Eine Durchsicht des Beweises zeigt, daß man nicht nur die Identifizierung von R^m mit dem oben angesprochenen Teilraum von R^n vornehmen kann, sondern daß dafür jeder Teilraum $\{x|x\equiv(x_1,\ldots,x_n),\ x_j=0,\ j=i_1,\ldots,i_{n-m}\in\{1,\ldots,n\}\}$ geeignet ist.

Im nächsten Schritt wird die in (2) vorliegende Situation verallgemeinert, indem man R^n durch einen allgemeinen B-Raum und A durch einen <u>endlichdimensionalen Operator</u> ersetzt, d.h., einen Operator, dessen Wertemenge R(A) in einem endlichdimensionalen Teilraum von E enthalten ist. Dazu benötigen wir wieder einige Vorbereitungen.

(3) $S\subset E$ <u>sei beschränkt</u>, $A:S\to E$ <u>auf</u> S <u>vollstetig sowie</u> $T\equiv I-A:S\to E$. <u>Dann bildet</u> T <u>abgeschlossene Teilmengen von</u> S <u>in abgeschlossene Teilmengen von</u> E <u>ab</u>.

<u>Beweis</u>: Man wählt eine abgeschlossene Menge $M\subset S$ und $(x_i)\subset M$ mit $x_i\to x\in M(i\in N)$. Wegen der Stetigkeit von T hat man $y_i\equiv Tx_i\to y(i\in N)$, aus der Kompaktheit von A folgt die Existenz einer Teilfolge $N'\subset N$ und eines $w\in E$ mit $Ax_{i'}\to w(i'\in N')$. Insgesamt zeigt das $x_{i'}=Ax_{i'}+y_{i'}\to w+y(i'\in N')$. Wegen der Eindeutigkeit des Grenzwertes ist $w=Ax$ und $w+y=x$, d.h., $y=x-Ax\in T(M)$, dessen Abgeschlossenheit damit bewiesen ist. ∎

(4) $S\subset E$ <u>sei beschränkt und offen</u>, $A:\bar{S}\to E$ <u>endlichdimensional und vollstetig</u>, $T\equiv I-A:\bar{S}\to E$ <u>sowie</u> $w\notin T(\partial S)$. <u>Ferner seien</u> E_1,E_2 <u>endlichdimensionale Teilräume von</u> E <u>mit</u> $A(\bar{S})\subset E_i, w\in E_i$ <u>und</u> $S_i\equiv S\cap E_i\neq\emptyset$ <u>für</u> $i=1,2$. <u>Dann sind die Abbildungsgrade</u> $\deg(T|\bar{S}_1,S_1,w)$, $\deg(T|\bar{S}_2,S_2,w)$ <u>defi-</u>

niert und haben denselben Wert.

Beweis: Wegen (3) ist $T(\partial S)$ abgeschlossen, also $\gamma \equiv dist(w,T(\partial S))>0$. Unter den gegebenen Voraussetzungen sind S_i beschränkt und offen in E_i, ferner $dist(w,T(\partial S_i))\geq\gamma>0$. Nach (1) sind dann $deg(T|\overline{S}_i,S_i,w)$ definiert, $i=1,2$.

Zieht man noch $E_0 \equiv span\{E_1,E_2\}$ heran, so hat man einen dritten endlichdimensionalen Teilraum von E mit den in der Voraussetzung angegebenen Eigenschaften. Bezeichnet $S_0 \equiv S\cap E_0$, so ist nach (1) auch $deg(T|\overline{S}_0,S_0,w)$ definiert. Diese Definition erlaubt außerdem die Anwendung von Hilfssatz (2) mit dem Resultat

$$deg(T|\overline{S}_0,S_0,w) = deg(T|\overline{S}_i,S_i,w),\ i=1,2. \ ■$$

Die Feststellung, daß die in (4) genannten Abbildungsgrade von der speziellen Wahl von E_i unabhängig sind, erlaubt die folgende Definition des Abbildungsgrades für endlichdimensionale, vollstetige Störungen der Identität in B-Räumen.

(5) $S\subset E$ sei beschränkt und offen, $A:\overline{S}\to E$ endlichdimensional und vollstetig, $T\equiv I-A:\overline{S}\to E$ sowie $w\notin T(\partial S)$. Dann heißt $deg(T,S,w)\equiv deg(T|\overline{S}\cap E_0,S\cap E_0,w)$ der Abbildungsgrad von T auf S bezüglich w, wobei E_0 ein endlichdimensionaler Teilraum von E ist mit $A(\overline{S})\subset E_0$, $w\in E_0$ und $S\cap E_0\neq\emptyset$.

Bei dieser Definition behält der Abbildungsgrad für die hier in Betracht gezogenen Operatoren die Eigenschaften, die für den Brouwerschen Abbildungsgrad bewiesen wurden.

Der allgemeinste Fall eines Abbildungsgrades, den wir behandeln wollen, bezieht sich auf Operatoren, die vollstetige Störungen der Identität sind. In Anbetracht des nachfolgenden Approximationssatzes und unserer bisherigen Überlegungen ist die dabei eingeschlagene Vorgehensweise und das Resultat nicht besonders überraschend. Man kann jedoch darauf hinweisen, daß diese Klasse unter den stetigen Operatoren in einem B-Raum ihre Bedeutung nicht aus rein beweistechnischen Gründen zieht, sondern daß zahlreiche Probleme aus den Anwendungen durch Modelle mit solchen Operatoren beschrieben werden.

(6) $S\subset E$ sei beschränkt und $A:S\to F$ vollstetig. Dann gibt es zu jedem $\varepsilon>0$ einen endlichdimensionalen, vollstetigen Operator $A_\varepsilon:S\to F$ mit

$$\sup\{\|Ax-A_\varepsilon x\|\ |x\in S\} \leq \varepsilon.$$

<u>Beweis</u>: Zuerst wird eine Zerlegung der Eins auf einer relativkompakten Menge $K\subset F$ konstruiert. Diese besitzt nach 1.1.(5) für jedes $\varepsilon>0$ ein ε-Netz, d.h., es gibt $n\equiv n(\varepsilon)\in N$ und $M_\varepsilon\equiv\{y_1,...,y_n\}\subset F$ mit $K\subset\cup\{K(y_i,\varepsilon)\,|\,i=1,...,n\}$. Durch M_ε wird ein höchstens n-dimensionaler Teilraum $F_\varepsilon\equiv\text{span}\{y_1,...,y_n\}$ erzeugt. Definiert man die Abbildungen $f_i:K\to[0,\varepsilon]$ durch $f_i(x)\equiv\max\{0,\varepsilon-\|x-y_i\|\},x\in K$ und $i=1,...,n$, so ist die Stetigkeit der f_i auf K klar, außerdem sieht man, daß für jedes $v\in K$ mindestens ein $f_i(v)>0$ ausfällt. Daher darf man setzen

$$g_i(v) \equiv (\sum_{i=1}^{n} f_i(v))^{-1} f_i(v),\ v\in K,\ i=1,...,n.$$

Nun haben wir stetige Abbildungen $g_i:K\to[0,1],i=1,...,n$, mit $g_1(v)+...+g_n(v)=1$ für jedes $v\in K$, also eine Zerlegung der Eins.

Speziell ist A(S) relativkompakt. Zu jedem $\varepsilon>0$ kann man deshalb ein ε-Netz M_ε für A(S) finden und eine nachgeordnete Zerlegung der Eins angeben, $\{g_1,...,g_n\}$. Mit ihr definiert man den endlichdimensionalen, stetigen Operator $G_\varepsilon:A(S)\to F$ durch $G_\varepsilon v\equiv g_1(v)+...+g_n(v),v\in A(S)$. Mit ihm setzt man $A_\varepsilon\equiv G_\varepsilon\circ A:S\to F$. Offensichtlich ist A_ε endlichdimensional und vollstetig. Außerdem hat man für jedes $x\in S$:

$$\|Ax-A_\varepsilon x\| = \|\sum_{i=1}^{n} g_i(Ax)Ax-\sum_{i=1}^{n} g_i(Ax)y_i\|$$

$$\le \sum_{i=1}^{n} g_i(Ax)\|Ax-y_i\| \le \varepsilon,$$

wobei $\{y_1,...,y_n\}$ das ε-Netz M_ε von A(S) darstellt. ■

Mit diesem Satz ist die weitere Vorgehensweise klar: Zu jedem vollstetigen Operator A können wir mit (6) eine beliebig gute Approximation A_ε angeben, wobei nach (5) ein Abbildungsgrad für $I-A_\varepsilon$ definiert ist. Diesen ziehen wir zur Definition des Abbildungsgrades für I-A heran. Das rechtfertigt der folgende Hilfssatz.

(7) $S\subset E$ <u>sei beschränkt und offen</u>, $A_i:\overline{S}\to E$ <u>endlichdimensional und vollstetig auf</u> $\overline{S}$, $T_i\equiv I-A_i:\overline{S}\to E,w\notin T_i(\partial S)$ <u>für</u> $i=1,2$, <u>sowie</u>

$$\sup\{\|T_1x-T_2x\|\,|\,x\in\overline{S}\} < \beta < \gamma\equiv\min\{\text{dist}(w,T_i(\partial S))\,|\,i=1,2\}.$$

<u>Dann ist</u> $\deg(T_1,S,w)=\deg(T_2,S,w)$.

<u>Beweis</u>: Aufgrund von (3) sind $T_i(\partial S)$ abgeschlossen, also ist $\gamma>0$. Ferner können endlichdimensionale Teilräume E_1,E_2 von E aufgefunden werden mit $A_i(\overline{S})\subset E_i,w\in E_i$ und $S\cap E_i\neq\emptyset$, $i=1,2$. Für den Teilraum $E_0\equiv\text{span}\{E_1,E_2\}\subset E$ gilt dann mit (4) und (5) für $i=1,2$

(8) $\deg(T_i,S,w) = \deg(T_i|S\cap E_i,S\cap E_i,w) = \deg(T_i|S\cap E_0,S\cap E_0,w)$.

Führt man hier die Homotopie $H:(\overline{S}\cap E_0)\times[0,1]\to E$ ein, wobei $H(x,t)\equiv tT_1x+(1-t)T_2x$, dann hat man für $x\in\partial S\cap E_0$ und $t\in[0,1]$

$$\|H(x,t)-w\| = \|T_2x-w+t(T_1x-T_2x)\|$$
$$\geq \|T_2x-w\|-t\|T_1x-T_2x\| \geq \gamma-\beta > 0.$$

Mit der entsprechend Definition (5) übertragenen Homotopieinvarianz 3.(26) haben wir damit $\deg(T_1|\overline{S}\cap E_0,S\cap E_0,w)=\deg(T_2|\overline{S}\cap E_0,S\cap E_0,w)$, was mit (8) die Behauptung liefert. ∎

Nun sind wir bereit zur Definition des <u>Leray-Schauderschen Abbildungsgrades</u>.

(9) $S\subset E$ <u>sei beschränkt und offen</u>, $A:\overline{S}\to E$ <u>vollstetig auf</u> $\overline{S}$, $T\equiv I-A:\overline{S}\to E$ <u>sowie</u> $w\notin T(\partial S)$. <u>Dann heißt</u> $\deg(T,S,w)\equiv\deg((I-A_1)|(\overline{S}\cap E_1),S\cap E_1,w)$ <u>der Leray-Schaudersche Abbildungsgrad von</u> T <u>auf</u> S <u>bezüglich</u> w, <u>wobei</u> $A_1:\overline{S}\to E$ <u>endlichdimensional und vollstetig mit</u> $\sup\{\|Ax-A_1x\|\,|x\in\overline{S}\}<\operatorname{dist}(w,T(\partial S))$ <u>und</u> E_1 <u>ein endlichdimensionaler Teilraum von</u> E <u>ist mit</u> $A_1(\overline{S})\subset E_1$, $w\in E_1$ <u>und</u> $S\cap E_1\neq\emptyset$.

Es ist damit auch klar, daß die für den Brouwerschen Grad erhaltenen Eigenschaften und Folgerungen über die Abbildungsgrade (1) und (5) sinngemäß auf den Leray-Schauderschen Grad übertragen werden können. Wir verdeutlichen das mit einigen wenigen, besonders wichtigen Beispielen.

(10) $S\subset E$ <u>sei beschränkt und offen</u>, $A:\overline{S}\to E$ <u>vollstetig auf</u> $\overline{S}$ <u>und</u> $T\equiv I-A:\overline{S}\to E$, $w\notin T(\partial S)$ <u>sowie</u> $\deg(T,S,w)\neq 0$. <u>Dann besitzt die Aufgabe</u> $Tx=w$ <u>eine Lösung in</u> S.

<u>Beweis</u>: Nach (6) gibt es eine Folge endlichdimensionaler, vollstetiger Operatoren $A_i:\overline{S}\to E$ mit $\varepsilon_i\equiv\sup\{\|Ax-A_ix\|\,|x\in\overline{S}\}\to 0\,(i\in N)$, aus (7) und (9) erschließt man sodann die Existenz von $n\in N$, so daß $\deg((I-A_i)|(\overline{S}\cap E_i),S\cap E_i,w)\neq 0$ für $i\geq n$. Mit 3.(32) folgt die Existenz von Lösungen $u_i\in S\cap E_i$ der Aufgaben $x_i-A_ix_i=w, i\geq n$. Für sie gilt $\|Tu_i-w\|=\|u_i-Au_i-w\|=\|A_iu_i-Au_i\|\leq\varepsilon_i\to 0\,(i\in N)$. Wegen (3) ist $T(\overline{S})$ abgeschlossen, mithin ist $w\in T(\overline{S})$, was seinerseits die Existenz von $u\in S$ mit $Tu=w$ bedeutet. ∎

Das wohl wichtigste Hilfsmittel bei der Anwendung des Abbildungsgrades ist wieder die Homotopieinvarianz.

(11) $S\subset E$ <u>sei beschränkt und offen</u>, $h:\overline{S}\times[0,1]\to E$ <u>vollstetig auf</u> $\overline{S}\times[0,1]$, $H\equiv I-h:\overline{S}\times[0,1]\to E$ <u>und</u> $w\neq H(x,t)$ <u>für alle</u> $x\in\partial S$ <u>und</u> $t\in[0,1]$.

Dann besitzt $\deg(H(.,t),S,w)$ denselben Wert für alle $t\in[0,1]$.

Beweis: Aufgrund von (3) ist $\gamma\equiv\operatorname{dist}(w,\{H(x,t)\,|\,x\in\partial S,t\in[0,1]\})>0$. Dann liefert (6) einen endlichdimensionalen, vollstetigen Operator $h_1:\bar{S}\times[0,1]\to E$ mit $\sup\{\|h(x,t)-h_1(x,t)\|\,|\,(x,t)\in\bar{S}\times[0,1]\}<\beta\in(0,\gamma)$. Mit der Definition (9) hat man dann $\deg(H(.,t),S,w)=$ $\deg((I-h(.,t))|\bar{S}\cap E_1,\bar{S}\cap E_1,w)$, wobei der Grad rechts die Homotopieinvarianz besitzt. ■

Nun wenden wir uns noch dem Satz von Borsuk zu.

(12) $S\subset E$ sei beschränkt, offen und symmetrisch mit $0\in S$, $A:\bar{S}\to E$ vollstetig auf $\bar{S}$ mit $A|\partial S$ ungerade, $T\equiv I-A:\bar{S}\to E$ sowie $0\notin T(\partial S)$. Dann ist $\deg(T,S,0)$ eine ungerade Zahl.

Beweis: Der Operator $h:\bar{S}\times[0,1]\to E$ mit $h(x,t)\equiv(1+t)^{-1}(Ax-tA(-x))$ ist vollstetig, außerdem ist $x-h(x,t)\neq 0$ für alle $(x,t)\in\partial S\times[0,1]$. Folglich wird aus (11) ersichtlich, daß $\deg(T,S,0)=\deg(W,S,0)$ ist mit $W\equiv I-G$ und $Gx\equiv 2^{-1}(Ax-A(-x))$, $x\in\bar{S}$. Mit (6) bestimmt man nun einen endlichdimensionalen, vollstetigen Operator $G_1:\bar{S}\to E$, für den gilt $\sup\{\|Gx-G_1x\|\,|\,x\in\bar{S}\}<\operatorname{dist}(0,W(\partial S))$. Damit setzt man $G_2x\equiv 2^{-1}(G_1x-G_1(-x))$, womit auch gleich $\sup\{\|G_2x-Gx\|\,|\,x\in\bar{S}\}<\operatorname{dist}(0,W(\partial S))$ festzustellen ist. Mit $I-G_2$ haben wir eine endlichdimensionale, ungerade Abbildung, nach 4.(6) ist dann $\deg((I-G_2)|(\bar{S}\cap E_2),S\cap E_2,0)$ ungerade. Nun brauchen wir nur noch Definition (9) heranzuziehen, nach der $\deg(W,S,0)$ ungerade ist. ■

Der Beweis des folgenden Korollars ist jetzt auch klar.

(13) $S\subset E$ sei wie in (12), $A:\bar{S}\to E$ vollstetig auf $\bar{S}$ und $T\equiv I-A:\bar{S}\to E$ mit $T(\bar{S})$ in einem echten Teilraum von E. Dann gibt es ein $x\in\partial S$ mit $Tx=T(-x)$.

Der Leray-Schaudersche Abbildungsgrad ist besonders zur Anwendung im Zusammenhang mit Gleichungen zweiter Art geeignet, d.h., Aufgaben der Gestalt $x-Ax=w$. Dabei ist zunächst E so festzulegen, daß A vollstetig wird. Dann muß eine vollstetige Homotopie h so aufgefunden werden, daß z.B. $h(.,1)=A$ gilt, eine von t unabhängige Schranke $c>0$ für die Lösungen von $x-h(x,t)=w$ existiert und $\deg(I-h(.,t),K(0,r),w)\neq 0$ für ein $t\in[0,1]$ und $r>c$ gilt. Die Existenz einer Lösung der vorliegenden Aufgabe folgt dann aus (10) und (11).

3.7 Existenz von periodischen Lösungen bei quasilinearen gewöhnlichen Differentialgleichungen

Die soeben geschilderte Vorgehensweise wird in diesem Abschnitt mit einem Beispiel erläutert.

Vorgelegt sei die Anfangswertaufgabe

$$(1) \qquad \frac{du}{dt}(t) = F(u(t),t), \quad t\in[0,\infty), \quad u(0)=u_0,$$

wobei $F:R^n\times[0,\infty)\to R^n$ stetig und bezüglich t mit $\omega>0$ periodisch sei sowie die Zerlegung

$$F(z,t) \equiv A(t)z+f(z,t)+g(z,t), \quad z\in R^n, t\in[0,\infty),$$

besitze. Über die A,f und g gemeinsamen Voraussetzungen hinaus wird gefordert

$$(2) \qquad g(z,t) = -g(-z,t), \quad z\in R^n, t\in[0,\infty),$$

und daß die mit der Matrix $A(t):R^n\to R^n, t\in[0,\infty)$ bestehende homogene lineare Aufgabe

$$(3) \qquad \frac{dy}{dt}(t) = A(t)y(t), \quad t\in[0,\infty)$$

keine nichttriviale ω-periodische Lösung besitze. Bezeichnet man mit U(t) die Fundamentalmatrix von (3) bezüglich U(0)=I, so ist (1) hinsichtlich der Lösbarkeit und Lösungen äquivalent mit

$$(4) \qquad u(t) = U(t)u_0+\int_0^t U(t)U^{-1}(s)(f(u(s),s)+g(u(s),s))ds.$$

Die ω-periodischen Lösungen von (1) bzw. (4) sind durch die Bedingung $u(0)=u(\omega)$ ausgezeichnet, es handelt sich also um genau die Lösungen von (4), die zusätzlich

$$(5) \qquad (U(\omega)-I)u_0+\int_0^\omega U(\omega)U^{-1}(s)(f(u(s),s)+g(u(s),s))ds = 0$$

erfüllen. Die Voraussetzung, daß (3) keine nichttrivialen ω-periodischen Lösungen besitze, liefert die Existenz von $D\equiv(U(\omega)-I)^{-1}$. Damit kann (5) nach u_0 aufgelöst und dies in (4) eingesetzt werden. Man erhält

$$(6) \qquad u(t) = \int_0^\omega G(t,s)(f(u(s),s)+g(u(s),s))ds, \quad t\in[0,\omega],$$

wobei G die Greensche Matrix bedeutet,

$$G(t,s) \equiv \begin{cases} U(t)(I-DU(\omega))U^{-1}(s) & \text{für } 0\le s\le t\le\omega, \\ -U(t)DU(\omega)U^{-1}(s) & \text{für } 0\le t\le s\le\omega. \end{cases}$$

Die Lösungen der nichtlinearen Integralgleichung (6) sind also genau die periodischen Lösungen von (1). Hinsichtlich ihrer Existenz wird nun behauptet:

(7) Es gebe $\gamma>0$, so daß für alle $y\in R^n$ mit $\|y\|\ge\gamma$ gilt

$$(A(t)y+\tau f(y,t)+g(y,t),y) < 0,\ \tau\in[0,1],t\in[0,\omega].$$

Dann besitzt (1) eine ω-periodische Lösung u mit $\|u(t)\|\le R, t\in[0,\omega]$.

Dabei bedeuten $(.,.)$ und $\|.\|$ das übliche Skalarprodukt bzw. die zugehörige Euklidische Norm des R^n.

Beim Beweis von (7) betrachten wir (6) als Operatorgleichung in einem geeigneten B-Raum: E bestehe aus $\{x|x:[0,\omega]\to R^n$ stetig, $x(0)=x(\omega)\}$ mit der Norm $\|x\|_m\equiv\max\{\|x(t)\|\,|t\in[0,\omega]\}$. Auf E wird der Operator A definiert durch

$$Ax(t) \equiv \int_0^\omega G(t,s)(f(x(s),s)+g(x(s),s))ds,\ t\in[0,\omega].$$

Man stellt sofort fest, daß $A:E\to E$ vollstetig ist. Mit (6) sind die Lösungen von $u-Au=0$, also die Fixpunkte von A in E, die periodischen Lösungen von (1).

Nun wird die Homotopie $h:E\times[0,1]\to E$ definiert durch

$$h(x,\tau)(t) \equiv \int_0^\omega G(t,s)(\tau f(x(s),s)+g(x(s),s))ds,\ t\in[0,\omega].$$

Auch diese Abbildung ist vollstetig, wegen (2) ist $h(.,0)$ auf jeder Sphäre $S_E(0,r)$ ungerade. Um die Sätze 6.(11) und 6.(12) anwenden zu können, muß noch gezeigt werden, daß es eine Sphäre $S_E(0,R)$ mit $v-h(v,\tau)\neq 0$ gibt für alle $v\in S_E(0,R),\tau\in[0,1]$. Dabei beachten wir, daß $u-h(u,\tau)=0$ genau für die periodischen Lösungen von

(8) $$\frac{du}{dt}(t) = A(t)u(t)+\tau f(u(t),t)+g(u(t),t),\ t\in[0,\infty)$$

zutrifft. Nun berechnen wir für eine ω-periodische Lösung u dieser Differentialgleichung

$$\frac{1}{2}\frac{d}{dt}(\|u(t)\|^2) = (\frac{du}{dt}(t),u(t))$$

$$= (A(t)u(t)+\tau f(u(t),t)+g(u(t),t),u(t)).$$

Weil $u(0)=u(\omega)$ ist, gibt es $t_0\in[0,\omega]$ mit

$$(A(t_0)u(t_0)+\tau f(u(t_0),t_0)+g(u(t_0),t_0),u(t_0)) = 0,$$

aus der Voraussetzung folgt deshalb $\|u(t_0)\|<\gamma$. Sie besagt auch, daß

$$\frac{d}{dt}(\|u(t)\|^2) < 0$$

wird, falls $t\in[0,\omega]$ ist mit $\|u(t)\|=\gamma$. Beide Feststellungen zusammengenommen liefern die gleichmäßige Beschränkung der Lösungen von (8), d.h., der von $u-h(u,\tau)=0$, bezüglich $t\in[0,\omega]$ unabhängig von $\tau\in[0,1]$ durch γ. Für jedes $R>\gamma$ haben wir daher $v-h(v,\tau)\neq 0$ für $v\in S_E(0,R)$ und $\tau\in[0,1]$.

Dann existiert $\deg(I-h(.,\tau),K_E(0,R),0)$ und hat denselben Wert für jedes $\tau\in[0,1]$. Da $h(.,0)$ ungerade ist, folgt aus 6.(12), daß $\deg(I-h(.,\tau),K_E(0,R),0)$ für alle $\tau\in[0,1]$ von Null verschieden ist, insbesondere also die Aufgabe $u-h(u,1)=0$ nach 6.(10) eine Lösung besitzt, was bedeutet, daß (6) eine hat.

Ohne die Bedingung aus (7) kann man unsere Überlegungen auch so zusammenfassen, daß entweder zu jedem $r>0$ ein $\tau\in[0,1]$ existiert, so daß (8) eine ω-periodische Lösung u mit $\|u\|_m=r$ hat, oder (1) eine ω-periodische Lösung besitzt.

3.8 Fixpunkte bei kompakten Operatoren

Ein außerordentlich wirksames Hilfsmittel beim Nachweis der Existenz von Lösungen bei Differential- und Integralgleichungen ist der folgende Schaudersche Fixpunktsatz. S sei hier stets nichtleer.

(1) $S\subset E$ sei abgeschlossen, beschränkt und konvex sowie $T:S\to S$ auf S vollstetig. Dann besitzt T einen Fixpunkt in S.

Beweis: Weil S beschränkt ist, haben wir $r>0$ und $K(0,r)$ mit $S\subset K(0,r)$. Mit Hilfe von Satz 4.(1) kann die Identität $I|S$ wegen der Abgeschlossenheit und Konvexität von S zu einem Operator $J:E\to S$ mit $Jx=x$ für $x\in S$ fortgesetzt werden. Wird $A\equiv T\circ J$ gesetzt, so wird $A:E\to S$ vollstetig, ferner hat man $A|S=T$ und $A(B(0,r))\subset S\subset K(0,r)$. Nun definieren wir eine Homotopie $H:B(0,r)\times[0,1]\to E$ durch $H(x,t)\equiv x-tAx$, sie erfüllt mit $w=0$ die Voraussetzungen von 6.(11). Daraus entnehmen wir $\deg(I-A,K(0,r),0)=1$, nach 6.(10) gibt es dann eine Lösung $x\in K(0,r)$ der Aufgabe $x-Ax=0$. Aufgrund der Definition ist $Ax\in S$, also sogar $x\in S$ und damit $x-Tx=0$. ∎

Die Beweise der folgenden Korollare liegen auf der Hand.

(2) $S\subset E$ sei homöomorph zu einer abgeschlossenen, beschränkten und konvexen Menge M sowie $T:S\to S$ vollstetig. Dann besitzt T einen Fixpunkt in S.

(3) $S\subset E$ sei abgeschlossen und konvex sowie $T:S\to S$ stetig, T(S) sei in einer kompakten Menge enthalten. Dann besitzt T einen Fixpunkt in S.

Nun gehen wir wieder auf den Fall ein, daß T keine Selbstabbildung von S ist. Man ersetzt $T(S)\subset S$ auch hier durch geeignete Randbedingungen.

(4) $S\subset E$ sei beschränkt, konvex und offen sowie $T:\overline{S}\to E$ auf $\overline{S}$ vollstetig mit $T(\partial S)\subset S$. Dann besitzt T einen Fixpunkt in $\overline{S}$.

Beweis: Wie im endlichdimensionalen Fall 3.(38) konstruiert man Abbildungen $A:E\to\overline{S}$ und $G\equiv T\circ A:B(0,r)\to B(0,r)$, indem man dort einfach R^n durch E ersetzt. Hier ist wegen der Vollstetigkeit von T auch G vollstetig. Aufgrund von (1) hat dann G einen Fixpunkt in B(0,r). Daß dieser sogar in $\overline{S}$ liegt, folgt wieder wie bei 3.(38). ∎

Daneben gibt es auch in der hier vorliegenden Situation ein Leray-Schaudersches Prinzip.

(5) $S\subset E$ sei beschränkt und offen sowie $T:\overline{S}\to E$ vollstetig auf $\overline{S}$. Mit $p\in S$ gelte $x\neq tTx+p$ für alle $t\in(0,1)$ und alle $x\in\partial S$. Dann besitzt die Aufgabe $x-Tx=p$ eine Lösung in $\overline{S}$.

Beweis: Falls es eine Lösung $x\in\partial S$ gibt, ist nichts mehr zu beweisen. Ohne die Allgemeinheit einzuschränken, dürfen wir daher annehmen, daß $x\neq Tx+p$ gilt für $x\in\partial S$. Damit erfüllt die Homotopie $h:\overline{S}\times[0,1]\to E$ mit $h(x,t)\equiv p+tTx$ die Voraussetzungen von 6.(11). Wie in 3.(39) folgt dann die Behauptung. ∎

Hieraus können wir einen weiteren Fixpunktsatz erschließen.

(6) $S\subset E$ sei beschränkt und offen mit $0\in S$, $T:\overline{S}\to E$ vollstetig auf $\overline{S}$ mit $\|x-Tx\|^2\geq\|Tx\|^2-\|x\|^2$ für alle $x\in\partial S$. Dann hat T einen Fixpunkt in $\overline{S}$.

Beweis: Angenommen, es gebe $a\in(0,1)$ und $u\in\partial S$ mit $u=aTu$. Dann hätte man $\|Tu\|=a^{-1}\|u\|$ und

$$\|Tu-u\|^2 = (1-a)^2\|Tu\|^2 = a^{-2}(1-a)^2\|u\|^2.$$

Andererseits wäre

$$\|Tu\|^2-\|u\|^2 = (a^{-2}-1)\|u\|^2 = a^{-2}(1-a^2)\|u\|^2.$$

Aufgrund der Voraussetzung müßte nun $(1-a)^2\geq 1-a^2$ sein, was jedoch mit $a\in(0,1)$ falsch ist. Damit haben wir $x\neq tTx$ für $x\in\partial S$ und $t\in(0,1)$, womit die Behauptung aus (5) folgt, wenn $p\equiv 0$ genommen wird. ■

Was die iterative Berechnung der Fixpunkte kompakter Operatoren angeht, so können wir wieder auf Satz 2.5.(12) zurückgreifen. Dabei kann wegen (3) auf die dort genannte Voraussetzung $\mathrm{fix}(T)\neq\emptyset$ verzichtet werden.

3.9 Existenz von Lösungen bei nichtlinearen Differential- und Integralgleichungen

Wir beginnen mit dem Existenzsatz von Peano für Anfangswertaufgaben bei Differentialgleichungen der Gestalt

$$(1)\qquad \frac{du}{dt}(t) = f(u(t),t),\ t\in[0,a],\ u(0)=u_0.$$

Dabei wird $f:R^n\times[0,a]\to R^n$ stetig vorausgesetzt. Zunächst definiert man mit einem festen $\alpha>0$ die Abbildung $g:R^n\times[0,a]\to R^n$ durch

$$g(y,t) \equiv \begin{cases} f(y,t) & \text{für } \|y-u_0\|\le\alpha, \\ f(u_0+\alpha\frac{y-u_0}{\|y-u_0\|}t) & \text{für } \|y-u_0\|\ge\alpha. \end{cases}$$

Da f auf der kompakten Menge $B(u_0,\alpha)\times[0,a]$ stetig und damit beschränkt ist, folgt aus $g(R^n\times[0,a])\subset f(B_{R^n}(u_0,\alpha)\times[0,a])$, daß g beschränkt ist. Mit dem Beweis sind wir fertig, wenn wir eine Lösung von

$$(2)\qquad \frac{du}{dt}(t) = g(u(t),t),\ t\in[0,a],\ u(0)=u_0,$$

nachweisen, denn sie ist auch Lösung von (1), falls $\|u(t)-u_0\|\le\alpha$ ist. Nun ist (2) hinsichtlich der Lösbarkeit und Lösungen äquivalent mit

$$u(t) = u_0+\int_0^t g(u(s),s)ds,\ t\in[0,a].$$

Die Lösungen dieser Integralgleichung erhält man ihrerseits als Fixpunkte des Operators $T:C([0,a],R^n)\to C([0,a],R^n)$, wobei

$$Tx(t) \equiv u_0+\int_0^t g(x(s),s)ds,\ t\in[0,a].$$

Zum Nachweis eines Fixpunktes von T ziehen wir 8.(3) heran. Als erstes wird die Stetigkeit von T gezeigt. Dazu sei $(x_i)\subset C([0,a],R^n$ eine konvergente Folge mit dem Grenzwert x. Dann ist auch $(g(x_i(.),.))$ in $C([0,a],R^n)$ konvergent gegen $g(x(.),.)$ und zieht

$$\|Tx(t)-Tx_i(t)\| = \|\int_0^t (g(x(s),s)-g(x_i(s),s))ds\|$$

$$\leq a \max\{\|g(x(s),s)-g(x_i(s),s)\| \,|\, s\in[0,a]\}\to 0 \quad (i\in N)$$

nach sich. Nun beweisen wir noch, daß clR(T) kompakt ist. Dazu ziehen wir den Satz 1.1.(50) von Arzela-Ascoli heran. Dabei erhält man die Beschränktheit von R(T) aus

$$\|Tx(t)\| = \|u_0+\int_0^t g(x(s),s)ds\|$$

$$\leq \|u_0\|+a \max\{\|g(x(s),s)\| \,|\, s\in[0,a]\} \leq \|u_0\|+a\gamma$$

wobei $\gamma>0$ die oben erwähnte Schranke für die Werte von g ist. Die Gleichstetigkeit von T ergibt sich aus

$$\|Tx(t_2)-Tx(t_1)\| = \|\int_{t_1}^{t_2} g(x(s),s)ds\| \leq |t_2-t_1|\gamma.$$

bei beliebigen $t_1,t_2\in[0,a]$.

Damit sind die Voraussetzungen von Satz 8.(3) verifiziert. Jeder Fixpunkt u^* von T ist Lösung von (2) und deshalb von (1), solange gilt $\|u^*(t)-u_0\|\leq\alpha$, d.h. für alle $t\in[0,a']$ mit $a'\leq a$. Wir haben insgesamt: Bei stetigem f besitzt (1) auf $[0,a']$ mit $a'\leq a$ eine Lösung. Ist f außerdem beschränkt, so existiert die Lösung auf dem ganzen Intervall $[0,a]$. Zum Beweis braucht man nur $g\equiv f$ zu setzen.

Als zweites Beispiel betrachten wir wieder die Existenz von ω-periodischen Lösungen der Aufgabe 7.(1). Es war dort festgestellt worden, daß diese in dem B-Raum E aus $\{x|x:[0,\omega]\to R^n$ stetig, $x(0)=x(\omega)\}$ mit $\|x\|_m\equiv\max\{\|x(t)\| \,|\, t\in[0,\omega]\}$ genau durch die Fixpunkte des Operators

$$Ax(t) \equiv \int_0^\omega G(t,s)(f(x(s),s)+g(x(s),s)ds, \quad t\in[0,\omega],$$

beschrieben werden, wobei die dort genannten Bezeichnungen und Voraussetzungen zugrunde liegen. Verlangt man darüber hinaus, daß es Zahlen $r>0$ und $\gamma_r>0$ gibt, für die

$$\sup\{\|f(y,t)+g(y,t)\| \,|\, y\in B_{R^n}(0,r),\, t\in[0,\omega]\} \leq \gamma_r$$

sowie

$$\omega\gamma_r \sup\{\|G(t,s)\| \,|\, t,s\in[0,\omega]\} \leq r$$

ausfällt, so folgt sofort, daß A den Ball $B_E(0,r)$ in sich abbildet. Da A außerdem vollstetig auf E ist, haben wir die Voraussetzungen des Schauderschen Fixpunktsatzes 8.(1) verifiziert, T besitzt also einen Fixpunkt in $B_E(0,r)$. Das bedeutet, daß 7.(1) eine periodische

Lösung mit $\max\{\|u(t)\| \mid t\in[0,\omega]\}\le r$ hat.

Nun wenden wir uns noch der Existenz von Lösungen bei abstrakten Hammersteinschen Gleichungen zu. Dabei sei $S\subset E$ beschränkt und offen, bei dem nichtlinearen Operator $F:S\to E^*$ wird in diesem Zusammenhang vorausgesetzt, daß er beschränkt und demistetig auf E ist, d.h., daß daß aus $x_i\to x\,(i\in N)$ die s-Konvergenz $Fx_i \rightharpoonup Fx\,(i\in N)$ folgt, der lineare $K:E^*\to E$ sei kompakt (also auch stetig) und monoton, d.h., es ist $\langle y,Ky\rangle \ge 0$ für alle $y\in E^*$. Mit beliebigem $w\in S$ behandeln wir nun die Aufgabe

(3) $\quad u+(K\circ F)u = w$

und behaupten:

(4) *Wenn* $\langle Fx,x-w\rangle\ge 0$ *ist für alle* $x\in\partial S$, *so besitzt die Aufgabe* (3) *eine Lösung in* $\overline{S}$.

Aufgrund der Beschränktheit von F und der Kompaktheit von K ist zunächst auch $K\circ F$ kompakt. Für eine konvergente Folge $(x_i)\subset E$ mit dem Grenzwert $x\in E$ hat man wegen der Demistetigkeit von F, daß die s-Konvergenz $Fx_i \rightharpoonup Fx\,(i\in N)$ vorliegt. Da K linear und kompakt (also auch stetig) ist, hat man dann $K(Fx_i)\to K(Fx)\,(i\in N)$, womit die Vollstetigkeit von $K\circ F$ auf E klargestellt ist.

Mit einem sonst beliebigen auf E stetigen Operator $B:E\to E^*$, der die Eigenschaften

$$\|Bx\| \le \|x\|,\ \langle Bx,x\rangle \ge 2^{-1}\|x\|^2 \ \forall\ x\in E$$

besitzt, definieren wir zu jedem $\varepsilon>0$ die Operatoren $F_\varepsilon:E\to E^*$ durch $F_\varepsilon x\equiv Fx+\varepsilon B(x-w)$ sowie $T_\varepsilon\equiv K\circ F_\varepsilon:E\to E$. Da F_ε dieselben Eigenschaften wie F hat, folgt die Vollstetigkeit von T_ε.

Im nächsten Schritt zeigen wir, daß aus der Annahme, für jedes $\varepsilon>0$ besitze die Aufgabe $u+T_\varepsilon u=w$ eine Lösung u_ε, die Existenz einer Lösung von (3) folgt. Wenn u_ε eine Lösung von $u+T_\varepsilon u=w$ ist, so hat man

$$\begin{aligned} u_\varepsilon+Tu_\varepsilon &= u_\varepsilon+K(Fu_\varepsilon)+\varepsilon K(B(u_\varepsilon-w))-\varepsilon K(B(u_\varepsilon-w)) \\ &= u_\varepsilon+K(Fu_\varepsilon+\varepsilon B(u_\varepsilon-w))-\varepsilon K(B(u_\varepsilon-w)) \qquad (5)\\ &= u_\varepsilon+T_\varepsilon u_\varepsilon-\varepsilon K(B(u_\varepsilon-w)) = w-\varepsilon K(B(u_\varepsilon-w)). \end{aligned}$$

Für $w_\varepsilon\equiv w-\varepsilon K(B(u_\varepsilon-w))$ folgt mit den Eigenschaften von K und B

$$\|w-w_\varepsilon\| \le \varepsilon\|K(B(u_\varepsilon-w))\| \le \varepsilon\|K\|\|u_\varepsilon-w\|.$$

Weil $u_\varepsilon,w\in S$ sind und S beschränkt ist, gibt es $r>0$ mit

$$\|w-w_\varepsilon\| \le \varepsilon\|K\|r \to 0 \ (\varepsilon\to 0).$$

Aus (5) entnimmt man damit

(6) $\|u_\varepsilon+Tu_\varepsilon-w\| \to 0 \ (\varepsilon\to 0).$

Andererseits gibt es ja, da T vollstetig ist, zu jeder Nullfolge (ε_j) eine Teilfolge $N'\subset N$ und ein $v\in E$, so daß mit (6) die beiden Relationen

$$\|Tu_{\varepsilon_{j'}}-v\| \to 0 \ (j'\in N'), \|u_{\varepsilon_j}+v-w\| \to 0 \ (j'\in N'),$$

gelten. Setzt man nun $u^*{=}v-w$ und nützt die Stetigkeit von T aus, so ergibt (6) die Behauptung: Wir haben eine Lösung $u^*\in\bar{S}$ der Aufgabe (3) erhalten.

Wir sind also fertig, wenn wir zeigen, daß $u+T_\varepsilon u=w$ für jedes $\varepsilon>0$ eine Lösung u_ε besitzt. Dazu ziehen wir das Leray-Schaudersche Prinzip 8.(5) heran: Die Annahme ist demnach wahr, wenn $u+tT_\varepsilon u\neq w$ ist für alle $t\in(0,1)$ und $u\in\partial S$. Wir nehmen an, diese Bedingung sei verletzt, d.h., es gebe $u_0\in\partial S$ und $t_0\in(0,1)$ mit $u_0+t_0T_\varepsilon u_0=w$. Dann ist

$$0 = \langle F_\varepsilon u_0, u_0+t_0T_\varepsilon u_0-w\rangle = \langle F_\varepsilon u_0, u_0-w\rangle+t_0\langle F_\varepsilon u_0, K(F_\varepsilon u_0)\rangle.$$

Der letzte Term ist nichtnegativ, weil K monoton ist, Also:

$$\langle Fu_0, u_0-w\rangle+\varepsilon\langle B(u_0-w), u_0-w\rangle \le 0$$

Mit der Voraussetzung (4) und den weiteren Eigenschaften von B hat man dann

$$0 \le \tfrac{1}{2}\varepsilon\|u_0-w\|^2 \le \varepsilon\langle B(u_0-w), u_0-w\rangle \le 0,$$

also $\|u_0-w\|^2{=}0$ und deshalb $u_0=w$. Das ist aber eine widersprüchliche Aussage, weil $u_0\in\partial S$, jedoch $w\in S$ und S offen ist. Damit haben wir die Existenz einer Lösung der Aufgabe (3) unter der Voraussetzung (4) und mit den anfangs genannten Eigenschaften von F und K bewiesen.

3.10 Verdichtende Operatoren

Kompakte Operatoren bilden beschränkte Mengen in relativkompakte ab. In diesem Abschnitt wird eine Erweiterung dieser Klasse vorgenommen, indem ein Maß für die Nichtkompaktheit beschränkter Mengen eingeführt wird und dann die Operatoren betrachtet werden, die beschränkte nicht relativkompakte Mengen in solche mit "geringerer

Abweichung"von der relativen Kompaktheit abbilden. Darunter fallen z.B. kontraktive Störungen vollstetiger Operatoren. Wir zeigen, daß der Schaudersche Fixpunktsatz für diese Operatoren aus dieser Klasse bestehen bleibt.

Als Kuratowskisches Maß der Nichtkompaktheit $\chi(S)$ einer beschränkten Menge $S\subset E$ wird das Infimum aller Zahlen $r>0$ bezeichnet, für die S eine endliche Überdeckung aus Mengen besitzt, deren Durchmesser höchstens gleich r ist. Wir stellen die Eigenschaften von χ zusammen, die wir im weiteren noch benötigen.

(1) $S,S_1,S_2\subset E$ seien beschränkte Mengen. Dann besitzt das Nichtkompaktheitsmaß die folgenden Eigenschaften: (i) $\chi(S)=0 \Leftrightarrow S$ relativkompakt, (ii) $\chi(S)\leq \mathrm{diam}(S)$, (iii) $S_1\subset S_2 \Rightarrow \chi(S_1)\leq\chi(S_2)$, (iv) $\chi(S_1+S_2)\leq\chi(S_1)+\chi(S_2)$, (v) $\chi(aS)\leq|a|\chi(S)$ für $a\in\mathbb{R}$, (vi) $\chi(S)=\chi(\overline{S})$, (vii) $\chi(S_1\cup S_2)=\max\{\chi(S_1),\chi(S_2)\}$, (viii) $\chi(\mathrm{co}S)=\chi(S)$.

Beweis: (i): In B-Räumen ist nach 1.1.(6) die relative Kompaktheit mit der Existenz eines ε-Netzes für jedes $\varepsilon>0$ äquivalent. (ii): S überdeckt S. (iii): Jede Überdeckung von S_2 ist auch eine von S_1. (iv): Wenn $\{C_1,\ldots,C_m\}$ und $\{D_1,\ldots,D_n\}$ Überdeckungen von S_1 bzw. S_2 sind, so ist $\{C_i+D_j \mid i=1,\ldots,m, j=1,\ldots,n\}$ eine von S_1+S_2. Dabei gilt $\mathrm{diam}(C_i+D_j)\leq\mathrm{diam}(C_i)+\mathrm{diam}(D_j)$. (v): Ist $\{C_1,\ldots,C_m\}$ eine Überdeckung von S, so ist $\{aC_1,\ldots,aC_m\}$ eine von aS, wobei $\mathrm{diam}(aC_i)=|a|\mathrm{diam}(C_i)$ gilt. (vi): $\chi(S)\leq\chi(\overline{S})$ folgt aus (iii). Umgekehrt ist $\overline{S}\subset S+K_E(0,\varepsilon)$, womit aus (ii) und (iv) folgt $\chi(\overline{S})\leq\chi(S)+2\varepsilon$. Wegen der Willkür bei der Auswahl von $\varepsilon>0$ hat man dann $\chi(\overline{S})\leq\chi(S)$. (vii): Setze $S\equiv S_1\cup S_2$, dann folgt aus (iii), daß $\chi(S_1),\chi(S_2)\leq\chi(S)$, also auch $\max\{\chi(S_1),\chi(S_2)\}\leq\chi(S)$. Umgekehrt gibt es zu jedem $\varepsilon>0$ Überdeckungen $\{C_1,\ldots,C_m\}$ und $\{D_1,\ldots,D_n\}$ von S_1 bzw. S_2 mit $\mathrm{diam}(C_i)\leq\chi(S_1)+\varepsilon$ bzw. $\mathrm{diam}(D_j)\leq\chi(S_2)+\varepsilon$. Da S von $\{C_1,\ldots,C_m,D_1,\ldots,D_n\}$ überdeckt wird, hat man $\chi(S)\leq\max\{\chi(S_1),\chi(S_2)\}+\varepsilon$, d.h., wegen der beliebigen Wahl von $\varepsilon>0$, die Behauptung. (viii): Wegen (iii) braucht man nur $\chi(\mathrm{co}S)\leq\chi(S)$ zeigen. Wähle irgend ein $\gamma>\chi(S)$, ferner sei $\{C_1,\ldots,C_m\}$ eine Überdeckung von S mit $\mathrm{diam}(C_i)\leq\gamma$. Da $\mathrm{diam}(C_i)=\mathrm{diam}(\mathrm{co}C_i)$, darf angenommen werden, daß die C_i konvex sind. Nun wird

$$C \equiv \mathrm{co}(\ldots\mathrm{co}(\mathrm{co}C_1\cup C_2)\cup C_3)\ldots\cup C_m)$$

gesetzt. Zur Berechnung von $\chi(C)$ gehen wir aus von $\chi(\mathrm{co}C_1\cup C_2)$. Wegen der Konvexität von C_1,C_2 ist $\mathrm{co}(C_1\cup C_2)=\cup\{rC_1+(1-r)C_2 \mid r\in[0,1]\}$. Nun wählt man ein beliebiges $\varepsilon>0$ und ein $\alpha>0$ mit dem $\|x\|\leq\alpha$ wird für alle $x\in C_1+C_2$. Ist dabei $r_1,\ldots,r_n$ ein $\varepsilon/2\alpha$-Netz für $[0,1]$, dann erhält man

$$\operatorname{co}(C_1\cup C_2) \subset \bigcup\{t_jC_1+(1-t_j)C_2+K_E(0,\varepsilon)\,|\,j=1,\ldots,n\}\,.$$

Mit (ii), (iv), (v) und (vii) folgt unter Berücksichtigung der Willkür bei der Auswahl von ε, daß $\chi(\operatorname{co}C_1\cup C_2)\le\max\{\chi(C_1),\chi(C_2)\}$ ist. Ein naheliegender Induktionsschluß liefert nun $\chi(C)\le\max\{\chi(C_i)\,|\,i=1,\ldots,m\}$. Aus $\operatorname{co}S\subset\operatorname{co}(\bigcup\{C_i\,|\,i=1,\ldots,m\})\subset C$ erschließt man dann $\chi(\operatorname{co}S)\le\chi(C)\le\max\{\chi(C_i)\,|\,i=1,\ldots,m\}\le\gamma$, wegen der Willkür der Wahl von $\gamma>\chi(S)$ folgt die Behauptung. ■

Ein Operator $T:S\subset E\to E$, der auf S beschränkt und stetig ist, heißt verdichtend, wenn für jede beschränkte Teilmenge $M\subset S$ mit $\chi(M)>0$ folgt $\chi(T(M))<\chi(M)$. Den Zusammenhang mit den kompakten Operatoren stellt man über die Mengenkontraktionen her: Ein auf S beschränkter und stetiger Operator $T:S\to E$ heißt q-Mengenkontraktion, wenn es ein $q\ge0$ gibt, so daß für jede beschränkte Teilmenge $M\subset S$ gilt $\chi(T(M))\le q\chi(M)$. Kompakte Operatoren sind 0-Mengenkontraktionen, jede Mengenkontraktion mit $q<1$ ist ein verdichtender Operator.

Wichtige Beispiele für verdichtende Operatoren sind (B)-kontraktive Störungen vollstetiger Operatoren.

(2) Zu $A:S\subset E\to E$ gebe es $q\in[0,1)$ mit $\|Ax'-Ax''\|\le q\|x'-x''\|$ für alle $x',x''\in S$ und $T:S\subset E\to E$ sei auf S vollstetig. Dann ist $T+A$ ein verdichtender Operator.

Beweis: Wähle eine beschränkte Menge $M\subset S$. Aus der (B)-Kontraktionsbedingung für A folgt, daß für jede beschränkte Menge $G\subset S$, also auch für die Mitglieder einer Überdeckung von M, $\operatorname{diam}(A(G))\le q\operatorname{diam}(G)$ gilt, woraus sofort $\chi(A(M))\le q\chi(M)$ folgt. Bei T ist $\chi(T(M))=0$ wegen (1,i) klar. Mit (1,iii) und (1,v) hat man dann $\chi((T+A)(M))\le\chi(T(M))+\chi(A(M))\le q\chi(M)<\chi(M)$. ■

Nun beweisen wir einen Fixpunktsatz für verdichtende Operatoren. Speziell erhalten wir damit eine Existenzaussage für Lösungen von Aufgaben $Tu+Au=0$ mit vollstetigem T und (B)-kontraktivem A.

(3) $S\subset E$ sei nichtleer, abgeschlossen, beschränkt und konvex sowie $T:S\to S$ verdichtend. Dann besitzt T einen Fixpunkt in S.

Beweis: Im ersten Schritt zeigen wir, daß es eine nichtleere Menge $M\subset S$ mit $M\subset T(M)$ gibt. Dabei setzen wir $G\equiv\{T^ix\,|\,i\in N_0\}$, wobei $x\in S$ beliebig ist. Man stellt $G=T(G)\cup\{x\}$ fest, woraus mit (1,vii) folgt $\chi(G)=\chi(T(G))$. Damit ist G relativkompakt. Wäre nämlich $\chi(G)>0$, so folgte $\chi(T(G))<\chi(G)$, weil T verdichtend ist. Nun bezeichnen wir die Menge aller Berührungspunkte von G mit M. Da $G\neq\emptyset$ und relativkompakt ist, haben wir auch $M\neq\emptyset$. Für jedes $y\in M$ existiert dann eine Teilfolge $N'\subset N$ mit $Tx_i\to y(i'\in N')$. Ebenfalls aufgrund der relativen Kompaktheit von G besitzt auch die Folge $(T^{i'-1}x)\subset G$ eine konvergente Teilfolge mit einem Grenzwert $w\in M, T^{i''-1}x\to w(i''\in N''), N''\subset N'$. Diese Aussage kann wegen der Stetigkeit von T auch in der Form $T^{i''}x\to Tw(i''\in N'')$ geschrieben werden, was $y=Tw$ bedeutet, woraus weiter $M\subset T(M)$ folgt.

Nun wird mit k die durch die Inklusion geordnete Menge aller abgeschlossenen, konvexen Teilmengen $D\subset S$ mit $M\subset D$ und $T(D)\subset D$ bezeichnet. Da $S\subset k$ ist, hat man $k\neq\emptyset$. Wenn k_0 eine beliebige Kette in k bedeutet, so ist aufgrund der Definition von k sofort klar, daß k_0 eine untere Schranke, also k selbst nach dem Zornschen Lemma 1.1.(55) ein minimales Element D_0 besitzt.

Als nächsten Schritt beweisen wir $\overline{co}T(D)\in k$ für alle $D\in k$. Dabei ist bei beliebigem $D\in k$ zunächst $\overline{co}T(D)\subset S$ und $M\subset T(M)\subset T(D)\subset\overline{co}T(D)$ klar. Aus $T(D)\subset D$ folgt noch $\overline{co}T(D)\subset D$, also $T(\overline{co}T(D))\subset T(D)\subset\overline{co}T(D)$. Damit sind die an die Mitglieder von k gerichteten Forderungen bei $\overline{co}T(D)$ verifiziert. Da sich bei der Gelegenheit speziell für das minimale Element $D_0\in k$ ergibt, daß $\overline{co}T(D_0)\subset D_0$ ist, haben wir $\overline{co}T(D_0)=D_0$.

Im letzten Schritt wenden wir den Schauderschen Fixpunktsatz auf T und D_0 an. Aus $\overline{co}T(D_0)=D_0$ folgt einmal $T(D_0)\subset D_0$, außerdem mit (1,vi und (1,viii), daß $\chi(D_0)=\chi(T(D_0))$. Da T verdichtend ist, ergibt sich hieraus $\chi(D_0)=0$. D_0 ist als Mitglied von k abgeschlossen, also erhält man mit (1,i) die Kompaktheit von D_0. Nun liefert 8.(3) das gewünschte Resultat. ■

Dieser Fixpunktsatz gilt natürlich speziell für die in (2) beschriebenen verdichtenden Operatoren. Damit kann auch noch ein Fixpunktsatz für zusammengesetzte Operatoren T+A mit nichtexpansivem A bewiesen werden, wenn von T vorausgesetzt wird, daß es auf S verstärkt stetig ist, d.h., wenn für $(x_i)\subset S, x\in S$ aus der s-Konvergenz $x_i \rightharpoonup x(i\in N)$ folgt, daß $Tx_i\to Tx(i\in N)$ konvergiert. Verstärkt stetige Operatoren sind vollstetig, die Umkehrung ist jedoch allgemein nur bei linearen Operatoren wahr.

(4) E sei gleichmäßig konvex, $S\subset E$ nichtleer, abgeschlossen, beschränkt und konvex sowie $A:S\to S$ nichtexpansiv auf S und $T:S\to S$ verstärkt stetig auf S. Dann besitzt T+A einen Fixpunkt in S.

Beweis: Mit beliebigem $y \in S$ werden $T_i: S \to E$ definiert durch

(5) $\quad T_i x \equiv (1-\frac{1}{i})(Tx+Ax)+\frac{1}{i}y, \; x \in S, \; i \in N.$

Da S konvex ist sowie $T:S\to S$ und $A:S\to S$ vorausgesetzt wurde, folgt $T_i:S\to S, i\in N$. Mit der verstärkten Stetigkeit von A erschließt man die Vollstetigkeit von $(1-1/i)A(.)+y/i$, ferner hat man für jedes $i\in N$ und beliebige $x',x''\in S$

$$\|(1-\tfrac{1}{i})(Tx'-Tx'')\| = (1-\tfrac{1}{i})\|Tx'-Tx''\| \le (1-\tfrac{1}{i})\|x'-x''\|,$$

weil T nichtexpansiv ist. Aus (2) entnehmen wir nun, daß $T_i, i\in N$, verdichtende Operatoren sind, wegen (3) existieren dann Fixpunkte $x_i^* \in S$ bei T_i. Da S beschränkt ist, hat (x_i^*) nach 1.1.(47) eine s-konvergente Teilfolge, $x_{i'}^* \to x^* (i'\in N')$. Mit der verstärkten Stetigkeit von T hat man dann, nachdem $x \equiv x_{i'}$ in (5) eingesetzt wurde,

$$x_{i'}^* - Ax_{i'}^* = Tx_{i'}^* + \tfrac{1}{i'}(y - Tx_{i'}^* - Ax_{i'}^*) \to Tx^* \quad (i'\in N').$$

Aus 2.5.(19) entnimmt man, daß I-A demiabgeschlossen ist, was nach Definition 2.5.(18) bedeutet $x^* \in S$ und $Tx^* = x^* - Ax^*$. ∎

3.11 Bemerkungen und Hinweise

Das Newton-Verfahren 1.2.5 kann als eine Vorstufe zum Satz über implizite Funktionen 1.(9) angesehen werden, "härtere" Sätze dieses Typs stehen bei Nirenberg [112] und Schwartz [141]. Die Globalisierung der lokalen Existenz von Lösungen ist wichtig für Iterationsverfahren, siehe dazu Ortega-Rheinboldt [116]. Wir halten uns in 3.2 an Rheinboldt [131], die numerischen Aspekte dieser Dinge diskutieren Wacker et al. [154].

Der in Abschnitt 3.3 definierte Abbildungsgrad heißt wegen [23] nach Brouwer, die analytische Beschreibung stammt von Heinz [91] und wurde von Schwartz [141] weiterentwickelt. Wir folgen im wesentlichen seiner Vorgehensweise, sehr übersichtlich ist auch die Darstellung von Ortega-Rheinboldt [116]. Den Zugang über die singuläre Homologietheorie findet man bei Alexandroff-Hopf [2] oder Cronin [50]. Auch der Fixpunktsatz 3.(34) geht auf [23] zurück, die Randbedingungen 3.(38) bzw. 3.(39) haben Rothe [135] bzw. Leray-Schauder [106] ins Spiel gebracht, siehe auch 8.(4), 8.(5). Wir bemerken noch zu 3.3, daß der Brouwer-Grad unabhängig von der Norm und der Wahl der Basis von R^n ist, was aus 1.1.(7) und Eigenschaften der Basistransformation, die auch in 3.6 benutzt werden, folgt.

Existenzresultate, die mit Hilfe des Abbildungsgrades für ungerade Operatoren gewonnen werden, nennt man gern nach Borsuk, was auf [16] zurückzuführen ist. Der Fortsetzungssatz 4.(1) stammt von Dugundji [59].

Die inverse Eigenwertaufgabe 5.(6) ist [87] von Hadeler entnommen. Anwendungen des Brouwer-Grades auf die Existenz, Stabilität und Verzweigung von Lösungen (auch periodischen) von gewöhnlichen Differentialgleichungen findet man bei Cronin [50] und Temme [147].

Der in 3.6 definierte Abbildungsgrad von Operatoren in B-Räumen geht auf Leray-Schauder [106] zurück, wir folgen hier wieder [141]. Nimmt man eine direkte Definition des Grades für gewisse differenzierbare Operatoren vor, so kann man damit eine größere Klasse als die vollstetigen Störungen der Identität erfassen, das wird von Eisenack-Fenske [65] gemacht. Eindeutigkeitsfragen beim Abbildungsgrad diskutieren Amann-Weiss [8].

Der Nachweis periodischer Lösungen in 3.7 geht aus von Güssefeldt [85] und Villari [153]. Anwendungen des Grades auf partielle Differentialgleichungen stehen bei Cronin [50]. Ganz verzichtet haben wir darauf, ihn in der Spektraltheorie linearer oder nichtlinearer Operatoren als Hilfsmittel einzusetzen, deshalb einige Hinweise dazu: Eigenwertaufgaben linearer Operatoren behandelt Deimling [55] über die bei nichtlinearen kann man sich bei Fučik et al. [71], Krasnoselskii [103] oder Zeidler [160] orientieren, in [71] ist die Fredholm- bzw. Ljusternik-Schnirelman-Theorie besonders weit entwickelt. Bei Nirenberg [112] und Zeidler [160] wird die Verzweigungstheorie behandelt, Schwartz [141] enthält die Morse-Theorie und ihre Anwendung in der Variationsrechnung im großen.

Schauder publizierte seinen Fixpunktsatz 8.(1) in [139], die Varianten 8.(4) bzw. 8.(5) stammen von Rothe [135] bzw. Leray-Schaude [106], eine weitere von Altman steht in Aufgabe (13). Seine Anwendungen sind nicht aufzuzählen, der Peanosche Existenzsatz in 3.9 ist dabei eine Art klassisches Beispiel. Hinweise findet man bei Döring [58] und Zeidler [160], ein aktuelles Beispiel aus der Theorie der Nervenimpulse gibt Chen [49]. Bibliographien zu 3.8: [46, 162]

Die Hammersteinschen Gleichungen sind die Abstraktion der von ihm selbst untersuchten Integralgleichungen [89], wir werden diesen in 4.3 begegnen. Die Beobachtung, daß man bei kompaktem K in 9.(3) auf die sonst üblichen Monotonievoraussetzungen für G verzichten kann, machte Amann [7]. Von Browder gibt es den Übersichtsartikel [39] zu den Hammerstein-Gleichungen.

Wichtige Beiträge zur Theorie der verdichtenden Operatoren kommen von Sadovskii, sie und andere findet man in der Zusammenfassung [136]. Verdichtende Störungen der Identität gehören zu den Operatoren, die einen Abbildungsgrad besitzen, siehe [65]. Satz 10.(4) wurde von Zabreiko et al. [158] für H-Räume bewiesen, die allgemeinere Version, die wir hier haben, steht bei Reinermann [129]. Als Hinweis auf weitere Verallgemeinerungen in diesem Zusammenhang nennen wir Petryshyn-Fitzpatrik [121].

Einige Aspekte der Abbildungsgradtheorie wurden in diesem Kapitel ganz weggelassen. So verweisen wir bezüglich unbeschränkter Gebiete, der Produktformeln und ihren Folgerungen sowie allgemeinerer Räume auf Deimling [55]. Zum Begriff des Fixpunktindex findet man einiges bei [65, 160]. Asymptotische Fixpunktsätze haben wir ebenfalls ausgespart (wenn man einmal von 2.1.(19) absieht), wir nennen auch dazu [65]. Verallgemeinerungen des Abbildungsgrades unter konstruktiven Gesichtspunkten finden sich bei Browder [41], Deimling [55] und Petryshyn [119], der Koinzidenzgrad für Operatoren der Gestalt A+T wird bei Gaines-Mawhin [73] entwickelt. Eine Übersicht über Verallgemeinerungen enthält [41].

Neben den bisher genannten weisen wir noch auf folgende Arbeiten und Bücher hin, die Themen aus diesem Kapitel behandeln: Amann [6], Pascali [117], Riedrich [132], Smart [145] und Zeidler [159].

3.12 Übungsaufgaben

(1) Die Abbildung $T:K(0,2)\subset R^2 \to R^2$ wird definiert durch $T(x_1,x_2) = (x_1^3-3x_1x_2^2, -x_2^3+3x_1^2x_2)$. Man berechne $\deg(T,K(0,2),(1,0))$.

(2) p sei ein reelles Polynom mit einfachen reellen Wurzeln. Man zeige: Für jedes Intervall [a,b] mit $p(a)p(b)\neq 0$ ist

$$\deg(p,(a,b),0) = \begin{cases} +1 & \text{für } \operatorname{sign}p(a)=-1,\ \operatorname{sign}p(b)=+1 \\ 0 & \text{für } \operatorname{sign}p(a)=\operatorname{sign}p(b) \\ -1 & \text{für } \operatorname{sign}p(a)=+1,\ \operatorname{sign}p(b)=-1 \end{cases}$$

Außerdem erweitere man die Formel auf allgemeine reelle Polynome.

(3) Für lineare Abbildungen $T:R^n \to R^n$ zeige man, daß deg(A,K(O,1),O) sign det(A), falls det(A)$\neq$O. Für det(A)=O ist der Grad nicht definiert.

(4) Die Matrix A besitze lauter nichtnegative Elemente. Man zeige, daß A einen positiven Eigenwert, zu dem ein nichttrivialer Eigenvektor mit nichtnegativen Komponenten gehört, besitzt.

(5) $S\subset E$ sei beschränkt und offen mit $O\in S$, $T:\overline{S}\to R^n$ stetig, ferner gebe es $w\in R^n$, so daß für alle $x\in\partial S$ gilt $Tx\neq tw$, $O<t<\infty$. Man zeige, daß dann deg(T,S,O)=O ist und die Eigenwertaufgabe $\lambda x=Tx$ zwei Lösungen besitzt, nämlich $\lambda_1>O$ und $\lambda_2<O$ mit Eigenvektoren $x_1,x_2\in\partial S$.

(6) Für $T\in C(R^n,R^n)$ gelte $\|Tx\|\leq c\|x\|+d$ mit $O\leq c<1$ und $d\geq O$. Man zeige, daß T einen Fixpunkt besitzt.

(7) Zu $T\in C(R^n,R^n)$ gebe es $c:[O,\infty)\to R$ mit $c(t)\to\infty(t\to\infty)$, so daß $(Tx,x)\geq\|x\|c(\|x\|)$ für alle $x\in R^n$. Man zeige, daß die Aufgabe $Tx=w$ für jedes $w\in R^n$ eine Lösung besitzt.

(8) Man zeige, daß die n-dimensionale Anfangswertaufgabe

$$\frac{dx}{dt}(t) = f(t,x(t)),\ t\in[O,a],\ x(O) \equiv x_O,$$

eine Lösung besitzt, falls $f:[O,a]\times R^n\to R^n$ stetig ist mit $\|f(t,y)\|\leq M(1+\|y\|)$, $M>O$, für alle $t\in[O,a]$ und $y\in R^n$.

(9) $S\subset E$ sei beschränkt und offen mit $O\in S$, $T:\overline{S}\to E$ vollstetig und deg(I-T,S,O)$\neq$1. Dann besitzt T einen positiven Eigenwert.

(10) Die Kernfunktion $k:[a,b]\times[a,b]\times R\to R$ sei stetig. Dann gibt es $r>O$, so daß

$$x(s) = \lambda\int_a^b k(s,t,x(t))dt,\ s\in[a,b],$$

für jedes $-r<\lambda<r$ in $E\equiv C([a,b])$ eine Lösung besitzt.

(11, Altman [3]) E sei ein H-Raum, $S\subset E$ beschränkt und offen mit $O\in S$, $T_1,T_2:\overline{S}\to E$ vollstetig mit $\|T_1x-T_2x\|<\|T_2x\|$ für alle $x\in\partial S$ sowie deg$(I-T_2,S,O)\neq O$. Man zeige, daß T einen Fixpunkt in $\overline{S}$ besitzt.

(12, Shinbrot [143]) E sei ein separabler H-Raum, $T:E\to E$ s-stetig und es gebe $r>O$ mit $(Tx,x)\leq\|x\|^2$ für alle $x\in S(O,r)$. Dann besitzt T einen Fixpunkt.

(13) $S\subset E$ sei beschränkt und offen, $T:S\to E$ vollstetig mit $\|x-Tx\|^2\geq$

$\|Tx\|^2-\|x\|^2$ für alle $x\in\partial S$. Man zeige, daß T einen Fixpunkt in $\overline{S}$ besitzt.

(14) Vorgelegt wird die Aufgabe

$$3u(t) = t+(u(t))^2+\int_0^1 |u(s)-s|^{1/2}ds,\ t\in[0,1].$$

Man zeige, daß sie in $S\equiv\{u|u\in C([0,1]),\ 0\leq u(t)\leq 1,\ t\in[0,1]\}$ eine Lösung besitzt.

(15) E,F seien B-Räume, $S\subset E$ abgeschlossen, beschränkt und konvex, $T:S\to S$ sei definiert durch $Tx\equiv A(x,x), x\in S$, mit $A:S\times S\to S$, wobei A die folgenden Eigenschaften besitze: (i) $A(.,y)$ erfüllt für jedes $y\in S$ die Kontraktionsbedingung 2.(B) (Seite 45), (ii) mit einem vollstetigen Operator $B:S\to F$ gilt $\|A(x,y)-A(x,z)\|\leq\|Bx-Bz\|$ für alle $x,y,z\in S$. Dann besitzt T einen Fixpunkt in S.

(16) Der Rothesche Fixpunktsatz 3.(38) bzw. 8.(4) kann als Folgerung aus den Leray-Schauderschen Prinzip 3.(39) bzw. 8.(5) erhalten werden.

4 Variationsmethoden

In Abschnitt 1.2.2 wurde gezeigt, daß die Punkte, in denen ein differenzierbares Funktional lokale Extrema besitzt, notwendig Lösungen der zugehör gen Eulerschen Gleichung sind, d.h., daß die Ableitung des Funktionals dort verschwindet. Diese notwendige Bedingung macht man in der Optimierungstheorie zur Grundlage von Methoden zur Berechnung von Extremalpunkten. Man kann daraus aber auch ein allgemeines Prinzip zur Gewinnung von Existenzaussagen für Aufgaben $Tx=0$ herleiten. Die Variationsmethoden bestehen nämlich darin, zu T einen Operator A zu bestimmen, so daß $Ax=0$ einerseits die Eulersche Gleichung eines Funktionals Φ ist, andererseits dieselben Lösungen wie $Tx=0$ besitzt. Um deren Existenz zu erhalten, braucht man nun hinreichende Bedingungen für lokale Extrema bei Φ.

Dieses Kapitel beginnt damit, Kriterien dafür anzugeben, daß ein Operator als Ableitung eines Funktionals dargestellt werden kann. Anschließend wird die Minimierung von Funktionalen studiert. Die so gewonnenen Existenzaussagen dienen dann zum Nachweis von Lösungen bei nichtlinearen Hammersteinschen Integralgleichungen. Anschließend wird die Berechnung von Minimalpunkten bei Funktionalen, d.h., von Lösungen der zugehörigen Eulerschen Gleichungen, mit Hilfe von Minimalfolgen behandelt.

Im ganzen Kapitel bedeuten E und F B-Räume sowie S eine offene Teilmenge von E.

4.1 Gradientenoperatoren

Ein Operator $T:S\to E^*$ heißt <u>Gradientenoperator</u> (oder Potentialoperator) auf S, wenn es ein auf S G-differenzierbares Funktional ϕ mit $d\phi=T$ gibt, das man dann <u>Potential</u> von T nennt. Es ist klar, daß man sich in diesem Zusammenhang weniger für Ableitungen differenzierbarer Funktionale als für das inverse Problem interessiert, d.h., Kriterien dafür haben möchte, daß Abbildungen Gradientenoperatoren bzw. Aufgaben $Tx=0$ Eulersche Gleichungen zu gewissen Funktionalen sind. Diese Frage wird von den folgenden Resultaten beantwortet. Dabei benützen wir eine Richtungsstetigkeit bezüglich der s^*-Topologie von E^*.

Ein Operator $A:S\subset E\to E^*$ heißt <u>hemistetig</u> auf einer konvexen Menge S, wenn für jedes feste Paar $x,y\in S$ die Funktion $f:[0,1]\to R$ mit $f(t)\equiv \langle A(x+t(y-x)), y-x\rangle$ auf [0,1] stetig ist. Aufgrund von 1.2.(3) sind auf konvexen Mengen G-differenzierbare Operatoren hemistetig.

In Satz 1.2.(40) wurde die Symmetrie der höheren F-Differentiale bewiesen, aus 1.2.(18) entnehmen wir, daß stetige G-Ableitungen notwendig F-Ableitungen sind. Es wird nun gezeigt, daß die Symmetrie auch noch bei höheren G-Differentialen, die nur hemistetig sind, bestehen bleibt.

(1) $S\subset E$ <u>sei konvex und offen</u>, $T:S\to E^*$ <u>auf</u> S <u>n-mal G-differenzierbar und</u> $d^nT(.)(h_1,\ldots,h_n):S\to E^*$ <u>für jedes feste</u> $(h_1,\ldots,h_n)\in E\times\ldots\times E$ <u>hemistetig auf</u> S. <u>Dann gilt</u>

$$d^nT(x)(h_1,\ldots,h_n) = d^nT(x)(h_{p(1)},\ldots,h_{p(n)})$$

<u>für jedes</u> $x\in S$ <u>und jede Permutation</u> $(p(1),\ldots,p(n))$ <u>von</u> $(1,\ldots,n)$.

<u>Beweis</u>: Wir begnügen uns mit dem Fall n=2. Zunächst wird mit willkürlich ausgewählten $x,x+h,x+k\in S$, für die $(h,k)\neq(0,0)$ sei,

$$a(s,t) \equiv \langle T(x+sh+tk)-T(x+sh)-T(x+tk)+Tx,h+k\rangle,$$

gesetzt, wobei $s,t\in(0,1)$ beliebig sind. Auf das rechts stehende Funktional wenden wir die Lagrange-Formel 1.2.(8) an, demnach ist

$$a(s,t) = t\langle dT(x+sh+r_1tk)k-dT(x+r_1tk)k,h+k\rangle$$

mit $r_1\in(0,1)$. Die Voraussetzung erlaubt eine zweite Anwendung von 1.2.(8),

$$a(s,t) = st\langle d^2T(x+r_2sh+r_1tk)(k,h),h+k\rangle$$

mit $r_2\in(0,1)$. Führt man diese beiden Schritte noch einmal durch, vertauscht dabei jedoch die Rolle von h und k, so erhält man schließlich

$$\langle d^2T(x+r_2sh+r_1tk)(k,h)-d^2T(x+r_3sh+r_4tk)(h,k),h+k\rangle = 0$$

mit $r_3,r_4\in(0,1)$. Mit der Hemistetigkeit von $d^2T(.)(h_1,h_2)$ bringt nun der Grenzübergang $s,t\to 0$ aufgrund der Willkür bei der Auswahl von x,,x+h,x+k die Behauptung. ■

Unter den Voraussetzungen von (1) kann man bei den Werten von höheren G-Differentialen die Schreibweise $d^nT(x)h^n\equiv d^nT(x)(h,\ldots,h)$ anwenden, die wir von den F-Differentialen her bereits kennen.

In diesem Zusammenhang stellen wir auch gleich eine entsprechende

Variante der Taylor-Formel, die später gebraucht wird, bereit.

(2) $S\subset E$ sei konvex und offen, $T:S\to E^*$ $(n+1)$-mal G-differenzierbar auf S und $d^{n+1}T(.)(h_1,...,h_{n+1}):S\to E^*$ für jedes feste $(h_1,...,h_{n+1})\in E\times...\times E$ hemistetig auf S. Dann gilt für jedes $x\in S$ und alle $h\in E$ mit $x+h\in S$

$$<T(x+h),h> = <Tx,h>+...+\frac{1}{n!}<d^nT(x)h^n,h>$$

$$+\frac{1}{n!}\int_0^1 (1-t)^n<d^{n+1}T(x+th)h^{n+1},h>dt.$$

Beweis: Auch diese Behauptung wird nur für den Fall $n+1=2$ bewiesen. Zunächst bemerken wir, daß willkürlich gewählte $x,x+h\in S$ für jedes $t\in(0,1)$ gilt

(3) $$<dT(x+th)h,h> = \frac{d}{dt}<T(x+th),h>.$$

Da T zweimal G-differenzierbar ist, folgt aus 1.2.(3) die Hemistetigkeit von $dT(.)h$, weshalb wir die vorstehende Relation integrieren dürfen. Aus Satz 1.2.(33) folgt

(4) $$<T(x+h),h> = <Tx,h>+\int_0^1<dT(x+th)h,h>dt.$$

Das ist die Behauptung für $n=0$, aus dieser Formel erschließen wir nun die für $n=1$, führen also im Grunde den Kern des im allgemeinen Fall erforderlichen Induktionsbeweises vor. Das Integral

$$r(x,h) \equiv \int_0^1(1-t)<d^2T(x+th)h^2,h>dt$$

existiert aufgrund der Voraussetzung. Für d^2T und dT gilt die (3) entsprechende Relation, weshalb wir 1.2.(38) zur Berechnung von $r(x,h)$ heranziehen dürfen. Man erhält

$$r(x,h) = -<dT(x)h,h>+\int_0^1<dT(x+th)h,h>dt.$$

Vergleicht man das mit (4), so kommt gerade die Behauptung mit $n=2$ heraus. ∎

Meistens werden wir die Taylor-Formel in ihrer einfachsten Form (4) heranziehen. Man kann sie aufgrund ihrer Gestalt auch als eine Lagrange-Formel in Integralform interpretieren.

Mit Satz (1) erhält man eine Charakterisierung der differenzierbaren Gradientenoperatoren.

(5) $S\subset E$ sei konvex und offen, $T:S\to E^*$ G-differenzierbar und $dT(.)h$:

$S\to E^*$ <u>für alle</u> $h\in E$ <u>hemistetig auf</u> S. T <u>ist genau dann Gradientenoperator auf</u> S, <u>wenn gilt</u>

$$\langle dT(x)u,v\rangle = \langle dT(x)v,u\rangle \;\forall\; x\in S,\; u,v\in E.$$

<u>Beweis</u>: Im ersten Schritt geht man davon aus, daß T auf S ein zweimal G-differenzierbares Potential ϕ_T besitzt, das bezüglich seiner zweiten Ableitung die Voraussetzungen von (1) erfüllt, d.h.,

$$d^2\phi(x)(u,v) = d^2\phi(x)(v,u),\; x\in S,\; u,v\in E.$$

Mit 1.2.(39) hat man $d^2\phi(x)\in B(E,E^*)$ und kann daher auch

$$\langle d^2\phi(x)u,v\rangle = \langle d^2\phi(x)v,u\rangle,\; x\in S,\; u,v\in E,$$

schreiben, was wegen $d\phi=T$ die gewünschte Symmetrie bei $dT(x)$ beweist.

Im zweiten Schritt wird die Symmetrieeigenschaft vorausgesetzt. Wir beginnen mit der Bemerkung, daß wegen 1.2.(3) für beliebig gewähltes $x,y\in S$ das Integral

$$\phi x \equiv \int_0^1 \langle T(y+t(x-y)),x-y\rangle dt$$

existiert. Dadurch ist bei festem $y\in S$ das Funktional $\phi: S\to R$ definiert, wir werden zeigen, daß es das Potential von T ist.

Mit beliebigen x,x+h S ist nach der vorstehenden Definition

$$(6)\quad \begin{aligned} &\phi(x+h)-\phi x-\int_0^1 \langle T(y+t(x+h-y)),h\rangle dt \\ &= \int_0^1 \langle T(y+t(x+h-y))-T((y+t(x-y)),x-y\rangle dt. \end{aligned}$$

Aufgrund der hemistetigen G-Differenzierbarkeit von T kann mit Hilfe des Fundamentalsatzes 1.2.(33) die rechte Seite von (6) in der Form

$$\int_0^1\int_0^t \frac{\partial}{\partial s}\langle T(y+t(x-y)+sh)-T(y+t(x-y)),x-y\rangle ds dt$$

geschrieben werden. Ausrechnen der Ableitung nach s, Anwendung der Symmetrie von $dT(x)$, Vertauschung der Integrationsreihenfolge und erneutes Heranziehen des Fundamentalsatzes 1.2.(33) ergibt dafür

$$\int_0^1 \langle T(x+sh),h\rangle ds-\int_0^1 \langle T(y+s(x-y)+sh,h\rangle ds.$$

Setzt man das auf der rechten Seite von (6) ein, so hat man

$$\phi(x+h)-\phi x = \int_0^1 \langle T(x+sh,h\rangle ds.$$

Der Integrand kann als eine reelle Funktion auf [0,1] aufgefaßt werden, der Mittelwertsatz der reellen Integralrechnung liefert dann

$$\phi(x+h)-\phi x = \langle T(x+rh),h\rangle,\ r\in(0,1).$$

Setzt man th mit beliebigem $t\in(0,1)$ für h ein, so folgt

$$\frac{1}{t}(\phi(x+th)-\phi x) = \langle T(x+trh),h\rangle.$$

Wegen der Hemistetigkeit von T zeigt nun der Grenzübergang $t\to 0$, daß ϕ ein G-Differential in x besitzt mit $d\phi(x)h=\langle Tx,h\rangle$. Da $d\phi(x)\in E^*$ ist und $x,x+h$ willkürlich ausgewählt wurden, hat man die G-Differenzierbarkeit von ϕ auf S und $d\phi=T$. ∎

Im zweiten Teil dieses Beweises haben wir auch gleich eine Formel für das Potential von Gradientenoperatoren erhalten.

(7) $S\subset E$ <u>und</u> $T:S\to E^*$ <u>erfüllen die Voraussetzungen von</u> (5), <u>ferner gelte</u>, $\langle dT(x)u,v\rangle=\langle dT(x)v,u\rangle$ <u>für alle</u> $x\in S$ <u>und</u> $u,v\in E$. <u>Dann ist</u> T <u>ein Gradientenoperator mit dem Potential</u> ϕ_T,

$$\phi_T x \equiv \int_0^1 \langle T(y+t(x-y)),x-y\rangle dt,\ x\in S,$$

<u>wobei</u> $y\in S$ <u>beliebig und</u> ϕ_T <u>bis auf eine additive Konstante eindeutig bestimmt ist</u>.

<u>Beweis</u>: Im Hinblick auf (5) muß nur noch die Eindeutigkeit bewiesen werden. Da T jedoch Gradientenoperator ist, gibt es ein G-differenzierbares Funktional $\psi:S\to R$ mit $d\psi=T$, für das mit beliebigem $t\in(0,1)$ und für jedes Paar $x,y\in S$ gilt

$$\frac{d}{dt}\psi(y+t(y-x)) = \langle T(y+t(x-y)),x-y\rangle.$$

Die Hemistetigkeit von T folgt mit 1.2.(3) aus der G-Differenzierbarkeit, damit kann die vorstehende Relation auf [0,1] bezüglich t integriert werden. Als Resultat erhält man mit Hilfe des Fundamentalsatzes 1.2.(33) die behauptete Formel, wobei sich die Konstante mit ψy ergibt. ∎

Weil es in der Formel für das Potential ϕ_T von T nur auf die Hemistetigkeit von T ankommt und seine G-Differenzierbarkeit gar keine Rolle spielt, liegt es nahe, schon in (5) eine entsprechende Abschwächung der Voraussetzungen über T zu versuchen.

Dazu führen wir Kurvenintegrale über Polygonzüge in B-Räumen ein.

Wege waren in 3.2 als stetige Abbildungen eines reellen Intervalles in E eingeführt worden, speziell heißt $p:[0,1]\to E$ ein Polygonzug zwischen x und y in E, wenn mit Zahlen $0=t_0<t_1<\ldots<t_{m-1}<t_m=1$ $m\in N$, gilt $p(t_0)=x$, $p(t_m)=y$ und

$$(8)\qquad p(t) = p(t_{i-1})+\frac{t-t_{i-1}}{t_i-t_{i-1}}(p(t_i)-p(t_{i-1})),t\in[t_{i-1},t_i],\ i=1,\ldots,m.$$

Als Spur P eines Polygonzuges p bezeichnet man die Menge $P=\{p(t)\mid t\in[0,1]\}$. Das einfachste Beispiel ist die Strecke zwischen zwei Punkten x und y, $p(t)=(1-t)x+ty, t\in[0,1]$, mit $P=\{z\mid z=(1-t)x+ty, t\in[0,1]\}$.

Nun sei $S\subset E$ konvex und $A:S\to E^*$ eine auf S hemistetige Abbildung. Zunächst definieren wir das Kurvenintegral von A bezüglich der Strecke P zwischen zwei Punkten $x,y\in S$ durch

$$\int_P<Az,dz> = \int_x^y<Az,dz> = \int_0^1<A(x+t(y-x)),y-x>dt,$$

unter den gegebenen Voraussetzungen existiert nämlich das rechtsstehende Integral. Damit ist auch klar, wie das Kurvenintegral von A bezüglich eines Polygonzuges p zwischen $x,y\in S$, dessen Spur P in S enthalten ist, definiert wird:

$$(9)\qquad \begin{aligned}\int_P<Az,dz> &= \sum_{j=1}^{m}\int_{x_{j-1}}^{x_j}<Az,dz>\\ &= \sum_{j=1}^{m}\int_{t_{j-1}}^{t_j}<A((p|[t_{j-1},t_j])(t)),x_j-x_{j-1}>dt\end{aligned}$$

wobei rechts die Formel (8) einzusetzen ist. Jetzt ist die Frage naheliegend, ob der Wert eines Kurvenintegrals zwischen zwei Punkten $x,y\in S$ von dem Polygonzug zwischen ihnen abhängt, bezüglich dem man es gemäß (9) berechnet.

(10) $S\subset E$ sei konvex und offen, $A:S\to E^*$ auf S hemistetig. Der Wert des Kurvenintegrals $\int_x^y<Az,dz>$ für beliebige $x,y\in S$ ist genau dann unabhängig von dem Polygonzug zwischen x und y mit Spur in S, bezüglich dessen er berechnet wird, wenn es zu A ein auf S G-differenzierbares Funktional $\psi:S\to R$ gibt mit $d\psi(x)=Ax$ für alle $x\in S$.

Beweis: Geht man davon aus, daß die Werte von Kurvenintegralen von A in S wegunabhängig sind, dann kann man mit beliebigem $a\in S$ setzen

$$\psi x = \int_a^x<Az,dz>,\ x\in S,$$

und nachsehen, ob $\psi:S\to R$ die gewünschten Eigenschaften besitzt. Dazu wählt man $x,x+h\in S$ und $t\in(0,1)$ willkürlich aus und hat dann aufgrund der Wegunabhängigkeit der Kurvenintegrale die Relation

$$(11)\quad \frac{1}{t}(\psi(x+th)-\psi x) = \frac{1}{t}\int_x^{x+th} \langle Az,dz\rangle = \frac{1}{t}\int_0^t \langle A(x+sh),h\rangle ds.$$

Mit Hilfe von 1.2.(30) folgt daraus

$$\left|\frac{1}{t}(\psi(x+th)-\psi x)-\langle Ax,h\rangle\right| \le \max\{|\langle A(x+sh)-Ax,h\rangle| \mid s\in[0,t]\}.$$

Aufgrund der Hemistetigkeit von A und der Willkür bei der Auswahl von $x,x+h$ erschließt man mit dem Grenzübergang $t\to 0$ die G-Differenzierbarkeit von ψ auf S mit $d\psi(x)=Ax$.

Wenn umgekehrt $\psi:S\to R$ auf S G-differenzierbar mit $d\psi(x)=Ax$ ist, dann wählt man beliebige $a,x\in S$ und zwischen diesen einen willkürlichen Polygonzug p mit Spur P in S und erhält mit Hilfe des Satzes 1.2.(33)

$$\int_a^x \langle Az,dz\rangle = \int_a^x \langle d\psi(z),dz\rangle = \sum_{i=1}^m \int_{x_{i-1}}^{x_i} \langle d\psi(z),dz\rangle$$

$$= \sum_{i=1}^m \int_{t_{i-1}}^{t_i} \frac{d\psi}{dt}\left(p(t_{i-1})+\frac{t-t_{i-1}}{t_i-t_{i-1}}(p(t_i)-p(t_{i-1}))\right)dt$$

$$= \sum_{i=1}^m (\psi(p(t_i))-\psi(p(t_{i-1}))) = \psi x-\psi a.$$

Das bedeutet, daß der Wert des Kurvenintegrals nicht von dem Polygonzug abhängt, sondern stets $\psi x-\psi a$ beträgt. ∎

Als Folgerung aus diesem Satz erhalten wir das angestrebte Kriterium für nichtdifferenzierbare Gradientenoperatoren.

(12) $S\subset E$ _sei konvex und offen_, $T:S\to E^*$ _hemistetig auf_ S. T _ist genau dann Gradientenoperator auf_ S, _wenn die Werte der Kurvenintegrale_ $\int_x^y\langle Tz,dz\rangle$ _bei beliebigen_ $x,y\in S$ _unabhängig sind von den Polygonzügen zwischen_ x _und_ y _mit Spur in_ S, _bezüglich derer sie berechnet werden. Falls_ T _Gradientenoperator ist, dann ergibt sich das Potential_ ϕ_T _von_ T _mit_

$$\phi_T x \equiv \int_0^1 \langle T(y+t(x-y)),x-y\rangle dt,\quad x\in S,$$

es ist bis auf eine additive Konstante eindeutig bestimmt.

Beweis: Sind die Kurvenintegrale von T in S wegunabhängig, dann gibt es nach (10) ein Funktional ψ mit $d\psi(x)=Tx$ für $x\in S$, das ist das Potential von T, $\phi_T\equiv\psi$. Die Formel erhält man wie bei (11), die Konstante beträgt $\phi_T y$.

Falls T Gradientenoperator ist, gilt $d\phi_T(x)=Tx, x\in S$. Die Wegunabhängigkeit der Kurvenintegrale folgt nun ebenfalls aus (10). ∎

Eine gelegentlich nützliche spezielle Version dieses Resultates liefert das folgende Kriterium, das wie (5) die Form einer Symmetriebedingung hat.

(13) $S\subset E$ sei konvex und offen mit $0\in S$, $T:S\to E^*$ hemistetig auf S. T ist genau dann Gradientenoperator auf S, wenn gilt

$$\int_0^1 \langle T(tx),x\rangle dt-\int_0^1 \langle T(ty),y\rangle dt = \int_0^1 \langle T(y+t(x-y)),x-y\rangle dt \quad \forall\ x,y\in S.$$

Für das Potential besteht gegebenenfalls die bekannte Formel.

Im Hinblick auf Satz (12) ist der Beweis klar. Eine andere Folgerung aus diesem Resultat ist für Anwendungen von Interesse, bei denen zusammengesetzte Operatoren mit linearem Anteil L vorkommen. L^* bedeutet dabei den dualen Operator von L.

(14) E sei reflexiv, $S\subset E$ konvex und offen, $T:S\to E^*$ Gradientenoperator auf S mit $dT(.)h:S\to E^*$ für alle $h\in E$ hemistetig auf S und $L:E^*\to E^*$ linear und stetig. $L\circ T$ ist genau dann Gradientenoperator auf S, wenn $L\circ dT(x)=dT(x)\circ L^*$ für alle $x\in S$ gilt.

Beweis: Aus 1.1.(33) entnehmen wir, daß in der vorliegenden Situation $L^*:E\to E$ linear und stetig ist. Mit 1.2.(21) und (5) erhalten wir

$$\langle d(L\circ T)(x)u,v\rangle = \langle (L\circ dT(x))u,v\rangle = \langle dT(x)u,L^*v\rangle$$

$$= \langle dT(x)(L^*v),u\rangle = \langle (dT(x)\circ L^*)v,u\rangle$$

für beliebige $u,v\in E$, woraus mit (5) die Behauptung folgt. ∎

Bei dieser Folgerung können wir noch zwei speziellere Korollare anfügen.

(15) E sei ein H-Raum, $T:S\to E$ G-differenzierbarer Gradientenoperator auf S mit $dT(.)h:S\to E^*$ für alle $h\in E$ hemistetig auf S und $L:E\to E$ linear, selbstadjungiert und stetig. $L\circ T$ ist genau dann Gradientenoperator, wenn $L\circ dT(x)=dT(x)\circ L$ für alle $x\in S$ gilt.

Das zweite gewährt eine Charakterisierung der linearen Gradientenoperatoren.

(16) E sei ein H-Raum und $L:E\to E$ linear und stetig. L ist genau dann ein Gradientenoperator auf E, wenn es selbstadjungiert ist. Das Potential ϕ_L ergibt sich mit $\phi_L x=(Lx,x), x\in E$, eindeutig bis auf eine additive Konstante.

Beweis: Die Identität auf E erfüllt die in (14) an T gerichteten Voraussetzungen. □

4.2 Kritische Punkte von Funktionalen

Wenn man Lösungen bei Aufgaben $Tx=0$ mit Gradientenoperatoren T nachweisen will, kommt es angesichts der bisherigen Resultate darauf an, Bedingungen für die Existenz von kritischen Punkten bei Funktionalen zu haben. Damit beschäftigt sich dieser und der folgende Abschnitt.

Bei der Anwendung von Satz 1.1.(51) auf Teilmengen von B-Räumen zeigt sich häufig, daß die Kompaktheit zu einschränkend ist, vorzuziehen wäre etwa Abgeschlossenheit und Beschränktheit. Nun hat man ja die Charakterisierung 1.1.(43) der s-kompakten konvexen Mengen in reflexiven B-Räumen und die Äquivalenz 1.1.(45) der s- und s-Folgenkompaktheit. Im Sinne von Satz 1.1.(51) passen die s-folgenstetigen Funktionale zu diesen Mengen. Da diese Stetigkeitsbedingung oft zu eng ist, geht man zur schwächeren Unterhalbstetigkeit über.

(1) $S\subset E$ sei s-kompakt und $\phi:S\to R$ auf S s-uhf-stetig. Dann ist ϕ auf S nach unten beschränkt und nimmt das Infimum an,

$$\exists\, w\in S : \phi w = \min\{\phi z \mid z\in S\} > -\infty$$

Beweis: Zunächst behaupten wir, daß $c\equiv\inf\{\phi z\mid z\in S\}>-\infty$ ausfällt. Sonst gäbe es nämlich $(x_i)\subset S$ mit $\phi x_i<-i, i\in N$. Weil S s-kompakt ist, besitzt (x_i) nach 1.1.(45) eine s-konvergente Teilfolge, $x_{i'}\rightharpoonup v\in S$ $(i'\in N')$. Mit der s-uhf-Stetigkeit von ϕ folgt $\phi v\le\lim\inf\{\phi x_{i'}\mid i'\in N'$ was mit der Annahme über (ϕx_i) nicht zu vereinbaren ist.
Zu c kann man nun eine Folge $(x_i)\subset S$ mit $\phi x_i\to c(i\in N)$ auswählen. Wie im ersten Teil erhält man mit der s-Kompaktheit von S und der s-uhf Stetigkeit von ϕ eine Teilfolge $N'\subset N$ und $w\in S$ mit $x_{i'}\rightharpoonup w(i'\in N')$ und

$$c \le \phi w \le \lim\inf\{\phi x_{i'}\mid i'\in N'\} = \lim\phi x_i = c. \blacksquare$$

Damit haben wir eine Bedingung für die Existenz von Minima auf s-kompakten Mengen. Diese können jedoch auf dem Rand von S liegen, in welchem Fall sie im allgemeinen keine lokalen Minima und deshalb auch keine kritischen Punkte sind. Außerdem haben wir noch keine Existenzaussage für Minima bei Funktionalen auf unbeschränkten Mengen. Beiden Anliegen kann mit der folgenden Bedingung nachgekommen werden.

Ein Funktional $\phi:S\subset E\to R$ besitzt die m-Eigenschaft auf S, wenn es eine s-kompakte Teilmenge G von S gibt, bei der $\phi x>\phi a$ ausfällt für alle $x\in\partial G$ und ein $a\in G$.

(2) $\phi:S\to R$ sei auf S s-uhf-stetig und besitze die m-Eigenschaft. Dann gibt es ein lokales Minimum von ϕ in S.

Beweis: Wegen der m-Eigenschaft hat es eine s-kompakte Teilmenge G von S, nach (1) nimmt ϕ das Minimum auf G an. Aufgrund der m-Eigenschaft liegt der Minimalpunkt im Inneren von G, es ist also ein lokales Minimum. ∎

Bei differenzierbaren Funktionalen führt (2) mit 1.2.(24) zur Existenz von kritischen Punkten. Um diesen Satz handlicher zu machen, werden nun noch Kriterien für die s-uhf-Stetigkeit und die m-Eigenschaft von Funktionalen zusammengestellt. Wir beginnen mit einer allgemeinen Charakterisierung der s-uhf-Stetigkeit.

(3) $S\subset E$ sei s-f-abgeschlossen. $\phi:S\to R$ ist genau dann s-uhf-stetig auf S, wenn $e_r\equiv\{z|z\in S,\phi z\leq r\}$ für jedes $r\in R$ s-f-abgeschlossen ist.

Beweis: Wenn ϕ s-uhf-stetig auf S ist und man $(x_i)\subset e_r$ mit $x_i\to x\in S$ $(i\in N)$ bei beliebigem $r\in R$ wählt, so folgt $\phi x\leq\lim\inf\{\phi x_i|i\in N\}$. Mit $\phi x_i\leq r, i\in N$, folgt $\phi x\leq r$ und damit $x\in e_r$. Also ist e_r s-f-abgeschlossen.

Nun sei e_r s-f-abgeschlossen für jedes $r\in R$. Zunächst wählen wir eine s-konvergente Folge $(x_i)\subset S, x_i\to x\in S(i\in N)$ und setzen $a\equiv\lim\inf\{\phi x_i|i\in N\}$. Nehmen wir an, es sei $a=-\infty$, so gibt es zu jedem $r\in R$ eine Teilfolge $N'\subset N$ mit $\phi x_{i'}<r$, woraus mit der s-Konvergenz von (x_i) folgt, daß $x\in e_r$ ist für jedes $r\in R$. Das ist aber unmöglich.

Also ist $a>-\infty$. Wir nehmen an, ϕ sei nicht s-uhf-stetig. Das bedeutet die Existenz von $d>0$ und einer s-konvergenten Folge $(x_i)\subset S$, $x_i\to x\in S(i\in N)$, für die $\phi x>\lim\inf\{\phi x_i|i\in N\}+d$. Ist wieder $a\equiv\lim\inf\{\phi x_i|i\in N\}$, so gibt es eine Teilfolge $N'\subset N$ mit $\phi x_{i'}\leq a+d/2\equiv b, i'\in N'$. Nach Voraussetzung ist e_b s-f-abgeschlossen, aus $x_{i'}\in e_b, i'\in N'$, und der s-Konvergenz von (x_i) gegen x folgt daher $x\in e_b$, d.h. $\phi x\leq b=a+d/2$. Das widerspricht der getroffenen Annahme. ∎

Im weiteren beschäftigen wir uns mit differenzierbaren Funktionalen, was im Zusammenhang mit Gradientenoperatoren natürlich ist.

(4) $S \subset E$ _sei konvex und offen und_ $\phi : S \to R$ _auf_ S _G-differenzierbar mit_

$$\phi y - \phi x \geq \langle d\phi(x), y-x\rangle \ \forall\ x,y \in S.$$

Dann ist ϕ _auf_ S _s-uhf-stetig._

Beweis: Wähle eine s-konvergente Folge $(x_i) \subset S$ mit Grenzwert $x \in S$. Mit der Voraussetzung hat man

$$\phi x_i - \phi x \geq \langle d\phi(x), x_i - x\rangle,\ i \in N.$$

Der Grenzübergang $i \in N$ liefert dann

$$0 = \lim \langle d\phi(x), x_i - x\rangle = \lim\inf\{\langle d\phi(x), x_i - x\rangle \mid i \in N\}$$

$$\leq \lim\inf\{\phi x_i - \phi x \mid i \in N\},$$

was $\phi x \leq \lim\inf\{\phi x_i \mid i \in N\}$ bedeutet. ∎

(5) $S \subset E$ _sei konvex und offen sowie_ $\phi : S \to R$ _auf_ S _G-differenzierbar mit_

$$\langle d\phi(x) - d\phi(y), x-y\rangle \geq 0 \ \forall\ x,y \in S.$$

Dann ist ϕ _auf_ S _s-uhf-stetig._

Beweis: Mit der Lagrange-Formel 1.2.(8) hat man für beliebige $x,y \in S$

(6) $$\phi y - \phi x = \langle d\phi(x + r(y-x)), y-x\rangle,\ r \in (0,1).$$

Nach der Voraussetzung ist

$$\langle d\phi(x + r(y-x)) - d\phi(x), r(y-x)\rangle \geq 0.$$

Dividiert man diese Relation durch r, so erschließt man damit aus (6)

$$\phi y - \phi x \geq \langle d\phi(x), y-x\rangle,$$

was mit (4) die Behauptung liefert. ∎

(7) $S \subset E$ _sei konvex und offen sowie_ $\phi : S \to R$ _auf_ S _zweimal G-differenzierbar mit_

$$d^2\phi(x)h^2 \geq 0 \ \forall\ x \in S, h \in E.$$

Dann ist ϕ _auf_ S _s-uhf-stetig._

Beweis: Mit der Lagrange-Formel 1.2.(8) hat man für beliebige $x,y \in S$ zunächst

(8) $$\phi y - \phi x = \langle d\phi(x + r(y-x)), y-x\rangle,\ r \in (0,1).$$

Erneute Anwendung von 1.2.(8) auf $<d\phi(.),y-x>$ bringt

$$<d\phi(x+r)y-x)),y-x>-<d\phi(x),y-x> = rd^2\phi(x+r'r(y-x))(y-x)^2$$

mit $r'\in(0,1)$. Aus (8) folgt dann mit der Voraussetzung, daß $\phi y-\phi x\geq<d\phi(x),y-x>$ ausfällt, womit die Behauptung wieder auf (4) zurückgeführt ist. ■

Ein Kriterium für die m-Eigenschaft erhält man nur unter verhältnismäßig speziellen Voraussetzungen. Auf einer nichtbeschränkten Menge $S\subset E$ heißt $\phi:S\to R$ <u>koerziv</u>, wenn mit einer Funktion $c:[0,\infty)\to R$, wobei $c(t)\to\infty(t\to\infty)$, gilt $\phi z\geq c(\|z\|)$ für alle $z\in S$.

(9) E <u>sei reflexiv und</u> $\phi:E\to R$ <u>koerziv. Dann gibt es</u> $R>0$, <u>so daß</u> ϕ <u>auf jeder Kugel</u> $K(0,r)$ <u>mit</u> $r>R$ <u>die m-Eigenschaft besitzt</u>.

<u>Beweis</u>: Wählt man $c>\inf\{\phi x|x\in E\}$, so gibt es eine Zahl $R>0$, mit der $\phi(x)\geq c$ für alle $x\in E$ mit $\|x\|\geq R$ gilt. ■

Schließlich werden noch zwei Bedingungen für die Koerzivität von Funktionalen $\phi:E\to R$ angeführt.

(10) $\phi:E\to R$ <u>sei auf</u> E <u>G-differenzierbar</u>, $d\phi$ <u>beschränkt, es gebe</u> $c>0$ <u>mit</u>

$$<d\phi(x),x> \geq c\|x\|^2 \quad \forall\, x\in E,$$

<u>und</u> $<d\phi(.),h>, h\in E$, <u>sei hemistetig auf</u> E. <u>Dann ist</u> ϕ <u>koerziv</u>.

<u>Beweis</u>: Nach der Taylor-Formel 1.(4) ist

$$\phi x = \phi 0+\int_0^1<d\phi(tx),tx>\frac{dt}{t} = \phi 0+\int_0^{\|x\|}<d\phi(\frac{x}{\|x\|}s),\frac{x}{\|x\|}s>\frac{ds}{s}\ .$$

Aufgrund der Voraussetzung gibt es $R>0$ und $K>0$, so daß für $s\geq R$

$$\frac{1}{s}<d\phi(\frac{x}{\|x\|}s),\ \frac{x}{\|x\|}s> \ \geq 1$$

ausfällt und für $0\leq s\leq R$ gilt $\|d\phi(\frac{x}{\|x\|}s)\|\leq K$. Insgesamt hat man dann

$$\phi x \geq \phi 0 +\|x\|-RK-R.\ ■$$

(11) $\phi:E\to R$ <u>sei auf</u> E <u>zweimal G-differenzierbar mit</u>

$$d^2\phi(x)h^2 \geq \|h\|g(\|h\|) \quad \forall\, x,h\in E,$$

<u>wobei</u> $g:[0,\infty)\to[0,\infty)$ <u>auf</u> $[0,\infty)$ <u>stetig sei mit</u> $g(r)\to\infty(r\to\infty)$, <u>ferner sei</u> $d^2\phi(.)h^2$ <u>hemistetig auf</u> E. <u>Dann ist</u> ϕ <u>koerziv</u>.

<u>Beweis</u>: Mit 1.(4) haben wir bei Anwendung auf $d\phi(y)\in E^*$

$$\langle d\phi(x),x\rangle = \langle d\phi(0),x\rangle+\int_0^1 d^2\phi(tx)x^2dt,$$

mit der Voraussetzung ergibt sich

$$\langle d\phi(x),x\rangle \geq \|x\|g(\|x\|)-\|x\|\|d\phi(0)\|.$$

Nun wird die Taylor-Formel 1.(4) nochmals angewandt,

$$\phi x = \phi 0+\int_0^1 \langle d\phi(tx),tx\rangle\frac{dt}{t}$$

$$\geq \phi 0+\int_0^1 (\|tx\|g(\|tx\|)-\|tx\|\|d\phi(0)\|)\frac{dt}{t}$$

$$= \phi 0+\|x\|(\int_0^1 g(\|tx\|)dt-\|d\phi(0)\|).$$

Wegen $g(r)\to\infty$ $(r\to\infty)$ gibt es $R>0$, so daß der letzte, in Klammern stehende Term für alle $\|x\|\geq R$ mindestens so groß wie 1 ausfällt. Deshalb hat man $\Phi x\geq\|x\|$ für alle $\|x\|\geq R$. ∎

Durch Zusammenfassen einiger Einzelresultate erhält man Existenzaussagen für kritische Punkte bei Funktionalen. Ein Beispiel dafür ist der folgende Satz.

(12) E <u>sei reflexiv und</u> $\phi:E\to R$ <u>auf</u> E <u>zweimal G-differenzierbar mit</u>

$$d^2\phi(x)h^2 \geq \|h\|g(\|h\|) \quad \forall\ x,h\in E,$$

<u>wobei</u> $g:[0,\infty)\to[0,\infty)$ <u>auf</u> $[0,\infty)$ <u>stetig sei mit</u> $g(r)\to\infty(r\to\infty)$, <u>ferner sei</u> $d^2\phi(.)h^2, h\in E$, <u>hemistetig auf</u> E. <u>Dann besitzt</u> ϕ <u>einen kritischen Punkt</u>

<u>Beweis</u>: Aufgrund von (7) ist ϕ s-uhf-stetig auf E, mit (9) und (11) weist man die m-Eigenschaft bei ϕ nach. Aus (2) folgt sodann die Existenz eines lokalen Minimums, das nach 1.2.(24) ein kritischer Punkt ist. ∎

Entsprechend kann man Existenzaussagen für Lösungen von Aufgaben $Tx=0$ mit Gradientenoperatoren T erhalten. Das grundlegende Resultat lautet:

(13) $T:S\subset E\to E^*$ <u>sei Gradientenoperator auf</u> S, <u>das Potential</u> ϕ_T <u>von</u> T <u>sei s-uhf-stetig und besitze die m-Eigenschaft auf</u> S. <u>Dann besitzt die Aufgabe</u> $Tx=0$ <u>eine Lösung in</u> S.

<u>Beweis</u>: Mit den Voraussetzungen folgt aus (2) die Existenz eines kritischen Punktes bei ϕ_T, also einer Lösung der Aufgabe $d\phi_T(x)=Tx=0$. ∎

Für die spezielle Ausgestaltung dieses Resultates führen wir ebenfalls zwei Beispiele vor.

(14) E sei reflexiv, $T:E\to E^*$ G-differenzierbar, $dT(.)h, h\in E$, hemistetig,

$$\langle dT(x)u,v\rangle = \langle dT(x)v,u\rangle \quad \text{sowie} \quad \langle dT(x)u,u\rangle \geq \|u\| g(\|u\|)$$

für alle $x,u,v\in E$, wobei $g:[0,\infty)\to[0,\infty)$ auf $[0,\infty)$ stetig sei mit $g(r)\to\infty (r\to\infty)$. Dann besitzt die Aufgabe $Tx=0$ eine Lösung in E.

Beweis: Aus 1.(5) folgt, daß T Potentialoperator auf E ist. Für das Potential ϕ_T folgt aus (12) die Existenz eines kritischen Punktes und damit einer Lösung der Aufgabe $d\phi_T(x)=Tx=0$. ∎

(15) E sei reflexiv und $T:E\to E^*$ hemistetig auf E. T besitze ferner die Eigenschaften:

$$\int_0^1 \langle T(tx),x\rangle dt - \int_0^1 \langle T(ty),y\rangle dt = \int_0^1 \langle T(y+t(x-y)),x-y\rangle dt$$

und $\langle Tx-Ty,x-y\rangle\geq 0$ für alle $x,y\in E$, mit $c>0$ gelte schließlich

$$\langle Tx,x\rangle \geq c\|x\|^2 \ \forall\ x\in E.$$

Dann besitzt die Aufgabe $Tx=0$ eine Lösung in E.

Beweis: Aus 1.(13) entnimmt man, daß T Gradientenoperator ist, dessen Potential wegen (5) auf E s-uhf-stetig und nach (10) auch koerziv ist. Aus (9) folgt nun die m-Eigenschaft, womit die Voraussetzungen von (13) verifiziert sind. ∎

4.3 Monotone Gradientenoperatoren

In diesem Abschnitt studieren wir Gradientenoperatoren, die ein konvexes Potential besitzen. Dabei heißt ein auf einer konvexen Teilmenge $S\subset E$ definiertes Funktional $\phi:S\to R$ konvex auf S, wenn gilt

$$\phi(tx+(1-t)y) \leq t\phi x+(1-t)\phi y \ \forall\ t\in[0,1],\ x,y\in S.$$

Wenn die Gleichheit nur im Falle $x=y$ vorliegt, nennt man ϕ strikt konvex.

Zunächst untersuchen wir den Zusammenhang von Konvexität und s-uhf-Stetigkeit bei Funktionalen.

(1) $S\subset E$ sei abgeschlossen und konvex sowie $\phi:S\to R$ konvex und stetig auf S. Dann ist ϕ s-uhf-stetig auf S.

Beweis: Für beliebiges $r\in R$ ist $e_r\equiv\{z\,|\,z\in S, \phi z\leq r\}$ konvex, mit $x,y\in e_r$ hat man nämlich $\phi(tx+(1-t)y)\leq t\phi x+(1-t)\phi y\leq tr+(1-t)r=r$ für jedes $t\in[0,1]$, also ist mit x,y auch $tx+(1-t)y$ in S für jedes $t\in[0,1]$. Aus der Stetigkeit von ϕ folgt ferner, daß e_r abgeschlossen ist, was mit 1.1.(40) die s-f-Abgeschlossenheit von e_r bringt. nun folgt die Behauptung aus 2.(3). ∎

Speziell sind wir natürlich wieder an differenzierbaren konvexen Funktionalen interessiert.

(2) $S\subset E$ sei konvex und offen sowie $\phi:S\to R$ auf S G-differenzierbar. Dann sind die folgenden Aussagen äquivalent:

(i) ϕ ist auf S konvex

(ii) $\phi x-\phi y \geq \langle d\phi(y),x-y\rangle \ \forall\ x,y\in S$

(iii) $\langle d\phi(y)-d\phi(x),y-x\rangle \geq 0 \ \forall\ x,y\in S$

Beweis: (i)⇒(ii): Wähle $x,y\in S$ und $t\in(0,1)$. Dann folgt aus der Konvexität

$$\phi x-\phi y \geq \frac{1}{t}(\phi(y+t(x-y))-\phi y),$$

wegen der Differenzierbarkeit von ϕ existiert rechts der Grenzwert für $t\to 0$, womit man $\phi x-\phi y\geq\langle d\phi(y),x-y\rangle$ hat.

(ii)⇒(iii): Vertauscht man im ersten Beweisschritt die Rolle von x und y und addiert die entstehende Ungleichung zu der dort stehenden, so erhält man die Bedingung (ii).

(iii)⇒(i): Mit der Lagrangeschen Formel 1.2.(8) ergibt sich mit $t\in(0,1)$

$$\begin{aligned} \phi x-\phi y &= \langle d\phi(x+t(y-x)),y-x\rangle \\ &= \frac{1}{t}\langle d\phi(x+t(y-x))-d\phi(x),t(y-x)\rangle+\langle d\phi(x),y-x\rangle \geq 0 \end{aligned} \tag{3}$$

womit (ii) aus (iii) erschlossen ist. Nun setzt man $u\equiv tx+(1-t)y$ mit beliebigen $x,y\in S$ sowie $t\in[0,1]$ und erhält dann unter Verwendung von (3)

$$\phi x-\phi u \geq \langle d\phi(u),x-u\rangle, \quad \phi y-\phi u \geq \langle d\phi(u),y-u\rangle.$$

Konvexe Kombination dieser Ungleichungen liefert

$$t(\phi x-\phi y)+(1-t)(\phi y-\phi u) \geq \langle d\phi(u),t(x-u)+(1-t)(y-u)\rangle = 0,$$

was nach sich zieht

$$t\phi x+(1-t)\phi y \geq \phi u = \phi(tx+(1-t)y). \ ∎$$

(4) $S\subset E$ sei konvex und offen sowie $\phi:S\to R$ auf S zweimal G-differenzierbar. ϕ ist dann und nur dann auf S konvex, wenn $d^2\phi(x)h^2\geq 0$ ausfällt für alle $x\in S$ und $h\in E$.

Beweis: Wenn ϕ konvex ist, dann hat man bei beliebigen $x\in S,h\in E$ mit

$x+h\in S$:

$$d^2\phi(x)h^2 = \lim\langle\frac{1}{t}(d\phi(x+th)-d\phi(x)),h\rangle \geq 0,$$

wobei (2,iii) verwendet wurde.

Umgekehrt erhält man wie im Beweis von 2.(7) mit Hilfe von 1.2.(8), daß $\phi x-\phi y\geq\langle d\phi(y),x-y\rangle$, was aufgrund von (2) die Behauptung liefert. ■

Mit (2) und (3) entnimmt man aus 2.(4), 2.(5) und 2.(7), daß G-differenzierbare, konvexe Funktionale auf konvexen, offenen Mengen s-uhf-stetig sind. Über diese mit der Existenz von Minima verbundene Eigenschaft hinaus kann man bei konvexen Funktionalen auch Eindeutigkeitsaussagen machen.

(5) $S\subset E$ sei konvex, $\phi:S\to R$ strikt konvex. Dann gibt es höchstens ein $w\in S$ mit $\phi w=\inf\{\phi z\,|\,z\in S\}$.

Beweis: Angenommen es gäbe $u\neq v$ in S mit $\phi u=\phi v=\inf\{\phi z\,|\,z\in S\}$. Dann ist $\phi(tu+(1-t)v)<t\phi u+(1-t)\phi v=\inf\{\phi z\,|\,z\in S\}$ für jedes $t\in(0,1)$, was zur Minimaleigenschaft von u und v im Widerspruch steht. ■

Die besonderen Eigenschaften konvexer Funktionale wollen wir hier über den Zusammenhang von Potentialen und Gradientenoperatoren ins Spiel bringen. Unter Bezug auf 2.(15) sowie (2) nennen wir Operatoren $T:S\subset E\to E^*$ monoton auf S, wenn gilt

(6) $\langle Tx-Ty,x-y\rangle \geq 0 \;\forall\; x,y\in S.$

Wenn die Gleichheit nur im Falle $x=y$ vorliegt, nennt man T strikt monoton auf S. Falls es $c>0$ gibt mit

(7) $\langle Tx-Ty,x-y\rangle \geq c\|x-y\|^2 \;\forall\; x,y\in S,$

dann heißt T stark monoton auf S. Bei linearen Operatoren $T:E\to E^*$ reduzieren sich die Bedingungen auf $\langle Tz,z\rangle\geq 0$, $\langle Tz,z\rangle>0$ bzw. $\langle Tz,z\rangle\geq c\|z\|^2$ für alle $z\in E$.

Wir wissen, daß monotone Gradientenoperatoren konvexe und s-uhf-stetige Potentiale besitzen, bzw. daß die G-Ableitung konvexer Funktionale ein monotoner Operator ist. Bei G-differenzierbaren Operatoren hat man weitere Monotoniekriterien.

(8) $S\subset E$ sei konvex und offen sowie $T:S\to E^*$ auf S G-differenzierbar. Wenn $dT(x)$ für alle $x\in S$ auf E strikt monoton ist, dann folgt die strikte Monotonie von T auf S. Falls es $c\geq 0$ gibt, mit dem $\langle dT(x)h,h\rangle\geq c|h|^2$ für alle $x\in S$ und $h\in E$ ausfällt, dann ist T für $c=0$ monoton, und für $c>0$ stark monoton auf S. Wenn umgekehrt für

alle $x,y\in S$ gilt $\langle Tx-Ty,x-y\rangle \geq c\|x-y\|^2$ mit $c\geq 0$, dann folgt auch $\langle dT(x)h,h\rangle \geq c|h|^2$ für alle $x\in S$ und $h\in E$ mit demselben c.

Beweis: Für beliebige $x\in S$ und $h\in E$ mit $x+h\in S$ haben wir mit der Lagrange-Formel 1.2.(8)

$$\langle Tx-Ty,x-y\rangle = \langle dT(x+r(y-x))(x-y),x-y\rangle,\ r\in(0,1).$$

Mit dieser Relation ist der erste Teil der Behauptung klar. Bei der Umkehrung gehen wir von der Monotoniebedingung aus,

$$\langle T(x+th)-Tx,th\rangle \geq c\|th|^2,\ t\in(0,1).$$

Division mit t^2 und Grenzübergang $t\to 0$ bringt die gewünschte Aussage. ∎

Nun kann man wieder mit Hilfe der bisher erzielten Resultate Existenzaussagen für die Lösungen von Aufgaben $Tx=0$ mit monotonen Gradientenoperatoren machen. Grundlage ist dabei:

(9) $S\subset E$ sei konvex und offen sowie $T:S\to E^*$ monotoner Gradientenoperator auf S, das Potential ϕ_T von T besitze die m-Eigenschaft auf S. Dann besitzt die Aufgabe $Tx=0$ eine Lösung in S.

Beweis: T ist die G-Ableitung von ϕ_T, aus 2.(5) folgt nun die s-uhf-Stetigkeit von ϕ_T, zusammen mit der m-Eigenschaft bringt sie wegen 2.(2) die Existenz eines kritischen Punktes von ϕ_T in S, also einer Lösung von $Tx=0$. ∎

Setzt man in (9) die strikte Monotonie bei T voraus, so folgt, daß die Lösung sogar eindeutig bestimmt ist. Hätte man nämlich $u\neq v$ in S mit $Tu=Tv=0$, so bedeutete das $\langle Tu-Tv,u-v\rangle>0$, was widersprüchlich ist.

Bei den folgenden Sätzen könnte man noch die Voraussetzung, T sei ein Gradientenoperator, durch die entsprechenden Bedingungen aus Abschnitt 4.1 ersetzen, worauf wir jedoch verzichten. Unter Hinweis auf 2.(10) und 2.(15) bezeichnen wir einen Operator $T:E\to E^*$ als koerziv, wenn mit $c:[0,\infty)\to R$, wobei $c(t)\to\infty\,(t\to\infty)$, gilt

$$\langle Tx,x\rangle \geq c(\|x\|)\|x\| \quad \forall\ x\in E.$$

(10) E sei reflexiv, $T:E\to E^*$ ein beschränkter, hemistetiger, koerziver und monotoner Gradientenoperator auf E. Dann besitzt die Aufgabe $Tx=0$ eine Lösung in E.

Beweis: Nach 2.(10) ist das Potential von T koerziv, hat also wegen 2.(9) die m-Eigenschaft auf E. Nun folgt die Behauptung aus (7).

(11) E sei reflexiv, $T:E\to E^*$ ein beschränkter, hemistetiger, stark monotoner Gradientenoperator auf E. Dann besitzt die Aufgabe $Tx=0$ genau eine Lösung in E.

Beweis: Mit $y\equiv 0$ folgt aus der starken Monotonie die Koerzivität von T. Die Existenz einer Lösung von $Tx=0$ kann nun aus (10) entnommen werden, die Eindeutigkeit ist aufgrund der starken Monotonie auch klar. ∎

(12) E sei reflexiv und $T:E\to E^*$ ein beschränkter, G-differenzierbarer Gradientenoperator auf E mit $\langle dT(x)h,h\rangle \geq c\|x\|^2$ für ein $c>0$ und alle $x,h\in E$, ferner sei $dT(.)h, h\in E$, hemistetig auf E. Dann besitzt die Aufgabe $Tx=0$ genau eine Lösung in E.

Der Beweis ist mit (8) und (11) klar.

Unsere Existenzsätze können auch zum Nachweis von Fixpunkten bei Gradientenoperatoren herangezogen werden. Wir begnügen uns mit einem Beispiel für solche Folgerungen.

(13) E sei ein H-Raum und $T:E\to E$ ein Gradientenoperator auf E, bei dem $-T$ monoton ist und dessen Potential ϕ_T die Eigenschaft $\phi_T x \leq a\|x\|^2+b\|x\|^{\alpha}+c$ für alle $x\in E$ besitzt, wobei b,c beliebig, jedoch $a<1/2$ und $0<\alpha<2$ sind. Dann besitzt T einen Fixpunkt in E.

Beweis: Mit 1.(16) sieht man, daß $I-T$ ein Gradientenoperator ist mit dem Potential $\psi x \equiv 2^{-1}(x,x)-\phi_T x$. ψ ist s-uhf-stetig auf E, denn ϕ_{-T} ist das nach 2.(5) und für den ersten Term kann man direkt die Definition verifizieren. Die Koerzivität ist mit $(x,x)=\|x\|^2$ für jedes $x\in E$ und der Voraussetzung für ϕ_T klar. Nun folgt über 2.(2) die Existenz eines kritischen Punktes von ψ, was zugleich bedeutet, daß die Aufgabe $x-Tx=0$ eine Lösung in E hat. ∎

4.4 Existenz von Lösungen bei Hammersteinschen Gleichungen

Zunächst behandeln wir die abstrakte Aufgabenstellung, der wir als drittes Beispiel in Abschnitt 3.9 bereits begegnet sind, unter neuen Voraussetzungen. Diese und die Resultate werden dann anhand von Integralgleichungen konkretisiert.

Im ganzen Abschnitt bedeutet E einen reflexiven B-Raum. Mit Operatoren $G:E\to E^*$ und $K\in B(E^*,E)$ betrachten wir die Aufgabe

(1) $\quad x-(K\circ G)x = 0, \; x\in E.$

Die Grundidee bei dem Nachweis der Existenz von Lösungen besteht darin, das Problem (1) auf ein anderes, in einem H-Raum gestelltes, zu reduzieren. Hinsichtlich E setzen wir daher voraus

(2) Zu E gebe es einen H-Raum H, so daß E ein dichter Teilraum vor H ist, wobei gelte

$$\exists\ c>0 : \|x\|_H \leq c\|x\|_E \ \forall\ x\in E.$$

In diesem Falle ist die Restriktion jedes Funktionals $\varphi\in H^*$ auf E ein Element von E^*, wobei die Zuordnung von φ zu $\varphi|E$ wegen 1.1.(1 bijektiv ist. Deshalb darf H^* mit einem Teilraum von E^* identifiziert werden, für beliebiges $\varphi\in H^*$ folgt dann

$$\langle\varphi,x\rangle_E \leq \|\varphi\|_{E^*}\|x\|_H \leq c\|\varphi\|_{H^*}\|x\|_E \ \forall\ x\in E.$$

Man hat also $H^*\subset E^*$ mit $\|\varphi\|_{E^*}\leq c\|\varphi\|_{H^*}$. Mit der Reflexivität von E e schließt man ferner, daß ein Funktional auf E^*, das auf H^* versch det, das Nullfunktional ist. Aus dem Satz von Hahn-Banach 1.1.(25 folgt in diesem Falle, daß $\overline{H^*}=E^*$, also H^* dicht in E^* ist. Identifiziert man noch den H-Raum H mit seinem Dual H^*, so gilt $E\subset H\subset E^*$, wobei H dicht ist in E^* mit $\|u\|_{E^*}\leq c\|u\|_H$.

An den Operator $K\in B(E^*,E)$ richten wir unter der Voraussetzung (2) die Forderung

(3) $L\equiv K|H\in B(H,H)$ sei selbstadjungiert mit $(Lx,x)\geq 0, x\in H$.

Dies zieht nach sich, daß L nach 1.1.(37) eine positive Quadratwu zel besitzt, die wir mit A bezeichnen. Nun wird behauptet:

(4) Unter den Voraussetzungen (2) und (3) existiert $B\in B(E^*,H)$ mit $B^*=A$ und $K=B^*\circ B$.

Beweis: Nach 1.1.(37) ist die positive Quadratwurzel $A\in B(H,H)$ sel adjungiert mit $(Ax,x)\geq 0, x\in H$. Sie besitzt wegen 1.1.(13) und (2) e eindeutige Fortsetzung $B\in B(E^*,H)$. Aus 1.1.(33) entnimmt man die Existenz des dualen Operators $B^*\in B(H,E)$, wobei E^{**} mit E identifi ziert wurde.

Als erstes zeigen wir $B^*=A$. Dazu wählt man $x\in H$ fest. Das Funktion $(Ax,.)\in H^*$ kann aufgrund von 1.1.(13) und (2) in $\varphi_x\in E^{**}$ fortgesetz werden, φ_x darf man seinerseits mit einem Element von E identifizieren. Da $E\subset H$ ist, gilt

$$(Ax,y) = \langle\varphi_x,y\rangle = (\varphi_x,y) \ \forall\ y\in H.$$

Daraus entnehmen wir $Ax=\varphi_x, x\in H$, was bedeutet, daß $R(A)\subset E$, also $A\in B(H,E)$ ist. Nun haben wir für festes $x\in H$ die Funktionale $\langle .,Ax\rangle\in E$

sowie $(B.,x) \in E^{**}$, die auf H übereinstimmen. Zufolge 1.1.(13) gilt dann auch $\langle y,Ax\rangle=(By,x)$ für alle $x\in H, y\in E^*$. Mit der Definition des dualen Operators folgt hieraus das gewünschte Resultat.

Schließlich betrachten wir $B^* \circ B: E^* \to E$. Klar ist, daß dieser Operator linear und stetig ist. Wegen $B|H=A$ folgt mit $B^*=A$, daß $(B^*\circ B)x= A(Ax)=Lx$ für alle $x\in H$, was $(B^*\circ B)|H=L=K|H$ bedeutet. Mit 1.1.(13) hat man deshalb $K=B^*\circ B$. ∎

Mit den mittlerweile eingeführten Operatoren A,B definieren wir im H-Raum H die Aufgabe

(5) $\quad u-(B\circ G\circ A)u = 0, \ u\in H.$

Mit (4) entnimmt man hieraus $Au-(K\circ G)(Au)=0$, was bedeutet, daß jede Lösung v von (5) eine Lösung $w\equiv Av$ bestimmt. Existenzaussagen für (5) sind also stets auch solche für (1), falls die verwendeten Voraussetzungen vorliegen. Dies ist das angestrebte Ersatzproblem. Grundlage der Existenzaussagen in diesem Kapitel ist, daß man es mit Gradientenoperatoren zu tun hat.

(6) _Wenn_ $G:E\to E^*$ _ein Gradientenoperator ist, dann gilt das auch für_ $I-B\circ G\circ A:H\to H$.

Beweis: Mit dem Potential ϕ_G von G setzt man

$$\phi u \equiv \frac{1}{2}(u,u)-\phi_G(Au), \ u\in H.$$

Da ϕ_G G-differenzierbar ist, folgt mit 1.2.(21), $A\in B(H,E)$ und 1.2.(13), daß auch ϕ G-differenzierbar ist. Für beliebige $u,h\in H$ hat man

$$d\phi(u)h = (d\phi(u),h) = \langle u,h\rangle-\lim\frac{1}{t}(\phi_G(Au+tAh)-\phi_G(Au))$$

$$= \langle u,h\rangle-\langle G(Au),Ah\rangle = \langle u,h\rangle-\langle G(Au),B^*h\rangle$$

$$= (u-(B\circ G\circ A)u,h).$$

Also ist ϕ das Potential von $I-B\circ G\circ A$. ∎

Damit sind wir so weit, daß wir die beiden folgenden Existenzsätze für Lösungen von (1) beweisen können.

(7) _Die Bedingungen_ (2) _und_ (3) _seien erfüllt_, L _sei kompakt und_ G _ein Gradientenoperator mit stetigem Potential_ ϕ_G, _für das außerdem gilt_

(8) $\quad \phi_G x \le a\|x\|^2+b\|x\|^\alpha+c \ \forall \ x\in E,$

wobei $b,c\in\mathbb{R}$ _beliebig, jedoch_ $a\|L\|<1/2$ _und_ $0<\alpha<2$ _sind. Dann besitzt_ die Aufgabe (1) eine Lösung.

Beweis: Wir sind fertig, wenn wir zeigen, daß (5) eine Lösung besitzt. Zunächst ist I-BoGoA nach (6) ein Gradientenoperator mit dem Potential $\phi u \equiv \frac{1}{2}(u,u) - \phi_G(Au), u \in H$.

Der erste Term bei ϕ ist s-uhf-stetig. Nun bemerken wir, daß mit L auch A kompakt ist. Aus der Linearität von A folgt dann, daß es s-konvergente in konvergente Folgen abbildet. Mit der Stetigkeit von ϕ_G zeigt das

$$(u_i) \subset E, u_i \rightharpoonup u\,(i \in N) \Rightarrow \phi_G(Au_i) \to \phi_G(Au)\,(i \in N).$$

Bei linearen Funktionalen, also z.B. $-\varphi_C \circ A$, sind die f- und s-f-Stetigkeit äquivalent, ferner folgt die s-uhf- aus der s-f-Stetigkeit.

Die Koerzivität von ϕ erhält man mit $\|L\| = \|A\|^2$ aus

$$\phi u \geq \frac{1}{2}(u,u) - a\|Au\|_E^2 - b\|Au\|_E^\alpha - c \geq (\frac{1}{2} - a\|L\|)\|u\|_H^2 - b\|A\|^\alpha \|u\|_H^\alpha - c.$$

Mit 2.(9) und 2.(13) haben wir die Behauptung. ∎

Wenn -G monoton ist, dann kann auf die Kompaktheit von K verzichtet werden.

(9) Die Bedingungen (2) und (3) seien erfüllt und -G ein monotoner Gradientenoperator, dessen Potential ϕ_G die Eigenschaft (8) besitzt Dann besitzt die Aufgabe (1) eine Lösung.

Beweis: Die Existenz von Lösungen von (5) und damit von (1) erhält man, indem man die Voraussetzungen von 3.(13) für T≡BoGoA verifiziert, was ohne weitere Rechnung klar ist. ∎

Die abstrakte Aufgabe (1) hat ihre Wurzel in den Hammersteinschen Integralgleichungen. Auf diese stößt man beispielsweise bei der Behandlung von Randwertaufgaben bei semilinearen elliptischen Differentialoperatoren. Mit einem beschränkten Gebiet $\Omega \subset R^n$ sei die Aufgabe

(10) $-\Delta u(x) = g(x,u(x))$ für $x \in \Omega$, $u(x) = 0$ für $x \in \partial\Omega$

vorgelegt, wobei die Lösung w des linearen Problems

$$-\Delta u(x) = h(x) \text{ für } x \in \Omega, \quad u(x) = 0 \text{ für } x \in \partial\Omega$$

mithilfe des durch eine Kernfunktion $k: \Omega \times \Omega \to R$ definierten Lösungsoperators K dargestellt werden kann, also w=Kh. Dann ist die Aufgab (10) äquivalent zu der Hammersteinschen Integralgleichung

(11) $u(x) - \int_\Omega k(x,y)g(x,u(y))dy = 0, \ x \in \Omega.$

Durch den linearen Integraloperator

(12) $\quad Ku(x) \equiv \int_{\Omega} k(x,y)u(y)dy, \quad x\in\Omega,$

und den Nemyzki-Operator

(13) $\quad Gu(x) \equiv g(x,u(x)), \quad x\in\Omega,$

sind die in der Aufgabe (1) vorkommenden Operatoren definiert. Im folgenden wird nun noch beschrieben, wie die Bedingungen für diese speziellen Operatoren K und G aussehen, damit die vorhin gewonnenen Existenzresultate auf die Integralgleichung (11) spezialisiert werden können.

Zunächst wählen wir $E\equiv L^p(\Omega)$, $p\geq 2$. Mit $H\equiv L^2(\Omega)$ wird Voraussetzung (2) erfüllt, es ist dann $E^* = L^q(\Omega)$ mit $p^{-1}+q^{-1}=1$. Bei k wird grundsätzlich vorausgesetzt, daß die dadurch gemäß (12) erzeugte Abbildung $K:L^q(\Omega)\to L^p(\Omega)$ stetig ist. Um die Voraussetzung (3) zu sichern, verlangen wir $k(x,y)=k(y,x)$ und $k(x,y)\geq 0$ für alle $(x,y)\in\Omega\times\Omega$.

Bezüglich des Nemizky-Operators G in (13) wird folgendes Resultat herangezogen:

(14) $g:\Omega\times R\to R$ besitze die Eigenschaften (i) $g(x,.)$ stetig auf R für fast jedes $x\in\Omega$, (ii) $g(.,z)$ meßbar auf Ω für jedes $z\in R$, und (iii) $|g(x,z)|\leq r|z|^{p-1}+s(x)$ für alle $(x,z)\in\Omega\times R$, wobei $r\geq 0$ und $s\in L^q(\Omega)$. Dann ist der von g erzeugte Operator $G:L^p(\Omega)\to L^q(\Omega)$ beschränkt und stetig.

Darüber hinaus gilt sogar:

(15) $g:\Omega\times R\to R$ besitze die in (14) genannten Eigenschaften. Dann ist G ein Gradientenoperator mit stetigem Potential ϕ_G.

Beweis: Wir greifen auf die Sätze 1.(10) und 1.(12) zurück und gehen aus von dem Ansatz

$$\phi u \equiv \int_0^1 \langle G(tu),u\rangle dt, \quad u\in L^p(\Omega).$$

Ausschreiben dieser Formel und Anwendung des Satzes von Fubini liefern

$$\phi u = \int_0^1\int_{\Omega} g(x,tu(x))u(x)dxdt = \int_{\Omega}\int_0^1 g(x,tu(x))u(x)dtdx.$$

Das darf umgeschrieben werden zu

(16) $$\phi u = \int_{\Omega}\int_0^{u(x)} g(x,z)dzdx.$$

Nun wird gezeigt, daß ϕ F-differenzierbar ist. Dazu betrachtet man

$$\psi(u,v) \equiv \phi(u+v)-\phi u-\langle Gu,v\rangle,\quad u,v\in L^p(\Omega),$$

wobei 1.2.(16) im Hintergrund steht. Mit (16) hat man

$$\psi(u,v) = \int_\Omega \int_{u(x)}^{u(x)+v(x)} (g(x,z)-g(x,u(x))v(x))dzdx$$

$$= \int_\Omega\int_0^1 (g(x,u(x)+tv(x))-g(x,u(x)))dtv(x)dx$$

Interpretiert man das innere Integral als Funktional auf $L^p(\Omega)$, so darf im Hinblick auf den Fundamentalsatz der Differentialrechnung im Reellen die Lagrange-Formel 1.2.(8) herangezogen werden. Danach gibt es $\tau\in(0,1)$ mit

$$\psi(u,v) = \int_\Omega (g(x,u(x)+\tau v(x))-g(x,u(x)))v(x)dx$$

$$= \int_\Omega (G(u+\tau v)(x)-Gu(x))v(x)dx = \langle G(u+\tau v)-Gu,v\rangle.$$

Daraus entnehmen wir $|\psi(u,v)|\leq\|G(u+\tau v)-Gu\|\|v\|$. Mit der aus (14) zu entnehmenden Stetigkeit von G haben wir dann $\|v\|^{-1}|\psi(u,v)|\to 0(\|v\|\to 0$ was aufgrund von 1.2.(16) die F-Differenzierbarkeit von ϕ erbringt Damit ist die Gradienteneigenschaft von G bezüglich dem in (16) definierten Potential nachgewiesen, wir bezeichnen dieses deshalb mit ϕ_G. Die Stetigkeit von ϕ_G entnimmt man 1.2.(20). ∎

Wir wenden uns noch der in (7) und (9) benötigten Wachstumsbedingung für ϕ_G zu, die die Koerzivität des Potentials $\phi u\equiv 2^{-1}(u,u)-\phi_G(Au), u\in H$, des Operators $I-B\circ G\circ A$ sicherte. Im vorliegenden Spezialfall können wir sie durch eine explizite Voraussetzung an g er setzen, nämlich

$$(17)\qquad \int_0^w g(x,z)dz \leq aw^2+b|w|^\alpha+c$$

wobei $a\|K\|L^2(\Omega)\|<1/2$, $\alpha\in(0,2)$, jedoch $b,c\in\mathbb{R}$ beliebig sind. In der Tat erhält man für $u\in L^2(\Omega)$

$$\phi u = \frac{1}{2}(u,u)-\int_\Omega \int_0^{Au(w)} g(x,z)dz$$

$$\geq \frac{1}{2}(u,u)-a\int_\Omega (Au(x))^2dx-b\int_\Omega |Au(x)|^\alpha dx-c\int_\Omega dx$$

$$\geq (\frac{1}{2}-a\|L\|)\|u\|^2-\tilde{b}\|u\|^\alpha-\tilde{c},$$

was die Koerzivität von ϕ sicherstellt.

Klar sind schließlich noch die folgenden Beobachtungen:

(18) $\iint_{\Omega\Omega} (k(x,y))^2 dxdy < \infty \Rightarrow L$ kompakt

(19) $-g(x,.)$ monoton wachsend $\forall\ x \in \Omega \Rightarrow -G$ monoton

Damit haben wir alle Bausteine für das Verifizieren der Voraussetzungen von (7) und (9) im Spezialfall der Hammersteinschen Integralgleichungen in $L^p(\Omega)$, $L^q(\Omega)$ beisammen:

(20) $k:\Omega\times\Omega\to R$ *erzeuge wie in* (12) *einen stetigen Operator* $K:L^q(\Omega)\to L^p(\Omega)$ *mit* $p\geq 2$ *und* $p^{-1}+q^{-1}=1$, *und es gelte* $k(x,y)=k(y,x)$ *und* $k(x,y) \geq 0$ *für alle* $(x,y)\in\Omega\times\Omega$. *Ferner erfülle* $g:\Omega\times R\to R$ *die Voraussetzungen von* (14) *sowie die Bedingung* (17). *Wenn außerdem entweder* (18) *für* k *oder* (19) *für* g *zutrifft, dann besitzt die Aufgabe* (11) *eine Lösung in* $L^p(\Omega)$.

Abschließend ist noch eine Beobachtung zur Existenz von Lösungen von Eigenwertaufgaben möglich. Aus (7) bzw. (9) oder (20) entnimmt man, daß die Aufgabe $K\circ Gx=\lambda x$ bei negativem a in (8) oder (17) für jedes $\lambda\in R$ eine Lösung besitzt, bei $a>0$ für jedes $\lambda>a\|L\|$. Jede Zahl λ, für die $K\circ Gx=\lambda x$ eine nichttriviale Lösung besitzt, heißt Eigenwert von $K\circ G$. Unter der Voraussetzung $G(0)\neq 0$ folgt, daß bei $a>0$ jedes $\lambda\in(a\|L\|,\infty)$, bei $a\leq 0$ jedes $\lambda\in R$ ein Eigenwert ist. Die letztere Bedingung ist bei (11) erfüllt, wenn $g(x,0)\neq 0$ ist für $x\in\Omega$.

4.5 Minimalfolgen

Die Lösungen von Variationsproblemen erhalten wir als Minimalpunkte eines Funktionals ϕ auf einer Teilmenge S eines B-Raumes E. Dieser Abschnitt beschäftigt sich mit ihrer Konstruktion bzw. näherungsweisen Berechnung.

Als grundlegende Eigenschaft einer approximierenden Folge $(x_i)\subset S$ an einem Minimalpunkt von $\phi:S\to R$ wird gefordert

(1) $(x_i)\subset S,\quad \phi x_i \to \inf\{\phi x \mid x\in S\}\ (i\in N)$,

man bezeichnet sie dann als *Minimalfolge*. Unser erstes Ziel sind Konvergenzaussagen für Minimalfolgen. Eine erste ergibt sich ganz einfach: Ist $(x_i)\subset S$ eine Minimalfolge aus einer s-kompakten Menge S für ein auf S s-uhf-stetiges Funktional ϕ, so gibt es zumindest eine s-konvergente Teilfolge $(x_{i'})$ mit Grenzwert w, für den wegen der s-uhf-Stetigkeit von ϕ gilt

$$\phi w \le \lim\ \inf\{\phi x_i | i \in N\} = \inf\{\phi x | x \in S\}.$$

Eine Teilfolge der Minimalfolge konvergiert also schwach gegen ein Minimum von ϕ.

Mithilfe der Resultate aus den Abschnitten 2 und 3 kann man eine ganze Palette ähnlicher Konvergenzaussagen gewinnen. Im Zusammenhang mit den Variationsmethoden sind wir besonders an kritischen Minimalpunkten interessiert.

(2) E sei reflexiv, ϕ:E→R auf E G-differenzierbar, koerziv und strikt konvex. Dann konvergiert jede Minimalfolge von ϕ schwach gegen den eindeutig bestimmten kritischen Minimalpunkt von ϕ.

Beweis: Nach 2.(2), dessen Voraussetzungen wegen 2.(5) und 3.(2) bzw 2.(9) unter den hier vorliegenden befriedigt werden, haben wir ein lokales Minimum w. Die strikte Konvexität sichert laut 3.(5), daß es keinen weiteren Minimalpunkt gibt, nach 1.2.(24) ist w ein kritischer Punkt.

Nun wird behauptet, jede Minimalfolge von ϕ sei beschränkt. Andernfalls gäbe es nämlich eine, die eine Teilfolge $(x_{i'})$ mit $\|x_{i'}\|>i', i' \in N$ besitzt. Aus der Koerzivität von ϕ folgte dann die Existenz von $r>\phi w=\inf\{\phi x|x\in E\}$ und $n'\in N'$ mit $\phi x_{i'}>r$ für alle $i'\in N', i'\ge n'$, was zu der widersprüchlichen Aussage führt

$$\inf\{\phi x | x\in E\} = \lim \phi x_{i'} \ge r > \inf\{\phi x|x\in E\}.$$

Mit der Beschränktheit jeder Minimalfolge (x_i) von ϕ haben wir wegen 1.1.(47) die Existenz einer s-konvergenten Teilfolge $(x_{i'})$. Ist x ihr Grenzwert, so gilt mit der Minimaleigenschaft von w sowie der s-uhf-Stetigkeit von ϕ

$$\phi x \ge \phi w = \inf\{\phi x_{i'} | i' \in N'\} \ge \phi x,$$

also $\phi x=\phi w$, was wegen der Eindeutigkeit des Minimalpunktes w auch gleich x =w beweist.

Daß schließlich nicht nur eine Teilfolge, sondern jede Minimalfolge ganz s-konvergent mit dem Grenzwert w ist, erhält man wieder indirekt: Sonst gäbe es nämlich eine s-konvergente Teilfolge $(x_{j'})$ mit dem Grenzwert v, für den gälte

$$\phi v \le \lim\ \inf\{\phi x_{j'} | j' \in N'\} = \lim \phi x_i = \lim \phi x_{i'} = \phi w,$$

was wieder der Eindeutigkeit des Minimums widerspräche. ■

Ersetzt man in (2) die Voraussetzung, ϕ sei strikt konvex, also dϕ

strikt monoton, durch die starke Monotonie 3.(7) von $d\phi$, so erhält man sogar die Normkonvergenz der Minimalfolgen.

(3) E <u>sei reflexiv</u>, $\phi:E\to R$ <u>auf</u> E <u>G-differenzierbar mit auf</u> E <u>beschränkter und stark monotoner G-Ableitung</u> $d\phi$. <u>Dann konvergiert jede Minimalfolge von</u> ϕ <u>gegen den eindeutig bestimmten kritischen Minimalpunkt von</u> ϕ.

<u>Beweis</u>: Da aus der starken Monotonie von $d\phi$ die strikte Konvexität und nach 2.(10) die Koerzivität von ϕ folgen, haben wir nach (2) die s-Konvergenz jeder Minimalfolge. Nun folgt mit 1.(4) und 3.(7) für eine beliebige Minimalfolge

$$\phi x_i-\phi w-\langle d\phi(w),x_i-w\rangle$$
$$=\int_0^1\langle d\phi(w+t(x_i-w))-d\phi(w),x_i-w\rangle dt \geq c|x_i-w|^2.$$

Mit dem Grenzübergang $i\in N$ ist der Beweis fertig. ∎

Offen blieb bisher, wie man überhaupt zu einer Minimalfolge kommt. Als Beispiel für die zahlreichen Konstruktionsmethoden führen wir das <u>Ritz-Verfahren</u> vor. Zunächst können wir uns mit der folgenden Voraussetzung begnügen:

(4) <u>In</u> E <u>gebe es eine linear unabhängige Folge</u> (v_i), <u>so daß für</u> $E_i\equiv\text{span}\{v_1,\ldots,v_i\}$ <u>gilt</u> $cl(\cup\{E_i|i\in N\})=E$. <u>Ferner sei</u> $\phi:E\to R$ <u>G-differenzierbar und koerziv auf</u> E <u>sowie uh-stetig auf jedem</u> E_i.

Jetzt konstruieren wir eine Folge $w_i\in E_i$, indem wir ϕ auf E_i minimieren. Nachher wird sich (w_i) als Minimalfolge erweisen.

Die Koerzivität von ϕ bedeutet, daß es $r>0$ gibt, so daß $\phi x>\phi 0$ ausfällt für alle $\|x\|\geq r$. In jedem E_i ist der Ball $B_{E_i}(0,r)$ kompakt, ϕ nimmt als uh-stetiges Funktional sein Minimum auf diesem Ball in einem Punkt w_i an. Aus $\phi x>\phi 0$ für $\|x\|=r$ folgt, daß $\|w_i\|<r$ ist, in w_i also ein lokales Minimum vorliegt, aus $\phi x>\phi 0\geq\phi w_i$ für $\|x\|\geq r$, daß in w_i sogar das Minimum von ϕ auf ganz E_i angenommen wird, also

(5) $$\phi w_i = \inf[\phi x|x\in E_i],\quad w_i=\sum_{j=1}^{i}\alpha_j^i v_j.$$

Mit der G-Differenzierbarkeit und 1.2.(24) hat man dann $d\phi(w_i)=0$ bzw. $\langle d\phi(w_i),h\rangle=0$ für alle $h\in E_i, i\in N$. Unter Verwendung der Komponentendarstellung von w_i und h bezüglich (v_i) und der linearen Unabhängigkeit dieser Folge ergibt sich schließlich das folgende <u>Ritz-System</u>, aus dem die Koeffiziententupel $\{\alpha_1^i,\ldots,\alpha_i^i\}, i\in N$, und damit die Elemente der Folge (w_i) berechnet werden können:

(6) $\quad <d\phi(\sum_{j=1}^{i} \alpha_j^i v_j), v_k> = 0,\ k=1,\dots,i,\ i\in N.$

Nun beweisen wir, daß (w_i) tatsächlich eine Minimalfolge ist. Dabei wird zusätzlich zu (4) vorausgesetzt:

(7) Es existiere $r\in R$ mit $r\le\phi x$ für alle $x\in E$ und $-\phi$ sei uh-stetig auf E.

Da ϕ von unten beschränkt ist, existiert $\inf\{\phi x|x\in E\}\equiv\alpha$. Bei jeder beliebigen Minimalfolge $(u_i)\subset E$ von ϕ kann man aufgrund der uh-Stetigkeit von $-\phi$ für jedes $i\in N$ ein $\gamma_i>0$ angeben, so daß $2\phi u_i-\alpha>\phi u\ge\alpha$ ausfällt für alle $u\in B_E(u_i,\gamma_i)$. Die Voraussetzung über E erlaubt, bei jedem $i\in N$ für u ein $z_i\in E_i$ zu wählen. Man hat also $\alpha\le\phi z_i<2\phi u_i-\alpha$ für ein $z_i\in B_E(u_i,\gamma_i)$. Da (u_i) eine Minimalfolge ist, zeigt der Grenzübergang $i\in N$, daß auch (z_i) eine ist. Nun bringt man die Ritz-Folge (w_i) aus (5) und (6) ins Spiel, für sie gilt $\alpha\le\phi w_i\le\phi z_i, i\in N$. Nun führt man wieder den Grenzübergang $i\in N$ durch und beachtet dabei, daß (z_i) eine Minimalfolge ist. Das liefert $\phi w_i\to\alpha(i\in N)$, also ist (w_i) ebenfalls eine Minimalfolge.

Als Zusammenfassung wenden wir die Konvergenzsätze (2) und (3) auf diese Minimalfolge an.

(8) E sei reflexiv und es gebe eine linear unabhängige Folge $(v_i)\subset E$, so daß für $E_i\equiv\mathrm{span}\{v_1,\dots,v_i\}$ gilt $\mathrm{cl}(\cup\{E_i|i\in N\})=E$. Ferner sei $\phi:E\to R$ auf E G-differenzierbar, koerziv und strikt konvex sowie $-\phi$ uh-stetig. Dann konvergiert die Ritz-Folge (w_i),

$$w_i \equiv \sum_{j=1}^{i} \alpha_j^i v_j,\quad <d\phi(\sum_{j=1}^{i} \alpha_j^i v_j), v_k> = 0,\ k=1,\dots,i,\ i\in N,$$

schwach gegen den eindeutig bestimmten kritischen Minimalpunkt von ϕ.

Ersetzt man koerziv und strikt konvex durch die Forderung, $d\phi$ sei ein stark monotoner Operator auf E, dann erhält man wieder die Konvergenz von (w_i) bezüglich der Norm von E.

Wenn $d\phi$ linear ist, wird das Ritz-System besonders übersichtlich. Es sei E ein separabler H-Raum und $L\in B(E,E)$ selbstadjungiert mit $(Lx,x)\ge c\|x\|^2$, $c>0$, für alle $x\in E$. Damit definieren wir bei beliebigem $y\in H$

(9) $\quad \phi x \equiv \frac{1}{2}(Lx,x)-(y,x),\ x\in E.$

In diesem Falle sind die in (8) geforderten Voraussetzungen an E erfüllt, (v_i) kann sogar als Orthonormalsystem gewählt werden. Bei $L \in B(E,E)$ ist die G-Differenzierbarkeit klar. Da $d^2\phi = L$ ist, folgt mit 3.(8) die starke Monotonie von $d\phi$, daraus mit 2.(10) die Koerzivität von ϕ. Die uh-Stetigkeit von $-\phi$ ist angesichts der Stetigkeit von ϕ klar.

Damit sind die Voraussetzungen von (8) verifiziert und wir haben als Resultat, daß die Ritz-Folge (w_i),

(10) $$w_i = \sum_{j=1}^{i} \omega_j v_j, \quad \sum_{j=1}^{i} (Lv_j, v_k)\omega_j = (y, v_k), \; k=1,\ldots,i, \; i \in N,$$

gegen den eindeutig bestimmten kritischen Minimalpunkt w von ϕ in (9) konvergiert. Das Ritz-System (10) ist also ein eindeutig lösbares lineares Gleichungssystem für die Koeffizienten $\omega_1,\ldots,\omega_i$ der Näherung w_i zu w.

4.6 Variationsungleichungen mit Gradientenoperatoren

Bisher haben wir Bedingungen für das Vorliegen lokaler Minima bei konvexen Funktionalen dazu benützt, Aussagen über die Existenz von Lösungen bei der zugehörigen Eulerschen Gleichung zu erzielen. In ähnlicher Weise kann auch die Existenz von Lösungen bei Variationsungleichungen erschlossen werden.

(1) E sei reflexiv, $S \subset E$ konvex und offen, $\phi: S \to R$ G-differenzierbar auf S und konvex sowie $w \in E^*$. $v \in S$ erteilt dem Funktional $\psi: S \to R$ mit $\psi x \equiv \phi x - \langle w, x\rangle$ auf S genau dann den minimalen Wert, wenn es Lösung der Aufgabe

(2) $$\langle d\phi(x), z-x\rangle \geq \langle w, z-x\rangle \;\; \forall \;\; z \in S$$

ist.

Beweis: Wenn $v \in S$ Minimalpunkt von ψ auf S ist, so heißt das

$$\phi v - \langle w, v\rangle \leq \phi y - \langle w, y\rangle \;\; \forall \;\; y \in S.$$

Einsetzen von $y \equiv v + t(z-v)$ mit beliebigen $t \in (0,1)$ und $z \in S$ ergibt

$$\frac{1}{t}(\psi(v+t(z-v)) - \psi v) \geq \langle w, z-v\rangle.$$

Der Grenzübergang $t \to 0$ zeigt wegen der G-Differenzierbarkeit von ϕ

$$\langle d\phi(v), z-v\rangle \geq \langle w, z-v\rangle,$$

woraus mit der Willkür bei der Auswahl von z folgt, daß v Lösung der Variationsungleichung (2) ist.

Wenn umgekehrt v Lösung dieser Aufgabe ist, so hat man mit der Monotonie von $d\phi$, die sich aus 3.(2) ergibt, die Relation

$$\langle d\phi(y), y-v\rangle \geq \langle w, y-v\rangle, \; y\in S.$$

Einsetzen von $y \equiv v+t(z-v)$ mit beliebigen $t\in(0,1)$ und $z\in S$ ergibt

(3) $$\langle d\phi(v+t(z-v)), z-v\rangle \geq \langle w, z-v\rangle.$$

Definieren wir nun $f:[0,1]\to R$ durch $f(t)\equiv\phi(v+t(z-v))-t\langle w,z-v\rangle$, so ist mit ϕ auch f konvex, außerdem folgt mit

$$\frac{d}{dt}f(t) = \langle d\phi(v+t(z-v)), z-v\rangle - \langle w, z-v\rangle$$

aus (3), daß f mit t wächst und insbesondere $f(0)\leq f(1)$ ist. Das bedeutet $\phi v \leq \phi z - \langle w, z-v\rangle$ für jedes willkürlich gewählte $z\in S$, also

$$\phi v - \langle w, v\rangle \leq \phi z - \langle w, z\rangle \;\forall\; z\in S. \;\blacksquare$$

Unsere Resultate über die Existenz von Minimalpunkten bei Funktionalen aus den Abschnitten 4.2 und 4.3 können wir nun unmittelbar in Bedingungen umsetzen, unter denen die Variationsungleichung (2) eine Lösung besitzt. Darauf wollen wir nicht weiter eingehen, sondern lieber ein Beispiel dazu skizzieren.

$\Omega\subset R^n$ sei eine beschränkte, offene Menge mit hinreichend glattem Rand, $x\equiv(x_1,\ldots,x_n)$ bedeutet einen Punkt im R^n. Nun setzen wir $E\equiv W_0^{1,p}(\Omega)$, $p\geq 2$, dann kann man $E^*\equiv W^{-1,q}(\Omega)$ mit $p^{-1}+q^{-1}=1$ setzen. Bei E ist die Norm gegeben durch

$$\|u\| \equiv \left(\sum_{i=1}^{n} \left\|\frac{\partial u}{\partial x_i}\right\|_p^p\right)^{1/p}, \; u\in E,$$

wobei $\|.\|_p$ die Norm von $L^p(\Omega)$ bedeutet.

Auf einer konvexen, offenen Menge $S\subset E$ mit $0\in S$ betrachten wir die Variationsungleichung

(4) $$-\sum_{i=1}^{n}\int_{\Omega}\left(\left|\frac{\partial u}{\partial x_i}(x)\right|^{p-2}\frac{\partial u}{\partial x_i}(x)\right)\left(\frac{\partial v}{\partial x_i}(x)-\frac{\partial u}{\partial x_i}(x)\right)dx \geq \int_{\Omega} w(x)(v(x)-u(x))\,dx \;\forall\; v\in S,$$

wobei $w\in E^*$ beliebig ist.

Wir behaupten nun, daß der Satz (1) für (4) zutrifft, wenn man setzt

$$\phi u \equiv \frac{1}{p}\sum_{i=1}^{n}\|\frac{\partial u}{\partial x_i}\|_p^p,\quad u\in E.$$

Es muß also gezeigt werden, daß für jedes $v\in E$ gilt

$$<d\phi(u),v> = \sum_{i=1}^{n}\int_\Omega |\frac{\partial u}{\partial x_i}(x)|^{p-2}\frac{\partial u}{\partial x_i}(x)\frac{\partial v}{\partial x_i}(x)dx$$

$$= \frac{1}{p}\lim\sum_{i=1}^{n}\frac{1}{t}(\|\frac{\partial u}{\partial x_i}+t\frac{\partial v}{\partial x_i}\|_p^p-\|\frac{\partial u}{\partial x_i}\|_p^p)\ (t\to 0).$$

Dazu genügt es, bei $\varphi: L^p(\Omega)\to R$ mit $\varphi u\equiv p^{-1}\|u\|_p^p$ die G-Differenzierbarkeit nachzuweisen und die Ableitung zu berechnen. Mit beliebigen $u,v\in L^p(\Omega)$ und $t>0$ ist

$$\frac{1}{t}(\|u+tv\|_p^p-\|u\|_p^p) = \int_\Omega\frac{1}{t}(|u(x)+tv(x)|^p-|u(x)|^p)dx.$$

Die Funktion $f:(0,1]\to R$, definiert durch

$$f(t) \equiv \frac{1}{t}(|a+tb|^p-|a|^p),\ t\in(0,1],\ a,b\in R,\ p\geq 2,$$

hat die Eigenschaft $f(t)\to p|a|^{p-2}ab\ (t\to 0)$, außerdem wächst sie mit wachsendem t. Daraus folgt

$$\frac{1}{t}(|u(x)+tv(x)|^p-|u(x)|^p) \leq |u(x)+v(x)|^p-|u(x)|^p\ \forall\ t\in(0,1].$$

Mit Hilfe des Lebesgueschen Satzes über die majorisierte Konvergenz hat man weiter

$$\int_\Omega|u(x)|^{p-2}u(x)v(x)dx = \lim\frac{1}{t}(\|u+tv\|_p^p-\|u\|_p^p)\quad(t\to 0),$$

was bedeutet

$$<d\varphi(u),v>_p = \int_\Omega|u(x)|^{p-2}u(x)v(x)dx,$$

womit wir fertig sind: Die Lösungsmenge der Variationsungleichung (4) stimmt mit der Menge der $v\in S$ überein, die dem Funktional ψ mit

$$\psi u \equiv \frac{1}{p}\sum_{i=1}^{n}\|\frac{\partial u}{\partial x_i}\|_p^p-\int_\Omega w(x)u(x)dx,\quad u\in S,$$

auf S ein Minimum erteilen.

4.7 Bemerkungen und Hinweise

Die Variationsmethode ist die älteste unter den von uns behandelten

Methoden, jedenfalls ist sie schon von Cauchy benutzt worden. Als Standardwerke nennen wir die Bücher von Vainberg [149, 150] und Krasnoselskii [103]. Dort werden auch nichtlineare Eigenwertaufgaben und Verzweigungsprobleme sowie Aufgaben mit Nebenbedingungen behandelt. Wie bei der Variationsungleichung in 4.6 kann man übrigens auch die Existenzresultate aus 4.2 bzw. 4.3 für inhomogene Probleme formulieren.

Die Anwendung der allgemeinen Theorie auf monotone Gradientenoperatoren aus der Mechanik wird in den Büchern von Langenbach [104] und Oden-Reddy [113] eingehend behandelt, beide stellen reiche Quellen für konkrete Aufgaben dar, die mit der Variationsmethode zu lösen sind. Der Satz 4.(14) wird in [149, 103] bewiesen, wegen der Hammerstein-Gleichungen verweisen wir wieder auf die in 3.11 genannten Arbeiten [89, 39], weiteres dazu steht in 5.8.

Mehr über die Konstruktion von Lösungen mit Hilfe von Minimalfolgen findet man bei Velte [152] und auch Vainberg [150], darüber hinaus auch allgemeinere Diskretisierungsmethoden behandeln Daniel [51] und Zeidler [161]. Mit der Diskretisierung von Variationsungleichungen beschäftigt sich Sibony [144]. Variationsungleichungen werden im folgenden Kapitel ausführlicher behandelt.

Abhandlungen über Themen aus diesem Kapitel findet man auch in den Büchern von Fučik-Nečas-Souček [72] und Temme [147]. Als weiterführende Werke nennen wir Ekeland [67] und Ekeland-Temam [68], vor allem im Hinblick auf Probleme aus der Kontrolltheorie.

Anstelle der Konvexität wird bei den Variationsmethoden gerne die schwächere Quasikonvexität gebraucht. Wir bringen dazu nur eine Übungsaufgabe.

4.8 Übungsaufgaben

(1) $\Omega\subset R^n$ sei ein beschränktes Gebiet, $E\equiv W_0^{1,p}(\Omega)$, $p\geq 2$, und $a_{ij}\in L^\infty(\Omega)$, $a_{ij}=a_{ji}$ mit

$$\sum_{i,j=1}^{n} a_{ij}\xi_i\xi_j \geq \gamma\sum_{i=1}^{n}|\xi_i|^2,\ \gamma>0,\ \xi_k\in R, k=1,\dots,n.$$

Man zeige, daß $T:E\to E^*$, wobei für $x\in\Omega$ definiert wird

$$(Tu)(x) \equiv -\sum_{i,j=1}^{n}\frac{\partial}{\partial x_j}\left(a_{ij}(x)\frac{\partial u}{\partial x_i}(x)\left(\sum_{k,l=1}^{n}a_{kl}(x)\frac{\partial u}{\partial x_k}(x)\frac{\partial u}{\partial x_l}(x)\right)^{\frac{p-2}{2}}\right),$$

ein monotoner Gradientenoperator ist und berechne das zugehörige Potential.

(2) $\Omega\subset R^2$ sei ein beschränktes Gebiet, vorgelegt wird die Randwertaufgabe (Δ bedeutet den Laplaceoperator, $f\in C^2(\Omega)$),

$$2u(x)\Delta u(x)+\left(\frac{\partial u}{\partial x_1}(x)\right)^2+\left(\frac{\partial u}{\partial x_2}(x)\right)^2-f(x) = 0,\quad x\equiv(x_1,x_2)\in\Omega,$$

$$u(x) = 0,\quad x\in\partial\Omega.$$

Man wähle einen passenden B-Raum E, so daß diese Aufgabe als Eulersche Gleichung eines Funktionals darstellbar wird.

(3) Setze $E\equiv W_0^{1,2}((0,1))$, für $u\in E$ wird $\|u\|\equiv\int_0^1|\dot{u}(t)|^2dt$ gewählt ($\dot{x}$ bedeutet Ableitung nach t). Unter der Voraussetzung

$$\frac{\partial^2 g}{\partial u^2}(t,u(t)) \geq \gamma > -\pi^2$$

und weiteren, noch festzulegenden Bedingungen für $g:(0,1)\times R\to R$ zeige man, daß $\phi:E\to R$, wobei

$$\phi u \equiv \int_0^1(\tfrac{1}{2}(\dot{u}(t))^2+g(t,u(t)))dt,$$

ein koerzives Funktional ist.

(4) $S\subset E$ sei konvex, dann heißt $\phi:S\to R$ <u>quasikonvex</u>, wenn $\phi(tx+(1-t)y)\leq\max\{\phi x,\phi y\}$ gilt für alle $t\in(0,1)$ und alle $x,y\in S$. ϕ nennt man strikt quasikonvex, wenn für $x\neq y$ die strikte Ungleichung vorliegt. Man zeige, daß ein quasikonvexes, uhf-stetiges Funktional auf einer konvexen Menge sogar s-uhf-stetig ist, und daß strikt quasikonvexe Funktionale höchstens einen Minimalpunkt besitzen.

(5) $S\subset E$ sei s-f-kompakt, $M\subset E$ offen mit $S\subset M$ und ϕ s-uhf-stetig auf M. Für $(x_i)\subset E$ gelte $\mathrm{dist}(x_i,S)\to 0\,(i\in N)$ und $\phi x_i\to\inf\{\phi x|x\in S\}\,(i\in N)$. Man zeige: Alle schwachen Häufungspunkte von (x_i) liegen in S und sind Minimalpunkte von ϕ auf S, wobei mindestens einer existiert. Gibt es nur einen in S, nämlich x^*, so gilt $x_i\to x^*\,(i\in N)$.

(6, Browder-Petryshyn [45]) E sei ein H-Raum, $T:E\to E$ stark monoton (3.(7), Konstante $c>0$) auf E mit $\|Tx-Ty\|\leq l\|x-y\|$ für alle $x,y\in E$, $l>0$. Man zeige, daß T ein Homöomorphismus von E auf sich ist. Die Lösung der Aufgabe $Tu=w$ erhält man für beliebiges $w\in E$ als Grenzwert der Folge (u_i) mit $u_i\equiv u_{i-1}-b(Tu_{i-1}-w)$, $i\in N$, bei beliebigem Startvektor $u_0\in E$ und $b\in[c/l^2,2c/l^2]$.

5 Monotone Operatoren

Ein Ausgangspunkt für die Beschäftigung mit monotonen Operatoren und ihren Verallgemeinerungen besteht in der Idee, Existenzsätze für Operatorgleichungen und -ungleichungen nach dem Muster derjenigen aus Abschnitt 4.3, jedoch unter Verzicht auf die dort wesentliche Voraussetzung, der betreffende Operator sei als Ableitung eines konvexen Funktionals darstellbar, zu gewinnen. Die Existenz von Lösungen bei Aufgaben mit hemistetigen, koerzitiven, monotonen Operatoren wird als erstes erschlossen, wobei sogar noch nur dicht definierte Störungen zugelassen werden können. Im Zusammenhang mit diesem Existenzresultat eröffnet sich noch die Möglichkeit, eine Abschwächung der Monotoniebedingung vorzunehmen und auf diese Weise eine ihrer Verallgemeinerungen, nämlich die pseudomonotonen Operatoren einzuführen. Beide Begriffe finden ihre Rechtfertigung in der abstrakten Theorie der stationären Probleme, es stellt sich jedoch heraus, daß dieser Rahmen eine angemessene Behandlung von Aufgaben mit nur dicht definierten Operatoren, also z.B. von nichtstationären Problemen, nicht zuläßt. Dieser Mangel läßt sich erst mit Hilfe der maximal monotonen Operatoren beheben, die es dann aber auch gleich auf ganz natürliche Weise erlauben, die Existenz von Lösungen bei Aufgaben mit mengenwertigen Operatoren, also z.B. bei Kontingenzgleichungen, mit Monotoniemethoden zu studieren.

Im Hinblick auf zahlreiche Randwertaufgaben und die Kontrolltheorie bei nichtlinearen partiellen Differentialoperatoren spielen Variationsungleichungen in diesem Kapitel eine wesentliche Rolle. Wir werden meistens so vorgehen, daß die Existenz von Lösungen zunächst für eine Ungleichung bewiesen und daraus dann die Surjektivität des jeweiligen Operators erschlossen wird.

Im ganzen Kapitel bedeutet E einen B-Raum und S eine Teilmenge davon.

5.1 Variationsungleichungen mit monotonen Operatoren

In diesem Abschnitt wird die Existenz von Lösungen bei der Variationsungleichung

(1) $\langle Tx-w,z-x\rangle \geq \phi x-\phi z \;\; \forall\, z\in E\,,\;\; T:S\subset E\to E^*\,,\;\; w\in E^*,$

erörtert. Im Zusammenhang mit dieser Aufgabenstellung ist es zweckmäßig, die Konvexität bei Funktionalen etwas weiter zu fassen als in 4.3, nämlich auch Funktionale $\phi:E\to(-\infty,+\infty]$ zuzulassen. Als *effektive Definitionsmenge* einer solchen Abbildung bezeichnet man die Menge $\mathrm{dom}(\phi)\equiv\{z\,|\,z\in E,\phi z<\infty\}$. $\phi:E\to(-\infty,+\infty]$ heißt *eigentlich konvex*, wenn $\mathrm{dom}(\phi)\neq\emptyset$ und der *Epigraph* von ϕ

$$\mathrm{epi}(\phi)\equiv\{(x,r)\,|\,x\in E,r\in R,\phi x\leq r\},$$

eine konvexe Menge ist. Auf $\mathrm{dom}(\phi)$ fallen diese und die übliche Definition der Konvexität von Funktionalen zusammen. Die im Zusammenhang mit konvexen Funktionalen in 4.2 gebrauchten Stetigkeitsbegriffe und ihre Kriterien samt zugehörigen Beweisen lassen sich entsprechend übertragen, was insbesondere für Satz 4.2.(3) zutrifft, von dem wir mehrfach Gebrauch machen werden.

Als wichtiges Beispiel eines eigentlich konvexen Funktionals hat man die *Indikatorfunktion* $\psi:E\to(-\infty,+\infty]$ einer konvexen Menge, die durch

$$\psi x\equiv\begin{cases}0 & \text{für } x\in S,\\ \infty & \text{sonst}\end{cases}$$

definiert wird. Für nichtleere konvexe Mengen S ist ψ ein uh-stetiges Funktional.

Die Allgemeinheit der Aufgabenstellung (1) kann man rechtfertigen, indem man sie durch entsprechende Wahl von ϕ auf die spezielleren Probleme, die sie umfaßt, reduziert. Wenn ϕ identisch verschwindet, dann wird (1) zu der Aufgabe $Tx=w$, also einer Operatorgleichung in üblicher Form. Setzt man hingegen für ϕ die Indikatorfunktion einer nichtleeren konvexen Menge S ein, dann ergibt sich $\langle Tx-w,z-x\rangle\geq 0$ für alle $z\in S$, also eine Operatorungleichung auf einer konvexen Menge. Für $T=0$ erhält man das übliche Minimalproblem für ϕ.

Wir beginnen mit zwei einfachen Eigenschaften hemistetiger Operatoren, die als Hilfsmittel benötigt werden.

(2) *$S\subset E$ sei konvex, $T:S\to E^*$ hemistetig auf S und $\phi:E\to(-\infty,\infty]$ eigentlich konvex. Für $u\in S$ und $w\in E^*$ gelte*

(3) $\langle Tz-w,z-u\rangle\geq\phi u-\phi z\quad\forall\, z\in S.$

Dann gilt ebenfalls

(4) $\langle Tu-w,z-u\rangle\geq\phi u-\phi z\quad\forall\, z\in S.$

Falls T monoton auf S ist, sind (3) und (4) äquivalent.

Beweis: Für beliebiges $x \in S$ ist auch $x(t) \equiv (1-t)u+tx$ in S für $t \in (0,1]$. Setzt man $x(t)$ für z in (3) ein, so ergibt sich mit der Konvexität von ϕ und $t \neq 0$

$$\langle T((1-t)u+tx)-w, x-u \rangle \geq \phi u - \phi x.$$

Der Grenzübergang $t \to 0$ liefert aufgrund der Hemistetigkeit von T die gewünschte Ungleichung (4), denn x war willkürlich gewählt worden.

Wenn T monoton ist, hat man $\langle Tz-Tu, z-u \rangle \geq 0$ für alle $z \in S$. Addiert man das zu (4), so erhält man (3). ∎

Im Falle endlichdimensionaler Räume ist die Hemistetigkeit monotoner Operatoren eine viel stärkere Voraussetzung, als es zunächst den Anschein hat.

(5) E sei endlichdimensional, $T: S \to E^*$ hemistetig und monoton auf S. Dann ist T auf int$S$ stetig.

Beweis: Zunächst wird bewiesen, daß T auf int$S$ lokal beschränkt ist. Wir nehmen an, diese Behauptung sei falsch, d.h., es gebe $x \in \text{int}S$ und $(x_i) \subset S$ mit $x_i \to x\,(i \in N)$ und $\|Tx_i\| > i, i \in N$. Bei der Folge $u_i \equiv a_i Tx_i$ mit $a_i \equiv \|Tx_i\|^{-1}$ sind dann $\|u_i\| = 1, i \in N$. Weil E endlichdimensional ist, hat man die Konvergenz einer Teilfolge von (u_i), ohne Einschränkung der Allgemeinheit darf die Konvergenz der gesamten Folge mit dem Grenzwert u angenommen werden. Für diesen gilt $\|u\| = 1$. Zieht man noch die Monotonie von T heran,

$$a_i \langle Tz-Tx_i, z-x_i \rangle = \langle a_i Tz-u_i, z-x_i \rangle \geq 0 \ \forall\ z \in S,\ i \in N,$$

so hat man nach dem Grenzübergang $i \in N$ die Relation $\langle u, x-z \rangle \geq 0$ für alle $z \in S$, woraus $u=0$ folgt, weil $x \in \text{int}S$ ist. Das widerspricht jedoch $\|u\| = 1$, womit die lokale Beschränktheit bewiesen ist.

Beim Stetigkeitsbeweis für T geht man aus von $x \in \text{int}S$ und $(x_i) \subset S$ mit $x_i \to x\,(i \in N)$. Zu zeigen ist, daß jede konvergente Teilfolge von (Tx_i) den Grenzwert Tx besitzt. Ohne Einschränkung der Allgemeinheit darf die Konvergenz der gesamten Folge angenommen werden, der Grenzwert sei w. Mit der Monotonie hat man $\langle Tz-Tx_i, z-x_i \rangle \geq 0$ für alle $z \in S$. Der Grenzübergang $i \in N$ und (2) mit $\phi = 0$ bringen $\langle Tx-w, z-x \rangle \geq 0$ für alle $z \in S$. Da $x \in \text{int}S$ ist, bedingt dies $Tx = w$. ∎

Nun wenden wir uns dem Nachweis der Existenz von Lösungen bei der Aufgabe (1) zu, mit dem folgenden Resultat erhält man sie für solche $w \in E^*$, bezüglich derer eine Koerzivitätsbedingung erfüllt ist.

(6) E <u>sei reflexiv</u>, $T:E\to E^*$ <u>hemistetig und monoton sowie</u> $\phi:E\to(-\infty,\infty]$ <u>eigentlich konvex und uh-stetig auf</u> E <u>mit</u> $\phi 0=0$. <u>Zu</u> $w\in E^*$ <u>gebe es ein</u> $r>0$ <u>mit</u>

(7) $\langle Tz-w,z\rangle+\phi z > 0 \;\forall\; z\in S_E(0,r)$.

<u>Dann besitzt die Aufgabe</u> (1) <u>eine Lösung</u> $x_0\in K_E(0,r)$.

Aufgrund der Wachstumsbedingung (7) erhält man also nicht nur die Existenz einer Lösung von (1) für gewisse $w\in E^*$, sondern auch gleich eine Art Lokalisierung für sie.

Der Beweis wird im wesentlichen auf den folgenden beiden Hilfssätzen beruhen. Sie zeigen, daß im endlichdimensionalen Fall die Monotonie überhaupt nicht und bei einer lokalen Version von (1) auch die Bedingung (7) nicht benötigt wird.

(8) E <u>sei endlichdimensional</u>, $T:E\to E^*$ <u>stetig</u>, $\phi:E\to(-\infty,\infty]$ <u>eigentlich konvex und uh-stetig auf</u> E <u>mit</u> $\phi 0=0$. <u>Dann besitzt die Aufgabe</u>

(9) $\langle Tx-w,z-x\rangle \geq \phi x-\phi z \;\forall\; z\in B_E(0,r)$

<u>bei beliebigem</u> $r>0$ <u>für jedes</u> $w\in E^*$ <u>eine Lösung</u> $x_0\in B_E(0,r)$.

<u>Beweis</u>: Die Ersetzung von T durch die von $T.-w$ definierte Abbildung beeinflußt die Stetigkeit nicht, deshalb darf beim Beweis ohne Einschränkung der Allgemeinheit $w\equiv 0$ angenommen werden. $r>0$ wird frei gewählt.

Wir nehmen an, die Behauptung sei falsch, d.h., es gebe zu jedem $y\in B_E(0,r)$ ein $x\in B_E(0,r)$ mit

(10) $\langle Ty,x-y\rangle < \phi y-\phi x$.

Für festes x ist die Menge der $y\in B_E(0,r)$, mit denen (10) besteht, wegen der uh-Stetigkeit von ϕ offen in $B_E(0,r)$, wobei im Falle $\phi x=\infty$ die leere Menge genommen werden muß. Damit haben wir für jedes $x\in B_E(0,r)$ eine offene Menge, also eine offene Überdeckung dieser nach 1.1.(8) kompakten Menge. Es gibt dann $\{x_1,\dots,x_m\}\subset B_E(0,r)$, so daß

$$U_i = \{y\,|\,y\in B_E(0,r),\langle Ty,x_i-y\rangle < \phi y-\phi x_i\},\; i=1,\dots,m,$$

eine Überdeckung von $B_E(0,r)$ darstellen. Mit einer $\{U_1,\dots,U_m\}$ nachgeordneten Zerlegung der Eins, also auf $B_E(0,r)$ stetigen Funktionen $q_i:B_E(0,r)\to[0,1]$ mit $q_i|(B_E(0,r)\setminus U_i)=0$, $i=1,\dots,m$, und $q_1(x)+\dots+q_m(x)=1$ für alle $x\in B_E(0,r)$, wird dann der Operator Q auf $B_E(0,r)$ definiert durch

$$Qx \equiv \sum_{i=1}^{m} q_i(x)x_i, \quad x \in B_E(0,r).$$

Qx ist eine Konvexkombination von $x_1,\ldots,x_m$, liegt also auch in $B_E(0,r)$. Aus der Stetigkeit der q_i folgt ferner die von Q. Aus dem Brouwerschen Fixpunktsatz 3.3.(34) folgt deshalb die Existenz eines Fixpunktes $x^* \in B_E(0,r)$ von Q.

Andererseits erhält man mit (10) für jedes $y \in B_E(0,r)$

$$\langle Ty, Qy-y\rangle = \sum_{i=1}^{m} q_i(y)\langle Ty, x_i - y\rangle$$

$$< \sum_{i=1}^{m} q_i(y)(\phi y - \phi x_i) = \phi y - \sum_{i=1}^{m} q_i(y)\phi x_i \le \phi y - \phi(Qy),$$

wobei zuletzt die Konvexität von ϕ verwendet wurde,

$$\phi(Qx) \le \sum_{i=1}^{m} q_i(x)\phi x_i, \quad x \in B_E(0,r).$$

Die gewonnene Relation $\langle Ty, Qy-y\rangle < \phi y - \phi(Qy)$ für alle $y \in B_E(0,r)$ steht jedoch im Widerspruch dazu, daß Q einen Fixpunkt x^* in $B_E(0,r)$ hat.

Damit die Existenz einer Lösung bei der auf ganz E ausgedehnten Ungleichung (9) bewiesen werden kann, muß die Bedingung (7) vorausgesetzt werden.

(11) *Gegeben sei* $T: E \to E^*$, $\phi: E \to (-\infty,\infty]$ *sei eigentlich konvex auf* E. *Zu* $w \in E^*$ *gebe es* $r>0$, *so daß die Bedingung* (7) *erfüllt ist, ferner gelte für* $u \in B_E(0,r)$

(12) $\langle Tu-w, z-u\rangle \ge \phi u - \phi z \ \forall\ z \in B_E(0,r)$.

Dann folgt $\|u\| < r$ *und*

(13) $\langle Tu-w, x-u\rangle \ge \phi u - \phi x \ \forall\ x \in E$.

Beweis: Setzt man $z \equiv 0$ in (12), so folgt $\langle Tu-w, u\rangle + \phi u \le 0$, was wegen (7) bedeutet $u \in K_E(0,r)$, also $\|u\| < r$.

Weiter sei $x \in E$ beliebig. Dann gibt es $t \in (0,1]$, so daß $x(t) \equiv (1-t)u + tx$ in $B_E(0,r)$ liegt. Setzt man $x(t)$ für z in (12) ein, beachtet die Konvexität von ϕ und $t \neq 0$, so erhält man direkt (13). ■

Nun kehren wir zurück zum

Beweis von Satz (6): Der Übergang von T zu der durch $T.-w$ definierten Abbildung ist ohne Einfluß auf die vorausgesetzten Eigenschaften, deshalb darf ohne Einschränkung der Allgemeinheit der Beweis für $w \equiv 0$ geführt werden.

Mit F bezeichnen wir die durch die Inklusion geordnete Familie der endlichdimensionalen Teilräume von E, bezüglich dieser Ordnung ist F filtriert. Bei jedem $F\in F$ bezeichnet $J_F:F\to E$ die kanonische Einbettung und $J_F^*:E^*\to F^*$ deren duale Abbildung, beide sind stetig, siehe dazu 1.1.(33). Außerdem gilt $\langle J_F^*v,x\rangle_F=\langle v,J_Fx\rangle_E=\langle v,x\rangle_E$ für alle $v\in E^*$ und $x\in F$. Definiert man nun $T_F\equiv J_F^*\circ T\circ J_F:F\to F^*$, so hat man $\langle T_Fx,y\rangle_F=\langle Tx,y\rangle_E$ für alle $x,y\in F$, womit die Voraussetzungen für T direkt auf T_F vererbt werden. Aus der Monotonie und Hemistetigkeit folgt mit (5) die Stetigkeit von T_F auf F. Damit liefert (8) die Existenz von $x_F\in B_F(0,r)$ mit

$$\langle T_Fx_F,z-x_F\rangle = \langle Tx_F,z-x_F\rangle \geq \phi x_F-\phi z \ \forall\ z\in B_F(0,r).$$

Aufgrund von (11) kann diese Aussage verbessert werden zu

$$(14) \quad \langle Tx_F,z-x_F\rangle \geq \phi x_F-\phi z \ \forall\ z\in F.$$

Um aus der Existenz von Lösungen bei diesen endlichdimensionalen Restriktionen von Aufgabe (1) die von Lösungen von ihr selbst zu erschließen, ziehen wir ein Kompaktheitsargument heran. Dazu bezeichnen wir mit S_F die Menge der Lösungen x_F von (14) für jedes $F\in F$ und definieren dann für jedes $G\in F$ die Menge $V_G\equiv\cup\{S_F|F\in F,G\subset F\}$. Weil F filtriert ist, besitzt $\{s\text{-}clV_G|G\in F\}$ die Endliche-Durchschnitte-Eigenschaft, außerdem ist $B_E(0,r)$ nach 1.1.(38) s-abgeschlossen, also sind mit V_G auch $s\text{-}clV_G\subset B_E(0,r)$. Da $B_E(0,r)$ darüber hinaus s-kompakt ist, kann 1.1.(1) herangezogen werden mit dem Resultat $\cap\{s\text{-}clV_G|G\in F\}\neq\emptyset$. Es gibt also $x_0\in B_E(0,r)$ mit $x_0\in s\text{-}clV_G$ für alle $G\in F$. Wir behaupten, daß x_0 Lösung von (1) ist.

Wähle $z\in E$ und $G\in F$, so daß $z\in G$ ist. Für jedes $F\supset G$ gilt dann $z\in F$ und damit wegen (14)

$$\langle Tx_F,z-x_F\rangle \geq \phi x_F-\phi z \ \forall\ x_F\in F,\ F\in F.$$

Mit der Monotoniebedingung, $\langle Tz-Tx_F,z-x_F\rangle\geq 0$, ergibt sich daraus

$$(15) \quad \langle Tz,z-x_F\rangle \geq \langle Tx_F,z-x_F\rangle \geq \phi x_F-\phi z.$$

Definiert man im Hinblick hierauf $\varphi_z:B_E(0,r)\to R$ durch $\varphi_zu\equiv\phi u-\phi z-\langle Tz,z-u\rangle$ für beliebiges $z\in B_E(0,r)$, so ist festzustellen, daß φ_z konvex und uh-stetig ist. Daraus erschließt man, daß $M_z\equiv\{u|u\in B_E(0,r),\varphi_zu\leq 0\}$ abgeschlossen und konvex, also nach 1.1.(38) s-abgeschlossen ist. Da (15) zu entnehmen ist, daß $V_G\subset M_z$ gilt, hat man nun auch, daß $s\text{-}clV_G$ für jedes $G\in F$ in dieser Menge enthalten ist. Daher gehört auch x_0 zu M_z, was $\langle Tz,z-x_0\rangle\geq\phi x_0-\phi z$ für jedes $z\in E$ bedeutet. Daß x_0 Lösung von (1) ist, folgt nun aus (2), setzt man

$x=x_0$ und $z=0$ in (1) ein, so sieht man mit (7), daß $|x_0|<r$ ist. ∎

Setzt man eine Koerzivitätsbedingung der üblichen Form voraus, dann kann daraus das Bestehen der Bedingung (7) für jedes $w \in E^*$ gefolgert werden.

(16) E _sei reflexiv_, $T:E\to E^*$ _hemistetig und monoton sowie_ $\phi:E\to(-\infty,\infty]$ _eigentlich konvex und uh-stetig auf_ E _mit_ $\phi 0=0$. _Mit_ $c:[0,\infty)\to R$, _wobei_ $c(t)\to\infty(t\to\infty)$, _gelte ferner_

$$\langle Tx,x\rangle+\phi x \ge c(\|x\|)\|x\|,\ x\in E.$$

Dann besitzt die Aufgabe (1) _für jedes_ $w\in E^*$ _eine Lösung_.

Beweis: Für jedes beliebige $w\in E^*$ ist nach 1.1.(24)

$$\langle Tx-w,x\rangle+\phi x \ge (c(\|x\|)-\|w\|)\|x\| > 0$$

sofern $r>0$ so groß ist, daß $c(\|x\|)>\|w\|$ ausfällt für alle $\|x\|\ge r$. Damit läßt sich mit jedem $w\in E^*$ Bedingung (7) erfüllen, die Behauptung ist auf (6) zurückgeführt. ∎

Die Struktur der Lösungsmenge von Aufgabe (1) studieren wir im nächsten Satz.

(17) _Unter den Voraussetzungen von_ (6) _ist die Menge der Lösungen von Aufgabe_ (1) _abgeschlossen und konvex. Wenn_ T _strikt monoton ist, ist die Lösung von_ (1) _eindeutig bestimmt_.

Beweis: Die Abbildung $\varphi_z:E\to R$, mit $\varphi_z x\equiv\phi x-\phi z-\langle Tz-w,z-x\rangle$ für $x\in E$ bei festem, beliebig gewählten $z\in E$, ist auf E eigentlich konvex und uh-stetig, weil bei ϕ diese Eigenschaften vorausgesetzt sind. Dies zieht nach sich, daß $\{x|\varphi_z x\le 0\}$ abgeschlossen und konvex ist. Mit (2) erhalten wir auf der anderen Seite, daß $\cap\{\{x|\varphi_z x\le 0\}|z\in E\}$ gerade die Menge der Lösungen von (1) darstellt. Als Durchschnitt von Mengen mit diesen Eigenschaften ist auch sie abgeschlossen und konvex.

T sei strikt monoton. Wenn x_1 und x_2 zwei Lösungen von (1) sind, also $\langle Tx_1-w,x_2-x_1\rangle\ge\phi x_1-\phi x_2$ und $\langle Tx_2-w,x_1-x_2\rangle\ge\phi x_2-\phi x_1$, so liefert die Addition dieser Relationen $\langle Tx_2-Tx_1,x_2-x_1\rangle\le 0$, woraus mit der strikten Konvexität $x_1=x_2$ folgt. ∎

Zusätzlich zu (17) weiß man bereits, daß die Lösungsmenge von (1) bei der in Satz (6) beschriebenen Situation beschränkt ist.

(18) _Unter den Voraussetzungen von_ (16) _ist die Menge der Lösungen von Aufgabe_ (1) _abgeschlossen, beschränkt und konvex_.

Beweis: Im Beweis zu (16) wird zu jedem $w\in E^*$ ein $r>0$ bestimmt, so daß die Voraussetzungen von (6) erfüllt sind. Mit (6) und (17) ist deshalb alles bewiesen. ■

Bei der Anwendung des Satzes (6) und seiner Folgerungen stellt sich die Tatsache, daß er nur für Operatoren bewiesen wurde, die auf ganz E definiert sind, als lästige Einschränkung heraus. Der folgende Satz zeigt, daß die Existenz von Lösungen bei Variationsungleichungen auch dann noch erhalten werden kann, wenn gegenüber (6) bei T gewisse, nur dicht definierte Störungen zugelassen werden.

(19) E _sei reflexiv_, $D(A)\subset E$ _ein Teilraum mit_ $\mathrm{cl}D(A)=E$ _und_ $\phi:E\to(-\infty,\infty]$ _eigentlich konvex und uh-stetig auf_ E _mit_ $\phi 0=0$. $A:D(A)\to E^*$ _besitze eine Zerlegung_ $A=T+L$, _wobei_ $T:E\to E^*$ _beschränkt, hemistetig und monoton auf_ E _sowie_ $L:D(A)\to E^*$ _abgeschlossen, linear und monoton auf_ D(A) _vorausgesetzt wird und_ L _die Eigenschaft besitze, daß die_ $y\in E$ _mit_ $\phi y<\infty$, _für die es zu jedem_ $a>0$ _ein_ $c_a>0$ _gibt, so daß gilt_

(20) $\langle L^*z,y\rangle \geq -c_a(\|z\|+1) \;\forall\; z\in D(A)\cap D(L^*)\cap\{v\,|\,\phi v\leq a\}$,

_zu_ D(A) _gehören. Zu_ $w\in E^*$ _gebe es schließlich_ $r>0$ _mit_

(21) $\langle Au-w,u\rangle+\phi u > 0 \;\forall\; u\in S_E(0,r)\cap D(A)$.

Dann besitzt die Aufgabe

(22) $\langle Ax-w,z-x\rangle \geq \phi x-\phi z \;\forall\; z\in D(A)$

eine Lösung $x_0\in K(0,r)\cap D(A)$.

Beweis: Wie schon mehrfach darf auch hier ohne Einschränkung der Allgemeinheit $w\equiv 0$ gesetzt werden, wir halten uns so eng wie möglich an den Beweis zu (6). Dabei beachte man, daß die Summe monotoner Operatoren ebenfalls monoton ist, daß lineare Operatoren auf ihrem Definitionsbereich hemistetig sind, und daß auch die Summe hemistetiger Operatoren hemistetig ist.

Bedeutet nun $\mathcal{F}$ die durch die Inklusion geordnete Familie der endlichdimensionalen Teilräume von D(A), so zeigt man wie im Beweis zu (6), daß es zu jedem $F\in\mathcal{F}$ ein $x_F\in B_F(0,r)$ gibt mit

(23) $\langle Ax_F,z-x_F\rangle \geq \phi x_F-\phi z \;\forall\; z\in F$.

Bezeichnet S_F wieder die Menge der Lösungen u_F dieser Aufgabe und definiert man $V_G\equiv\cup\{S_F\,|\,F\in\mathcal{F},G\subset F\}$ für jedes $G\in\mathcal{F}$, so erhält man wieder $x_0\in B_E(0,r)$ mit $x_0\in \text{s-cl}V_G$ für jedes $G\in\mathcal{F}$. Wir behaupten, daß x_0 die gesuchte Lösung ist.

Der erste Schritt besteht im Nachweis von $x_0 \in D(A)$. Man wählt zu gegebenem $a>0$ ein $z \in D(A) \cap D(L^*) \cap \{v \mid \phi v \leq a\}$ sowie $G \in \mathcal{F}$ mit $z \in G$. Für jedes $x_F \in V_G$ hat man (23), also auch

(24) $\langle Lx_F, z-x_F \rangle \geq \phi x_F - \phi z - \langle Tx_F, z-x_F \rangle$.

Aus (23) folgt mit $V_G \subset B_E(0,r)$, der Beschränktheit von T und der Monotonie von L, daß $\{\phi u \mid u \in V_G\}$ beschränkt ist, woraus man erschließt daß ϕx_0 endlich ist. Weiter erhält man mit der Beschränktheit von T und mit $z \in \{v \mid \phi v \leq a\}$

$$\langle Lx_F, z \rangle \geq \langle Lx_F, x_F \rangle - \|Tx_F\| (\|z\| + \|x_F\|) + \phi x_F - a.$$

Aus 4.2.(3) folgt, daß ϕ auf $B_E(0,r)$ s-uhf-stetig ist, denn es ist dort konvex und uh-stetig. Nach 4.2.(1) ist ϕ dann auf $B_E(0,r)$ nach unten beschränkt. Außerdem sind $u_F \in B_E(0,r)$ und T ist beschränkt insgesamt erhält man unter Verwendung der Monotonie von L

$$\langle x_F, L^*z \rangle = \langle Lx_F, z \rangle \geq -\gamma_1 (\|z\| + r) - \gamma_2 - a,$$

wobei $\gamma_1, \gamma_2 \geq 0$ von r abhängige Zahlen sind. Dafür kann man schreiben $\langle x_F, L^*z \rangle \geq -\gamma_r (\|z\| + r) - a$ und nun folgt, weil $x_0 \in s\text{-cl}V_G$ ist, die Relation $\langle x_0, L^*z \rangle \geq -\gamma_r (\|z\| + r) - a$, die mit der Voraussetzung (20) über L zeigt, daß $x_0 \in D(A)$ ist.

Nun fehlt noch, daß x_0 die Aufgabe (22) löst. Wieder wählt man ein $z \in D(A)$ und $G \in \mathcal{F}$ mit $z \in G$, man hat dann für beliebiges $x_F \in V_G$ die Relation $\langle Ax_F, z-x_F \rangle \geq \phi x_F - \phi z$, woraus mit der Monotonie von A folgt $\langle Az, z-x_F \rangle \geq \langle Ax_F, z-x_F \rangle \geq \phi x_F - \phi z$. Nun definieren wir $\varphi_z : E \to (-\infty, \infty]$ durch $\varphi_z u \equiv \phi u - \phi z - \langle Az, z-u \rangle$. Offenbar ist φ_z eigentlich konvex und uh-stetig, nach 4.2.(3) also ebenfalls s-uhf-stetig. Aufgrund der Relation, auf der die Definition von φ_z fußt, ist $\varphi_z u \leq 0$ für $u \in V_G$, daraus folgt mit der s-uhf-Stetigkeit, daß $\varphi_z x_0 \leq 0$ ausfällt. Ausgeschrieben ist das $\langle Az, z-x_0 \rangle \geq \phi x_0 - \phi z$ für beliebiges $z \in D(A)$. Anwendung von (2) zeigt schließlich, daß x_0 die Relation (22) erfüllt. $\|x_0\| < r$ folgt wieder mit $x \equiv x_0$, $z \equiv 0$ in (22) und Vergleich mit (21). ∎

Fordert man anstelle der Voraussetzung (21) eine Koerzivitätsbedingung nach dem Muster von (16), dann erhält man wieder die Existenz einer Lösung von (22) für jedes $w \in E^*$.

Nun werden noch einige Folgerungen aus (6) bzw. (18) gezogen, die sich durch die zu Beginn angedeuteten Spezialisierungen ergeben.

(25) E sei reflexiv, $S \subset E$ abgeschlossen und konvex sowie $T: E \to E^*$

hemistetig, koerziv und monoton auf E. *Dann besitzt die Aufgabe*

(26) $\langle Tx-w, z-x\rangle \geq 0 \;\forall\; z\in S$

für jedes $w\in E^*$ *eine Lösung* $x_0\in S$.

Beweis: Setzt man in (1) für ϕ die Indikatorfunktion ψ_S der Menge S ein, dann reduziert sich diese Aufgabe auf ihre Restriktion bezüglich S, also zu (26). Es muß daher nur die Existenz einer Lösung von (1) mit $\phi\equiv\psi_S$ nachgewiesen werden. Dazu ziehen wir (16) heran.

Der Operator T erfüllt alle Voraussetzungen von (16), ψ_S ist eigentlich konvex und uh-stetig. Zu zeigen bleibt nur $\psi 0=0$, was dasselbe wie $0\in S$ ist. Dieses erreicht man durch den Nachweis, daß durch die Annahme $0\in S$ keine Einschränkung der Allgemeinheit begangen wird. Dazu ist nachzusehen, ob bei dem Übergang von T zu einem neuen Operator T', der durch $T'x\equiv T(x+y)$ bei beliebigem $y\in S$ definiert wird, die Voraussetzungen über T auf T' übergehen. Das ist schnell durchgeführt. ■

Im Hinblick auf Gleichungen Tx=w mit monotonen Operatoren enthalten unsere Resultate folgende Aussagen.

(27) E *sei reflexiv*, $T:E\to E^*$ *hemistetig und monoton auf* E. *Zu* $w\in E^*$ *gebe es* $r>0$ *mit*

$$\langle Tz,z\rangle > \langle w,z\rangle \;\forall\; z\in S_E(0,r).$$

Dann besitzt die Aufgabe Tx=w *eine Lösung* $x_0\in K_E(0,r)$.

Beweis: Die Voraussetzungen von (6) mit $\phi\equiv 0$ liegen vor. Wenn dann für $x_0\in K_E(0,r)$ gilt $\langle Tx_0-w, z-x_0\rangle\geq 0$ für alle $z\in E$, so folgt $Tx_0=w$. ■

In gewissem Sinn globale Aussagen erhält man aus Satz (16).

(28) E *sei reflexiv*, $T:E\to E^*$ *hemistetig, koerziv und monoton auf* E. *Dann ist* T *surjektiv, d.h., zu jedem* $w\in E^*$ *gibt es eine Lösung* $x_0\in E$ *der Aufgabe* Tx=y. *Dabei ist* x_0 *eindeutig bestimmt, falls* T *strikt monoton ist, sonst ist die Menge der Lösungen abgeschlossen, beschränkt und konvex*.

Beweis: Man setzt $\phi\equiv 0$ in (1) und (16) und erhält damit die Existenz von $x_0\in E$ mit $\langle Tx_0-w, z-x_0\rangle\geq 0$ für alle $z\in E$. Daraus folgt sofort $Tx_0=w$. Den Rest der Behauptung entnimmt man (17) und (18). ■

Ein schärferes Resultat ist bei stark monotonen Operatoren möglich.

(29) E *sei reflexiv*, $T:E\to E^*$ *hemistetig und stark monoton auf* E.

Dann ist T eine bijektive Abbildung zwischen E und E^*, wobei T^{-1} sogar beschränkt und stetig ist.

Beweis: Aus der starken Monotonie folgt $c\|x-y\| \le \|Tx-Ty\|$ für alle $x,y \in E$. Daraus erschließt man die Injektivität von T. Mit der starken Monotonie erhält man auf der anderen Seite die Koerzivität von T und damit aus (27) die Surjektivität. Da nun T^{-1} existiert, liefert die Relation $c\|x-y\| \le \|Tx-Ty\|$ auch noch $\|T^{-1}u-T^{-1}v\| \le c^{-1}\|u-v\|$ für alle $u,v \in E^*$. Das bedeutet die Stetigkeit und Beschränktheit von T^{-1}. ■

Für lineare stark monotone ("positiv definite") Operatoren erhält man jetzt sogleich eine Variante des Lemmas von Lax-Milgram.

(30) E sei reflexiv, $L:E \to E^*$ linear, stark monoton und stetig auf E. Dann ist L ein Isomorphismus.

Der Beweis ist klar. Nun bleiben nur noch die Gleichungen mit dicht definierten Operatoren.

(31) E sei reflexiv, $D(A) \subset E$ ein Teilraum mit $\mathrm{cl}D(A)=E$ und der Operator $A:D(A) \to E^*$ besitze eine Zerlegung $A=L+T$, wobei $T:E \to E^*$ beschränkt, hemistetig und monoton auf E, $L:D(A) \to E^*$ abgeschlossen, linear und monoton auf $D(A)$ vorausgesetzt wird und die kleinste abgeschlossene Erweiterung der Restriktion von L^* auf $D(A) \cap D(L^*)$ mit L^* selbst zusammenfalle. Zu $w \in E^*$ gebe es $r>0$ mit

(32) $\quad \langle Az,z \rangle > \langle w,z \rangle \;\; \forall \; z \in S_E(0,r)$.

Dann besitzt die Aufgabe $Ax=w$ eine Lösung $x_0 \in K_E(0,r) \cap D(A)$.

Beweis: Die Voraussetzungen von (19) mit $\phi \equiv 0$ sind bis auf die dort genannte Eigenschaft (20) von L^* mit den hier geforderten identisch. Die Lücke läßt sich mit der hier gestellten Bedingung an L^* aufgrund von 1.1.(36) schließen. Für die Lösung x_0 der Ungleichung (22) folgt wieder $Ax_0=w$. ■

Die Voraussetzung (32) kann wieder durch die Koerzivität von A ersetzt werden, mit dem Resultat, daß es zu jedem $w \in E^*$ eine Lösung gibt. Wir bemerken noch, daß wir auf Bedingungen, wie sie hier für L^* gefordert wird, später, im Zusammenhang mit maximal monotonen Operatoren, wieder stoßen werden.

Es ist klar, daß die für Variationsungleichungen erzielten Resultate bezüglich der Eindeutigkeit sowie der Struktur der Lösungsmenge bei Aufgaben $Tx=y$ mit dichtdefinierten Operatoren gleichlautend sind.

5.2 Monotonie bei Differential- und Hammerstein-Operatoren

Im folgenden werden die Voraussetzungen einiger Existenzsätze aus dem letzten Abschnitt bei Differential- oder Hammersteinoperatoren verifiziert.

Im ersten Beispiel sei $\Omega\subset R^n$ ein nichtleeres beschränktes Gebiet mit ausreichend glattem Rand $\partial\Omega$. Für E nehmen wir den Sobolev-Raum $E\equiv W_0^{1,p}(\Omega)$, dann ist $E^*=W^{-1,q}(\Omega)$, wobei $p^{-1}+q^{-1}=1$. Die Menge $S\equiv\{z|z\in E, z(x)\geq 0\ \forall\ x\in\partial\Omega\}$ ist abgeschlossen und konvex.

Auf S mit $w\in L^q(\Omega)$ sei die Aufgabe vorgelegt: Gesucht ist $u\in S$ mit

$$(1)\qquad \begin{aligned}&\sum_{i=1}^{n}\int_\Omega g_i(x,\mathrm{grad}u(x))\left(\frac{\partial z}{\partial x_i}(x)-\frac{\partial u}{\partial x_i}(x)\right)dx\\ &\geq \int_\Omega w(x)(z(x)-u(x))dx\ \forall\ z\in S.\end{aligned}$$

Zum Nachweis der Existenz einer Lösung wird 1.(25) herangezogen. Die Voraussetzungen dort sind erfüllt, wenn folgende Bedingungen gefordert werden:

(2) Bei $g_i:\Omega\times R^n\to R$ ist $g(.,y)$ auf Ω meßbar für alle $y\in R^n$ und $g(x,.)$ stetig auf R^n für fast alle $x\in\Omega$, $i=1,\ldots,n$.

$$(3)\qquad |g_i(x,y)| \leq c\left(\sum_{i=1}^{n}|y_i|^{p-1}+s(x)\right),\ c>0,\ s\in L^q(\Omega),\ i=1,\ldots,n$$

$$(4)\qquad \sum_{i=1}^{n}(g_i(x,y)-g_i(x,y'))(y_i-y_i') \geq 0,\ x\in\Omega,\ y,y'\in R^n.$$

$$(5)\qquad \sum_{i=1}^{n}g_i(x,y)y_i \geq b\sum_{i=1}^{n}|y_i|^p-r(x),\ b>0,\ r\in L^1(\Omega).$$

Die Funktionen g_i erzeugen wie in 4.4.(13) Nemyzki-Operatoren, $G_iu(x)\equiv g_i(x,\mathrm{grad}u(x)), u\in L^p(\Omega), x\in\Omega$. Wie bei 4.4.(15) verwenden wir im folgenden ein Resultat, nach dem aus (2) und (3) folgt, daß $G_i:L^p(\Omega)\to L^q(\Omega)$, $p^{-1}+q^{-1}=1$, beschränkte und stetige Operatoren sind, wobei

$$(6)\qquad \|G_iu\|_q \leq \gamma\left(\sum_{i=1}^{n}\left\|\frac{\partial u}{\partial x_i}\right\|_p^{p-1}+\|s\|_q\right) \leq \gamma(\|u\|^{p-1}+\|s\|_q).$$

Der Einfachheit wegen schreiben wir (1) mit Hilfe der Semilinearform $G:E\times E\to R$, definiert durch

$$G(u,v) \equiv \sum_{i=1}^{n}\int_\Omega G_iu(x)\frac{\partial v}{\partial x_i}(x)dx,\ u,v\in E,$$

und des Funktionals ω von der rechten Seite von (1), in der Form

$$G(u,z-u) \geq \omega(z-u) \quad \forall\ z\in S.$$

Mit Hilfe der Hölderschen Ungleichung erhält man nun aus (6)

$$(7) \qquad |G(u,v)| \leq \|G_i u\|_q \|v\| \leq \gamma(\|u\|^{p-1}+\|s\|_q)\|v\|.$$

Weil G bezüglich des zweiten Einganges linear ist, bedeutet dies, daß für jedes feste $u\in E$ die Abbildung $G(u,.)$ Werte in E^* hat. Nach dem Rieszschen Darstellungssatz gibt es dann zu jedem $u\in E$ genau ein $Tu\in E^*$ mit $\langle Tu,v\rangle=G(u,v)$ für alle $v\in E$, also einen Operator $T:E\to E^*$. Für ω erhält man noch $|\omega(z)|\leq\|w\|_q\|z\|_p\leq\|w\|_q\|z\|$ mit der Hölderschen Ungleichung bzw. der Einbettung von E in $L^p(\Omega)$. Damit ist $w\in E^*$ und wir können (1) schreiben in der Form

$$(8) \qquad \langle Tu,z-u\rangle \geq \langle\omega,z-u\rangle \quad \forall\ z\in S.$$

Aus der Stetigkeit der G_i folgt, daß die durch

$$\langle T((1-t)u+tv),z\rangle = \sum_{i=1}^{n}\int_\Omega G_i((1-t)u+tv)(x)\frac{\partial z}{\partial x_i}(x)dx$$

definierte Funktion auf [0,1] für jedes $u,v,z\in E$ stetig, mithin T auf E hemistetig ist. Mit (4) erhält man als nächstes die Monotonie von T,

$$\langle Tu-Tv,u-v\rangle = \int_\Omega\sum_{i=1}^{n}(g_i(x,\mathrm{grad}u(x))-g_i(x,\mathrm{grad}v(x)))*$$

$$*(\frac{\partial u}{\partial x_i}(x)-\frac{\partial v}{\partial x_i}(x))dx \geq 0.$$

Nun fehlt noch die Koerzivität, mit (5) ist aber

$$\langle Tu,u\rangle = \int_\Omega\sum_{i=1}^{n}g_i(x,\mathrm{grad}u(x))\frac{\partial u}{\partial x_i}(x)dx \geq b\|u\|^p-\int_\Omega r(x)dx,$$

wobei die Äquivalenz verschiedener Normen auf E ausgenutzt wurde.

Nun sind die Voraussetzungen von 1.(25) für (8) nachgewiesen, die Lösung u_0 dieser Aufgabe ist auch eine von (1).

Wir bemerken noch, daß die Variationsungleichung 4.6.(4) ein Spezialfall von (1) ist. Im Zusammenhang mit pseudomonotonen Operatoren werden wir auch wieder auf (1) zurückkommen.

In engem Zusammenhang mit der Ungleichung (1) steht die folgende Randwertaufgabe. Wir lassen Ω,E und E^* wie oben beschrieben, dann sei mit $w\in L^q(\Omega)$

(9) $\quad -\sum_{i=1}^{n} \frac{\partial}{\partial x_i} g_i(x,\text{grad}\,u(x)) = w(x) \ \forall \ x\in\Omega$

(10) $\quad u(x) = 0 \ \forall \ x\in\partial\Omega$

Durch Integration erhält man hieraus das zugehörige schwache Problem

(11) $\quad \sum_{i=1}^{n} \int_{\Omega} g_i(x,\text{grad}\,u(x)) \frac{\partial v}{\partial x_i}(x)dx = \int_{\Omega} w(x)v(x)dx \ \forall \ v\in E.$

Die Lösungen von (11) nennt man schwache Lösungen von (9), (10). Mit der vorhin eingeführten Bezeichnungsweise kann man (11) als $G(u,v)=\omega(v)$ schreiben. Daraus leitet man in diesem Zusammenhang die Relation $\langle Tu,v\rangle=\langle w,v\rangle$ für alle $w\in E$, also $Tu=w$ her. Die Existenz von Lösungen dieser Aufgabe und damit von (11) erhält man mit den bereits bewiesenen Eigenschaften von T aus 1.(28).

Als drittes Beispiel behandeln wir abstrakte Hammersteinsche Operatoren $L\circ G$. Im Gegensatz zu Abschnitt 4.4 fordern wir allerdings weder die Reflexivität noch die Einbettbarkeit von E in einen H-Raum H und auch nicht die Selbstadjungiertheit 4.4.(3) bei $L|H$. Stattdessen wird eine schwächere Bedingung vorausgesetzt: Ein beschränkter, linearer, monotoner Operator $L:E\to E^*$ heißt winkelbeschränkt mit $c\geq 0$, wenn gilt

(12) $\quad |\langle Lu,v\rangle-\langle Lv,u\rangle| \leq 2c(\langle Lu,u\rangle)^{1/2}(\langle Lv,v\rangle)^{1/2}.$

Unter den Voraussetzungen

(13) $G:E^*\to E$ sei hemistetig auf E^* und es gebe $r\geq 0$ mit

$$\langle v-w,Gv-Gw\rangle \geq -r\|v-w\|^2 \ \forall \ v,w\in E^*$$

(14) $L:E\to E^*$ sei linear, monoton, stetig und winkelbeschränkt mit $c\geq 0$ auf E und es gebe $\gamma\in\mathbb{R}$ mit $r(1+c^2)\gamma<1$, so daß gilt

$$\langle Lz,z\rangle \leq \gamma\|z\|^2 \ \forall \ z\in E$$

behaupten wir, daß es genau eine Lösung $v_0\in E^*$ der Hammersteinschen Gleichung

(15) $\quad v+(L\circ G)v = 0$

gibt. Der Beweis stützt sich auf folgenden Satz.

(16) $L:E\to E^*$ sei linear, monoton, stetig und winkelbeschränkt mit $c\geq 0$. Dann gibt es einen H-Raum $(H,[.,.])$, einen linearen stetigen Operator $B:E\to H$ mit B^* injektiv sowie einen linearen, stetigen

Operator $A:H\to H$ mit $[Au,v]=-(u,Av)$, so daß gilt

$$L = B^* \circ (I+A) \circ B, \quad \|A\| \le c, \quad \langle Lu,u\rangle \le \gamma|u|^2 \;\; \forall\, u\in E \Leftrightarrow |B|^2 \le \gamma.$$

Beweis: Durch $[u,v]\equiv 2^{-1}(\langle Lu,v\rangle+\langle Lv,u\rangle)$, $u,v\in E$, wird eine symmetrische Bilinearform auf $E\times E$ definiert. Aufgrund der Monotonie von L ist $[u,u]\ge 0$, $u\in E$, und man hat die Cauchy-Schwarzsche Ungleichung

$$(17) \qquad |[u,v]| \le ([u,u])^{1/2}([v,v])^{1/2}, \quad u,v\in E.$$

Nun setzen wir $K\equiv\{u|u\in E,[u,u]=0\}$ und entnehmen aus (17), daß $K=\{u|u\in E,[u,v]=0 \;\forall\; v\in E\}$ ist, was bedeutet, daß K ein abgeschlossener Teilraum von E ist. Der Quotientenraum E/K wird mit H_0 bezeichnet, bezüglich $[u,v]\equiv[u+K,v+K]$, $u,v\in H_0$, ist das ein Prä-Hilbert-Raum. Nun vervollständigt man H_0 bezüglich $[.,.]$ zu dem H-Raum H.

Durch die kanonische Projektion von E auf E/K wird eine lineare Abbildung $B:E\to H$ induziert. Da L linear und stetig ist, gibt es eine kleinste Konstante $\gamma\ge 0$ mit $\langle Lu,u\rangle\le\gamma\|u\|^2$ für alle $u\in E$. Damit ergibt sich über

$$|Bu|_H^2 = [Bu,Bu] = \langle Lu,u\rangle \le \gamma|u|^2$$

die Stetigkeit von B mit $|B|^2\le\gamma$. Aufgrund der Definition von B ist $R(B)=H_0$, also dicht in H, woraus folgt, daß der duale Operator $B^*:H\to E^*$ injektiv ist. Dabei ist H mit H^* identifiziert.

Mit der Winkelbeschränktheit von L und der Definition von H bzw. B ergibt sich

$$(18) \qquad |\langle Lu,v\rangle-\langle Lv,u\rangle| \le 2c|Bu|_H|Bv|_H.$$

Deshalb ist die durch $h(Bu,Bv)\equiv\frac{1}{2}(\langle Lu,v\rangle-\langle Lv,u\rangle)$ definierte Abbildung eine beschränkte Bilinearform auf $H_0\times H_0$, analog zu 1.1.(13) kann man sie dann eindeutig auf $H\times H$ fortsetzen. Dafür verwenden wir weiter das Symbol h. Bekanntlich hat man in dieser Situation die eindeutige Existenz eines linearen, stetigen Operators $A:H\to H$ mit $h(Bu,Bv)=[A(Bu),Bv]$ für alle $u,v\in E$. Aus der durch die Definition verursachten Schiefsymmetrie $h(Bu,Bv)=-h(Bv,Bu)$ folgt die von A zunächst auf H_0, aus Stetigkeitsgründen dann aber auch auf ganz H. An dieser Stelle bemerkt man mit (18), daß $\|[A(Bu),Bv]\|\le c\|Bu\|_H\|Bv\|_H$ für alle $u,v\in E$ und deshalb $|A|\le c$ gilt.

Schließlich hat man für beliebige $u,v\in E$

$$\langle Lu,v\rangle = [u,v]+h(Bu,Bv) = [Bu,Bv]+[A(Bu),Bv]$$

$= [(I+A)(Bu),Bv] = [(B^* o(I+A)oB)u,v]$,

woraus $L=B^* o(I+A)oB$ folgt. ■

Nun wird die Existenz und Eindeutigkeit der Lösung von (15) nachgewiesen.

Wir nehmen an, $v_0 \in E^*$ sei eine Lösung von (15). Mit (16) bedeutet das

$$v_0+(B^* o(I+A)oBoG)v_0 = 0,$$

aufgrund der dort bewiesenen Injektivität von B^* gibt es genau ein $u \in H$ mit $B^*u=v_0$, weshalb gilt

$$B^*u+(B^* o(I+A)oBoGoB^*)u = 0.$$

Wieder mit der Injektivität von B^* folgt, daß diese Relation äquivalent ist zu

(19) $u+((I+A)oBoGoB^*)u = 0$

Wir gehen noch einen Schritt weiter. Aus $[Au,v]=-[u,Av]$ folgt $[(I+A)u-(I+A)v,u-v]=\|u-v\|_H^2$ bzw. $[(I+A)z,z]=\|z\|_H^2$ für alle $u,v,z \in H$. Aus 1.(30) entnimmt man nun, daß I+A auf H bijektiv ist, kurze Rechnung liefert außerdem

(20) $[(I+A)^{-1}u,u] \geq (1+\|A\|^2)^{-1}\|u\|_H^2$

Mit dieser Beobachtung wird (19) äquivalent zu der Aufgabe

(21) $(I+A)^{-1}u+(BoGoB^*)u = 0.$

Damit haben wir, ähnlich wie in 4.4, für (15) in E^* ein dazu äquivalentes Ersatzproblem in H gefunden.

Zum Beweis der eindeutigen Existenz einer Lösung von (21) definieren wir $T \equiv (I+A)^{-1}+BoGoB^*:H \to H$. Für T wird nun die starke Monotonie gezeigt, wir machen das zunächst für die beiden Terme jeweils für sich: Aus (16) und (20) erhält man zunächst

$$[(I+A)^{-1}(u-v),u-v] \geq (1+\|A\|^2)^{-1}\|u-v\|_H^2 \geq (1+c^2)^{-1}\|u-v\|_H^2$$

für alle $u,v \in H$. Auf der anderen Seite liefern (13) und (16)

$$[(BoGoB^*)u-(BoGoB^*)v,u-v] = \langle B^*u-B^*v,(GoB^*)u-(GoB^*)v\rangle$$
$$\geq -r\|B^*u-B^*v\|^2 \geq -r\gamma\|u-v\|^2.$$

Zusammenfassen der beiden Relationen liefert mit

$$[Tu-Tv,u-v] \geq ((1-c^2)^{-1}-r\gamma)\|u-v\|_H^2 = b\|u-v\|_H^2$$

die gewünschte starke Monotonie, denn $b \equiv (1+c^2)^{-1}-r\gamma>0$ nach Voraussetzung (14).

Die Hemistetigkeit von T auf H folgt aus der Stetigkeit aller vorkommenden linearen Operatoren und der Hemistetigkeit (13) von G.

Da H als H-Raum reflexiv ist, liegen alle Voraussetzungen von 1.(29) vor, die Aufgabe (21) und damit (15) besitzt also eine eindeutig bestimmte Lösung.

Auf das Ausschreiben der Bedingungen (13), (14) und der Voraussetzungen von (16) für den Fall Hammersteinscher Integraloperatoren zwischen $L^q(\Omega)$ und $L^p(\Omega)$ verzichten wir im Hinblick auf die in Abschnitt 4.4 durchgeführten Überlegungen.

Im Falle nichtstationärer Probleme ist das Verifizieren der Voraussetzungen der Existenzsätze wesentlich komplizierter als bei den stationären. Wir skizzieren deshalb nur die Voraussetzungen, die bei bestimmten Differentialoperatoren für die Anwendung unserer Resultate erforderlich sind.

Im vierten Beispiel sei E ein H-Raum, gesucht ist $u:[0,\infty)\to E$, das die folgende Differentialgleichung löst:

(22) $\frac{du}{dt}(t) = f(t,u(t))$ für $t>0$, $u(0) = u_0$

wobei $f:[0,\infty)\times E\to E$ und $u_0\in E$. Man geht dabei aus von dem B-Raum der meßbaren Abbildungen von R in E, die auf R bezüglich des Maßes $e^{-2\lambda t}dt, \lambda>0$ beliebig, quadratisch integrierbar sind, also einem L^2-Raum F aus E-wertigen Funktionen. Zunächst beschränkt man diesen auf jene Elemente $u\in F$, für die

$$\text{ess sup}\{\|u(t)\|_E \mid t\in R\}+\|u\|_F < \infty$$

ausfällt, hiervon werden nun noch jene $u:R\to E$ ausgesucht, die stetig sowie stückweise stetig differenzierbar sind mit $du/dt\in F$. Bezeichnet man diesen Teilraum mit F_0 und setzt

$$L_0 z \equiv \frac{dz}{dt}, \quad z\in F_0,$$

dann stellt sich L_0 als abschließbarer, dicht definierter linearer Operator von F_0 in F heraus. Bezeichnet L die kleinste abgeschlossene Erweiterung von L_0, so ist $D(L)=D(L^*)$, wobei $L^* = -L+2\lambda I$. Damit ist immerhin formal ein Zusammenhang mit 1.(31) hergestellt.

Die Anwendung dieses Satzes liefert:

(23) E sei ein H-Raum, $f:[0,\infty)\times E\to E$ beschränkt und stetig. Außerdem gebe es zu jedem $r>0$ ein $c_r>0$ mit

$$<f(t,y)-f(t,z),y-z> \le c_r\|y-z\|^2 \quad \forall\ y,z\in E,\ t\in[0,r].$$

Dann gibt es zu jedem $u_0\in E$ eine Lösung der Aufgabe (22), d.h., eine stetig differenzierbare Abbildung $u:[0,\infty)\to E$ mit (22).

Im Zusammenhang mit (22) kann auch eine etwas allgemeinere Aufgabenstellung studiert werden. Es sei $D(L)$ ein dichter Teilraum eines H-Raumes E und $\{L(t)\,|\,L(t):D(L)\to E,\ t\ge 0\}$ eine Familie abgeschlossener, dicht definierter, linearer Operatoren, deren Definitionsbereich also nicht von t abhänge. Mit $f:[0,\infty)\times E\to E$ und $u_0\in D(L)$ betrachtet man die Aufgabe

$$(24)\quad \frac{du}{dt}(t) = L(t)u(t)+f(t,u(t)) \text{ für } t>0,\quad u(0) = u_0.$$

Setzt man bei $\{L(t)\,|\,t\ge 0\}$ folgende Eigenschaften voraus:

(25) $L(.):D(L)\to E$ sei auf $[0,\infty)$ bezüglich der Operatornormtopologie stetig differenzierbar, $D(L(t)^*)\subset D(L)$ für $t\in[0,\infty)$ und zu jedem $r>0$ gebe es $b_r>0$ mit

$$<L(t)z,z> \le b_r\|z\|_E^2 \quad \forall\ z\in D(L),\ t\in[0,r],$$

so kann man mit Hilfe dieser Bedingungen zunächst zeigen, daß das homogene Problem

$$\frac{du}{dt}(t) = L(t)u(t) \text{ für } t>s,\quad u(s) = u_s,\quad s\ge 0$$

zu jedem $u_s\in D(L)$ eine eindeutig bestimmte Lösung besitzt, die mit Hilfe einer Abbildung $U(.,.):[0,\infty)\times[0,\infty)\times D(L)\to E$ in der Form $u(t)=U(t,s)u_s$ dargestellt werden kann. $U(t,s)$ kann für alle (t,s) zu einer linearen stetigen Abbildung auf ganz E fortgesetzt werden, wobei $U(s,s)$ für alle $s\ge 0$ die Identität ist.

Als milde Lösung der Aufgabe (24) bezeichnet man stetige Abbildungen $u:[0,\infty)\to E$ mit

$$(25)\quad u(t) = U(t,0)u_0+\int_0^t U(t,s)f(s,u(s))ds,\quad t\ge 0.$$

Mit Hilfe von 1.(31) beweist man in diesem Zusammenhang:

(26) E sei ein H-Raum, $D(L)\subset E$ ein dichter Teilraum und $\{L(t)\,|\,L(t): D(L)\to E,\ t\ge 0\}$ eine Familie abgeschlossener, linearer Operatoren, die

Bedingung (25) erfüllt. Ferner genüge $f:[0,\infty)\times E\to E$ den Voraussetzungen von (23). Dann besitzt Aufgabe (24) zu jedem $u_0\in D(L)$ genau eine milde Lösung (25).

Dieses Resultat haben wir bereits in Abschnitt 2.4 erwähnt.

Als letztes Beispiel für die Verwendbarkeit von Satz 1.(31) nennen wir eine parabolische Anfangs-Randwertaufgabe. Dabei sei $\Omega\subset R^n$ ein beschränktes Gebiet, unter Verwendung der in diesem Zusammenhang üblichen Notation wird ein Differentialoperator A(t) definiert durch

(27) $$A(t)u(t) \equiv \sum_{|\alpha|\le m} D^\alpha a_\alpha(x,t,u,Du,\dots,D^m u),$$

wobei an die Koeffizienten a_α folgende Forderung gerichtet wird:

(28) a_α seien meßbar bezüglich aller Variablen und stetig bezüglich des Tupels $(u,Du,\dots,D^m u)$. Mit $p>1$ gebe es $b>0$ und $g\in L^q(\Omega\times R,R)$, $p^{-1}+q^{-1}=1$, mit

$$|a_\alpha(x,t,\eta)| \le b\sum_{|\beta|\le m}|\eta_\beta|^{p-1}+g(x,t).$$

für alle $(x,t)\in\Omega\times R$ und $\eta=\{\eta_\beta\,\|\beta\|\le m\}$.

Sei V ein abgeschlossener Teilraum von $W^{m,p}(\Omega)$, der den B-Raum der beliebig oft differenzierbaren Funktionen mit kompaktem Träger in Ω umfaßt. Dann kann man zu A(.) eine nichtlineare Dirichlet-Form auf dem L^p-Raum der auf einem Intervall $I\equiv[t_0,t_1]\subset R$ erklärten Abbildungen mit Werten in V definieren,

$$h(u,v) \equiv \sum_{|\alpha|\le m}\int_{t_0}^{t_1}<a_\alpha(x,t,u(t),Du(t),\dots,D^m u(t)),D^\alpha v(t)>dt$$

mit $(u,v)\in L^p(I,V)\times L^p(I,V)$. Ähnlich definiert man

$$l(u,v) \equiv \int_{t_0}^{t_1}<\frac{du}{dt}(t),v(t)>dt$$

auf dem Teilraum F_0 von $L^p(I,V)$, der aus den von I in V stetigen und von I in $L^q(\Omega)$ stückweise stetig differenzierbaren Abbildungen v mit $v(t_0)=0$ besteht. l ist bilinear und bestimmt so auf bekannte Weise eine lineare Abbildung $\delta_0:F_0\to L^p(I,V)^*$. Die kleinste abgeschlossene Erweiterung von δ_0 heißt δ. Zu der gemischten Anfangs-Randwertaufgabe für die parabolische Gleichung

(29) $$\frac{\partial u}{\partial t}(t)+A(t)u(t) = f(x,t),\ u(t)\in V,\ t>0,\quad u(0) = 0$$

definiert man nun das parabolische Rand-Variationsproblem: Gesucht ist $u\in L^p(I,V)$ mit

$$\langle\delta u,v\rangle+h(u,v) = \langle f,v\rangle \ \forall\ v\in L^p(I,V).$$

Wieder mit Hilfe von Satz 1.(31) beweist man dann folgenden Existenzsatz:

(30) Wenn $L(t)$ der Voraussetzung (28) genügt, $f\in L^p(I,V)^*$ ist und folgende Bedingung erfüllt ist:

$$h(y,y-z)-h(z,y-z) \geq 0 \ \forall\ y,z\in L^p(I,V),$$

und es gebe $c:[0,\infty)\to[0,\infty)$ mit $c(r)\to\infty(r\to\infty)$, so daß gilt

$$h(z,z) \geq c(\|z\|)\|z\| \ \forall\ z\in L^p(I,V),$$

dann besitzt das Rand-Variationsproblem für die parabolische Aufgabe (29) genau eine von I in $L^2(I,V)$ stetige Lösung u_0 mit $u_0(0)=0$.

5.3 Pseudomonotone Operatoren, Semikoerzivität

Wir gehen von zwei Beobachtungen aus: Die eine hat abstrakten Charakter und besteht darin, daß bei dem Existenzbeweis für Ungleichungen mit monotonen Operatoren die Monotonie selbst erst bei 1.(15) benötigt wurde, als zu zeigen war, daß jedes $x_0\in\cap\{s\text{-}clV_G|G\in F\}$ eine Lösung von 1.(1) ist. Es liegt nahe, an dieser Stelle eine Abschwächung der Monotoniebedingung zu versuchen. Die zweite Beobachtung zielt auf Beispiele im vorigen Abschnitt: Um die Monotonievoraussetzungen der abstrakten Resultate zu erfüllen, wurden bei partiellen Differentialoperatoren entsprechende Bedingungen für alle Terme, unabhängig von der Ordnung, benötigt. Bei linearen elliptischen Operatoren erhält man die Monotonie bereits aus entsprechenden Elliptizitätseigenschaften der Terme höchster Ordnung, während bei den niedrigeren in den entsprechenden Räumen gewisse Vollstetigkeitsbedingungen nachgewiesen werden können. Eine entsprechende Darstellung bei abstrakten nichtlinearen Operatoren ist wünschenswert. Neben einem Studium der Klasse der pseudomonotonen Operatoren, die die Erwartungen aus diesen beiden Bemerkungen erfüllen, enthalten dieser und der folgende Abschnitt Überlegungen zur Abschwächung der bisher benützten Koerzivitätsbedingung.

Ein Operator $T:E\to E^*$ heißt pseudomonoton auf E, wenn bei jeder Folge $(x_i)\subset E$ aus $x_i\rightharpoonup x\in E(i\in N)$ und

$$\lim\sup\{\langle Tx_i,x_i-x\rangle|i\in N\} \leq 0$$

folgt

(1) $\langle Tx, x-z\rangle \le \liminf \langle Tx_i, x_i-z\rangle \ \forall\ z\in E$.

Wir behaupten die Existenz von Lösungen bei Variationsungleichungen mit pseudomonotonen Operatoren:

(2) E sei reflexiv, $T:E \to E^*$ pseudomonoton auf E sowie stetig auf endlichdimensionalen Teilräumen von E bezüglich der schwachen Topologie von E^*, $\phi:E\to(-\infty,\infty]$ eigentlich konvex und uh-stetig auf E mit $\phi 0=0$. Zu $w\in E^*$ gebe es $r>0$ mit

(3) $\langle Tz-w, z\rangle+\phi z > 0 \ \forall\ z\in S_E(0,r)$.

Dann besitzt die Variationsungleichung 1.(1) eine Lösung $x_0\in K_E(0,r)$.

Der Beweis dieses Satzes unterscheidet sich von dem zu Satz 1.(6) nur im Zusammenhang mit der Auswahl von x_0 und der Methode des Nachweises der Lösungseigenschaft. Dazu werden wir das folgende technische Lemma heranziehen.

(4) E sei reflexiv, $S\subset E$ eine beschränkte Menge und $x\in s\text{-}clS$. Dann gibt es eine Folge $(x_i)\subset S$ mit $x_i \rightharpoonup x\ (i\in N)$.

Beweis: Zunächst wird gezeigt, daß S eine abzählbare Teilmenge S_0 besitzt, bei der $x\in s\text{-}clS_0$ ist. Für beliebiges $n\in N$ wird $B^n \equiv B_{E^*}(0,1)\times \ldots\times B_{E^*}(0,1)$ (n-fach) gesetzt, diese Menge ist s-kompakt bezüglich der s-Produkttopologie von $E^*\times\ldots\times E^*$. Zu jedem $W\equiv(w_1,\ldots,w_n)\in B^n$ gibt es $y\in S$ mit

(5) $|\langle w_i, y-x\rangle| < \frac{1}{m}$, $i=1,\ldots,n$.

Aus Stetigkeitsgründen gilt die Relation sogar auf einer ganzen s-Umgebung U(W) von W mit demselben festen y. Mit $\{U(W)\,|\,W\in B^n\}$ hat man eine s-offene Überdeckung von B^n gefunden, da B^n jedoch s-kompakt ist, reichen bereits endlich viele dieser Mengen zu seiner Überdeckung, etwa $U(W^{(1)}),\ldots,U(W^{(k)})$, k hängt von n und m ab. Auf jedem $U(W^{(j)})$ gilt (5) mit $y^{(j)}\in S$, diese fassen wir in den endlichen Mengen $S_{n,m}$ zusammen,

$$S_{n,m} \equiv \{y\,|\,y=y^{(j)}: |\langle w_i^{(j)}, y^{(j)}-x\rangle|<\tfrac{1}{m}, i=1,\ldots,n, j=1,\ldots,k\}, n,m\in N.$$

Weiter setzt man $S_0\equiv\cup\{S_{n,m}\,|\,n,m\in N\}$. Die Menge $S_0\subset S$ ist abzählbar und ihre Konstruktion wurde so vorgenommen, daß $x\in s\text{-}clS_0$ gilt.

Mit $E_0\equiv \mathrm{span}\{z\,|\,z\in S_0\}$ erhalten wir einen abgeschlossenen, separablen Teilraum von E, nach 1.1.(28) ist auch E_0 reflexiv. Die Aussage $x\in s\text{-}clS_0$ ist nun äquivalent damit, daß $x\in s\text{-}cl(S\cap E_0)$ ist. Die Behauptung, x sei darstellbar als Grenzwert einer bezüglich der s-Topologie von E s-konvergenten Folge $(x_i)\subset S_O$ ist auch bewiesen, wenn wir eine bezüglich der s-Topologie von E_O s-konvergente Folge $(x_i)\subset S\cap E_O$ mit dem Grenzwert x finden. Nun ist aber nach 1.1.(43) in E_O jeder Ball B(O,r) s-kompakt. Weil E_O auch separabel ist, entnehmen wir 1.1.(49), daß die s-Topologie von jedem Ball metrisch ist. S ist beschränkt, also liegt $S\cap E_O$ in einem Ball $B(O,r_S)$. Für den gilt sogar $s\text{-cl}(S\cap E_O)\subset B(O,r_S)$. Wegen der Metrisierbarkeit der s-Topologie auf $B(O,r_S)$ ist $s\text{-cl}(S\cap E_O)$ auch s-f-abgeschlossen. Damit kann man jedes $x\in s\text{-cl}S$ darstellen als Grenzwert einer s-konvergenten Folge $(x_i)\subset S\cap E_O$. ∎

<u>Beweis von</u> (2): Aufgrund der vorliegenden Voraussetzungen kann man wie im Beweis zu 1.(6) zeigen, daß die Restriktion von 1.(1) mit $w\equiv O$ auf jeden endlichdimensionalen Teilraum F von E

(6) $\quad \langle Tx, z-x\rangle \geq \phi x-\phi z \;\; \forall\; z\in F,$

eine Lösung $x_F\in B_E(I,r)$ besitzt. Mit S bezeichnen wir die Familie der zu $F\in\mathcal{F}$ gehörigen Lösungen x_F von (6), $S\equiv\{x_F | F\in\mathcal{F}\}$. Klar ist $s\text{-cl}S\subset B_E(O,r)$. Damit darf (4) herangezogen werden mit dem Resultat, daß es zu einem beliebigen $x_O\in s\text{-cl}S$ eine Folge $(x_i)\subset S$ gibt mit $x_i \rightharpoonup x_O (i\in N)$. Da jedes dieser x_i Lösung von (6) für einen bestimmten endlichdimensionalen Teilraum $F_i\subset E$ ist, erhalten wir mit einem Grenzübergang $i\in N$ nach Einsetzen von $z\equiv x_O$ in (6)

$$\lim\sup\{\langle Tx_i, x_i-x_O\rangle | i\in N\} \leq \lim\sup\{\phi x_O-\phi x_i | i\in N\}.$$

Weil ϕ konvex und uh-stetig vorausgesetzt wurde, folgt mit 4.2.(3), daß ϕ s-uhf-stetig ist. Damit hat man

$$\lim\sup\{\phi x_O-\phi x_i | i\in N\} = \phi x_O-\lim\inf\{\phi x_i | i\in N\} \leq O,$$

oder mit der vorhergehenden Relation

$$\lim\sup\{\langle Tx_i, x_i-x_O\rangle | i\in N\} \leq O.$$

T ist pseudomonoton, (1) besagt hier

(7) $\quad \langle Tx_O, x_O-z\rangle \leq \lim\inf\langle Tx_i, x_i-z\rangle \;\; \forall\; z\in E.$

Nun führt man erneut einen Grenzübergang $i\in N$ mit den Lösungen x_i von (6) durch, wobei ja $x_i \rightharpoonup x_O (i\in N)$, und $z\in E$ beliebig ist,

(8) $\quad \lim\inf\{\langle Tx_i, x_i-z\rangle | i\in N\} \leq \lim\sup\{\phi z-\phi x_i | i\in N\}.$

Nun wird wieder verwendet, daß ϕ s-uhf-stetig ist,

$$\lim\sup\{\phi z-\phi x_i | i\in N\} = \phi z-\lim\inf\{\phi x_i | i\in N\} \leq \phi z-\phi x_O.$$

Vergleicht man noch (7) und (8), so folgt hieraus

$$\langle Tx_0, x_0 - z\rangle \le \phi z - \phi x_0,$$

was bedeutet, daß x_0 Lösung von 1.(1) mit $w\equiv 0$ ist. Damit sind wir, wie im Beweis von 1.(6) diskutiert wurde, bereits fertig. ■

Ersetzt man in den Sätzen 1.(16), 1.(25) und 1.(27) für T die Voraussetzungen "hemistetig, monoton" jeweils durch "stetig auf endlichdimensionalen Teilräumen von E bezüglich der s-Topologie von E^*, pseudomonoton", so erhält man die entsprechenden Existenzsätze für Aufgaben mit pseudomonotonen Operatoren, die wir jedoch nicht im einzelnen aufschreiben wollen.

Zwischen monotonen und pseudomonotonen Operatoren besteht folgender Zusammenhang.

(9) $T:E\to E^*$ sei hemistetig und monoton auf E. Dann ist T pseudomonoton.

Beweis: Es sei $(x_i)\subset E$ mit $x_i \rightharpoonup x\in E\,(i\in N)$ und $\lim\sup\{\langle Tx_i, x_i - x\rangle \mid i\in N\}\le 0$. Hieraus muß (1) erschlossen werden.

Aus der Monotonie, $\langle Tx_i - Tx, x_i - x\rangle \ge 0, i\in N$, folgt nach einem Grenzübergang $i\in N$ unter Verwendung von $x_i \rightharpoonup x\,(i\in N)$, daß $\lim\inf\{\langle Tx_i, x_i - x\rangle \mid i\in N\}\ge 0$ ist, was zusammen mit der Voraussetzung über (x_i) die Konvergenz $\langle Tx_i, x_i - x\rangle \to 0\,(i\in N)$ beweist.

Nun setzt man $w\equiv(1-t)x+tz$ mit $t\in(0,1)$ und beliebigem $z\in E$. Die Monotonie von T bringt $\langle Tx_i - Tw, x_i - w\rangle \ge 0, i\in N$. Schreibt man das aus, dann bekommt man

$$t\langle Tx_i, x_i - z\rangle \ge -(1-t)\langle Tx_i, x_i - x\rangle + \langle Tw, x_i - x\rangle - t\langle Tw, z - x\rangle.$$

Nach einem Grenzübergang $i\in N$ unter Berücksichtigung von $x_i \rightharpoonup x\,(i\in N)$, $\langle Tx_i, x_i - x\rangle \to 0\,(i\in N)$ und $t\neq 0$ haben wir

$$\lim\inf\{\langle Tx_i, x_i - z\rangle \mid i\in N\} \ge \langle T((1-t)x+tz), x-z\rangle.$$

Der Grenzübergang $t\to 0$ liefert aufgrund der Hemistetigkeit von T die gewünschte Relation (1). ■

Nach der Verallgemeinerung der ursprünglichen Monotoniebedingung wenden wir uns nun der Koerzivitätsforderung (3) in (2) zu.

Dabei gehen wir davon aus, daß auf E neben der Norm eine uh-stetige Halbnorm p gegeben ist, ihr Kern $K_p\equiv\{z \mid z\in E, p(z)=0\}$ bildet dann einen abgeschlossenen Teilraum von E. Bei dem eigentlich konvexen $\phi:E\to(-\infty,\infty]$ bezeichnet man für $x\in E$ die Teilmengen $\partial\phi(x)\equiv\{\omega \mid \omega\in E^*, \phi z\ge$

$\phi x+\langle\omega,z-x\rangle\ \forall\ z\in E\}$ von E^* als <u>Subdifferential</u> $\partial\phi$ von ϕ in x. Als Graphen von $\partial\phi$ bezeichnet man die Menge $gr(\partial\phi)\equiv\{(x,\omega)\mid x\in E,\omega\in\partial\phi(x)\}$, als Wertmenge $R(\partial\phi)\equiv\{\omega\mid\omega\in\partial\phi(x),x\in E\}$. Die Eigenschaften der Subdifferentiale werden in Abschnitt 5.7 ausführlicher diskutiert.

An die Stelle der Koerzivität eines Operators wird nun folgende Eigenschaft treten: Der Operator $T:E\to E^*$ heißt <u>semikoerziv</u> auf E, wenn mit einer Funktion $c:[0,\infty)\to R$, wobei $c(t)\to\infty(t\to\infty)$, gilt

(10) $\langle Tz,z\rangle\ \geq\ c(p(z))p(z)\ \forall\ z\in E.$

Für E und p benötigen wir die Bedingung

(11) $p:E\to[0,\infty)$ <u>sei eine uh-stetige Halbnorm auf</u> E <u>und jede Folge</u> $(y_i)\subset E$ <u>mit</u> $y_i\rightharpoonup y\in E(i\in N),\|y_i\|\geq d>0$ <u>für alle</u> $i\in N$ <u>und</u> $p(y_i)\to 0(i\in N)$, <u>besitze eine Teilfolge</u> $(y_{i'})$ <u>mit</u> $y_{i'}\to y(i'\in N'\subset N)$.

Folgender Existenzsatz für die Variationsungleichung 1.(1) wird behauptet:

(12) E <u>sei reflexiv und mit</u> $p:E\to[0,\infty)$ <u>werde</u> (11) <u>erfüllt</u>, $\phi:E\to(-\infty,\infty]$ <u>sei eigentlich konvex und uh-stetig auf</u> E <u>mit</u> $\phi 0=0$. $T:E\to E^*$ <u>sei pseudomonoton auf</u> E <u>sowie stetig auf den endlichdimensionalen Teilräumen von</u> E <u>bezüglich der s-Topologie von</u> E^* <u>und besitze eine Zerlegung</u> $T\equiv A+B$, <u>wobei</u> $A:E\to E^*$ <u>auf</u> E <u>semikoerziv bezüglich der Funktion</u> c <u>sei und es zu</u> $B:E\to E^*$ <u>eine Funktion</u> $g:(0,\infty)\to(0,\infty)$ <u>gebe, für die</u> $g(t)\to\infty(t\to\infty)$ <u>und</u> $\lim\inf\{c(l(t))/g(t)\mid t>0\}>0$ <u>für jede Funktion</u> $l:(0,\infty)\to(0,\infty)$ <u>mit</u> $l(t)\geq\alpha t,\alpha>0$, <u>gilt, so daß</u>

(13) $$\frac{\|Bz\|}{g(\|z\|)}\to 0\ (|z|\to\infty),\ z\in E.$$

<u>Dann besitzt die Variationsungleichung</u> 1.(1) <u>im Falle, daß</u> $K_p\cap\mathrm{cldom}\phi$ <u>beschränkt ist, für jedes</u> $w\in E^*$ <u>eine Lösung</u> x_0. <u>Ist</u> $K_p\cap\mathrm{cldom}\phi$ <u>nicht beschränkt, dann hat</u> 1.(1) <u>zu jedem</u> $w=w_1+w_2\in E^*$ <u>mit</u>

(14) $\exists\ \omega\in R(\partial\phi):\ \ \langle w_1,z\rangle<\langle\omega,z\rangle\ \forall\ z\in K_p\cap\mathrm{cldom}\phi,\ z\neq 0$

<u>bzw.</u>

(15) $\exists\ \gamma>0\ :\ \ \langle w_2,z\rangle\leq\gamma p(z)\ \forall\ z\in E$

<u>eine Lösung</u> x_0, <u>falls eine Zusatzbedingung erfüllt ist</u>:

(16) <u>Wenn</u> $(s_i)\subset R$, $(y_i)\subset E$ <u>mit</u> $s_i\to\infty(i\in N)$, $y_i\to y\in K_p\cap\mathrm{cldom}\phi$, $y\neq 0$, <u>dann folgt</u> $|B(s_iy_i)|\to 0(i\in N)$.

<u>Beweis</u>: Wir führen diesen Existenzsatz auf Satz (2) zurück, indem wir zeigen, daß die Bedingung (3) aus den vorliegenden Voraussetzun-

gen folgt. Zu zeigen ist also, daß es $r>0$ gibt, mit dem gilt

$$\langle Tz,z\rangle+\phi z > \langle w,z\rangle \ \forall\ z\in S_E(0,r).$$

Wir nehmen an, diese Aussage sei falsch. Dann gäbe es also eine Folge $(z_i)\subset E$ mit $|z_i|=i$ und

$$(17)\qquad \langle Tz_i,z_i\rangle+\phi z_i-\langle w,z_i\rangle \le 0\ ,\ i\in N.$$

Nun wählt man ein beliebiges $(x,\omega)\in gr(\partial\phi)$ und erhält aus (17) mit der Definition des Subdifferentials für $z=z_i$ und der Zerlegung von T sowie (10)

$$(18)\qquad c(p(z_i))p(z_i)+\langle Bz_i,z_i\rangle+\phi x+\langle\omega,z_i-x\rangle-\langle w,z_i\rangle \le 0.$$

Für $y_i\equiv\|z_i\|^{-1}z_i$ hat man $\|y_i\|=1, i\in N$, was aufgrund von 1.1.(47) die Existenz einer Teilfolge $(y_{i'})$ und von $y\in E$ mit $y_{i'}\rightharpoonup y(i'\in N')$ bedeutet. Ohne Einschränkung der Allgemeinheit nehmen wir die ganze Folge anstelle der Teilfolge. Jetzt wird (18) dividiert durch $g(\|z_i\|)\|z_i\|$,

$$(19)\qquad \begin{aligned} &p(y_i)c(\|z_i\|p(y_i))(g(\|z_i\|))^{-1}+(\|z_i\|g(\|z_i\|))^{-1}(\phi x-\langle\omega,x\rangle)\\ &+(g(|z_i|))^{-1}(\langle Bz_i,y_i\rangle+\langle\omega-w,y_i\rangle) \le 0\ \forall\ z\in N.\end{aligned}$$

Wegen der Eigenschaften von g, insbesondere (13), und von (y_i), (z_i) ist klar, daß in (19) abgesehen vom ersten alle Terme mit $i\in N$ gegen Null konvergieren. Daraus folgt $p(y_i)\to 0(i\in N)$. Gäbe es nämlich eine Teilfolge $N'\subset N$ und $d>0$ mit $p(y_{i'})\ge d$ für alle $i'\in N'$, so folgte

$$\lim\inf\{c(|z_{i'}|p(y_{i'}))(g(\|z_{i'}\|))^{-1}\,|\,i'\in N'\} > 0$$

aus der Voraussetzung über g, was jedoch im Widerspruch zu (19) stünde. Mit der Bedingung (11) erhält man sodann die Existenz einer Teilfolge $N'\subset N$ mit $y_{i'}\to y(i'\in N')$. Damit ist $y\neq 0$ wegen $\|y_i\|=1$ klar.

$p(y_i)\to 0(i\in N)$ und die uh-Stetigkeit von p ziehen zusammen nach sich, daß $p(y)=0$, also $\lambda y\in K_p$ ist für jedes $\lambda>0$. Auf der anderen Seite liegen 0 und z_i in der konvexen Menge $\mathrm{dom}\phi, i\in N$. Da es zu jedem $\lambda>0$ ein $n\in N$ mit $n>\lambda$ gibt und $z_i=|z_i|y_i$ sind, gehören $\lambda y_{i'}$, für $i'\in N'$, $i'\ge n$, zu $\mathrm{dom}\phi$. Aus der Konvergenz $y_{i'}\to y(i'\in N')$ folgt schließlich $\lambda y\in \mathrm{cldom}\phi$, was $\lambda y\in K_p\cap\mathrm{cldom}\phi$ für jedes $\lambda>0$ bedeutet.

Im Falle, daß $K_p\cap\mathrm{cldom}\phi$ beschränkt ist, haben wir damit bereits einen Widerspruch, die Bedingung (3) folgt also aus den hier vorliegenden Voraussetzungen.

Sonst entnimmt man aus (19)

(20) $(\|z_i\|g(\|z_i\|))^{-1}(\phi x-\langle\omega,x\rangle)+(g(\|z_i\|))^{-1}(\langle Bz_i,y_i\rangle+\langle\omega-w,y_i\rangle) \le 0,$

weil ja der erste Term dort nichtnegativ ist. Setzt man in (16) für $s_i\equiv|z_i|$ ein und wendet diese Bedingung auf $(y_{i'})$ an, dann ergibt sich $\|Bz_{i'}\|\to 0(i'\in N')$. Zudem erhält man mit $p(y_i)\to 0(i\in N)$ aus (15) die Konvergenz $|\langle w_2,y_i\rangle|\le\gamma p(y_i)\to 0(i\in N)$. Alles zusammen erlaubt den Grenzübergang $i'\in N'$ in (20), das Resultat ist $\langle w_1,y\rangle\ge\langle\omega,y\rangle$. Angesichts der Willkür bei der Auswahl von $(x,\omega)\in gr(\partial\phi)$ steht es im Widerspruch zur Voraussetzung (14). ■

Mittlerweile zur Routine geworden ist die nachstehende Folgerung, die man durch Einsetzen der Indikatorfunktion einer konvexen Menge S für ϕ aus (12) erhält.

(21) E *sei reflexiv und mit* $p:E\to[0,\infty)$ *werde* (11) *erfüllt*, $S\subset E$ *sei abgeschlossen und konvex mit* $0\in S$. $T:E\to E^*$ *sei pseudomonoton und semikoerziv auf* E *sowie stetig auf den endlichdimensionalen Teilräumen von* E *bezüglich der s-Topologie von* E^*. *Dann besitzt die Variationsungleichung*

(22) $\langle Tx-w,z-x\rangle \ge 0 \;\forall\; z\in S$

im Falle, daß $K_p\cap S$ *beschränkt ist, für jedes* $w\in E^*$ *eine Lösung* $x_0\in S$. *Ist* $K_p\cap S$ *nicht beschränkt, dann hat* (22) *zu jedem* $w\equiv w_1+w_2\in E^*$ *mit*

(23) $\langle w_1,z\rangle < 0 \;\forall\; z\in K_p\cap S,\; z\neq 0$

bzw.

(24) $\exists\; \gamma>0:\; \langle w_2,z\rangle \le \gamma p(z) \;\forall\; z\in E$

eine Lösung $x_0\in S$.

Die Bedingung (11) spielte im Beweis des Existenzsatzes (12) eine wesentliche Rolle. Es werden deshalb einige typische Situationen vorgeführt, in denen sie vorliegt.

(25) E *sei reflexiv*, $p:E\to[0,\omega)$ *eine Halbnorm auf* E. *Dann liegt die Eigenschaft* (11) *bei* E,p *mit stetiger Halbnorm* p *vor, falls eine der folgenden Bedingungen erfüllt ist.*

(i) $\|.\|$ *ist äquivalent zu* $|.|_E+p(.)$, *wobei* $|.|_E$ *ebenfalls eine Norm auf* E *ist*, $\dim K_p<\infty$, *und es gibt* $\alpha>0$, *so daß* $\inf\{|x-z|_E|\; z\in K_p\}\le\alpha p(x)$ *für alle* $x\in E$.

(ii) E *ist in einen B-Raum* $(F,\|.\|_F)$ *kompakt eingebettet und* $|.|$ *ist*

<u>äquivalent</u> zu $\|.\|_F+p(.)$.

<u>Beweis</u>: Aus $p(.)\le|.|_E+p(.)$ bzw. $p(.)\le\|.\|_F+p(.)$ und aus der Äquivalenz dieser Summennormen mit $\|.\|$ folgt jeweils die Stetigkeit der Halbnorm $p(.)$.

(i): Wenn man $(y_i)\subset E$ hat mit $y_i \rightharpoonup y\in E(i\in N)$ und $p(y_i)\to 0(i\in N)$ gilt, so kann zu jedem y_i ein $v_i\in K_p$ gewählt werden mit

$$|y_i-v_i|_E \le \inf\{|y_i-z|_E | z\in K_p\}+\frac{1}{i} \le \alpha p(y_i)+\frac{1}{i}.$$

Für $w_i \equiv y_i-v_i$ gilt deshalb $|w_i|_E\to 0(i\in N)$, wegen

$$0 \le p(w_i) \le p(v_i+w_i)+p(-v_i) = p(y_i) \to 0 \ (i\in N)$$

folgt aus der Äquivalenz der Norm $\|.\|$ mit $|.|_E+p(.)$, daß insgesamt $\|w_i\|\to 0(i\in N)$ gilt. Da $v_i=y_i-w_i$ ist, hat man $v_i\rightharpoonup y(i\in N)$ in K_p. Nun ist $\dim K_p<\infty$, deshalb folgt mit 1.1.(8), daß (v_i) eine konvergente Teilfolge mit dem Grenzwert y besitzt, dasselbe gilt dann für $y_i=v_i+w_i, i\in N$.

(ii) Sei wieder $(y_i)\subset E$ mit $y_i\rightharpoonup y\in E(i\in N)$ und $p(y_i)\to 0(i\in N)$ gegeben. Aus 4.2.(3) erschließt man die s-uhf-Stetigkeit von p, woraus $p(y)=0$ folgt. Da (y_i) s-konvergent und damit beschränkt ist, ferner eine kompakte Einbettung von E in F vorausgesetzt wird, besitzt (y_i) eine bezüglich $\|.\|_F$ konvergente Teilfolge mit dem Grenzwert u. Weil $F^*\subset E^*$ und die s-Topologie auf F separiert ist, folgt u=y. Die Konvergenz von (y_i) bezüglich $\|.\|$ erhält man aus der Äquivalenz der Normen $\|.\|$ und $\|.\|_F+p(.)$. ∎

Für Minimalfolgen bei Funktionalen mit monotoner G-Ableitung konnten im Abschnitt 4.5 Konvergenzaussagen erzielt werden. Das geht auch noch, wenn die G-Ableitung nur pseudomonoton ist, also auf die Konvexität des Funktionals verzichtet wird. Den Nachweis führen wir hier nur für einen Spezialfall. Man sagt, $T:E\to E^*$ besitze die <u>Eigenschaft $(S)_+$</u>, wenn bei jeder Folge $(x_i)\subset E$ aus $x_i\rightharpoonup x\in E(i\in N)$ mit

$$\lim\sup\{\langle Tx_i, x_i-x\rangle | i\in N\} \le 0$$

folgt, daß $x_i\to x(i\in N)$ gilt. Jeder Operator mit der Eigenschaft $(S)_+$ ist pseudomonoton.

(26) E <u>sei reflexiv</u>, $S\subset E$ <u>abgeschlossen und konvex, sowie</u> $\phi:E\to R$ <u>auf</u> E <u>G-differenzierbar, koerziv und stetig, wobei</u> $d\phi(.)h:E\to E^*$ <u>auf</u> E <u>hemistetig sei und die Eigenschaft</u> $(S)_+$ <u>besitze. Dann hat</u> ϕ <u>ein Minimum auf</u> S <u>und für jede Minimalfolge</u> $(x_i)\subset S$ <u>von</u> ϕ, <u>die s-konvergent ist</u>

<u>gegen</u> $x \in S$, <u>gilt</u> $\phi x=\min\{\phi z | z \in S\}$ <u>und</u> $x_i \to x (i \in N)$.

<u>Beweis</u>: Aufgrund der Voraussetzungen existiert $\alpha \equiv \inf\{\phi z | z \in S\} > -\infty$. Zu α gibt es eine Folge $(x_i) \subset S$ mit $\phi x_i \to \alpha (i \in N)$. Diese ist beschränkt, was man indirekt aus der Koerzivität von ϕ erschließt. Aus 1.1.(47) erhält man dann die s-Konvergenz einer Teilfolge, für die man ohne Einschränkung der Allgemeinheit wieder die ganze Folge nehmen darf. Da S nach 1.1.(40) s-f-abgeschlossen ist, gehört ihr Grenzwert x zu S.

Nun wird $x_i \to x (i \in N)$ bewiesen, wegen der Stetigkeit von ϕ gilt dann auch $\phi x = \alpha$.

Man setzt $y_i \equiv 2^{-1}(x+x_i)$, aus der Konvexität von S folgt $y_i \in S$, außerdem ist $\phi y_i \geq \alpha, i \in N$. Da (x_i) entsprechend ausgewählt wurde, hat man $\phi x_i \to \alpha (i \in N)$, woraus folgt

$$\lim \sup\{\phi x_i - \phi y_i | i \in N\} \leq 0.$$

Die Taylor-Formel 4.1.(4) liefert hier

$$\phi y_i - \phi x_i = \int_0^1 \langle d\phi(x_i+t(y_i-x_i)), y_i-x_i \rangle dt,$$

wobei $y_i - x_i = 2^{-1}(x-x_i)$ sind. Setzt man sie oben ein, so ergibt sich

$$\lim \sup\{\int_0^1 \langle d\phi(x_i+t(y_i-x_i)), x_i-x \rangle dt | i \in N\} \leq 0.$$

Die Funktionen $f_i:[0,1] \to R$, definiert durch $f_i(t) \equiv \langle d\,\phi(x_i+t(y_i-x_i)), x_i-x \rangle$, sind stetig, weil $d\phi$ hemistetig ist. Mit ihnen lautet die vorstehende Relation

$$\lim \sup\{\int_0^1 f_i(t)dt | i \in N\} \leq 0$$

woraus ersichtlich ist, daß es für jedes i ein $t_i \in [0,1]$ gibt mit

$$f_i(t_i) = \int_0^1 f_i(t)dt, \quad \lim \sup\{f_i(t_i) | i \in N\} \leq 0 .$$

Setzt man $v_i \equiv x_i + t_i(y_i - x_i)$ und beachtet $f_i(t_i) = \langle d\phi\,(x_i+t_i(y_i-x_i)), x_i-x \rangle$, so folgt

$$\lim \sup\{\langle d\phi(v_i), x_i-x \rangle | i \in N\} \leq 0.$$

Andererseits kann man einfach umrechnen,

$$(27) \quad v_i - x = x_i - x + t_i(y_i - x_i) = x_i - x + t_i 2^{-1}(x-x_i) = (1-t_i/2)(x_i-x),$$

woraus man wegen $t_i \in [0,1]$, also $1-t_i/2 \leq 1$, erschließt, daß

$$\lim\sup\{\langle d\phi(v_i),v_i-x\rangle \mid i\in N\} \le 0$$

sowie $v_i \rightharpoonup x(i\in N)$ gilt. Man hat ja $x_i \rightharpoonup x(i\in N)$, also $(x_i-x)\rightharpoonup 0(i\in N)$, was mit (27) die Konvergenz $(v_i-x)\rightharpoonup 0(i\in N)$, also $v_i \rightharpoonup x(i\in N)$ bringt.

Jetzt kann die Eigenschaft $(S)_+$ von $d\phi$ auf (v_i) angewandt werden, womit man $v_i \to x(i\in N)$ erhält. Weil $(1-t_i/2)^{-1} \le 2$ sind, entnehmen wir (27), daß $\|x_i-x\| \le 2|v_i-x|$, $i\in N$. Nun ist auch die Konvergenz $x_i \to x(i\in N)$ klar. ■

Bemerkenswert bei diesem Resultat ist, daß man die Konvergenz der Minimalfolge bezüglich der Normtopologie erhält. Daraus lassen sich natürlich Rückschlüsse ziehen, wie stark die Spezialisierung von der Pseudomonotonie eines Operators zur Eigenschaft $(S)_+$ tatsächlich ist.

5.4 Variationsoperatoren, eine unilaterale Randwertaufgabe

Wir beginnen mit der abstrakten Definition der Variationsoperatoren und weisen dann nach, daß sie pseudomonoton sind.

Ein Operator $T:E\to E^*$ heißt Variationsoperator, wenn er eine Darstellung $Tx \equiv A(x,x), x\in E$, besitzt, wobei für $A:E\times E\to E^*$ folgende Eigenschaften vorausgesetzt werden:

(1) $A(x,.):E\to E^*$ ist für jedes $x\in E$ beschränkt und hemistetig auf E, außerdem gilt

(2) $\langle A(x,x)-A(x,y),x-y\rangle \ge 0 \ \forall\ x,y\in E$.

(3) Für jede Folge $(x_i)\subset E$ folgt aus $x_i \rightharpoonup x\in E(i\in N)$ und $\langle A(x_i,x_i)-A(x_i,x),x_i-x\rangle \to 0(i\in N)$, daß $A(x_i,z)\rightharpoonup A(x,z)\ (i\in N)$ für alle $z\in E$.

(4) Für jede Folge $(x_i)\subset E$ mit $x_i \rightharpoonup x(i\in N)$ und jedes $y\in E$ mit $A(x_i,y)\rightharpoonup \phi\in E^*(i\in N)$ folgt, daß $\langle A(x_i,y),x_i\rangle \to \langle \phi,x\rangle (i\in N)$.

Es wird nun behauptet:

(5) Jeder Variationsoperator $T:E\to E^*$ ist pseudomonoton auf E.

Beweis: Es wird von einer Folge $(x_i)\subset E$ mit $x_i \rightharpoonup x\in E(i\in N)$ und

(6) $\quad \lim\sup\{\langle Tx_i,x_i-x\rangle \mid i\in N\} \le 0$

ausgegangen. Zu zeigen ist, daß daraus 3.(1) folgt, also

$$\langle Tx,x-y\rangle \le \lim\inf\{\langle Tx_i,x_i-y\rangle \mid i\in N\} \ \forall\ y\in E.$$

Im ersten Schritt wird mit der Darstellung von T durch A

$$a_i \equiv \langle A(x_i,x_i)-A(x_i,x),x_i-x\rangle,\ i\in N,$$

gesetzt und behauptet, daß diese Folge gegen 0 konvergiert. Jede s-konvergente Folge ist beschränkt, da A in (1) beschränkt vorausgesetzt wurde, ist dann auch $(A(x_i,x))$ eine beschränkte Folge. Nach 1.1.(47) gibt es mithin eine Teilfolge $N'\subset N$ und ein $\phi\in E^*$ mit $A(x_{i'},x)\rightharpoonup\phi(i'\in N')$. Wir dürfen diese Teilfolge, ohne die Allgemeinheit einzuschränken, wieder mit der ursprünglichen gleichsetzen. Mit der eben erkannten Konvergenz folgt aus (4), daß $\langle A(x_i,x),x_i\rangle\rightharpoonup\langle\phi,x\rangle(i\in N)$ konvergiert, was

(7) $\langle A(x_i,x),x_i-x\rangle \to 0 \ (i\in N)$

nach sich zieht. Daraus ergibt sich mit Hilfe von (6), daß $\lim \sup\{a_i|i\in N\}\le 0$ ausfällt. Andererseits bedeutet (2), daß alle $a_i\ge 0$ sind. Ergebnis davon ist $a_i\to 0(i\in N)$.

Die zweite Zwischenbehauptung besteht in der Konvergenz

(8) $\langle A(x_i,x_i),x_i-x\rangle \to 0 \ (i\in N)$.

Mit dem Resultat aus dem ersten Schritt können wir (3) und damit anschließend (4) heranziehen, Ergebnis ist

$$\langle A(x_i,z),x_i\rangle \to \langle A(x,z),x\rangle \ (i\in N) \ \forall \ z\in E,$$

was auch einschließt

(9) $\langle A(x_i,z),x_i-x\rangle \to 0 \ (i\in N) \ \forall \ z\in E$.

Dieses, die Beobachtung $a_i\ge 0$ und (6) liefern zusammen die Zwischenbehauptung (8).

Setzt man $w\equiv(1-t)x+ty$ mit beliebigem $y\in E, t\in(0,1)$, dann sagt (2)

(10) $\langle A(x_i,x_i)-A(x_i,w),x_i-w\rangle \ge 0 \ \forall \ w\in E$.

Durch Ausschreiben von w erhält man daraus

$$t\langle A(x_i,x_i),x-y\rangle \ge \langle A(x_i,w),x_i-x\rangle-\langle A(x_i,x_i),x_i-x\rangle$$
$$+t\langle A(x_i,w),x-y\rangle.$$

Der Grenzübergang $i\in N$ liefert nach Division durch t mit (8), (9)

$$\lim \inf\{\langle A(x_i,x_i),x-y\rangle|i\in N\} \ge \lim \inf\{\langle A(x_i,w),x-y\rangle|i\in N\}.$$

Wegen (10) bringt hierbei (3) die Relation

$$\lim \inf\{\langle A(x_i,x_i),x-y\rangle|i\in N\} \ge \langle A(x,w),x-y\rangle,$$

was weiter mittels (8) zu

$$\lim \inf\{\langle A(x_i,x_i),x_i-y\rangle|i\in N\} \ge \langle A(x,w),x-y\rangle$$

führt. Schreibt man auch hier w aus und führt den Grenzübergang $t\to 0$

unter Berücksichtigung der Hemistetigkeit (1) von A durch, so hat man 3.(1) und damit die Pseudomonotonie von $A(.,.)=T$ auf E. ∎

Die abstrakte Definition der Variationsoperatoren wird nun mit Differentialoperatoren konkretisiert.

Dabei sei $\Omega\subset R^n$ ein beschränktes Gebiet mit ausreichend glattem Rand, für E nehmen wir einen abgeschlossenen Teilraum von $W^{m,p}(\Omega)$, der $W_0^{m,p}(\Omega)$ enthält. Unter Verwendung der üblichen Bezeichnungsweise setzen wir $D^k u\equiv\{D^\beta u \mid |\beta|=k\}$, $\delta u\equiv\{u,Du,\dots,D^{m-1}u\}$. ν bezeichnet die Anzahl der Ableitungen von niederer als m-ter Ordnung, μ die Anzahl derjenigen m-ter Ordnung.

Nun sei $\{a_\alpha \mid a_\alpha:\Omega\times R^\nu\times R^\mu\to R, |\alpha|\le m\}$ eine Familie von Funktionen mit den folgenden Eigenschaften:

(11) $a_\alpha(x,.,.):R^\nu\times R^\mu\to R$ <u>sei stetig auf</u> $R^\nu\times R^\mu$ <u>für fast alle</u> $x\in\Omega$ <u>und</u> $a_\alpha(.,y,z):\Omega\to R$ <u>meßbar für alle</u> $(y,z)\in R^\nu\times R^\mu$.

(12) <u>Bei</u> $1<p<\infty$ <u>gebe es</u> $h\in L^q(\Omega)$ <u>und</u> $c>0$ <u>mit</u>

$$|a_\alpha(x,y,z)| \le c(\|y\|^{p-1}+\|z\|^{p-1}+h(x))$$

<u>für alle</u> $(x,y,z)\in\Omega\times R^\nu\times R^\mu$, <u>wobei</u> $p^{-1}+q^{-1}=1$.

(13) <u>Für fast alle</u> $x\in\Omega$ <u>und für beschränkte Mengen in</u> R^ν <u>gilt</u>

$$\sum_{|\alpha|=m} a_\alpha(x,y,z)z_\alpha(\|z\|+\|z\|^{p-1})^{-1} \to \infty \quad (\|z\|\to\infty)$$

(14) <u>Für fast alle</u> $x\in\Omega$ <u>und für alle</u> $y\in R^\nu$ <u>gilt</u>

$$\sum_{|\alpha|=m}(a_\alpha(x,y,z)-a_\alpha(x,y,z'))(z_\alpha-z'_\alpha) > 0 \ \forall\ z,z'\in R^\mu,\ z\neq z'.$$

Zunächst beobachtet man, daß $a_\alpha(.,\delta u(.),D^m v(.)):\Omega\to R$ für beliebige $u,v\in W^{m,p}(\Omega)$ zu $L^q(\Omega)$ gehört. Aus diesem Grunde darf man $a:W^{m,p}(\Omega)\times W^{m,p}(\Omega)\to R$ definieren durch

$$a(u,v) \equiv \sum_{|\alpha|\le m}\int_\Omega a_\alpha(x,\delta u(x),D^m u(x))D^\alpha v(x)dx.$$

Damit ist für feste u, also bezüglich dem zweiten Eingang von a, eine lineare und stetige Abbildung auf dem vorhin festgelegten E gegeben. Man darf deshalb schreiben $a(u,v)=\langle Tu,v\rangle$ mit $T:E\to E^*$, wobei

$$Tu(x) \equiv \sum_{|\alpha|\le m}(-1)^{|\alpha|}D^\alpha(a_\alpha(x,\delta u(x),D^m u(x))),\ x\in\Omega.$$

Von diesem T wird nun behauptet, daß es ein Variationsoperator ist. Zunächst muß eine Darstellung $Tu=A(u,u)$ gefunden werden. Dazu setzt man

$$A_1(u,v,w) \equiv \sum_{|\alpha|=m} \int_\Omega a_\alpha(x,\delta u(x),D^m v(x))D^\alpha w(x)dx,$$

$$A_2(u,w) \equiv \sum_{|\alpha|\le m-1} \int_\Omega a_\alpha(x,\delta u(x),D^m u(x))D^\alpha w(x)dx.$$

Die Abbildung $A_1(u,v,.)+A_2(u,.):E\to R$ ist linear und stetig auf E. Deshalb hat man die Darstellung

$$A_1(u,v,w)+A_2(u,w) = \langle A(u,v),w\rangle,\ u,v,w\in E,$$

mit $A(u,v)\in E^*$. Offensichtlich gilt hierbei $Tu=A(u,u), u\in E$, also müssen noch die Bedingungen (1), (3) und (4) bewiesen werden.

Die Hemistetigkeit von $A(u,.)$ besteht in

$$A_1(u,(1-t)v+tv',w)+A_2(u,w) \to A_1(u,v,w)+A_2(u,w) \quad (t\to 0)$$

und ergibt sich aus der in (11) vorausgesetzten Stetigkeit von a_α. Aus (12) entnimmt man die Beschränktheit von $A(u,.)$, die Bedingung (2) folgt mit

$$\langle A(u,u)-A(u,v),u-v\rangle = A_1(u,u,u-v)-A_1(u,v,u-v)$$

aus Voraussetzung (14).

Nun wenden wir uns (3) zu. Für $u_i,u\in W^{m,p}(\Omega)$ mit $u_i \rightharpoonup u\,(i\in N)$ und

$$\langle A(u_i,u_i)-A(u_i,u),u_i-u\rangle$$

$$= \sum_{|\alpha|=m} \int_\Omega (a_\alpha(x,\delta u_i(x),D^m u_i(x))-a_\alpha(x,\delta u_i(x),D^m u(x))) * $$
$$* (D^\alpha u_i(x)-D^\alpha u(x))dx \to 0 \quad (i\in N)$$

kann unter Zuhilfenahme von (12), (13) und (14) bewiesen werden, daß

(15) $\quad a_\alpha(.,\delta u_i,D^m u_i) \rightharpoonup a_\alpha(.,\delta u,D^m u) \quad (i\in N),$

wobei die s-Konvergenz im Sinne von $L^q(\Omega)$ zu verstehen ist. Auf der anderen Seite erzeugen die a_α wieder Nemyzki-Operatoren, für die aus dem schon bei 4.4.(15) sowie 2.(2) zitierten Resultat aus (11) die Stetigkeit als Abbildung von $L^p(\Omega)\times\ldots\times L^p(\Omega)$ (ν-fach) in $L^q(\Omega)$ folgt. Das bedeutet insbesondere

(16) $\quad a_\alpha(.,\delta u_i,D^m v) \to a_\alpha(.,\delta u,D^m v) \quad (i\in N)\ \forall\ v\in W^{m,p}(\Omega),$

falls $u_i \rightharpoonup u\,(i\in N)$ gilt im Sinne der Konvergenz von $W^{m-1,p}(\Omega)$, wobei die bezüglich $L^q(\Omega)$ zu verstehende Konvergenz (16) die schwache im entsprechenden Sinne einschließt. Nun liefern (15) und (16), wobei die kompakte Einbettung von $W^{m-1,p}(\Omega)$ in $W^{m,p}(\Omega)$ zu berücksichtigen ist, zusammen

$$A_1(u_i,v,w)+A_2(u_i,w) \to A_1(u,v,w)+A_2(u,w) \quad \forall\ w\in E,$$

was auch $A(u_i,v) \rightharpoonup A(u,v)$ $(i\in N)$ für beliebiges $v\in E$ im Sinne der s-Topologie von E^* bedeutet. Damit hat man (3) nachgewiesen.

Um (4) zu erhalten, geht man von $u_i,u,v\in E$ und $\phi\in E^*$ aus mit $u_i \rightharpoonup u\,(i\in N)$ sowie $A(u_i,v) \rightharpoonup \phi\,(i\in N)$. Mit der Stetigkeit (16) hat man $A_1(u_i,v,u_i) \to A_1(u,v,u)\,(i\in N)$. Außerdem ist

$$|A_2(u_i,u_i-u)| \le \gamma \sum_{|\alpha|\le m-1} \|D^\alpha(u_i-u)\|_{L^p(\Omega)},$$

aufgrund der kompakten Einbettung von $W^{m-1,p}(\Omega)$ in $W^{m,p}(\Omega)$ hat man dann $A_2(u_i,u_i-u) \to 0\,(i\in N)$. Damit kann aus $A_2(u_i,u) = \langle A(u_i,v),u\rangle - A_1(u_i,v,u) \to \langle\phi,u\rangle - A_1(u,v,u)\,(i\in N)$ erschlossen werden, daß $A_2(u_i,u_i) \to \langle\phi,u\rangle - A_1(u,v,u)\,(i\in N)$, was nach sich zieht

$$\langle A(u_i,v),u_i\rangle = A_1(u_i,v,u_i)+A_2(u_i,u_i) \to \langle\phi,u\rangle \quad (i\in N).$$

Also liegt auch (4) vor.

Die Bezeichnung Variationsoperator für die durch (1), (3) und (4) beschriebene Klasse von Operatoren geht auf das hier skizzierte Beispiel zurück, der vorhin definierte Differentialoperator T tritt in der Eulerschen Gleichung von Funktionalen der Form

$$J(v) \equiv \int_\Omega f(x,\delta v(x),D^m v(x))\,dx$$

auf.

Zur Illustration unseres Existenzsatzes für Variationsungleichungen mit semikoerziven Operatoren dient folgende Aufgabe.

$\Omega\subset R^n$ sei ein beschränktes Gebiet mit ausreichend glattem Rand, wir setzen $E \equiv W^{1,p}(\Omega)$ mit $1<p<\infty$. Bei dem Differentialoperator $\mathcal{D}: E\to E^*$,

$$(17) \qquad \mathcal{D}u \equiv -\sum_{i=1}^{n} \frac{\partial}{\partial x_i} a_i(.,\mathrm{grad}\,u),\quad u\in W^{1,p}(\Omega),$$

werden folgende Voraussetzungen gefordert:

(18) $a_i: \Omega\times R^n \to R$ <u>seien als</u> $a_i(.,y)$ <u>meßbar für jedes</u> $y\in R^n$ <u>und als</u> $a_i(x,.)$ <u>stetig auf</u> R^n <u>für fast alle</u> $x\in\Omega$.

Mit $p\in(1,\infty)$ gelte ferner fast überall auf Ω:

(19) $|a_i(.,y)| \le \gamma_1(1+\|y\|^{p-1}) \;\forall\; y\in R^n,\; 1\le i\le n$

(20) $\sum_{i=1}^{n}(a_i(.,y)-a_i(.,y'))(y_i-y_i') \ge 0 \;\forall\; y,y'\in R^n$

(21) $\sum_{i=1}^{n} a_i(.,y)y_i \ge \gamma_2\sum_{i=1}^{n}|y_i|^p \;\forall\; y\in R^n,\; \gamma_2>0.$

Daneben sei $\beta: R\to R$ eine stetige Funktion auf R mit

(22) $|\beta(t)| \le \gamma_3(1+|t|^{p-1}) \;\forall\; t\in R$

(23) $\beta_- \equiv \lim\sup\{\beta(t)\,|\,t\to-\infty\} < \infty,\; \beta_+ \equiv \lim\inf\{\beta(t)\,|\,t\to\infty\} > 0.$

Für β gebe es weiter eine Zerlegung in stetige Funktionen, $\beta=\beta_1+\beta_2+\beta_3$, wobei gelte

(24) β_1 monoton wachsend mit $\beta(0)=0$ und $\lim\beta(t)=\beta_+ (t\to\infty)$

(25) $\beta_2(t)t \ge 0 \;\forall\; t\in R$

(26) β_3 gleichmäßig beschränkt mit $\beta_3(t)=0$ für alle $t\ge t_0>0$

Auf E×E definieren wir nun die Abbildungen

(27) $a(u,v) \equiv \sum_{i=1}^{n}\int_\Omega a_i(x,\mathrm{grad}u(x))\frac{\partial v}{\partial x_i}(x)dx,\; u,v\in E$

(28) $b_i(u,v) \equiv \int_\Omega \beta_i(u(x))v(x)dx,\; u,v\in E,\; i=1,2,3.$

Unter den vorliegenden Voraussetzungen existieren diese Integrale, a und b_i sind bezüglich des zweiten Einganges jeweils linear und stetig. Deshalb kann man sie mit Hilfe von Operatoren A bzw. B_i auf E in E^* darstellen als

$$a(u,v) = \langle Au,v\rangle,\; b_i(u,v) = \langle B_iu,v\rangle \;\forall\; u,v\in E,\; i=1,2,3.$$

Mit Hilfe von β_1 definieren wir außerdem noch ein Funktional φ auf E durch

$$\varphi u \equiv \int_\Omega j(u(x))dx,\; u\in E,\; j(t) \equiv \int_0^t \beta_1(s)ds.$$

Mit S bezeichnen wir schließlich die abgeschlossene konvexe Menge $\{w|w\in E, w(x)\ge 0 \text{ für } x\in\partial\Omega\}$ in $W^{1,p}(\Omega)$, ψ_S ist die zugehörige Indikatorfunktion. Es wird noch $\phi\equiv\psi_S+\varphi$ gesetzt.

Bei der Variationsungleichung

(29) $\langle Au+B_2u+B_3u-w,v-u\rangle \ge \phi u-\phi v \;\forall\; v\in E$

wird nun mit Hilfe von Satz 3.(12) die Existenz von Lösungen nachgewiesen. Im wesentlichen durch formale Anwendung der Greenschen

Formeln kann man übrigens zeigen, daß die Lösungen von (29) als schwache Lösungen der folgenden Randwertaufgabe interpretiert werden können:

$$\mathcal{D}u+\beta(u) = w \text{ in } \Omega,$$

$$u \geq 0,\ \frac{\partial u}{\partial n} \equiv \sum_{i=1}^{n} a_i(.,\mathrm{grad}u)\cos(n,x_i) \geq 0,\ u\frac{\partial u}{\partial n} = 0 \text{ auf } \partial\Omega.$$

Wir behaupten: Unter den genannten Voraussetzungen besitzt die Ungleichung (29) für alle $w \in L^q(\Omega)$ mit

$$(30)\quad \frac{1}{\mathrm{mes}\Omega}\int_{\Omega} w(x)dx < \beta_+$$

eine Lösung.

Zunächst erschließt man aus (18) bis (21) ähnlich wie beim ersten Beispiel in Abschnitt 5.2 die Monotonie von A. Außerdem erkennt man die Hemistetigkeit dieses Operators, das liefert mit 3.(9) die Pseudomonotonie von A. Aus 1.(5) folgt darüber hinaus die Stetigkeit auf endlichdimensionalen Räumen. Bei B_2 ergeben sich dieselben Eigenschaften mit denselben Argumenten. Schließlich ist B_3 stetig (dabei wird (22) und die im Zusammenhang mit der Stetigkeit von Nemyzki-Operatoren bereits mehrfach genannte Argumentation herangezogen) und bildet s-konvergente Folgen in konvergente Folgen ab. Als Übungsaufgabe läßt sich nun zeigen, daß $A+B_2+B_3$ pseudomonoton auf E und stetig auf endlichdimensionalen Teilräumen von E ist.

Das Funktional φ ist F-differenzierbar und konvex auf E, woraus sich mit den Eigenschaften von ψ_s zusammen ergibt, daß ϕ eigentlich konvex und uh-stetig auf E ist. Übrigens ist $\langle D\varphi(u),v\rangle - b_1(u,v)$, $u,v \in E$.

Wir hatten $E \equiv W^{1,p}(\Omega)$ gesetzt, der ist in $F \equiv L^p(\Omega)$ kompakt eingebettet. Mit der Halbnorm

$$p(u) \equiv \left(\sum_{i=1}^{n}\int_{\Omega}\left|\frac{\partial u}{\partial x_i}(x)\right|^p dx\right)^{1/p},\ u \in E,$$

tritt der Fall (ii) in 3.(25) ein, die Bedingung 3.(11) ist also erfüllt. Weiter haben wir mit $\gamma > 0$ aufgrund von (21) und (25)

$$\langle Au+B_2u,u\rangle \geq a(u,u) \geq \gamma(p(u))^{p-1}p(u).$$

Also ist $A+B_2$ semikoerziv auf E. Mit $c(t)=g(t)=\gamma t^{p-1}$ sind die Voraussetzungen für $B \equiv B_3$ in 3.(12) erfüllt, insbesondere ergibt sich die Zusatzbedingung 3.(16) aus

$$\|B_3(s_iy_i)\|^q \le \int_\Omega |\beta_3(s_iy_i)|^q dx \to 0 \ (i\in N)$$

mit Hilfe des Lebesgueschen Satzes über die majorisierte Konvergenz. Nun stellt man noch fest, daß $K_p \cap \mathrm{cldom}\phi = K_p \cap S = \{z \mid z\in E, z\equiv \mathrm{const}\ge 0\}$ ist, d.h., es fehlt uns nur noch die Eigenschaft 3.(14) in Satz 3.(12).

Zu jeder konstanten Funktion $z>0$ ist ein $\omega\in R(\partial\phi)$ zu finden, mit dem $\langle w,z\rangle < \langle\omega,z\rangle$ gilt. Dabei weisen wir darauf hin, daß $\partial\phi(x)\supset D\varphi(x)+\partial\psi_S(x)$ ist. Nun wird $\omega\equiv D\varphi(y)$, $y=\mathrm{const}\ge 0$, gewählt. Dann hat man die gewünschte Ungleichung, wenn nur

$$\int_\Omega w(x)dx < \beta_1(y)\,\mathrm{mes}\,\Omega$$

gilt. Wegen (24) und (30) liegt diese Bedingung vor, falls $y=\mathrm{const}$ ausreichend groß gewählt wird.

5.5 Maximal monotone Operatoren

Zur Behandlung von Aufgaben mit Operatoren, die nicht auf ganz E definiert sind, steht uns bisher nur der recht spezielle Satz 1.(19) zur Verfügung. In diesem Abschnitt wird gezeigt, daß die Surjektivität eines Operators T, also eine globale Existenzaussage für die zugehörige Aufgabe $Tx=y$, aus seiner Monotonie erschlossen werden kann, sofern der Graph von T eine Maximalitätseigenschaft besitzt. Diese kann vorliegen, ohne daß der Operator überall auf E definiert ist. Die Erkenntnis, daß es bei der Surjektivität eines Operators nur auf gewisse Eigenschaften seines Graphen ankommt, erlaubt noch eine andere Erweiterung: Methode und Resultate dieser Existenztheorie bleiben für mengenwertige Operatoren bestehen. Ihre Rechtfertigung findet diese Verallgemeinerung im Zusammenhang mit den Subgradienten konvexer uh-stetiger Funktionale, auf die wir im folgenden Abschnitt eingehen werden. Insgesamt gestatten die maximal monotonen Operatoren die Behandlung von elliptischen Differentialgleichungen, Evolutionsgleichungen, Variationsungleichungen und Differentialinklusionen unter einem einheitlichen Gesichtspunkt, was allein schon genügt, um ihre zentrale Rolle in der Theorie der monotonen Operatoren herauszustellen.

Wir beginnen mit den grundlegenden Definitionen und Bezeichnungen. $M\subset E\times E^*$ heißt <u>monotone Menge</u>, wenn gilt

(1) $\langle u-v, x-y\rangle \ge 0 \ \forall\ (x,u),(y,v)\in M$.

Eine monotone Menge M wird als <u>maximal monotone Menge</u> bezeichnet, wenn sie keine echte monotone Erweiterung besitzt, d.h., wenn für $(x,u)\in E\times E^*$ aus

$$\langle u-v,x-y\rangle \geq 0 \ \forall \ (y,v)\in M$$

folgt, daß $(x,u)\in M$ ist. Es ist klar, daß ein Operator $T:S\subset E\to E^*$ genau dann monoton ist, wenn sein Graph eine monotone Menge ist.

Einen Operator M, dessen Werte aus der Potenzmenge $\mathcal{P}(F)$ eines B-Raumes F sind, bezeichnen wir als Multioperator. Die (einwertigen) Operatoren $T:S\subset E\to F$ kann man dabei einordnen, indem man als Werte die einelementige Menge $\{Tx\}$ nimmt. Wir werden im folgenden nicht zwischen dieser und der üblichen Interpretation unterscheiden, Tx bedeutet sowohl den Wert von $T:S\to F$ als auch den von $M:S\to\mathcal{P}(F)$ mit $Mx\equiv\{Tx\}$ in $x\in S$.

Als (effektive) Definitionsmenge eines Multioperators $M:S\subset E\to\mathcal{P}(F)$ bezeichnet man die Menge $D(M)\equiv\{x\,|\,x\in S,\ Mx\neq\emptyset\}$, die Wertemenge ist $R(M)\equiv\cup\{Mx\,|\,x\in D(M)\}$ der Graph $gr(M)\equiv\{(x,u)\,|\,x\in D(M),u\in Mx\}$. Diese Festlegungen zeigen, daß man einen Multioperator auch über eine Teilmenge M von $E\times F$ definieren kann, die dann mit $gr(M)$ zu identifizieren wäre. Als Werte des Multioperators erhielte man dann die Mengen $Mx\equiv\{u\,|\,u\in F,(x,u)\in M\}$.

Ein Multioperator $M:S\subset E\to\mathcal{P}(E^*)$ heißt monoton, wenn sein Graph $gr(M)$ eine monotone Menge ist und maximal monoton, wenn $gr(M)$ eine maximal monotone Menge ist. Speziell ist damit auch die maximale Monotonie von (einwertigen) Operatoren $T:S\to E^*$ festgelegt, beim Umgang mit ihnen ist es außerordentlich wichtig, stets darauf zu achten, daß die maximale Monotonie über die Maximalität des Graphen definiert ist, also bezüglich der Inklusion von Teilmengen von $E\times E^*$ und nicht bezüglich der von Operatoren mit Definitionsmenge in E und Werten in E^*.

Zunächst werden einige einfache Folgerungen aus den Definitionen gezogen.

(2) $S\subset E$ sei konvex und s-dicht in E sowie $T:S\to E^*$ hemistetig und monoton auf S. T ist genau dann maximal monoton, wenn es keine echte monotone Erweiterung $T_1:D(T_1)\to E^*$ von T gibt, d.h., wenn aus $D(T_1)\supset S$, $T_1x=Tx$ für $x\in S$ und T_1 monoton folgt, daß $T_1=T$ ist.

Beweis: Wenn T maximal monoton ist, dann kann es keine echte monotone Erweiterung geben.
Umgekehrt gehen wir jetzt davon aus, daß es keine echte monotone

Erweiterung gibt. Die maximale Monotonie ist bewiesen, wenn für $(x,u)\in E\times E^*$ aus

(3) $\langle u-v,x-y\rangle \geq 0 \ \forall \ (y,v)\in gr(T)$

erschlossen wird, daß $(x,u)\in gr(T)$ ist. Wegen $T:S\to E^*$ darf man in diesem Fall für (3) schreiben

(4) $\langle u-Ty,x-y\rangle \geq 0 \ \forall \ y\in S$,

zu zeigen ist, daß daraus $x\in S$ und $Tx=u$ folgen.

Zunächst nehmen wir an, es sei x nicht aus S. In diesem Fall könnte man jedoch definieren $T_1:S\cup\{x\}\to E^*$ durch $T_1x\equiv u$ und $T_1y\equiv Ty$ für $y\in S$. Nach (4) und der Voraussetzung für T wäre T_1 monoton, also insgesamt, im Widerspruch zur Voraussetzung, eine echte monotone Erweiterung von T. Damit hat man $x\in S$.

Die Annahme, es sei $Tx\neq u$, bedingt die Existenz von $z\in S$ mit $\langle u-Tx,x-z\rangle<0$, weil S in E s-dicht ist. Andererseits folgt mit der Konvexität von S aus (4)

$$\langle u-T((1-t)x+tz),x-((1-t)x+tz)\rangle \geq 0 \ \forall \ t\in(0,1),$$

also auch

$$\langle u-T((1-t)x+tz),x-z\rangle \geq 0 \ \forall \ t\in(0,1).$$

Der Grenzübergang $t\to 0$ erbringt mit der Hemistetigkeit von T einen Widerspruch zur Annahme. ∎

Zu monotonen Operatoren, die auf ganz E definiert sind, kann es keine echte monotone Erweiterung geben. In diesem Spezialfall hat man ein Korollar zu (2).

(5) $T:E\to E^*$ <u>sei hemistetig und monoton auf</u> E. <u>Dann ist</u> T <u>maximal monoton</u>.

Bei einem dicht definierten, linearen, monotonen Operator $L:D(L)\to E^*$ ist die maximale Monotonie von L sogar mit seiner Maximalität innerhalb der linearen, monotonen Operatoren auf E äquivalent. Den Nachweis lassen wir als Übungsaufgabe.

Zu Multioperatoren $M:D(M)\subset E\to\mathcal{P}(F)$ kann man einen inversen Multioperator $M^{-1}:R(T)\to\mathcal{P}(E)$ durch

$$M^{-1}w \equiv \{x \mid x\in D(M), w\in Mx\}, \ w\in R(M),$$

definieren. Mit dieser Festlegung ist klar, daß $(x,w)\in gr(M)$ genau dann gilt, wenn $(w,x)\in gr(M^{-1})$ ist. Daraus zieht man sofort die Folgerung, daß M genau dann monoton bzw. maximal monoton ist, wenn dies für M^{-1} zutrifft.

(6) $M:S\to P(E^*)$ sei monoton mit $R(M)=E^*$, ferner existiere $M^{-1}:E^*\to E$ und sei hemistetig auf E^*. Dann ist M maximal monoton.

Beweis: Aufgrund der vorstehenden Bemerkung ist M^{-1} monoton, da M so vorausgesetzt ist. Weiter ist nach Voraussetzung M^{-1} ein (einwertiger) hemistetiger Operator auf E^*, daraus erschließt man mit (5) die maximale Monotonie von M^{-1}, was die von M mitliefert. ∎

Die Summe $T:D(T)\subset E\to P(F)$ von Multioperatoren $T_1,\dots,T_m$ definiert man, indem man setzt

$$D(T) \equiv \cap\{D(T_j)\,|\,j=1,\dots,m\}, \quad Tx \equiv \sum_{j=1}^{m} T_j x \text{ für } x\in D(T).$$

Die Summe monotoner Multioperatoren ist stets monoton, eine entsprechende Aussage gilt im allgemeinen jedoch nicht im Falle der maximalen Monotonie.

(7) $M_1:S\to P(E^*)$ sei monoton, $T:E\to E^*$ ebenfalls monoton und $M\equiv M_1+T$ maximal monoton. Dann ist M_1 maximal monoton.

Beweis: Die Definitionsmenge von M ist gleich der von M_1, also S. Wir gehen davon aus, daß für $(x,u)\in E\times E^*$ gilt

(8) $\quad \langle u-v,x-y\rangle \geq 0 \;\forall\; (y,v)\in gr(M_1)$.

Da T auf ganz E definiert ist, gibt es $w\equiv Tx$, ferner setzt man für ein festes, willkürlich gewähltes $y\in S$ noch $q\equiv Ty$. Dann ist $q+v\in My$ für jedes $v\in M_1y$, bzw. $My=\{q+v\,|\,v\in M_1y\}$. Für jedes $z\in My$ gilt ferner

$$\langle w+u-z,x-y\rangle = \langle w+u-q-v,x-y\rangle = \langle Tx-Ty,x-y\rangle+\langle u-v,x-y\rangle.$$

Der erste Term rechts ist wegen der Monotonie von T nichtnegativ, der zweite wegen (8). Aus $\langle w+u-z,x-y\rangle\geq 0$ folgt mit der maximalen Monotonie von M, daß $(x,w+u)\in gr(M)$, d.h., daß $x\in S$ und $w+u\in Mx$ ist. Mit $w=Tx$ und der Definition der Summe von Multioperatoren bedeutet das $u\in M_1x$. Also zieht (8) nach sich, daß $x\in S$ und $u\in M_1x$ sind, was $(x,u)\in gr(M_1)$ und damit die maximale Monotonie von M_1 zeigt. ∎

In den folgenden beiden Sätzen werden grundlegende Eigenschaften monotoner Multioperatoren vorgeführt, die wir auch als Hilfsmittel benötigen werden.

Ein Multioperator $M:S\subset E\to P(F)$ heißt lokal beschränkt in $x\in S$, wenn es eine Umgebung $U(x)\subset S$ gibt, für die $M(U(x))=\cup\{Mz\,|\,z\in U(x)\}$ eine beschränkte Menge ist. Dazu beweisen wir:

(9) $M:S\to\mathcal{P}(E^*)$ sei monoton. Dann ist M in jedem inneren Punkt von S lokal beschränkt.

Beweis: Man wähle $x\in\operatorname{int}S$ und nehme an, M sei in x nicht lokal beschränkt, d.h., es gebe $(x_i)\subset S$ mit $x_i\to x\,(i\in\mathbb{N})$ und $v_i\in Mx_i$ mit $\|v_i\|\to\infty$ $(i\in\mathbb{N})$. Wird $\alpha_i\equiv\max\{\|v_i\|^{-1},\|x_i-x\|^{1/2}\}$ gesetzt, so hat man $\alpha_i>0$, $\alpha_i\|v_i\|\geq 1$ sowie $\|x_i-x\|\leq\alpha_i^2$ für $i\in\mathbb{N}$ und $\alpha_i\to 0\,(i\in\mathbb{N})$. Dann folgt aus $x\in\operatorname{int}S$ bei beliebigem $y\in E$ die Existenz von $n\in\mathbb{N}$, so daß $y_i\equiv x+\alpha_i y\in S$ sind für alle $i\geq n$. Wir zeigen zunächst, daß es zu beliebigen $w_i\in My_i$ $r>0$ gibt mit $\|w_i\|\leq r, i\in\mathbb{N}, i\geq n$. Dazu wählt man $\rho>0$, so daß $z\equiv x+\rho y\in S$ ist, ferner sei $a\in Mz$. Mit der Monotonie von M erhält man $\langle w_i-a, y_i-z\rangle\geq 0$ oder $(\alpha_i-\rho)\langle w_i-a,y\rangle\geq 0$ für alle $i\geq n$. Ohne Einschränkung der Allgemeinheit darf $\alpha_i<\rho$ für $i\geq n$ angenommen werden, was $\langle w_i,y\rangle\leq\langle a,y\rangle$ und damit die Beschränktheit von $(\langle w_i,y\rangle)$ zeigt: Nimmt man nun ein beliebiges $q\in E$ und $\sigma>0$, so daß $p\equiv x+\sigma q\in S$ ist und wählt $b\in Mp$, so ergibt sich mit der Monotonie von M

$$0\leq\langle w_i-b,y_i-p\rangle=\alpha_i\langle w_i,y\rangle-\sigma\langle w_i,q\rangle-\langle b,\alpha_i y-\sigma q\rangle.$$

Daraus erhalten wir mit Hilfe der bisherigen Überlegungen

$$\lim\sup\{\langle w_i,q\rangle\mid i\in\mathbb{N}\}\leq\langle b,q\rangle\quad\forall\, q\in E,$$

was aufgrund des Prinzips der gleichmäßigen Beschränktheit 1.1.(12) die Existenz von $r>0$ mit $\|w_i\|\leq r, i\in\mathbb{N}$, nach sich zieht.

Aus der Monotoniebedingung

$$0\leq\langle v_i-w_i,x_i-y_i\rangle=\langle v_i-w_i,x_i-(x+\alpha_i y)\rangle$$

entnimmt man

$$\langle v_i,y\rangle\leq\langle v_i,\alpha_i^{-1}(x_i-x)\rangle-\langle w_i,\alpha_i^{-1}(x_i-x)-y\rangle$$

$$\leq\alpha_i^{-1}\|v_i\|\,\|x_i-x\|+r(\|y\|+\alpha_i^{-1}\|x_i-x\|)\leq\alpha_i\|v_i\|+r(\alpha_i+\|y\|),$$

woraus weiter folgt

$$\lim\sup\{(\alpha_i\|v_i\|)^{-1}\langle v_i,y\rangle\mid i\in\mathbb{N}\}\leq 1+r\|y\|\quad\forall\, y\in E.$$

Wendet man nun wieder das Prinzip der gleichmäßigen Beschränktheit an, so ergibt sich, daß (α_i^{-1}) eine beschränkte Folge ist. Das steht jedoch im Widerspruch zu $\alpha_i\to 0\,(i\in\mathbb{N})$, weswegen die Annahme falsch ist und damit die lokale Beschränktheit von M nachgewiesen ist. ∎

Das andere grundlegende Resultat ist ein Erweiterungssatz für monotone Mengen.

(10) $S\subset E$ <u>sei kompakt und konvex</u>, $M\subset S\times E^*$ <u>monoton</u>, $T:S\to E^*$ <u>stetig auf</u> S <u>und</u> $w\in W^*$ <u>beliebig. Dann gibt es</u> $x\in S$ <u>mit</u>

$$\langle Tx+v-w, z-x\rangle \geq 0 \;\forall\; (z,v)\in M.$$

<u>Beweis</u>: Zunächst bemerken wir, daß man ohne Rückwirkung auf die getroffenen Voraussetzungen T durch $\tilde{T}$ ersetzen kann, wobei $\tilde{T}x\equiv Tx-w, x\in S$. Deshalb darf ohne Einschränkung der Allgemeinheit $w=0$ gesetzt werden.

Nun nehmen wir an, die Behauptung sei falsch, d.h., es gebe zu jedem $x\in S$ ein $(z,v)\in M$, so daß gilt

(11) $\langle Tx+v, z-x\rangle < 0$.

Zu jedem $(z,v)\in M$ wird nun $U(z,v)\equiv\{x \mid x\in S, \langle Tx+v, z-x\rangle<0\}$ definiert. Aufgrund der Voraussetzungen für T und S ist $\{U(z,v) \mid (z,v)\in M\}$ eine Familie offener Teilmengen von S. Weil wir von der Annahme ausgehen, zu jedem $x\in S$ gebe es ein $(z,v)\in M$ mit (11), bildet diese Familie eine offene Überdeckung von S. Wegen dessen Kompaktheit bilden endlich viele dieser Mengen, z.B. die zu $\{(z_j,v_j) \mid j=1,\ldots,n\}$ gehörenden, eine Überdeckung von S. Ihnen kann eine stetige Zerlegung der Eins nachgeordnet werden, d.h. Abbildungen $\beta_j\in C(S,[0,1])$, $j=1,\ldots,n$ mit $\beta_j(x)=0$ für $x\notin U(z_j,v_j)$, $j=1,\ldots,n$, und $\beta_1(x)+\ldots+\beta_n(x)=1$ für alle $x\in S$.

Mit Hilfe der Zerlegung der Eins werden nun Operatoren $p:S\to E$ bzw. $q:S\to E^*$ erklärt, indem man setzt

$$px \equiv \sum_{j=1}^{n} \beta_j(x)z_j, \quad qx \equiv \sum_{j=1}^{n} \beta_j(x)v_j, \; x\in S.$$

Für jedes $x\in S$ ist px eine Konvexkombination von $\{z_1,\ldots,z_n\}$, was mit der Konvexität von S und $\{z_1,\ldots,z_n\}\subset S$ bedeutet, daß die Restriktion von p auf $\overline{co}\{z_1,\ldots,z_n\}$ diese endlichdimensionale Menge in sich abbildet. Offensichtlich ist p stetig, womit die Voraussetzungen des Brouwerschen Fixpunktsatzes 3.3.(34) erfüllt sind und wir deshalb ein $y\in S$ haben mit $py=y$.

Im letzten Beweisschritt betrachten wir das Funktional $\phi:S\to R$, wobei $\phi x\equiv\langle Tx+qx, x-px\rangle$, $x\in S$, gesetzt wird. Einsetzen der Definitionen von p und q führt zu einer Zerlegung $\phi=\phi_1+\phi_2$, wobei

$$\phi_1 x \equiv \sum_{j=1}^{n} (\beta_j(x))^2 \langle Tx+v_j, x-z_j\rangle,$$

bzw.

$$\phi_2 x = \sum_{1\le j\le k\le n} \beta_j(x)\beta_k(x)(<Tx+v_j,x-z_k>+<Tx+v_k,x-z_j>)$$

für $x\in S$ gesetzt wird. Zunächst folgt aus der Konstruktion der endlichen Überdeckung sowie der Zerlegung der Eins, also aus der Annahme (11) mit $z=z_j$, $v=v_j$, daß $\phi_1 x>0$ ausfällt für alle $x\in S$. Unter Berücksichtigung von

$$<v_j,x-z_k>+<v_k,x-z_j> = <v_j,x-z_j>+<v_k,x-z_k>+<v_j-v_k,z_j-z_k>$$

erhält man für $\phi_2 x$ wieder aus der Annahme (11) mit $z=z_j$, $v=v_j$, bzw. aus der vorausgesetzten Monotonie von M (die für den dritten Term rechts bedeutet, daß er nichtnegativ ist), daß es für alle $x\in S$ nichtnegativ ist. Insgesamt hat man jetzt $\phi x=\phi_1 x+\phi_2 x>0$ für jedes $x\in S$. Andererseits ist aufgrund des Resultates des vorigen Abschnittes $\phi y=0$. Dieser Widerspruch zeigt, daß die Annahme falsch ist. ∎

Es ist klar, daß man diesen Satz auch als Fortsetzungssatz für monotone Multioperatoren interpretieren kann. Er besagt dann, daß es $x\in S$ gibt, so daß der Multioperator $\tilde{M}:S\cup\{x\}\to P(E^*)$, definiert durch $\tilde{M}z=Mz$ für $z\in S$ und $\tilde{M}x=Tx$ eine monotone Fortsetzung des monotonen Multioperators M ist. In diesem Sinne wenden wir Satz (10) jetzt auch an.

(12) <u>Es sei</u> $\dim E<\infty$, $S\subset E$ <u>mit</u> $0\in S$, $M:S\to P(E^*)$ <u>monoton und</u> $T:E\to E^*$ <u>koerziv und stetig auf</u> E. <u>Dann gibt es</u> $r>0$ <u>und</u> $x\in B_E(0,r)$, <u>mit dem gilt</u>

$$<Tx+v,z-x> \ge 0 \ \forall\ (z,v)\in gr(M).$$

<u>Beweis</u>: Zu jedem $\rho>0$ gibt es nach Satz (10) ein $x_\rho\in B(0,\rho)$ mit

$$<Tx_\rho+v,z-x_\rho> \ge 0 \ \forall\ (z,v)\in gr(M),\|z\|\le\rho.$$

Das läßt sich umschreiben zu

$$<Tx_\rho,x_\rho> \le <v,z>+<Tx_\rho,z>-<v,x_\rho> \ \forall\ (z,v)\in gr(M),\|z\|\le\rho.$$

Weil $0\in S$ ist, gilt dies speziell für $z=0$, was zusammen mit der Koerzivität von T die Relation

$$c(\|x_\rho\|)\|x_\rho\| \le |<Tx_\rho,x_\rho>| \le \gamma\|x_\rho\|$$

bringt, wobei γ eine Schranke für $\|v\|$, $v\in M0$, bedeutet. Ihre Existenz ist mit der lokalen Beschränktheit (9) gesichert. Im Falle $x_\rho\neq 0$ folgt nun aus $c(t)\to\infty(t\to\infty)$, daß es ein nur von c und γ abhängiges $r>0$ gibt mit $\|x_\rho\|\le r$ für alle $\rho>0$.

Nun betrachtet man für $\rho>r$ die Mengen

$$S_\rho = \{y|y\in B(0,\rho),<Ty+v,z-y> \ge 0 \ \forall\ (z,v)\in gr(M),\|z\|\le\rho\}.$$

Eingangs haben wir gezeigt, daß $x_\rho \in S_\rho$ existiert, also $S_\rho \neq \emptyset$ ist, was mit $\|x_\rho\| \leq r$ sogar $S_\rho \cap B(0,r) \neq \emptyset$ zeigt für alle $\rho > r$. Außerdem ist $B(0,r)$ wegen $\dim E < \infty$ kompakt, mit der Stetigkeit von T folgt aus der Definition von S_ρ die Abgeschlossenheit von jedem $S_\rho \cap B(0,r)$. Bemerkt man schließlich noch, daß aus $\rho < \sigma$ folgt $S_\rho \supset S_\sigma$, dann hat man sofort die Endliche-Durchschnitts-Eigenschaft bei $\{S_\rho \cap B(0,r) \mid \rho > r\}$. Damit sind die Voraussetzungen von 1.1.(1) verifiziert, was $D \equiv \cap\{S_\rho \cap B(0,r) \mid \rho > r\} \neq \emptyset$ bedeutet.

Mit einem beliebigen $x \in D$ hat man jetzt $\langle Tx+v, z-x\rangle \geq 0$ für alle $(z,v) \in gr(M)$, weil wegen der Kompaktheit von S jedes $z \in S$ in mindestens einem Ball $B(0,\rho)$ enthalten ist. Dieses x erfüllt offenbar die Behauptung. ∎

In Satz 1.(28) wurde gezeigt, daß die Aufgabe $Tx=y$ mit einem hemistetigen, koerziven und monotonen Operator T für jede rechte Seite $y \in E^*$ eine Lösung besitzt. Wir werden nun beweisen, daß dieses Resultat bestehen bleibt, wenn T durch $T+M$ ersetzt wird, falls die Störung M ein maximal monotoner Multioperator ist. Dabei wird noch folgendes technisches Lemma benötigt.

(13) $M_1 : D(M_1) \to P(E^*)$ <u>und</u> $M_2 : D(M_2) \to P(E^*)$ <u>seien maximal monotone Multioperatoren, es wird</u> $M \equiv M_1 + M_2$ <u>gesetzt. Für</u> $(x,u) \in E \times E^*$ <u>und</u> $v_1, v_2 \in E^*$ <u>mit</u> $v_1 + v_2 = u$ <u>sind die folgenden Bedingungen äquivalent</u>:

(i) <u>Für alle Paare</u> $y_1 \in D(M_1), y_2 \in D(M_2)$ <u>und</u> $w_1 \in M_1 y_1, w_2 \in M_2 y_2$ <u>gilt</u>

$$\langle w_1 - v_1, y_1 - x\rangle + \langle w_2 - v_2, y_2 - x\rangle \geq 0$$

(ii) <u>Es ist</u> $x \in D(M) \subset D(M_1) \cap D(M_2)$ <u>und</u> $v_1 \in M_1 x$, $v_2 \in M_2 x$, $u \in Mx$.

<u>Beweis</u>: Mit der Monotonie von M_1, M_2 erschließt man (i) aus (ii). Die Umkehrung wird mit einer einstufigen Induktion bewiesen.

Nur für den Multioperator M_1 heißt (i), daß für alle $y_1 \in D(M_1)$ und $w_1 \in M_1 y_1$ gilt $\langle w_1 - v_1, y_1 - x\rangle \geq 0$. Mit der maximalen Monotonie von M_1 folgt $(x, v_1) \in gr(M_1)$, also $x \in D(M_1)$ und $v_1 \in M_1 x$.

Beim Induktionsschritt ist mit Hilfe dieser Feststellung die Behauptung, daß nämlich (i)⇒(ii), zu beweisen. Das tun wir indirekt, indem wir von der Annahme ausgehen, v_1, v_2 erfüllten (i), nicht jedoch (ii), d.h., für v_1, v_2 mit (i) ist (x, v_2) nicht in $gr(M_2)$.

Wegen der maximalen Monotonie von M_2 folgt daraus zunächst die Existenz von $(p,q) \in gr(M_2)$ mit

(14) $\langle q-v_2, p-x\rangle < 0$

Die Bedingung (i) liefert für beliebige $y_1 \in D(M_1)$ und $w_1 \in M_1 y_1$ sowie (p,q), daß

$$\langle w_1-v_1, y_1-x\rangle + \langle q-v_2, p-x\rangle \geq 0,$$

woraus man mit (14) entnimmt $\langle w_1-v_1, y_1-x\rangle > 0$. Aufgrund des Induktionsanfanges darf speziell $w_1 = v_1$ und $y_1 = x$ gesetzt werden, womit man bereits den gewünschten Widerspruch hat. ∎

Es ist klar, daß man die Zugehörigkeit von $(x,u) \in E \times E^*$ mit $u = v_1 + v_2$ durch jeweils eine der Bedingungen in (13) charakterisieren kann.

Wir kommen nun zu dem angekündigten Störungssatz.

(15) E sei reflexiv, $S \subset E$ mit $0 \in S$ sowie $M: S \to \mathcal{P}(E^*)$ maximal monoton und $T: E \to E^*$ beschränkt, hemistetig, koerziv und monoton auf E. Dann ist $R(T+M) = E^*$, d.h., die Aufgabe $w \in (T+M)x$ besitzt für jedes $w \in E^*$ eine Lösung $x \in S$.

Beweis: Die Struktur der Beweisführung ist ähnlich wie bei Satz 1.(6) bzw. 1.(19).

Mit $\mathcal{F}$ wird die durch die Inklusion geordnete Familie der endlichdimensionalen Teilräume von E bezeichnet, bezüglich dieser Ordnung ist $\mathcal{F}$ filtriert. Bei jedem $F \in \mathcal{F}$ bezeichnet $J_F: F \to E$ die kanonische Einbettung und $J_F^*: E^* \to F^*$ deren duale Abbildung. Beide sind stetig, siehe dazu 1.1.(33). Außerdem gilt $\langle J_F^* v, x\rangle_F = \langle v, J_F u\rangle_E = \langle v, u\rangle_E$ für alle $x \in F$, $v \in E^*$. Nun setzen wir $S_F \equiv S \cap F$, $M_F x \equiv \{J_F^* w \mid w \in Mx\}$ für $x \in S_F$ und $T_F \equiv J_F^* \circ T$. Bei dem Multioperator $M_F: S_F \to \mathcal{P}(F^*)$ und dem Operator $T_F: F \to F^*$ stellen wir folgende Eigenschaften fest:

(16) $\langle T_F x, y\rangle_F = \langle Tx, y\rangle_E \;\; \forall\, x,y \in F$

sowie

(17) $\langle u, y\rangle_F = \langle u, y\rangle_E \;\; \forall\, u \in Mx \;\; \forall\, x,y \in S_F$.

Beides ergibt sich aus der genannten Relation für die Dualitäten von E, E^* bzw. F, F^*. Als Folge hat man mit der Monotonie von T und M auch die von T_F auf F und M_F auf S_F. Die Hemistetigkeit von T auf E sowie die Stetigkeit von J_F^* ziehen die Hemistetigkeit von T_F auf F nach sich, was mit 1.(5) die Stetigkeit von T_F auf F bringt. Schließlich folgt aus der Koerzivität von T auf E die von T_F auf F mit derselben Koerzivitätsfunktion wie bei T für alle $F \in \mathcal{F}$.

Den Nachweis von $R(T+M) = E^*$ kann man auf den von $0 \in R(T+M)$ reduzieren.

Bei beliebigem $w \in E^*$ kann man nämlich T ersetzen durch $\tilde{T}$ mit $\tilde{T}x \equiv Tx-w$, $x \in E$, wobei die genannten Voraussetzungen über T auf $\tilde{T}$ vererbt werden. Nun ist $w \in R(T+M)$ äquivalent zu $0 \in R(\tilde{T}+M)$.

Der Kern des Beweises besteht darin, daß Satz (12) auf die endlichdimensionalen Teilräume F von E und die zugehörigen T_F bzw. M_F angewandt wird.

Aufgrund von Satz (12) gibt es eine Konstante $r_F>0$, die nur von der Koerzivitätsfunktion c und γ_F abhängt, wobei dies eine Schranke für $\{\|w_F\| \mid w_F \in M_F 0\}$ ist, sowie ein $x_F \in B(0,r_F)$, so daß gilt

$$\langle T_F x_F + w, z - x_F\rangle \geq 0 \ \forall \ (z,w) \in gr(M_F).$$

Andererseits folgt mit $\|J_F\|=\|J_F^*\|=1$, daß γ_F als von $F \in \mathcal{F}$ unabhängige Konstante angenommen werden kann, was dann auch von r_F gilt, wofür wir r schreiben. Darüber hinaus erschließt man mit (16), (17), daß es zu jedem $F \in \mathcal{F}$ ein $x_F \in B(0,r)$ gibt, so daß gilt

(18) $\langle Tx_F + w, z - x_F\rangle \geq 0 \ \ \forall \ \ (z,w) \in gr(M_F).$

Setzt man $u_F \equiv Tx_F$, so erhält man mit der Beschränktheit von T die Existenz einer von F unabhängigen Konstanten $\beta>0$ mit der $\{u_F \mid F \in \mathcal{F}\} \subset B(0,\beta)$ gilt. Nun setzt man für alle $G \in \mathcal{F}$

$$V_G \equiv \cup\{x_F \mid G \subset F\}, \quad W_G \equiv \cup\{u_F \mid G \subset F\}.$$

$B(0,r)$ und $B(0,\beta)$ sind s-kompakte Mengen, $s\text{-cl}V_G$ und $s\text{-cl}W_G$ sind jeweils darin enthalten und $\{s\text{-cl}V_G \mid G \in \mathcal{F}\}$, $\{s\text{-cl}W_G \mid G \in \mathcal{F}\}$ besitzen, da $\mathcal{F}$ filtriert ist, die Endliche-Durchschnitte-Eigenschaft. Mit 1.1.(44) haben wir dann die Existenz von $x_0 \in B(0,r)$ mit $x_0 \in s\text{-cl}V_G$ und $u_0 \in B(0,\beta)$ mit $u_0 \in s\text{-cl}W_G$ für alle $G \in \mathcal{F}$. Es wird nun noch gezeigt, daß x_0 eine Lösung von $0 \in (T+M)x$ ist, was $0 \in R(T+M)$ einschließt.

Wähle beliebige $y \in S$ und $z \in E$. Ist $G \in \mathcal{F}$ ein endlichdimensionaler Teilraum, der y und z enthält und hat man einen beliebigen $F \in \mathcal{F}$ mit $F \supset G$, so ist $y \in S_F$ und es gilt trivialerweise mit (18)

$$\langle u_F + w, y - x_F\rangle + \langle Tx_F - u_F, z - x_F\rangle = \langle Tx_F + w, y - x_F\rangle \geq 0, \ (z,w) \in gr(M_F).$$

Mit der Monotonie von T hat man dann für $y \in S, z \in E$

(19) $\langle u_F + w, y - x_F\rangle + \langle Tz - u_F, z - x_F\rangle \geq 0 \ \forall \ (x_F, u_F) \in V_G \times W_G.$

Bei festgehaltenen y,z definiert man nun $\phi: E \times E^* \to \mathbb{R}$ durch

$$\phi(x,u) \equiv \langle u+w, y-x\rangle + \langle Tz-u, z-x\rangle, \ w \in My.$$

Aus (19) folgt für $x \in V_G$ und $u \in W_G$, daß $\phi(x,u) \geq 0$ ausfällt, falls $G \in \mathcal{F}$ ist mit $y,z \in G$. Schreibt man ϕ um in die Form

$$\phi(x,u) = \langle w,y\rangle+\langle Tz,z\rangle+\langle u,y-z\rangle-\langle w+Tz,x\rangle,$$

so wird klar, daß ϕ bezüglich dem Produkt der s-Topologien auf $E\times E^*$ stetig ist. Deshalb folgt aus $\phi(x,u)\geq 0$ auf $V_G\times W_G$, daß dies auch für $(x,u)\in s\text{-cl}(V_G\times W_G)$ gilt, wobei wir wissen, daß (x_0,u_0) aus dieser Menge ist, was speziell bedeutet

$$\langle u_0+w,y-x_0\rangle+\langle Tz-u_0,z-x_0\rangle \geq 0 \ \forall\ w\in My\ \forall\ y\in S,z\in E.$$

M wurde maximal monoton vorausgesetzt, nach Lemma (5) ist auch T maximal monoton auf E. Nun kann Lemma (13) herangezogen werden mit dem Resultat, daß aus der vorstehenden Ungleichung $x_0\in D(T+M)=S$ und $0\in(T+M)x_0$ folgt. Damit sind wir fertig. ∎

Neben seiner Rolle als Existenzsatz hat dieser Störungssatz auch noch eine Funktion als wichtiges Hilfsmittel beim Erlangen weitergehender Resultate. Dabei sind Dualitätsabbildungen von zentraler Bedeutung.

Sei $\varphi:[0,\infty)\to[0,\infty)$ mit $\varphi(0)=0$ und $\varphi(r)\to\infty(r\to\infty)$ eine strikt monoton wachsende stetige Funktion. Dann heißt $j:E\to P(E^*)$ eine _Dualitätsabbildung_ bezüglich der _Gauge-Funktion_ φ, wenn gilt

(20) $jx \equiv \{u|u\in E^*,\|u\|=\varphi(\|x\|),\ \langle u,x\rangle=\|u\|\|x\|\}\ \forall\ x\in E.$

Die Abhängigkeit der Dualitätsabbildung von der Gauge-Funktion wird bei der Bezeichnung im allgemeinen nicht berücksichtigt. Mit dem Satz von Hahn-Banach 1.1.(25) ist übrigens klar, daß es zu jeder Gauge-Funktion φ eine Dualitätsabbildung j mit $D(j)=E$ gibt.

In den folgenden Hilfssätzen werden einige wichtige Eigenschaften der Dualitätsabbildungen gesammelt.

(21) _Jede Dualitätsabbildung_ $j:E\to P(E^*)$ _ist monoton, ihre Werte_ $jx,x\in E$, _sind konvex_.

Beweis: Für beliebige (x,u), $(y,v)\in gr(j)$ hat man mit (20)

$$\begin{aligned}\langle u-v,x-y\rangle &= \|u\|\|x\|+\|v\|\|y\|-\langle u,y\rangle-\langle v,x\rangle\\ &\geq \|u\|\|x\|+\|v\|\|y\|-\|u\|\|y\|-\|v\|\|x\| = (\varphi(\|x\|)-\varphi(\|y\|))(\|x\|-\|y\|) \geq 0,\end{aligned}$$

wobei zuletzt die Monotonie von φ herangezogen wurde. Damit ist $gr(j)$ eine monotone Menge.

Nach (20) gehören genau die $u\in E^*$ zu jx, für die gilt $\langle u,x\rangle=\|x\|\varphi(\|x\|)$. Die Konvexität dieser Menge ist klar. ∎

(22) E^* _sei strikt normiert. Dann ist jede Dualitätsabbildung auf_

E *einwertig, d.h., es gilt* $j:E\to E^*$.

Beweis: Für irgend ein $x\in E$ wird angenommen, es gebe $u,v\in jx$ mit $u\neq v$. Aus (20) folgt dann einerseits aufgrund der strikten Normiertheit von E^*, also von 1.1.(22), daß $\|(1-t)u+tv\|<\varphi(\|x\|)$ ausfällt, andererseits aufgrund der Konvexität von jx, daß $\|(1-t)u+tv\|=\varphi(\|x\|)$ ist, jeweils für alle $t\in(0,1)$. Diese widersprüchlichen Folgerungen aus der Annahme zeigen, daß sie falsch, also $jx=\{u\}$ ist. ■

(23) E *sei reflexiv und* E^* *strikt normiert. Dann ist jede Dualitätsabbildung* $j:E\to E^*$ *hemistetig auf* E.

Beweis: Über die Behauptung hinaus kann sogar gezeigt werden, daß j auf E demistetig ist, was wegen der Reflexivität von E heißt, daß aus $x_i\to x\,(i\in N)$ in E folgt $jx_i\rightharpoonup jx\,(i\in N)$.

Sei also $(x_i)\subset E$, $x\in E$ mit $x_i\to x\,(i\in N)$. Wegen der Stetigkeit von φ hat man dann $\varphi(\|x_i\|)\to\varphi(\|x\|)\,(i\in N)$, was mit (20) bedeutet, daß $\|jx_i\|\to \varphi(\|x\|)\,(i\in N)$. Also ist (jx_i) beschränkt, weshalb es nach 1.1.(47) eine s-konvergente Teilfolge von (jx_i) gibt, d.h., $N'\subset N$ und $v\in E^*$ mit $jx_{i'}\rightharpoonup v\,(i'\in N')$. Mit dem Prinzip der gleichmäßigen Beschränktheit 1.1.(12) erhält man außerdem $\|v\|\leq\varphi(\|x\|)$.

Auf der anderen Seite folgt $\langle jx_i,x_i\rangle=\|x_i\|\varphi(\|x_i\|)\to\|x\|\varphi(\|x\|)\,(i\in N)$ aus $x_i\to x\,(i\in N)$. Mit $\langle jx_{i'},x_{i'}\rangle\to\langle v,x_{i'}\rangle\,(i'\in N')$ entnimmt man dann aus der Eindeutigkeit der Grenzwerte $\langle v,x\rangle=\|x\|\varphi(\|x\|)$, was mit $\|v\|\,\|x\|\geq \|x\|\varphi(\|x\|)$ liefert $\|v\|\geq\varphi(\|x\|)$.

Insgesamt haben wir jetzt $\|v\|=\varphi(\|x\|)$. Mit (20) folgt aus $\langle v,x\rangle=\ (\|x\|)\|x\|=\|v\|\,\|x\|$, daß $v=jx$ ist. ■

(24) E *sei reflexiv und strikt normiert*, E^* *strikt normiert und* $(x_i)\subset E$ *mit* $\langle jx_i-jx,x_i-x\rangle\to 0\,(i\in N)$. *Dann gilt* $x_i\rightharpoonup x\,(i\in N)$.

Beweis: Mit Hilfe von (20) und (22) kann man für die Folge (x_i) anschreiben

$$\langle jx_i-jx,x_i-x\rangle = (\varphi(\|x_i\|)-\varphi(\|x\|))(\|x_i\|-\|x\|)$$
$$+(\|jx_i\|\,\|x\|-\langle jx_i,x\rangle)+(\|jx\|\,\|x_i\|-\langle jx,x_i\rangle).$$

Da jeder der drei Terme rechts nichtnegativ ist, folgt aus der Konvergenz links, daß $\|x_i\|\to\|x\|\,(i\in N)$ konvergiert, mit (20) also auch $\langle jx,x_i\rangle=\|jx\|\,\|x_i\|\to\|jx\|\,\|x\|=\langle jx,x\rangle\,(i\in N)$.

Aufgrund der Reflexivität von E und der Beschränktheit von (x_i) hat man mit 1.1.(47) noch die s-Konvergenz einer Teilfolge $x_{i'}\rightharpoonup y\,(i'\in N')$, was insbesondere $\langle jx,x_{i'}\rangle \to \langle jx,y\rangle (i'\in N')$ bedeutet. Die Eindeutigkeit der Grenzwerte zieht $\langle jx,y\rangle = \langle jx,x\rangle$ nach sich, mit der strikten Normierung von E, also 1.1.(22), folgt daraus $x=y$. ■

Mit Hilfe der Dualitätsabbildungen können wir nun einen weiteren Störungssatz beweisen. Er zeigt, daß die maximale Monotonie bei Multioperatoren gegen Störungen durch beschränkte, hemistetige und monotone Operatoren stabil ist. Andersherum gesehen kann man daraus erkennen, daß die entscheidende Voraussetzung bei den Sätzen 1.(6) bzw. 1.(19) und (15) die maximale Monotonie der Abbildungen ist.

(25) E <u>sei reflexiv und strikt normiert sowie</u> E^* <u>strikt normiert</u>, $S\subset E$ <u>mit</u> $O\in S$ <u>sowie</u> $M:S\to P(E^*)$ <u>maximal monoton</u>, $T:E\to E^*$ <u>beschränkt</u>, <u>hemistetig und monoton auf</u> E. <u>Dann ist</u> M+T <u>maximal monoton</u>.

<u>Beweis</u>: Wir ziehen eine Dualitätsabbildung j bezüglich einer willkürlich zu wählenden Gauge-Funktion φ heran. Mit den vorliegenden Voraussetzungen ist j nach (22) ein Operator von E in E^*, anschließend sieht man mit (20), (21) und (23), daß T+j ein beschränkter, hemistetiger und monotoner Operator auf E ist.

Nun zeigen wir, daß T+j außerdem koerziv ist. Man hat ja mit der Monotonie von T

$$\langle Tx,x\rangle = \langle Tx-TO,x\rangle + \langle TO,x\rangle \geq -\|TO\|\,\|x\| .$$

Setzt man $c\equiv\|TO\|$, dann ergibt sich mit der Gauge-Funktion φ von j

$$\langle (T+j)x,x\rangle = \langle jx,x\rangle + \langle Tx,x\rangle \geq \varphi(\|x\|)\|x\| - c\|x\| = \|x\|(\varphi(\|x\|)-c),$$

wobei man $\varphi(r)-c\to\infty(r\to\infty)$ hat. Wir bemerken, daß T+j wegen 1.(28) surjektiv ist.

Bezüglich M und T+j haben wir jetzt die Voraussetzungen von Satz (15) beisammen, was $R(M+T+j)=E^*$ als Resultat liefert. Darüber hinaus wird behauptet, daß M+T+j eine einwertige demistetige Inverse auf E^* besitzt. Zum Nachweis nehme man eine Folge $(x_i)\subset S$, für die $((T+j)x_i)$ in der Normtopologie von E^* konvergiert, wegen der Surjektivität von T+j darf man den Grenzwert in der Form $(T+j)x$ mit $x\in S$ schreiben. Dann folgt, daß in der Relation

$$\langle (T+j)x_i-(T+j)x,x_i-x\rangle = \langle Tx_i-Tx,x_i-x\rangle + \langle jx_i-jx,x_i-x\rangle$$

die linke Seite gegen O konvergiert, während die rechte aufgrund der Monotonie von T und j nur nichtnegative Terme enthält. Damit hat man $\langle jx_i-jx,x_i-x\rangle\to O(i\in N)$, was wegen (24) die s-Konvergenz $x_i\to x(i\in N)$ nach sich zieht. Aus (6) kann nun entnommen werden, daß

M+T+j maximal monoton ist, zieht man noch (7) heran, so hat man das gewünschte Resultat, nämlich die maximale Monotonie von M+T. ∎

Unter Berücksichtigung von (5) legt Satz 1.(28) ein entsprechendes Existenzresultat für Multioperatoren nahe. Dabei heißt ein Multioperator $M:E\to P(E^*)$ koerziv, wenn es eine Funktion $c:[0,\infty)\to R$ gibt mit $c(r)\to\infty(r\to\infty)$, so daß

(26) $\langle w,x\rangle \geq c(\|x\|)\|x\| \ \forall w\in Mx \ \forall x\in D(M)$.

Unser allgemeinstes Existenztheorem in der Theorie monotoner Multioperatoren besteht in dem folgenden Resultat.

(27) E sei reflexiv sowie E^* strikt normiert, $S\subset E$ mit $0\in S$ sowie $M:S\to P(E^*)$ koerziv und maximal monoton. Dann ist $R(M)=E^*$, d.h., die Aufgabe $w\in Mx$ besitzt für jedes $w\in E^*$ eine Lösung $x\in S$.

Beweis: Wir gehen wieder von einer Dualitätsabbildung j bezüglich einer Gauge-Funktion φ aus. Da E^* strikt normiert ist, entnimmt man (20), (21), (22) und (23), daß j ein beschränkter, hemistetiger und monotoner Operator auf E ist. Mit jedem beliebigen $\varepsilon>0$ gilt das auch von εj. Damit folgt aus Satz (15), daß $R(M+\varepsilon j)=E^*$ ist, es gibt also zu beliebigem $w\in E^*$ und willkürlich gewähltem $\varepsilon>0$ eine Lösung x_ε von $w\in(M+\varepsilon j)x$.

Mit der Koerzivität (26) von M, angewandt auf x_ε, hat man

$$\langle w,x_\varepsilon\rangle = \langle u_\varepsilon,x_\varepsilon\rangle+\varepsilon\langle jx_\varepsilon,x_\varepsilon\rangle \geq c(\|x_\varepsilon\|)\|x_\varepsilon\|,$$

wobei $u_\varepsilon\in Mx_\varepsilon$ ist. Daraus folgt $\|w\|\|x_\varepsilon\|\geq c(\|x_\varepsilon\|)\|x\|$, woraus man entnimmt, daß $(\|x_\varepsilon\|)$ durch eine von ε unabhängige Zahl $\alpha>0$ beschränkt ist. Darüber hinaus haben wir $\|jx_\varepsilon\|\leq\varphi(\alpha)$ für alle $\varepsilon>0$. Also konvergiert $v_\varepsilon\equiv w-\varepsilon jx_\varepsilon\to w(\varepsilon\to 0)$ bezüglich der Norm-Topologie von E^*. Aus 1.1.(45) ergibt sich ferner, daß man aus $\{x_\varepsilon|\varepsilon>0\}\subset B(0,\alpha)$ eine Folge (x_i) mit den Eigenschaften

$$x_i \equiv x_{\varepsilon_i} \text{ mit } \varepsilon_i\to 0 \ (i\in N),\ x_i \rightharpoonup x\in B(0,\alpha) \ (i\in N),$$

auswählen kann. Dazu gehört $v_i\equiv w-\varepsilon_i jx_i\to w(i\in N)$.

Schließlich ziehen wir die Monotonie von M heran,

$$\langle v-v_i,y-x_i\rangle \geq 0 \ \forall \ (y,v)\in gr(M).$$

Wegen der s-Konvergenz von (x_i) und der Konvergenz von (v_i) darf der Grenzübergang $i\in N$ durchgeführt werden, er liefert das Resultat $\langle v-w,y-x\rangle \geq 0$ für alle $(y,v)\in gr(M)$. Daraus folgt mit der maximalen Monotonie von M, daß $(x,w)\in gr(M)$, also $x\in S$ und $w\in Mx$ ist. ∎

5.6 Periodische Lösungen bei Evolutionsgleichungen

Wir studieren die Anfangswertaufgabe bzw. die Existenz von periodischen Lösungen bei Evolutionsgleichungen $u'+Tu=w$. Im wesentlichen ist dabei zu zeigen, daß der Ableitungsoperator u' maximal monoton ist.

Zunächst müssen passende B-Räume eingeführt und einige ihrer Eigenschaften referiert werden. Es wird davon ausgegangen, daß der B-Raum F sein Dual F^* und der H-Raum H ein Tripel wie bei 4.4.(2) bilden, also F dicht in H und H dicht in F^* ist mit jeweils stetiger Einbettung. Betrachtet man nun $L^p([0,\omega],F)$ mit $1<p<\infty$ und $\omega>0$, so kann man den dazugehörigen Dualraum mit $L^q([0,\omega],F^*)$ identifizieren, wobei $p^{-1}+q^{-1}=1$ ist, die entsprechende Darstellungsformel für die Funktionale lautet

$$(1)\qquad \langle\varphi,u\rangle_{L^p([0,\omega],F)} = \int_0^\omega \langle\varphi(t),u(t)\rangle_F dt,$$

für alle $u\in L^p([0,\omega],F)$, $\varphi\in L^q([0,\omega],F^*)$.

In diesem Rahmen können verallgemeinerte Ableitungen u' für $u\in L^p([0,\omega],F)$ eingeführt werden. Gibt es nämlich $v\in L^q([0,\omega],F^*)$ mit

$$\int_0^\omega \frac{d\varphi}{dt}(t)u(t)dt = -\int_0^\omega \varphi(t)v(t)dt \quad \forall\ \varphi\in C_0^\infty((0,\omega)),$$

so setzt man $u'\equiv v$. Man identifiziert dabei $u(t)\in F$ mit dem entsprechenden Element aus F^*, was wegen $F\subset H\subset F^*$ geht und zur Folge hat, daß die Werte beider Integrale in der vorstehenden Relation als Elemente von F^* aufgefaßt werden können.

Mit Hilfe der verallgemeinerten Ableitung definiert man nun den Sobolev-Raum $W^{1,p}([0,\omega],F)$, indem man den Vektorraum aus den $u\in L^p([0,\omega]F)$, die eine verallgemeinerte Ableitung $u'\in L^q([0,\omega],F^*)$ besitzen, mit der Norm

$$\|u\|_{W^{1,p}([0,\omega],F)} \equiv \|u\|_{L^p([0,\omega],F)}+\|u\|_{L^q([0,\omega],F^*)}$$

versieht.

Um den Zusammenhang mit H aus dem Tripel F,H,F^* herzustellen, kann gezeigt werden, daß nach Änderung auf einer Menge vom Maß Null aus jedem $u\in W^{1,p}([0,\omega],F)$ eine stetige Abbildung von $[0,\omega]$ in H wird, für die gilt

$$\max\{\|u(t)\|_H \mid t\in[0,\omega]\} \le c\|u\|_{W^{1,p}([0,\omega],F)},$$

wobei dasselbe Symbol u verwendet wird und $c>0$ eine Konstante ist. Außerdem hat man für alle $u,v\in W^{1,p}([0,\omega],F)$, falls man sie ebenfalls im Sinne dieser Änderung versteht, eine Formel für partielle Integration:

(2) $$\int_r^s (\langle u'(t),v(t)\rangle_F+\langle v'(t),u(t)\rangle_F)dt = (u(s),v(s))_H-(u(r),v(r))_H$$

für beliebige r,s mit $0\le r<s\le\omega$.

Nun setzen wir $E\equiv L^p([0,\omega],F)$, haben also $E^*=L^q([0,\omega],F^*)$. Im Rahmen dieser Räume werden nun spezielle Ableitungsoperatoren definiert.

(3) $M_1:D(M_1)\to\mathcal{P}(E^*)$ <u>mit</u>

$$D(M_1)\equiv\{u\mid u\in W^{1,p}([0,\omega],F),u(0)\equiv 0\},\ M_1u\equiv u'$$

sowie

(4) $M_2:D(M_2)\to\mathcal{P}(E^*)$ <u>mit</u>

$$D(M_2)\equiv\{u\mid u\in W^{1,p}([0,\omega],F),u(0)=u(T)\},\ M_2\equiv u',$$

wobei u' die soeben eingeführte verallgemeinerte Ableitung bedeutet. Für diese verallgemeinerten Ableitungsoperatoren behaupten wir

(5) M_1 <u>und</u> M_2 <u>sind maximal monoton</u>.

<u>Beweis</u>: Die Monotonie der linearen Multioperatoren M_i zeigt man mit Hilfe der Formel (2), laut (1) ist nämlich mit $u'\in M_iu$ für beliebiges $u\in W^{1,p}([0,\omega],F)$

(6) $$\langle u',u\rangle_E = \int_0^\omega \langle u'(t),u(t)\rangle_F dt = \tfrac{1}{2}(\|u(\omega)\|_H^2-\|u(0)\|_H^2) \ge 0$$

aufgrund der bei M_i vorgegebenen Randbedingungen.

Um die maximale Monotonie zu erhalten, nehmen wir an, für $v\in E$ und $w\in E^*$ gelte

(7) $$\langle w-u',v-u\rangle_E \ge 0\ \forall\ (u,u')\in gr(M_i).$$

Zu zeigen ist $v\in D(M_i)$ und $w=v'\in M_iv$. Zunächst beweisen wir $v\in W^{1,p}([0,\omega],F)$. Setzt man nämlich $u\equiv\varphi z$ mit beliebigem $z\in F$ und $\varphi\in C_0^\infty((0,\omega))$, so ist $u'=\varphi'z$ und es folgt für v aus (7) mit Hilfe von (6) und $u(0)=u(\omega)=0$, daß

$$0 \le \langle w,v\rangle_E-\langle\int_0^\omega(\varphi'(t)v(t)+\varphi(t)w(t))dt,z\rangle_F$$

woraus man wegen der Willkür bei der Auswahl von φ und z entnimmt

$$\int_0^\omega (\varphi'(t)v(t)+\varphi(t)w(t))dt = 0 \ \forall \ \varphi\in C_0^\infty((0,\omega)).$$

Vergleicht man dies mit der Definition der verallgemeinerten Ableitung, so sieht man $v'=w$, was $v\in W^{1,p}([0,\omega],F)$ bedeutet. Mit Hilfe der Formel (2) entnimmt man aus (7), daß für beliebige $u\in D(M_i)$ und die entsprechende Ableitung $u'\in M_i u$ gilt

(8) $$(u(\omega)-v(\omega),u(\omega)-v(\omega))_H-(u(0)-v(0),u(0)-v(0))_H$$

$$= 2\langle v'-u',v-u\rangle_E \geq 0.$$

Wenn $u\in D(M_1)$ ist, also $u(0)=0$, kann man (8) schreiben als

(9) $$\|u(\omega)-v(\omega)\|_H^2-\|v(0)\|_H^2 \geq 0.$$

Weil $F\subset H$ dicht ist, gibt es eine Folge $(z_i)\subset F$, so daß sowohl $\omega z_i\to v(\omega)$ $(i\in N)$ in H gilt, als auch die durch $u_i(t)\equiv tz_i, t\in[0,\omega]$, definierten Abbildungen $u_i:[0,1]\to E$ zu $D(M_1)$ gehören. Setzt man $u\equiv u_i$, $i\in N$, in (9) ein und führt den Grenzübergang $i\in N$ durch, so erhält man $v(0)=0$, insgesamt heißt das $v\in D(M_1)$, womit die maximale Monotonie vom M_1 bewiesen ist.

Wenn $u\in D(M_2)$ ist, also $u(0)=u(\omega)$, dann kann (8) in die Form

$$2(u(0),v(0)-v(\omega))_H+\|v(\omega)\|_H^2-\|v(0)\|_H^2 \geq 0$$

gebracht werden. Wäre nun $v(0)\neq v(\omega)$, so könnte man $u(0)$ finden, mit dem der links stehende Ausdruck negativ würde. Das folgt mit dem Satz von Hahn-Banach 1.1.(25) aus der Tatsache, daß $u(0)$ beliebig in F und $F\subset H$ dicht ist. Diese Beobachtung liefert $v(0)=v(\omega)$, womit wir $v\in D(M_2)$ und daher die Behauptung auch für M_2 haben. ■

Nun schreiben wir die Evolutionsgleichung mit Anfangsbedingung

$$u'+Tu = w, \ u(0)=0,$$

sowie die mit Periodizitätsbedingung

$$u'+Tu = w, \ u(0)=u(\omega),$$

in der einheitlichen Form

(10) $$M_i u+Tu \ni w, \ i=1,2,$$

und behaupten dafür den folgenden Existenzsatz:

(11) F,H,F^* _bilden ein Tripel im eingangs beschriebenen Sinn_, $E\equiv L^p([0,\omega],F)$ _und_ $E^*=L^q([0,\omega],F^*)$. $M_i:D(M_i)\subset E\to\mathcal{P}(E^*)$ _seien die Ab-_

<u>leitungsoperatoren aus</u> (3) <u>und</u> (4) <u>sowie</u> $T:E\to E^*$ <u>beschränkt, hemistetig, koerziv und monoton auf</u> E. <u>Dann besitzt die Aufgabe</u> (10) <u>für jedes</u> $w\in E^*$ <u>eine Lösung</u> $u\in D(M_i)$.

<u>Beweis</u>: Im Hinblick auf (5) sind die Voraussetzungen von Satz 5.(15) erfüllt. ∎

Eine Konkretisierung dieses Resultates wollen wir nur skizzieren. Die Methode ähnelt der Vorgehensweise in Abschnitt 5.2.

Es sei $\Omega\subset R^n$ ein nichtleeres beschränktes Gebiet mit ausreichend glattem Rand $\partial\Omega$, man setzt $Z\equiv\Omega\times(0,\omega)$, $\omega>0$. Die B-Räume $F\equiv W_0^{1,p}(\Omega)$, $H\equiv L^2(\Omega)$ und $F^*=W^{-1,q}(\Omega)$ bilden für $p\geq 2$ und $p^{-1}+q^{-1}=1$ ein Tripel im gewünschten Sinn, man hat also damit $E\equiv L^p([0,\omega],F)$ und $E^*=L^q([0,\omega],F^*)$. Nun betrachten wir mit $v\in L^q(Z)$ die Randwertaufgabe

(12) $$\frac{\partial u}{\partial t}(x,t)-\sum_{j=1}^{n}\frac{\partial}{\partial x_j}g_j(x,\text{grad}u(x,t),t) = v(x,t) \;\forall\; (x,t)\in Z,$$

(13) $$u(x,t) = 0 \;\forall\; (x,t)\in\partial\Omega\times(0,\omega),$$

mit der Periodizitätsbedingung

(14) $$u(x,0) = u(x,\omega) \;\forall\; x\in\Omega.$$

Dieser Aufgabe kann nun wieder ein schwaches Problem (vgl. Abschnitt 5.2) zugeordnet werden, es hat die Gestalt $M_2u+Tu\ni w$, $u\in D(M_2)$, mit dem oben eingeführten Ableitungsoperator $M_2:D(M_2)\subset E\to P(E^*)$ sowie einen Operator $T:E\to E^*$ und der rechten Seite $w\in E^*$. Dabei sind

$$\langle (Tu)(t),z\rangle_F = \int_\Omega\sum_{j=1}^{n} g_j(x,\text{grad}u(x,t),t)\frac{\partial z}{\partial x_i}(x)dx$$

$$\langle w(t),z\rangle_F = \int_\Omega v(x,t)z(x)dx$$

für alle $z\in F$ und $t\in(0,\omega)$.

Wenn wir nun annehmen, daß für die g_j in (12) die bei 2.(2) bis 2.(5) genannten Voraussetzungen für jedes $t\in[0,\omega]$ gelten, wobei die entsprechenden Konstanten $c>0$, $b>0$ sowie die Funktionen s,r von t unabhängig seien, sowie (analog zu der bei 2.(6) verwendeten Notation) $G(y,z,.)$ auf $[0,\omega]$ meßbar ist für alle $y,z\in F$, dann kann bewiesen werden, daß T die in (11) vorausgesetzten Eigenschaften besitzt.

Damit haben wir: Die der durch (12), (13) und (14) beschriebenen

Aufgabe zugeordnete schwache Problemstellung besitzt eine Lösung. In diesem Sinn existiert also die behauptete ω-periodische Lösung.

5.7 Subdifferentiale konvexer Funktionale

Dieser Abschnitt ist dem Studium der in 5.3 definierten Subdifferentiale gewidmet, wobei hier natürlich ihre maximale Monotonie im Vordergrund steht. Die Definition ging so: Bei eigentlich konvexem $\phi:E\to(-\infty,\infty]$ wurde die Teilmenge

(1) $\quad \partial\phi(x) \equiv \{u \mid u\in E^*, \phi z\geq\phi x+\langle u,z-x\rangle \ \forall\ z\in E\}, x\in E,$

von E^* im Falle ihrer Existenz als Subdifferential von ϕ in x bezeichnet. Offensichtlich sind das, wenn sie nicht leer sind, s^*-abgeschlossene und konvexe Mengen. Die einzelnen Elemente von $\partial\phi(x)$, also

(2) $\quad x\in E,\ u\in E^*: \quad \phi z \geq \phi x+\langle u,z-x\rangle \ \forall\ z\in E,$

heißen Subgradienten von ϕ in x. Geometrisch bedeutet die Bedingung (2), daß der Graph der affinen Abbildung $l:E\to R$ mit $lz\equiv\phi x+\langle u,z-x\rangle$ eine Stützhyperebene an den in $E\times R$ liegenden Epigraphen von ϕ im Punkt $(x,\phi x)$ ist.

Mit Hilfe der Subdifferentiale $\partial\phi(x)$ von ϕ in x kann ein Multiopeator $\partial\phi:D(\partial\phi)\to P(E^*)$ definiert werden, wobei $D(\partial\phi)$ in der effektiven Definitionsmenge $\mathrm{dom}(\phi)$ von ϕ enthalten ist. Ist $x\in\mathrm{dom}(\phi)$ und ϕ stetig in x, so wird $\partial\phi(x)\neq\emptyset$, wenn ϕ in x sogar G-differenzierbar ist, hat man $\partial\phi(x)=\{d\phi(x)\}$ (Beweise als Übungsaufgabe). Wir bestimmen die Subdifferentiale in zwei wichtigen Spezialfällen.

(3) Es sei $\phi x\equiv 2^{-1}\|x\|^2, x\in E$, und $j:E\to P(E^*)$ die Dualitätsabbildung zur Gauge-Funktion $\varphi(r)\equiv r$. Dann ist $\partial\phi(x)=jx$ für jedes $x\in E$, d.h.

$$u\in\partial\phi(x) \quad\Leftrightarrow\quad \langle u,x\rangle = \|u\|\,\|x\|,\ \|u\|=\|x\| \ \forall\ x\in E.$$

Ist nämlich $u\in jx$, so hat man für jedes $z\in E$

$$\langle u,z-x\rangle = \langle u,z\rangle-\|x\|^2 \leq \|u\|\,\|z\|-\|x\|^2= \|x\|\,\|z\|-\|x\|^2$$

$$= \tfrac{1}{2}(\|z\|^2-\|x\|^2)-\tfrac{1}{2}(\|z\|-\|x\|)^2 \leq \tfrac{1}{2}(\|z\|^2-\|x\|^2).$$

Der Vergleich mit (2) zeigt, daß u ein Subgradient von ϕ ist.

Hat man umgekehrt $u\in\partial\phi(x)$, so lautet (2) in diesem Fall

(4) $\quad \|z\|^2 \geq \|x\|^2+2\langle u,z-x\rangle \ \forall\ z\in E.$

Setzt man hier $z\equiv x+ty$ mit beliebigem $y\in E$ und $t>0$ ein und rechnet die einzelnen Terme aus, so ergibt sich nach Division durch t die Relation $2\|x\|\|y\|+\|y\|^2 \geq 2\langle u,y\rangle$. Der Grenzübergang $t\to 0$ liefert $\langle u,y\rangle \leq \|x\|\|y\|$ für jedes beliebige $y\in E$, speziell für $y=x$ also $\langle u,x\rangle \leq \|x\|^2$.

Wird außerdem $z=(1-t)x$ mit $t>0$ in (4) eingesetzt, so rechnet man $(t-2)\|x\|^2 \geq -2\langle u,x\rangle$ aus. Der Grenzübergang $t\to 0$ bringt hier $\langle u,x\rangle \geq \|x\|^2$. Insgesamt haben wir somit $\langle u,x\rangle = \|x\|^2$, aus der Definition der Norm von E^*, angewandt auf u, folgt noch $\|u\|=\|x\|$. Damit ist $u\in jx$ nachgewiesen.

(4) $S\subset E$ sei abgeschlossen und konvex, ψ die Indikatorfunktion von S. Dann ist für jedes $x\in S$

$$u\in\partial\psi(x) \quad \Leftrightarrow \quad \langle z,x-z\rangle \geq 0 \ \forall\ z\in S.$$

Diese Behauptung ist klar, man braucht nur die Definition der Indikatorfunktion von S in (1) einzusetzen. Man sieht auch gleich, daß $D(\partial\psi)=\mathrm{dom}(\psi)$ ist. Besteht zwischen $x\in S$ und $u\in E^*$ die Relation $\langle u,x-z\rangle \geq 0$ für alle $z\in S$, dann bezeichnet man u als Normale zu S in x. Dann kann man auch sagen, daß jedem $x\in S$ durch das Subdifferential $\partial\psi(x)$ der Indikatorfunktion der Normalenkegel zu S in x zugeordnet wird. Dieser ist nichtleer, denn man hat zumindest $0\in\partial\psi(x)$, für $x\in \mathrm{int}S$ ergibt sich sogar $\partial\psi(x)=\{0\}$.

Aus der Definition des Subdifferentials erkennt man, daß ein globales Minimum eines eigentlich konvexen Funktionals ϕ genau dann vorliegt, wenn $0\in\partial\phi(x)$ gilt. Um nichttrivialen Gebrauch von dieser Bedingung machen zu können, benötigt man Hilfsmittel zur Berechnung von Subgradienten. Ein wichtiges Beispiel besteht in Funktionalen $\phi=\varphi+\psi$, wobei ψ die Indikatorfunktion einer nichtleeren konvexen Menge S und φ ein G-differenzierbares konvexes Funktional auf S ist. Die globale Minimierung von φ auf S ist nun mit der von ϕ auf E äquivalent. Über die Existenz von $x\in S$ mit $0\in\partial\phi(x)$ kann man entscheiden, wenn man die Kombination der bekannten Subgradienten von ψ und φ zu $\partial\phi$ beherrscht. Dazu behaupten wir den folgenden Satz.

(5) $\phi_1,\phi_2:E\to(-\infty,\infty]$ seien eigentlich konvex und es gebe einen Punkt in $\mathrm{dom}(\phi_1)\cap\mathrm{dom}(\phi_1)$, in dem entweder ϕ_1 oder ϕ_2 stetig ist. Dann gilt

$$\partial(\phi_1+\phi_2)(x) = \partial\phi_1(x)+\partial\phi_2(x) \ \forall\ x\in D(\partial\phi_1)\cap D(\partial\phi_2).$$

Beweis: Wähle ein beliebiges $x\in D(\partial\phi_1)\cap D(\partial\phi_2)$. Dann gilt definitionsgemäß für $u_1\in\partial\phi_1(x)$ und $u_2\in\partial\phi_2(x)$

$$\phi_i z \geq \phi_i x+\langle u_i,z-x\rangle \ \forall\ z\in E,\ i=1,2.$$

Addition dieser beiden Ungleichungen liefert

$$(\phi_1+\phi_2)z \geq (\phi_1+\phi_2)x+<u_1+u_2,z-x> \quad \forall\ z\in E,$$

was mit (1) als $u_1+u_2\in\partial(\phi_1+\phi_2)(x)$ zu lesen ist. Damit haben wir $\partial\phi_1(x)+\partial\phi_2(x)\subset\partial(\phi_1+\phi_2)(x)$.

Zum Nachweis der umgekehrten Inklusion können wir uns auf den Spezialfall beschränken, daß $\phi_1 O=\phi_2 O=O$ ist und behauptet wird

$$O\in\partial(\phi_1+\phi_2)(O) \quad \Rightarrow \quad O\in\partial\phi_1(O)+\partial\phi_2(O).$$

Den allgemeinen Fall erhält man nämlich, wenn man ϕ_1 und ϕ_2 durch die eigentlich konvexen Funktionale F_1,F_2 mit

$$F_1x \equiv \phi_1(x+y)-\phi_1y-<v,x>, \quad F_2x \equiv \phi_2(x+y)-\phi_2y,\ x\in E,$$

ersetzt, wobei $y\in D(\partial\phi_1)\cap D(\partial\phi_2)$ und $v\in\partial(\phi_1+\phi_2)(y)$ beliebig zu wählen sind.

Wir gehen jetzt von $O\in\partial(\phi_1+\phi_2)(O)$ aus. Das heißt, daß

(6) $\quad O = (\phi_1+\phi_2)O = \min\{(\phi_1+\phi_2)z \mid z\in E\}$.

Dazu nehmen wir $\mathrm{epi}(\phi_1)$ sowie die Menge $C\equiv\{(z,r) \mid (x,r)\in E\times R, r\leq-\phi_2 z\}$. Aufgrund der Konvexität von ϕ_1 und ϕ_2 sind beide konvex und $\mathrm{int\ epi}(\phi_1)\neq\emptyset$, wenn wir annehmen, daß ϕ_1 in einem Punkt aus $\mathrm{dom}(\phi_1)$ stetig ist. Aufgrund der Bedingung (6) haben wir ferner $\mathrm{int\ epi}(\phi_1)\cap C=\emptyset$. Aus dem Trennungssatz 1.1.(27) folgt nun, daß es eine abgeschlossene Hyperebene in $E\times R$ gibt, die $\mathrm{epi}(\phi_1)$ und C trennt, wobei diese Hyperebene die Eigenschaft hat, daß ihre Projektion auf E nicht eine $\mathrm{dom}(\phi_1)$ und $\mathrm{dom}(\phi_2)$ trennende abgeschlossene Hyperebene von E ist. Das widerspräche nämlich der Voraussetzung $\mathrm{int\ dom}(\phi_1)\cap\mathrm{dom}\phi_2\neq\emptyset$. Entsprechend unserer Annahme ist $O\in\mathrm{epi}(\phi_1)\cap C$, daher existiert $w\in E^*$ mit dem $r\geq<w,z>$ für $(z,r)\in\mathrm{epi}(\phi_1)$ bzw. $r\leq<w,z>$ für $(z,r)\in C$ ausfällt. Diese beiden Bedingungen können zu

$$\phi_i z \geq \phi_i O+<(-1)^{i+1}w,z-O> \quad \forall\ z\in E,\ i=1,2,$$

umgeschrieben werden. Daraus entnehmen wir $w\in\partial\phi_1(O)$ und $-w\in\partial\phi_2(O)$, was $O\in\partial\phi_1(O)+\partial\phi_2(O)$ bedeutet. ■

Kehrt man zu dem Beispiel zurück, von dem wir vor Formulierung dieses Satzes ausgingen, so sind mit $\phi_1\equiv\varphi$ und $\phi_2\equiv\psi$ die Voraussetzungen erfüllt und wir haben $\partial\phi(x)=\partial(\varphi+\psi)(x)=\partial\varphi(x)+\partial\psi(x)=\{d\varphi(x)\}+\partial\psi(x)$ für alle $x\in E$. Es ist also $O\in\partial\phi(x)$ genau dann, wenn $-d\varphi(x)\in\partial\psi(x)$ ist, was bedeutet, daß φ genau dann sein Minimum auf S in $x\in S$ annimmt, wenn - $d\varphi(x)$ Normale in x zu S ist. Etwas allgemeiner kann man das folgendermaßen formulieren.

(7) $S\subset E$ sei konvex und $\phi:E\to(-\infty,\infty]$ eigentlich konvex, ferner enthalte $S\cap\mathrm{dom}(\phi)$ einen inneren Punkt von S oder ϕ sei in einem Punkt von $S\cap\mathrm{dom}(\phi)$ stetig. ϕ besitzt sein Minimum auf S genau dann in x, wenn $x\in S$ ist und es $w\in\partial\phi(x)$ gibt, so daß $-w$ Normale zu S in x ist.

Der Beweis ist mit Satz (5) und den Bemerkungen zu dem Beispiel klar.

Wir gehen nun über zu den Monotonieeigenschaften der Subdifferentiale.

Ist zunächst $\phi:E\to(-\infty,\infty]$ eigentlich konvex und $\partial\phi:D(\partial\phi)\to P(E^*)$ der zugehörige, durch die Subdifferentiale definierte Multioperator, so erhält man für beliebige $x,y\in D(\partial\phi)$ und beliebige $u\in\partial\phi(x), v\in\partial\phi(y)$ aus (1) die Relationen

$$\phi x \geq \phi y+\langle v,x-y\rangle, \quad \phi y \geq \phi x+\langle u,y-x\rangle.$$

Addition ergibt $\langle u-v,x-y\rangle \geq 0$, woraus aufgrund der Willkür der Auswahl von x,y,u und v die Monotonie von $gr(\partial\phi)$ bzw. von $\partial\phi$ folgt. Darüber hinaus behaupten wir folgenden Satz.

(8) E sei reflexiv und $\phi:E\to(-\infty,\infty]$ eigentlich konvex und uh-stetig auf E. Dann ist $\partial\phi:D(\partial\phi)\to P(E^*)$ maximal monoton.

Beweis: Es ist zu zeigen, daß es zu $x\in D(\partial\phi)$ und $u\in E^*$ mit $u\notin\partial\phi(x)$ ein $y\in D(\partial\phi)$ und ein $v\in\partial\phi(y)$ mit $\langle u-v,x-y\rangle<0$ gibt. Indem man ϕ durch das eigentlich konvexe, uh-stetige Funktional F, wobei $Fx\equiv\phi(x+y)-\langle u,y\rangle$ ist, ersetzt, kann man sehen, daß es genügt, von der Annahme $0\notin\partial\phi(0)$ auszugehen und die Existenz von y und v mit $v\in\partial\phi(y)$ und $\langle v,y\rangle<0$ nachzuweisen.

Mit $\psi:E\to R$, wobei $\psi z\equiv 2^{-1}\|z\|^2$ ist, hat man, daß $\phi+\psi$ ein eigentlich konvexes uh-stetiges Funktional auf E ist. Daraus folgt, daß die Mengen $\{z\,|\,z\in E,(\phi+\psi)z\leq r\}$ für jedes $r\in R$ abgeschlossen, beschränkt und konvex, nach 1.1.(43) also s-kompakt sind. Mit 1.1.(40) haben wir noch die s-f-Abgeschlossenheit dieser Mengen für jedes $r\in R$, was nach 4.2.(3) die s-uhf-Stetigkeit von $\phi+\psi$ auf E zur Folge hat. Insgesamt sind die Voraussetzungen von 4.2.(1) erfüllt, $\phi+\psi$ besitzt also in einem Punkt $y\in\mathrm{dom}(\phi)$ das globale Minimum. Das ist äquivalent mit $0\in\partial(\phi+\psi)(y)$, aus (5) entnehmen wir deshalb $0\in\partial\phi(y)+\partial\psi(y)$, was bedeutet, daß es $-v\in\partial\psi(y)$ gibt. Vergleichen wir das mit (3), so haben wir dafür $-<v,y>=\|v\|\|y\|$ und $\|v\|=\|y\|$. Wäre $y=0$, so folgte hieraus auch $v=0$, das widerspräche jedoch der Voraussetzung $0\in\partial\phi(0)$. Daher ist $<v,y>=-\|y\|^2<0$. ■

Mit Hilfe dieses Resultates kann man auch Einblick in die Gestalt von $D(\partial\phi)$ nehmen.

(9) E _sei reflexiv und strikt normiert_, E^* _strikt normiert und_ $\phi:E\to(-\infty,\infty]$ _eigentlich konvex und uh-stetig. Dann ist_ $D(\partial\phi)$ _dicht in_ $dom(\phi)$.

Beweis: Unter den gegebenen Voraussetzungen ist jede Dualitätsabbildung $j:E\to E^*$ beschränkt, hemistetig, koerziv und strikt monoton auf E, das alles entnimmt man 5.(20), 5.(23), dem Beweis von 5.(25) sowie einer Übungsaufgabe. Zusammen mit (8) folgt daher aus 5.(15) und der Übungsaufgabe, daß bei beliebigem $y\in dom(\phi)$ die Aufgabe $0\in j(y-x)+r\partial\phi(x)$ für jedes $r>0$ eine eindeutig bestimmte Lösung x_r besitzt. Wendet man die entsprechende in E^* bestehende Relation $0\in j(y-x_r)+r\partial\phi(x_r)$ auf $y-x_r$ an, so erhält man aus 5.(20) und (1)

$$\|y-x_r\|^2+r\phi x_r \le \phi y.$$

Mit Hilfe des Trennungssatzes 1.1.(27) kann man zeigen, daß ϕ unter von vorliegenden Voraussetzungen durch eine affine Funktion von unten beschränkt ist. Daher folgt $\|y-x_r\|\to 0\,(r\to 0)$. Das bedeutet, daß $y\in cl D(\partial\phi)$ ist. ■

Nicht jeder maximal monotone Operator ist als Subdifferential eines konvexen Funktionals darstellbar. Um eine Charakterisierung der Subdifferentiale unter ihnen zu finden, führen wir einen speziellen Monotoniebegriff ein. Der Multioperator $M:D(M)\subset E\to P(E^*)$ heißt _zyklisch monoton_, wenn für jede endliche Teilmenge $\{(u_0,x_0),\ldots,(u_n,x_n)\}$ von $gr(M)$ gilt (wobei $n\in N$ beliebig ist!)

(10) $<u_0,x_0-x_1>+\ldots+<u_{n-1},x_{n-1}-x_n>+<u_n,x_n-x_0> \ge 0$

Als _maximal zyklisch monoton_ bezeichnet man M, wenn er zyklisch monoton ist und keine Erweiterung mit dieser Eigenschaft besitzt. Offensichtlich ist jeder zyklisch monotone Multioperator, der maximal monoton im üblichen Sinne ist, bereits maximal zyklisch monoton. Außerdem ist klar, daß jeder zyklisch monotone Multioperator monoton ist.

Aus der Definition (1) folgt, daß durch Subdifferentiale zyklisch monotone Multioperatoren gegeben sind. Darüber hinaus behaupten wir die angekündigte Charakterisierung.

(11) E sei reflexiv und $M:D(M)\to P(E^*)$. Es existiert genau dann ein eigentlich konvexes, uh-stetiges Funktional $\phi:E\to(-\infty,\infty]$ mit $\partial\phi=M$, wenn M maximal zyklisch monoton ist.

Beweis: Nach (8) ist $\partial\phi$ maximal monoton, da außerdem die zyklische Monotonie trivialerweise vorliegt, hat man die maximal zyklische Monotonie von $\partial\phi$ und M.

Umgekehrt gehen wir davon aus, daß M maximal zyklisch monoton ist und wählen $(x_0,u_0)\in gr(M)$. Zur Definition von $\phi:E\to(-\infty,\infty]$, bei dem wir dann die behaupteten Eigenschaften nachweisen wollen, bezeichnen wir mit F die Familie aller endlichen Teilmengen von gr(M). Nun setzen wir

$$\phi z \equiv \sup\{<u_n,z-x_n>+<u_{n-1},x_n-x_{n-1}>+...+<u_0,x_1-x_0> \mid \{(x_1,u_1),...,(x_n,u_n)\}\in F\},\ z\in E.$$

Da $\phi z>-\infty$ für alle $z\in E$, aus der zyklischen Monotonie (10) von M $\phi x_0=0$, also $\phi x_0<\infty$, folgt und schließlich ϕ konvex und uh-stetig ist, muß nur noch bewiesen werden, daß $\partial\phi=M$ ist. Wir bemerken dazu, daß sich die Konvexität und uh-Stetigkeit von ϕ aus der Tatsache ergeben, daß ϕ als obere Einhüllende einer Familie affiner und stetiger Funktionen definiert wurde.

Nun wird $(y,v)\in gr(M)$ beliebig gewählt, zu zeigen ist $(y,v)\in gr(\partial\phi)$, wozu es genügt, daß für jedes $r<\phi y$ gilt $\phi z\geq r+<v,z-y>$ für alle $z\in E$.

Wählt man ein $r<\phi y$, so folgt aus der Definition von ϕ, daß es $\{(x_1,u_1),...,(x_m,u_m)\}\subset gr(M)$ gibt mit

(12) $\quad r < <u_m,y-x_m>+<u_{m-1},x_m-x_{m-1}>+...+<u_0,x_1-x_0>.$

Setzt man $x_{m+1}\equiv y$, $u_{m+1}\equiv v$, so folgt wiederum aus der Defintion von ϕ

$$\phi z \geq <u_{m+1},z-x_{m+1}>+<u_m,x_{m+1}-x_m>+...+<u_0,x_1-x_0>\ \forall\ z\in E,$$

was mit (12) die gewünschte Relation $\phi z\geq r+<v,z-y>$ für alle $z\in E$ bringt. Aufgrund der Willkür bei der Auswahl von $(y,v)\in gr(M)$ haben wir damit $gr(M)\subset gr(\partial\phi)$. Nun ist aber M maximal in der Menge der zyklisch monotonen Multioperatoren und $\partial\phi$ ist selbst zyklisch monoton, also folgt $gr(M)=gr(\partial\phi)$ und $M=\partial\phi$. ∎

Abschließend bemerken wir noch, daß wir mit Hilfe der Subdifferentiale die Variationsungleichungen 1.(1), also

$$\phi z \geq \phi x-<Tx-w,z-x>\ \forall\ z\in E,$$

in den Rahmen der maximalen Monotonie einfügen können. Diese Aufgabe ist nach (1) damit äquivalent, x zu finden mit dem $Tx-w\in\partial\phi(x)$ oder, noch einfacher, $w\in(T+\partial\phi)(x)$ gilt. Besitzt T die entsprechenden Eigenschaften, so folgt mit (8) aus 5.(15) die Existenz einer Lösung von 1.(1).

5.8 Bemerkungen und Hinweise

Die explizite Definition der monotonen Operatoren wird Kachurovskii [95] zugeschrieben, in [96, 115, 150] finden sich einige Anmerkungen zur Historie. Ganz grob kann die Entwicklung mit einigen Namen und Arbeiten markiert werden: Minty [109], Brézis [18], Browder [24, 28, 41] und Leray-Lions [105].

Bei der einheitlichen Darstellung der Gleichungen und Ungleichungen mit monotonen Operatoren und Teilen der Variationsrechnung in 5.1 folgen wir teilweise Browder [29], wichtig in diesem Zusammenhang ist auch Hartman-Stampacchia [90]. Im Vergleich mit den Resultaten aus Kapitel 4 bemerkt man, daß nunmehr auf die Voraussetzung der Beschränktheit bei den Operatoren verzichtet werden kann. Stetigkeitsaussagen wie 1.(5) werden von Kato [98] untersucht. Als Beispiel für die vielen Arbeiten, die die Stabilität der Monotonie gegen Störungen studieren, nennen wir Wille [156].

Über die Anwendung von Monotoniemethoden bei partiellen Differentialgleichungen und -ungleichungen kann man sich bei Lions [107] oder Zeidler [161] informieren. Grundlegende Arbeiten dazu schrieb auch Browder,[25] über stationäre Gleichungen bzw. [26, 34] über Evolutionsgleichungen, in [35] behandelt er die Existenz von periodischen Lösungen. Von Browders zahlreichen Überblicksarbeiten zu diesem Thema nennen wir [38, 40, 41], hierher gehört auch Brézis [19]. Das Studium winkelbeschränkter Kernoperatoren bei Hammerstein-Gleichungen begann Amann [4], die Konstruktion des Einbettungstripels in 2.(16) geht auf Browder-Gupta [42] zurück. In diesem Zusammenhang ist auch wieder Browders Übersichtsartikel [39] zu nennen. Unsere Resultate über Hammerstein-Gleichungen wurden z.B. in den Arbeiten von Amann [5], De Figueiredo-Gupta [53, 54] und Petryshyn-Fitzpatrick [120] weitergeführt.

Die pseudomonotonen Operatoren wurden von Brézis [18] eingeführt dort findet man z.B. auch 3.(9). Ihren Zusammenhang mit der Variationsrechnung, z.B. die Konstruktion von Lösungen durch Minimalfolgen, studierte Browder [37]. Der wichtige Existenzsatz 3.(12) für semikoerzive Operatoren geht auf Hess [92] zurück, unsere Darstellung folgt im wesentlichen Gwinner [86]. Die Variationsoperatoren stehen im Mittelpunkt des Buches [107] von Lions. Weiterführendes zu 5.3 und 5.4 findet man bei Gossez [83] und Ton [148].

Als Beginn der Theorie maximal monotoner Multioperatoren (diese Bezeichnung übersetzt "multifunction") darf man wohl Browder [28] ansehen, Grundlage unserer Darstellung ist seine Arbeit [31]. Wesentliche Beiträge leisteten auch Brézis und Rockafellar, wir nennen dazu das Buch [20] bzw. den Übersichtsartikel [133]. Allgemeinere Aussagen über die Maximalität von Summen maximal monotoner Operatoren findet man bei Rockafellar [134] und Browder [32, 36, 41], verallgemeinerte pseudomonotone Multioperatoren behandeln Browder-Hess [43]. Damit sind jeweils natürlich auch allgemeinere Existenzaussagen verbunden, neben [43] verweisen wir dazu auch auf die Bücher von Browder [41] und Pascali [117].

Die Untersuchung der Dualitätsabbildungen wurde von Beurling-Livingstone [13] begonnen, weiteres findet man bei Browder [28]. Die Theorie der Subdifferentiale unter dem Aspekt der Monotonie wurde weitgehend von Rockafellar geschaffen, man kann sich in [133] dazu informieren.

Von den zahlreichen Werken, die sich mit Themen aus diesem Kapitel beschäftigen, können wir nur eine kleine Auswahl nennen: Übersichtsartikel von Browder [38, 39, 40, 41], Brézis [19], Gajewski-Kluge [74] und Kachurovskii [96]. Mehr oder weniger mit dem Stoff aus Abschnitt 5.1 vergleichbar sind De Figueiredo [52], Opial [115] und Vainberg [150]. Browders Monotonieresultate, in etwa im Umfang von [41], sind bei Pascali [117] sehr übersichtlich aufgearbeitet. Die Monotonie-Theorie vom konstruktiven Standpunkt her entwickelt Zeidler in seinem Buch [161].

Material zur approximativen Lösbarkeit von monotonen Aufgaben steht bei Petryshyn [119] im Rahmen der A-proper mappings, Projektions-Iterationsverfahren behandeln Gajewski-Gröger-Zacharias [75] und Zeidler [161]. Hinsichtlich des Zusammenhanges zwischen monoton und nichtexpansiven Operatoren verweisen wir auf [41]. In diesen Zusammenhang gehört auch die Theorie der akkretiven bzw. dissipativen Operatoren, man liest darüber in [41] und bei Barbu [12]. Dieses Buch stellt auch die Verbindung her zur Theorie der nichtlinearen

Halbgruppen, dazu nennen wir noch Brézis [20].

Speziell zu den Variationsungleichungen weisen wir auf Lions [107], Glowinski-Lions-Trémolières [78] und Gwinner [86] hin. Im ersten Buch werden sie auf partielle Differentialprobleme angewandt, das zweite hat ihre numerische Behandlung anhand konkreter Probleme aus der Mechanik zum Inhalt und das dritte stellt Bezüge zur Optimierung her.

5.9 Übungsaufgaben

(1) E sei ein H-Raum, $T:E\to E$ nichtexpansiv auf E. Dann ist I-T monoton.

(2) E sei reflexiv und strikt normiert, $T:E\to E^*$ hemistetig, koerziv und monoton auf E, ferner folge $\|x\|=\|y\|$ aus $\langle Tx-Ty,x-y\rangle=0$ für alle $x,y\in E$. Dann besitzt $Tx=w$ für jedes $w\in E^*$ eine eindeutig bestimmte Lösung.

(3) $T:E\to E^*$ sei monoton und f-stetig von der s- in die s^*-Topologie von E bzw. E^*. Dann ist $\phi:E\to R$ mit $\phi x\equiv\langle Tx,x\rangle$ s-uhf-stetig.

(4) Man zeige: Die Summe von zwei pseudomonotonen sowie die eines pseudomonotonen und eines verstärkt stetigen Operators sind ebenfalls pseudomonoton.

(5) Setze $E\equiv L^p(\Omega)$, $p\geq 2$. Man zeige, daß $J:E\to E^*$ mit $Ju\equiv|u|^{p-2}u$ eine Dualitätsabbildung ist. Kann J als Subdifferential eines s-uhf-stetigen Funktionals dargestellt werden? Dieselben Untersuchungen führe man durch mit $E\equiv W_0^{1,p}(\Omega)$, $p\geq 2$ und $J:E\to E^*$ mit

$$Ju \equiv -\sum_{i=1}^{n} \frac{\partial}{\partial x_i}\left(\left|\frac{\partial}{\partial x_i}u\right|^{p-2}\frac{\partial u}{\partial x_i}\right).$$

(6) Man zeige, daß Dualitätsabbildungen von strikt normierten B-Räumen strikt monoton sind.

(7) Man zeige: Bei Satz 5.(15) erhält man die eindeutige Existenz einer Lösung, wenn T strikt monoton ist. Man gebe auch für 5.(27) eine Bedingung an, die die Eindeutigkeit der Lösung garantiert.

(8) Es sei $\phi:R\to R\cup\{\infty\}$ gegeben durch

$$\phi x \equiv \begin{cases} -\sqrt{1-x^2} & \text{für } |x|\leq 1, \\ -\infty & \text{sonst.} \end{cases}$$

Besitzt ϕ in jedem Punkt $x \in \mathrm{dom}\phi$ einen Subgradienten?

(9) Man zeige: Das Subdifferential eines eigentlich konvexen Funktionals ϕ ist nichtleer, wenn ϕ stetig ist. Wenn ϕ in $x \in E$ G-differenzierbar ist, dann folgt $\partial\phi(x)=\{d\phi(x)\}$.

(10) E sei ein H-Raum, D(T) dicht in E und $T:D(T)\to E$ linear und maximal monoton. Man zeige, daß T genau dann zyklisch monoton ist, wenn er selbstadjungiert ist.

(11) E und E^* seien reflexiv und strikt normiert, $M:D(M)\to P(E^*)$ maximal monoton. Man beweise, daß $R(M)=E^*$ genau dann gilt, wenn M^{-1} in jedem Punkt von $D(M^{-1})=R(M)$ lokal beschränkt ist.

6 Fixpunktsätze für mengenwertige Operatoren

Im Mittelpunkt dieses Kapitels steht ein recht allgemeines Fixpunktprinzip für Multioperatoren, einige andere Resultate aus diesem Ideenkreis können ihm untergeordnet werden. Mit seiner Hilfe wird schließlich das Minimax-Theorem der Spieltheorie bewiesen.

6.1 Existenz von Fixpunkten bei Multioperatoren

Mit einem Fixpunkt eines Multioperators $M:S\to P(S)$ meinen wir ein $x\in S$ mit $x\in Mx$. Um Bedingungen für ihre Existenz herauszufinden, kann man zunächst versuchen, bekannte Resultate für einwertige Operatoren auf den mengenwertigen Fall zu erweitern. Als Beispiel dafür führen wir den verallgemeinerten Banachschen Fixpunktsatz vor.

Im folgenden Satz verwenden wir für Teilmengen S_1, S_2 eines metrischen Raumes (X,d) den Abstandsbegriff

$$h(S_1,S_2) \equiv \max\{\sup\{\mathrm{dist}(y,S_1)\,|\,y\in S_1\},\ \sup\{\mathrm{dist}(z,S_2)\,|\,z\in S_2\}\}.$$

Es wird nun behauptet:

(1) (X,d) sei vollständig und $M:X\to P(X)$ mit Mx nichtleer und abgeschlossen für jedes $x\in X$ erfülle die Bedingung

$$\exists\ q\in(0,1):\quad h(My,Mz) \le qd(y,z)\ \ \forall\ y,z\in X.$$

Dann besitzt M einen Fixpunkt x^* in X.

Beweis: Wir konstruieren eine Folge $(x_i)\in X$, von der wir, wie bei den kontraktiven Operatoren in 2.1 üblich, zeigen werden, daß sie gegen einen Fixpunkt von M konvergiert.

Dazu wird $p\in(q,1)$, $x_0\in X$ und $x_1\in Mx_0$ beliebig ausgewählt. Da man sonst bereits fertig wäre, darf $d(x_0,x_1)>0$ angenommen werden. Nun hat man

$$\mathrm{dist}(x_1,Mx_1) \le h(Mx_0,Mx_1) < pd(x_0,x_1)$$

mit $Mx_1\neq\emptyset$ folgt, daß es $x_2\in Mx_1$ gibt, so daß $d(x_1,x_2)<pd(x_0,x_1)$ ausfällt. Mit x_2,x_1 kann man so verfahren wie eben mit x_1,x_0, und diesen Prozeß schließlich weiter fortsetzen. Als Resultat erhält man eine Folge $(x_i)\subset X$ mit $x_{i+1}\in Mx_i$ und

$$d(x_i,x_{i+1}) < p^i d(x_0,x_1),\ i\in\mathbb{N}.$$

Wie in diesem Zusammenhang üblich (vergleiche den Beweis von 2.1.(7)) zeigt man, daß diese Folge eine Cauchy-Folge ist, wegen der Vollständigkeit von X also mit einem Grenzwert $x^*\in X$ konvergiert. Nun folgt aus der Voraussetzung

$$\mathrm{dist}(x_{i+1},Mx^*) \le h(Mx_i,Mx^*) \le qd(x_i,x^*) \to 0 \quad (i\in N),$$

was aufgrund der Abgeschlossenheit von Mx^* zeigt $x^*\in Mx^*$. ∎

Der folgende Fixpunktsatz spielt auch eine Rolle als Hilfsmittel beim Beweis des angestrebten allgemeinen Fixpunktprinzips.

(2) E <u>sei reflexiv</u>, $S\subset E$ <u>nichtleer, abgeschlossen, beschränkt und konvex</u>, $M:S\to P(S)$ <u>mit</u> Mx <u>nichtleer und konvex für alle</u> $x\in S$ <u>sowie</u> $M^{-1}w\equiv\{x\,|\,x\in S, w\in Mx\}$ <u>s-relativoffen in</u> S <u>für alle</u> $w\in S$. <u>Dann besitzt</u> M <u>einen Fixpunkt</u> x^* <u>in</u> S.

<u>Beweis</u>: Für jedes $w\in S$ ist $M^{-1}w$ s-offen und nach Voraussetzung liegt jedes $x\in S$ in mindestens einer dieser Mengen, wir haben also eine s-offene Überdeckung von S. Weil diese Menge nach 1.1.(43) s-kompakt ist, gibt es eine endliche Familie $\{v_1,\dots,v_n\}\subset S$ mit $S=\cup\{M^{-1}v_j\,|\,j=1,\dots,n\}$. Dieser endlichen Überdeckung kann, wie das schon öfter getan wurde, eine Zerlegung der Eins nachgeordnet werden, d.h., es gibt stetige Abbildungen $p_j:S\to[0,1]$ mit $p_j(x)=0$ für alle $x\notin M^{-1}v_j$, $j=1,\dots,n$, und $p_1(x)+\dots+p_n(x)=1$ für alle $x\in S$. Mit diesen wird $p:S\to E$ definiert durch $px\equiv p_1(x)v_1+\dots+p_n(x)v_n$, $x\in S$. Nun ist für jedes $j\in\{1,\dots,n\}$ mit $p_j(x)\neq 0$ der Punkt x in $M^{-1}v_j$, also $v_j\in Mx$. Mann kann daher px als Konvexkombination von Elementen aus Mx darstellen. Mit der Konvexität von Mx und S sowie $M:S\to P(S)$ hat man deshalb $px\in Mx$ für jedes $x\in S$ bzw. $p(S)\subset S$.

Nun nehmen wir den von $\{v_1,\dots,v_n\}$ aufgespannten endlichdimensionalen Simplex $C\equiv\mathrm{co}\{v_1,\dots,v_n\}$ bzw. Vektorraum $F\equiv\mathrm{span}\{v_1,\dots,v_n\}$. Da die von der Topologie von E auf F induzierte Topologie nach 1.1.(7) speziell auch mit der üblichen euklidischen Topologie dieses Raumes äquivalent ist, wird C homöomorph zu einem Ball im Sinne der euklidischen Topologie. Mit $p(C)\subset C$ und der Stetigkeit von p erhält man aus dem Brouwerschen Fixpunktsatz 3.3.(34) die Existenz eines Fixpunktes $x^*\in C$ von p. Für diesen gilt $x^*=px^*\in Mx^*$. ∎

Der folgende Satz ist eine Folgerung aus (2), er ist mit dem in Satz 5.5.(10) bewiesenen Sachverhalt eng verwandt.

(3) E <u>sei reflexiv</u>, $S\subset E$ <u>nichtleer, abgeschlossen, beschränkt und konvex sowie</u> $T:S\to E^*$ <u>stetig von der s-Topologie auf</u> E <u>in die Norm-</u>

<u>topologie auf</u> E^*. <u>Dann gibt es</u> $y\in S$ <u>mit</u>

$$\langle Ty,y-z\rangle \geq 0 \ \forall \ z\in S.$$

<u>Beweis</u>: Wir nehmen an, die Behauptung sei falsch, d.h., es gebe zu jedem $y\in S$ ein $z\in S$, so daß $\langle Ty,y-z\rangle<0$ ausfällt. Nun wird $K:S\to P(S)$ definiert durch

$$Ky \equiv \{z \mid z\in S, \langle Ty,y-z\rangle<0\}, \ y\in S.$$

Aufgrund der Annahme ist $Ky\neq\emptyset$, die Konvexität von Ky ist offensichtlich. Mit der Stetigkeit von T erhält man, daß die $K^{-1}z$ für jedes $z\in S$ s-offen in S sind. Für K sind jetzt die Voraussetzungen von Satz (2) verifiziert, er bringt die Existenz von $x^*\in Kx^*$, was die widersprüchliche Aussage $\langle Tx^*,x^*-x^*\rangle<0$ bedeutete. ∎

Bei Multioperatoren wird häufig der folgende Stetigkeitsbegriff herangezogen: $M:S\to P(F)$ heißt <u>oberhalbstetig</u> (oh-stetig) in $x\in S$, wenn es zu jeder offenen Menge $V\subset F$ mit $Mx\subset V$ eine Umgebung $U(x)\subset S$ gibt, so daß $M(U(x))\subset V$. Die oh-Stetigkeit von M auf S liegt wieder vor, wenn M für alle $x\in S$ oh-stetig ist.

Nun kommen wir zu dem angekündigten Fixpunktprinzip.

(4) E <u>sei reflexiv</u>, $S\subset E$ <u>nichtleer, abgeschlossen, beschränkt und konvex</u>, $M:S\to P(E)$ <u>oh-stetig auf</u> S <u>mit</u> Mx <u>nichtleer, abgeschlossen und konvex für jedes</u> $x\in S$, <u>für jedes</u> $x\in\partial S$ <u>gebe es ferner</u> $u\in Mx$, $v\in S$ <u>und</u> $t>0$, <u>so daß</u> $u=x+t(v-x)$ <u>gilt. Dann besitzt</u> M <u>einen Fixpunkt</u> x^* <u>in</u> S.

<u>Beweis</u>: Wir definieren $K:S\to P(E)$ durch $Kx=\{x\}-Mx$, wobei klar ist, daß Kx für jedes $x\in S$ nichtleer, abgeschlossen und konvex ausfällt. Nun kann man die Annahme, M besitze keinen Fixpunkt in S, darauf zurückführen, daß für jedes $x\in S$ gilt $0\notin Kx$. Aus dieser Annahme folgt, daß es für jedes $x\in S$ eine Umgebung $U(Kx)$ gibt mit $0\notin U(Kx)$. Nach dem Trennungssatz 1.1.(27) gibt es deshalb zu jedem $x\in S$ ein $w(x)\in E^*$ mit

(5) $\quad \langle w(x),z\rangle < 0 \ \forall \ z\in U(Kx)$.

Zu jedem $w\in E^*$ kann die Menge

(6) $\quad V(w) \equiv \{y \mid y\in S, \langle w,z\rangle < 0 \ \forall \ z\in Ky\}$

definiert werden, speziell natürlich zu den $w(x)$, wobei $V(w(x))$, $x\in S$, den Vorzug haben, nichtleer zu sein. Mit Hilfe der Stetigkeit von M kann weiter gezeigt werden, daß es zu jedem $x\in S$ eine zu S s-relativoffene Umgebung $W(x)$ gibt mit $Ky\subset U(Kx)$ für alle $y\in W(x)$. Aus (5) entnehmen wir damit $\langle w(x),z\rangle<0$ für alle $z\in Ky$ und alle $y\in W(x)$, was $W(x)\subset V(w(x))$ nach sich zieht.

Insgesamt haben wir, daß $\{W(x)\,|\,x\in S\}$ eine s-offene Überdeckung von S bildet. Weil S nach 1.1.(43) s-kompakt ist, kann S schon durch endlich viele dieser Mengen überdeckt werden, wir nehmen an, das geschehe durch $W(x_1),\ldots,W(x_n)$. Wie im Beweis von Satz (2) nehmen wir wieder die dieser endlichen Familie nachgeordnete Zerlegung der Eins, $\{p_1,\ldots,p_n\}$, und definieren damit $p:S\to E^*$ durch $px\equiv w(x_1)p_1(x)+\ldots+w(x_n)p_n(x)$, $x\in S$, wobei p stetig von der s-Topologie von E in die Normtopologie von E^* ist.

Wir behaupten nun, daß für jedes $x\in S$ gilt

(7) $$0 > \langle px,z\rangle = \sum_{j=1}^{n} \langle w(x_j),z\rangle p_j(x) \quad \forall\, z\in Kx.$$

Dazu bemerken wir, daß es aufgrund der Konstruktion der Zerlegung der Eins für jedes $x\in S$ mindestens einen Index $k\in\{1,\ldots,n\}$ mit $p_k(x)>0$ gibt. Auf der anderen Seite folgt $\langle w(x_i),z\rangle<0$ für alle $z\in Kx$, weil $x\in W(x_i)\subset V(w(x_i))$ ist für $i=1,\ldots,n$ und damit (6) herangezogen werden kann.

Kehren wir zu p zurück, so kann festgestellt werden, daß diese Abbildung die Voraussetzungen von Satz (3) erfüllt, es gibt also $x\in S$ mit

(8) $$\langle px,x-z\rangle \ge 0 \quad \forall\, z\in S.$$

Falls $x\in \operatorname{int} S$ ist, gibt es zu jedem $h\in E$ ein $t>0$, so daß $x+th\in S$ und $x-th\in S$ sind. Setzt man beide für z in (8) ein, so erhält man sowohl $\langle px,z\rangle \ge 0$ als auch $\langle px,z\rangle \le 0$ für alle $z\in S$, also $px=0$, was im Widerspruch zu (7) steht.

Ist jedoch $x\in\partial S$, dann gibt es nach Voraussetzung $u\in Mx$, $v\in S$ und $t>0$ mit $u=x-t(x-v)$. Setzt man $z\equiv v$ in (8), so haben wir $\langle px,x-v\rangle \ge 0$. Wegen $t>0$ also auch $\langle px,x-u\rangle \ge 0$, was wegen $x-u\in Kx$ im Widerspruch zu (7) steht.

Die Annahme, M besitze keinen Fixpunkt in S, hat sich somit als falsch erwiesen. ■

Anstelle der "einwärts" gerichteten Randbedingung für M in der Voraussetzung von Satz (4) kann man natürlich auch eine "auswärts" gerichtete fordern, d.h., daß es zu jedem $x\in\partial S$ ein $u\in Mx$, $v\in S$ und $t>0$ gebe mit $u=x-t(v-x)$. Beim Beweis muß in (5) und an allen entsprechenden folgenden Stellen das Zeichen "$<$" durch "$>$" ersetzt werden.

Mit Satz (4) können wir natürlich auch die Frage nach Fixpunkten mengenwertiger Selbstabbildungen beantworten.

(9) E sei reflexiv, $S \subset E$ nichtleer, abgeschlossen, beschränkt und konvex, $M: S \to P(S)$ oh-stetig auf S und Mx nichtleer, abgeschlossen und konvex für jedes $x \in S$. Dann besitzt M einen Fixpunkt x^* in S.

Beweis: Wegen $Mx \subset S$ für alle $x \in S$ kann man den vorliegenden Fall auf (4) mit der "Randbedingung" $u=v$, also $t=1$, zurückführen. ∎

Beim Beweis von (4) ist besonders bemerkenswert, daß er auf wenigen elementaren Hilfsmitteln beruht, nämlich auf der s-Kompaktheit von S und der Existenz einer nachgeordneten Zerlegung der Eins sowie dem Brouwerschen Fixpunktsatz 3.3.(34), der in (8) über die Sätze (3) bzw. (2) ins Spiel kommt. Geht man von der s-Topologie über zur Normtopologie, so kann man durch einfache Modifikation des Beweises von (4) entsprechende Resultate erhalten, so den folgenden Satz.

(10) $S \subset E$ sei nichtleer, abgeschlossen und konvex, $M: S \to P(S)$ oh-stetig auf S mit Mx nichtleer, abgeschlossen und konvex für jedes $x \in S$ sowie $R(M) \subset S$ relativkompakt. Dann besitzt M einen Fixpunkt x^* in S.

6.2 Das von Neumannsche Minimaxtheorem

Wir gehen von einem konkreten Fall aus: Zwei Firmen p_1 und p_2 haben die Strategiemengen S_1 und S_2 zur Verfügung, um auf ihre Anteile an einem Markt, den sie sich teilen, Einfluß zu nehmen. Bei Auswahl von x_1 aus S_1 durch p_1 bzw. x_2 aus S_2 durch p_2 verliert p_1 einen Marktanteil $\phi(x_1, x_2)$, während p_2 diesen gewinnt. Es wird vorausgesetzt, daß p_1 und p_2 völlig unabhängig voneinander agieren.

Das Ziel von p_1 wird darin bestehen, die Strategie x_1 so zu wählen, daß zumindest $\sup\{\phi(x_1, z_2) \mid z_2 \in S_2\}$ möglichst klein wird, während p_2 bestrebt sein wird, $\inf\{\phi(z_1, x_2) \mid z_1 \in S_1\}$ durch passende Wahl von x_2 möglichst groß ausfallen zu lassen. Schreiben wir für $z_1 \in S_1$, $z_2 \in S_2$

$$v(z_1) \equiv \sup\{\phi(z_1, z_2) \mid z_2 \in S_2\}, \quad g(z_2) \equiv \inf\{\phi(z_1, z_2) \mid z_1 \in S_1\},$$

so wird die im geschilderten Sinne günstigste Strategiewahl durch die Bedingung

(1) $\bar{x}_1 \in S_1 : \quad v(\bar{x}_1) = \min\{v(z_1) | z_1 \in S_1\}$

bei p_1 bzw. bei p_2 durch

(2) $\bar{x}_2 \in S_2 : \quad g(\bar{x}_2) = \max\{g(z_2) | z_2 \in S_2\}$

beschrieben. Dabei ist offensichtlich stets $g(\bar{x}_2) \leq v(\bar{x}_1)$. Falls $\bar{x}_1, \bar{x}_2$ so bestimmt werden können, daß $g(\bar{x}_1) = v(\bar{x}_2)$ ausfallen, dann heißt das, daß beide Firmen die für sie jeweils günstigste Strategie auswählen können. Die Bedingungen, unter denen eine derartige Wahl von $\bar{x}_1, \bar{x}_2$ tatsächlich möglich ist, schildert das Minimaxtheorem. Zu seinem Beweis werden wir eine spezielle Formulierung von Satz 4.2.(1) benötigen. Dabei verwenden wir (Übungsaufgabe):

Ein Funktional $\phi: S \subset E \to R$ ist genau dann quasikonvex auf S (Definition auf Seite 171), wenn $e_r(\phi) \equiv \{z | z \in S, \phi z \leq r\}$ für jedes $r \in R$ konvex ist.

(3) E <u>sei reflexiv</u>, $S \subset E$ <u>nichtleer, abgeschlossen, beschränkt und konvex sowie</u> $\varphi: S \to R$ <u>quasikonvex und uh-stetig auf</u> S. <u>Dann besitzt</u> φ <u>ein Minimum auf</u> S.

<u>Beweis</u>: Nach 1.1.(43) ist S s-kompakt. Aus der Voraussetzung folgt weiter, daß $e_r(\varphi)$ für jedes $r \in R$ abgeschlossen und konvex, wegen 1.1.(40) also s-f-abgeschlossen ist. Das zieht 4.2.(3) zufolge die s-uhf-Stetigkeit von φ nach sich, womit die Behauptung aus Satz 4.2.(1) folgt. ∎

Nun kommen wir zu dem angekündigten Theorem.

(4) E_1, E_2 <u>seien reflexiv</u>, $S_1 \subset E_1$ <u>und</u> $S_2 \subset E_2$ <u>nichtleer, abgeschlossen, beschränkt und konvex. Für</u> $\phi: S_1 \times S_2 \to R$ <u>gelte, daß</u> $\phi(.,x_2): S_1 \to R$ <u>für jedes</u> $x_2 \in S_2$ <u>auf</u> S_1 <u>bzw.</u> $-\phi(x_1,.): S_2 \to R$ <u>für jedes</u> $x_1 \in S_1$ <u>auf</u> S_2 <u>quasikonvex und uh-stetig sind. Dann gibt es</u> $\bar{x}_1 \in S_1$ <u>und</u> $\bar{x}_2 \in S_2$, <u>für die gilt</u>

$$\min\{v(z_1) | z_1 \in S_1\} = v(\bar{x}_1) = g(\bar{x}_2) = \max\{g(z_2) | z_2 \in S_2\}.$$

<u>Beweis</u>: Wir beweisen zunächst die Existenz von $\bar{x}_1$ mit (1). Dazu bemerken wir, daß unter den gegebenen Voraussetzungen die Definition von v sinnvoll ist, denn

$$\sup\{\phi(z_1,z_2) | z_2 \in S_2\} = -\inf\{-\phi(z_1,z_2) | z_2 \in S_2\}, \quad z_1 \in S_1,$$

wobei das Infimum unter unseren Voraussetzungen aufgrund von (3) sogar als Minimum existiert.

Um zu zeigen, daß v uh-stetig ist, bemerken wir, daß für beliebiges

$r \in R$ gilt

$$v(x_1) > r \Leftrightarrow \exists\, z_2 \in S_2 : \phi(x_1,z_2) > r.$$

Daraus entnehmen wir

$$\{z_1 | z_1 \in S_1, v(z_1) > r\} = \cup\{\{z_1 | z_1 \in S_1, \phi(z_1,z_2) > r\} | z_2 \in S_2\}.$$

Weil diese Menge wegen der uh-Stetigkeit von $\phi(.,z_2)$ offen ist, hat man die gewünschte uh-Stetigkeit von v.

Nimmt man $x_1, y_1 \in S_1$ mit $v(x_1)$, $v(y_1) \le r$ für beliebiges $r \in R$, so heißt das $\phi(x_1,z_2) \le r$ sowie $\phi(y_1,z_2) \le r$ für alle $z_2 \in S_2$. Nach der Voraussetzung sind $e_r(\phi(.,z_2))$ für jedes $z_2 \in S_2$ konvex, was besagt, daß $\phi(tx_1+(1-t)y_1,z_2) \le r$ ausfällt für jedes $t \in [0,1]$. Damit haben wir $v(tx_1+(1-t)y_1) \le r$, was die Quasikonvexität von v beweist. Aus Lemma (3) entnehmen wir nun die Existenz von $\bar{x}_1 \in S_1$ mit $v(\bar{x}_1) = \min\{v(z_1) | z_1 \in S_1\}$.

Mit diesem Beweisschritt ist zugleich klar, wie man die Existenz von $\bar{x}_2$ mit (2) nachweist. Da wir $g(\bar{x}_2) \le v(\bar{x}_1)$ bereits beobachtet haben. brauchen wir nur noch $g(\bar{x}_2) \ge v(\bar{x}_1)$ zu zeigen. Das geschieht mit Hilfe von Satz 1.(2).

Zunächst setzen wir $t_1 \equiv g(\bar{x}_2)+\alpha$ und $t_2 \equiv v(\bar{x}_1)-\alpha$ mit beliebigem $\alpha > 0$ und definieren

$$M(x_1,x_2) \equiv \{(w_1,w_2) | (w_1,w_2) \in S_1 \times S_2, \phi(w_1,x_2) < t_1, \phi(x_1,w_2) > t_2\}.$$

Damit haben wir einen Multioperator $M: S_1 \times S_2 \to P(S_1 \times S_2)$, denn für jedes $(x_1,x_2) \in S_1 \times S_2$ ist

$$\min\{\phi(z_1,x_2) | z_1 \in S_1\} \le g(\bar{x}_2) < t_1,$$

bzw.

$$\max\{\phi(x_1,z_2) | z_2 \in S_2\} \ge v(\bar{x}_1) > t_2,$$

woraus $M(x_1,x_2) \neq \emptyset$, also $D(M) = S_1 \times S_2$ folgt. In diesem Zusammenhang bringen wir auch den inversen Multioperator M^{-1} ins Spiel,

$$M^{-1}(w_1,w_2) = \{(x_1,x_2) | (x_1,x_2) \in S_1 \times S_2, \phi(w_1,x_2) < t_1, \phi(x_1,w_2) > t_2\},$$

falls $(w_1,w_2) \in S_1 \times S_2$.

Wir zeigen die Konvexität von $M(x_1,x_2)$. Dazu betrachtet man

(5) $\quad \{w_1 | w_1 \in S_1, \phi(w_1,x_2) < t_1\}, \ x_2 \in S_2.$

Gehören u_1, v_1 zur Menge (5), so heißt das $\phi(u_1,x_2) \le r < t_1$ und $\phi(v_1,x_2) \le r < t_1$. Nach Voraussetzung sind $e_r(\phi(.,x_2))$ konvex, man hat also auch $\phi(tu_1+(1-t)v_1,x_2)\le r<t_1$, woraus sich die Konvexität von (5) ergibt. Entsprechend beweist man, daß $\{w_2|w_2\in S_2,\phi(x_1,w_2)>t_2\}$ für jedes $x_1\in S_1$ konvex ist. Damit ist in $E_1\times E_2$ auch das Produkt von (5) mit dieser Menge konvex, also $M(x_1,x_2)$ konvex für alle $(x_1,x_2)\in S_1\times S_2$

Schließlich sind die Mengen

(6) $\{x_1|x_1\in S_1,\phi(x_1,w_2)>t_2\}$, $w_2\in S_2$,

s-relativoffen in S_1. Ihr Komplement ist nämlich

(7) $\{z_1|z_1\in S_1,\phi(z_1,w_2)\le t_2\}$, $w_2\in S_2$.

Die Mengen (7) sind einmal konvex, was man wie im vorangegangenen Beweisschritt zeigt, zum anderen aufgrund der uh-Stetigkeit von $\phi(.,w_2)$ relativabgeschlossen. Damit entnehmen wir 1.1.(38), daß (7) s-relativabgeschlossen sind, was für (6) die behauptete relative s-Offenheit beweist. Entsprechend argumentiert man für $\{x_2|x_2\in S_2,\phi(w_1,x_2)<t\}$. Versieht man $E_1\times E_2$ mit dem Produkt der s-Topologien von E_1 und E_2, so werden nach diesen Überlegungen $M^{-1}(w_1,w_2)$ s-relativoffene Mengen.

Jetzt haben wir die Voraussetzungen von Satz 1.(2) bei $S_1\times S_2$ und **M** verifiziert, was besagt, daß es einen Fixpunkt (x_1^*,x_2^*) von **M** in $S_1\times S_2$ gibt. Das bedeutet

$$v(\overline{x}_1)-\alpha < \phi(x_1^*,x_2^*) < g(\overline{x}_2)+\alpha$$

Wegen der Willkür bei der Auswahl von $\alpha>0$ zieht das $v(\overline{x}_1)\le g(\overline{x}_2)$ nach sich, womit wir fertig sind. ∎

6.3 Bemerkungen und Hinweise

Das Interesse an Fixpunktsätzen für Multioperatoren ist anscheinend im Zusammenhang mit Problemen der Spieltheorie, vor allem dem von Neumannschen Minimaxtheorem [111], erwacht. Kakutani [97] gelang es, den Brouwerschen Fixpunktsatz auf Multioperatoren auszudehnen, eine Verallgemeinerung auf B-Räume, also entsprechend dem Schauderschen Satz, führten unabhängig voneinander Bohnenblust-Karlin [15] und Glicksberg [77] durch. Diesen Resultaten entspricht unser Satz 1.(10). Die Entwicklung ging mit der Verallgemeinerung auf lokalkonvexe Räume durch Fan [69] weiter, ein Spezialfall davon ist Satz 1.(9). Das noch allgemeinere Theorem 1.(4) sowie Satz 1.(2) gehen auf Browder [32] zurück, sie sind Spezialfälle seiner in lokalkonvexen Räumen bewiesenen Resultate. In diesen Zusammenhang gehören auch die Resultate von Halpern [88].

Als Beispiele für noch weitergehende Verallgemeinerungen nennen wir die Resultate von Reich [127] oder Petryshyn-Fitzpatrick [122], die ihre Ergebnisse übrigens mit Hilfe eines von ihnen definierten Abbildungsgrades [121] für verdichtende Multioperatoren erzielen. Eine Dualisierung von Fixpunkt- und Minimaxsätzen nehmen Tarafdar-Husain [146] vor.

Im Zusammenhang mit unserem Satz 1.(1) stehen Fixpunktsätze für kontraktive Multioperatoren, als Beispiel dafür nennen wir Assad-Kirk [10].

Das nach J. von Neumann benannte Minimaxtheorem wurde natürlich auch einem Verallgemeinerungsprozeß unterzogen, als Stationen nennen wir Sätze von Nash, Sion und Fan [70] sowie Brézis-Nirenberg-Stampacchia [21]. In diesem spieltheoretischen Problemkreis sind auch die Erweiterungen der entsprechenden Fixpunktsätze zu Theoremen über Mengen mit konvexen Schnitten durch Fan [70] und Browder [32] von Interesse.

6.4 Übungsaufgaben

(1) $S_1 \subset E$, $S_2 \subset F$ seien kompakt, $M: S_1 \to P(S_2)$ mit Mx nichtleer und abgeschlossen für jedes $x \in S_1$. M ist dann und nur dann oh-stetig, wenn $g(M)$ in $E \times F$ abgeschlossen ist.

(2, Brosowski [22]). $S \subset E$ sei nichtleer, konvex und für jedes $z \in E$ und $r > 0$ sei $B_E(z,r) \cap S$ kompakt. Dann gibt es zu jedem $x \in E$ ein $x^* \in S$ mit

$$\|x-x^*\| = \inf\{\|x-z\| \mid z \in S\}.$$

(Hinweis: Man definiere zu jedem $x \in S$ einen Multioperator $M: S \to P(S)$ durch

$$My = \{z \mid z \in S, \|x-z\| \le 2^{-1}(\|x-y\| + \inf\{\|x-u\| \mid u \in S\})\}.$$

und formuliere die Aufgabe als Fixpunktproblem für M).

(3, Tarafdar-Husain [146]) $S \subset E$ sei nichtleer, abgeschlossen, beschränkt und konvex, $M: S \to P(E)$ oh-stetig auf S mit $R(M)$ kompakt und konvex und $S \subset R(M)$, Mx abgeschlossen für jedes $x \in S$ sowie $M^{-1}w$ abgeschlossen und konvex für jedes $w \in R(M)$. Dann besitzt M einen Fixpunkt x^* in S.

Literaturverzeichnis

1. Adams, R.A.: Sobolev spaces. New York 1975
2. Alexandroff, P.; Hopf, H.: Topologie. Berlin 1935 oder Reprint New York 1965
3. Altman, M.: A fixed point theorem in Hilbert space. Bull. Acad. Polon. Sci. Ser. Sci. Math. Astronom. Phys. 5, 19-22 (1957)
4. Amann, H.: Ein Existenz- und Eindeutigkeitssatz für die Hammersteinsche Gleichung in Banach-Räumen. Math. Z. 111, 175-190 (1969)
5. Amann, H.: Existence theorems for equations of Hammerstein type. Appl. Anal. 1, 385-397 (1972)
6. Amann, H.: Lectures on some fixed point theorems. Rio de Janeir 1974
7. Amann, H.: Hammersteinsche Gleichungen mit kompakten Kernen. Math. Ann. 186, 334-340 (1970)
8. Amann, H.; Weiss, S.: On the uniqueness of the topological degree. Math. Z. 130, 39-54 (1973)
9. Assad, N.A.: A fixed point theorem for weakly uniformly strict contractions. Can. Math. Bull. 16, 15-18 (1973)
10. Assad, N.A.; Kirk, W.A.: Fixed point theorems for set-valued mappings of contractive type. Pac. J. Math. 43, 553-562 (1972)
11. Banach, S.: Sur les opérations dans les ensembles abstraits et leur application aux équations intégrales. Fund. Math. 3, 133-181 (1922)
12. Barbu, V.: Nonlinear semigroups and differential equations in Banach spaces. Bucuresti-Leyden 1976
13. Beurling, A.; Livingston, A.E.: A theorem on duality mappings in Banach spaces. Ark. Mat. 4, 405-411 (1962)
14. Blumenthal, L.M.: Distance geometry. Oxford 1953
15. Bohnenblust, H.F.; Karlin, S.: On a theorem of Ville. In: Kuhn, H.W.; Tucker, A.W. (Ed.): Contributions to the theory of games I. Princeton 1950, 155-160
16. Borsuk, K.: Drei Sätze über die n-dimensionale euklidische Sphäre. Fund. Math. 20, 177-190 (1933)
17. Boyd, D.W.; Wong, J.S.W.: On nonlinear contractions. Proc. AMS 20, 458-464 (1969)
18. Brézis, H.: Equations et inéquations non linéaires dans les espaces vectoriels en dualité. Ann. Inst. Fourier 18, 115-175 (1968)
19. Brézis, H.: Monotonicity methods in Hilbert spaces and some applications to nonlinear partial differential equations. In: Zarantonello, E.H. (Ed.): Contributions to nonlinear functional analysis. New York 1971, 101-156

20. Brézis, H.: Opérateurs maximaux monotones et semi-groupes de contractions dans les espaces de Hilbert. Amsterdam 1973

21. Brézis, H.; Nirenberg, L.; Stampacchia, G.: Remark on Ky Fan's min-max theorem. Boll. U. Mat. Ital. (4) 6, 293-300 (1972)

22. Brosowski, N.: Fixpunktsätze in der Approximationstheorie. Matematica 11, 195-220 (1969)

23. Brouwer, L.E.J.: Über Abbildungen von Mannigfaltigkeiten. Math. Ann. 71, 97-115, 598 (1912)

24. Browder, F.E.: The solvability of nonlinear functional equations. Duke Math. J. 30, 557-566 (1963)

25. Browder, F.E.: Nonlinear elliptic boundary value problems. Bull. AMS 69, 862-874 (1963)

26. Browder, F.E.: Nonlinear equations of evolution. Ann. Math. 80, 485-523 (1964)

27. Browder, F.E.: Nonexpansive nonlinear operators in a Banach space. Proc. Nat. Acad. Sci. USA 54, 1041-1044 (1965)

28. Browder, F.E.: Multivalued monotone nonlinear mappings and duality mappings in Banach spaces. Trans. AMS 118, 338-351 (1965)

29. Browder, F.E.: On the unification of the calculus of variations and the theory of monotone nonlinear operators in Banach space. Proc. Nat. Acad. Sci. USA 56, 419-425 (1966)

30. Browder, F.E.: Convergence of approximants to fixed points of nonexpansive nonlinear mappings in Banach spaces. Arch. Rat. Mech. Anal. 24, 82-90 (1967)

31. Browder, F.E.: Nonlinear maximal monotone operators in Banach spaces. Math. Ann. 175, 89-113 (1968)

32. Browder, F.E.: The fixed point theory of multi-valued mappings in topological vector spaces. Math. Ann. 177, 283-301 (1968)

33. Browder, F.E.: On the convergence of successive approximations for nonlinear functional equations. Proc. Ned. Akad. Wet. Amsterdam A 71, 27-35 (1968)

34. Browder, F.E.: Nonlinear initial value problems. Ann. Math. 82, 51-87 (1965)

35. Browder, F.E.: Periodic solutions of nonlinear equations of evolution in infinite dimensional spaces. In: Aziz, A.K.: Lecture series in differential equations 1. New York 1969, 71-96

36. Browder, F.E.: Nonlinear variational inequalities and maximal monotone mappings in Banach spaces. Math. Ann. 183, 213-231 (1969)

37. Browder, F.E.: Pseudo-monotone operators and the direct method in the calculus of variations. Arch. Rat. Mech. Anal. 38, 268-277 (1970)

38. Browder, F.E.: Existence theorems for nonlinear partial differential equations. In: AMS Proc. Symp. Pure Math. XVI. Providence 1970, 1-62

39. Browder, F.E.: Nonlinear functional analysis and nonlinear integral equations of Hammerstein and Urysohn type. In:

Zarantonello, E.H.(Ed.): Contributions to nonlinear functional analysis. New York 1971, 425-500

40. Browder, F.E.: Existence theory for boundary value problems for quasilinear elliptic systems with strongly nonlinear lower order terms. In: AMS Proc. Symp. Pure Math. XXIII. Providence 1973, 269-286

41. Browder, F.E.: Nonlinear operators and nonlinear equations of evolution. AMS Proc. Symp. Pure Math. XVIII, 2. Providence 1976 1-308

42. Browder, F.E.; Gupta, C.P.: Monotone operators and nonlinear integral equations of Hammerstein type. Bull. AMS 75, 1347-1353 (1969)

43. Browder, F.E.; Hess, P.: Nonlinear mappings of monotone type in Banach spaces. J. Funct. Anal. 11, 251-294 (1972)

44. Browder, F.E.; Petryshyn, W.V.: The solution by iteration of nonlinear functional equations in Banach spaces. Bull. AMS 72, 571-575 (1966)

45. Browder, F.E.; Petryshyn, W.V.: Construction of fixed points of nonlinear mappings in Hilbert space. J. Math. Anal. Appl. 20, 197-228 (1967)

46. Bryant, J.; Guseman , L. Jr.: Nonlinear fixed point theory bibliography. Texas A&M University 1974

47. Caristi, J.: The fixed point theory for mappings satisfying inwardness conditions. Trans. AMS 215, 241-251 (1976)

48. Cartan, H.: Differentialrechnung. Mannheim 1974

49. Chen, K.-H.: An application of fixed point theory on a certain biomathematical model in nonlinear partial differential equations. In: Swaminathan, S. (Ed.): Fixed point theory and its applications. New York 1976, 29-39

50. Cronin, J.: Fixed points and topological degree in nonlinear analysis. AMS Math. Surveys 11. Providence 1964

51. Daniel, J.W.: The approximate minimization of functionals. Englewood Cliffs 1971

52. De Figueiredo, D.G.: Topics in nonlinear functional analysis. University of Maryland Lecture Series 48. College Park 1967

53. De Figueiredo, D.G.; Gupta, C.P.: Nonlinear integral equations of Hammerstein type involving unbounded monotone linear mappings. J. Math. Anal. Appl. 39, 37-48 (1972)

54. De Figueiredo, D.G.; Gupta, C.P.: On the variational method for the existence of solutions of nonlinear equations of Hammerstein type. Proc. AMS 40, 470-476 (1973)

55. Deimling, K.: Nichtlineare Gleichungen und Abbildungsgrade. Berlin-Heidelberg-New York 1974

56. De Marr, R.: Common fixed points for commuting contraction mappings. Pac. J. Math. 13, 1139-1141 (1963)

57. Dieudonné, J.: Grundzüge der modernen Analysis I. Berlin 1972

58. Döring, B.: Das Fixpunktprinzip in der Analysis. In: Laugwitz, D.(Ed.): Überblicke Math. 2. Mannheim 1969, 155-210

59. Dugundji, J.: An extension of Tietze's theorem. Pac. J. Math. 1,

353-367 (1951)

60. Dunford, N.; Schwartz, J.T.: Linear operators, part I: General theory. New York 1958

61. Durikovic, V.: On the uniqueness of solutions and the convergence of successive approximations in the Darboux problem for certain differential equations of the type $u_{xy}=f(x,y,u,u_x,u_y)$. Arch. Math. Brno 4, 223-235 (1968)

62. Edelstein, M.: An extension of Banach's contraction principle. Proc. AMS 12, 7-10 (1961)

63. Edelstein, M.: On fixed and periodic points under contractive mappings. J. London Math. Soc. 37, 74-79 (1962)

64. Edelstein, M.: A remark on a theorem of M.A. Krasnoselski. Amer. Math. Monthly 73, 509-510 (1966)

65. Eisenack, G.; Fenske, C.: Fixpunkttheorie. Mannheim 1978

66. Eisenfeld, J.; Lakshmikantham, V.: Comparison principle and nonlinear contractions in abstract spaces. J. Math. Anal. Appl. 49, 504-511 (1975)

67. Ekeland, I.: On the variational principle. J. Math. Anal. Appl. 47, 324-353 (1974)

68. Ekeland, I.; Temam, R.: Analyse convexe et problèmes variationnels. Paris 1974

69. Fan, K.: Fixed-point and minimax theorems in locally convex topological linear spaces. Proc. Nat. Acad. Sci. USA 38, 121-126 (1952)

70. Fan, K.: Applications of a theorem concerning sets with convex sections. Math. Ann. 163, 189-203 (1966)

71. Fučik, S.; Nečas, J.; Souček, J.; Souček, V.: Spectral analysis of nonlinear operators. Lecture Notes in Mathematics 346. Berlin-Heidelberg-New York 1973

72. Fučik, S.; Nečas, J.; Souček, V.: Einführung in die Variationsrechnung. Leipzig 1977

73. Gaines, R.E.; Mawhin, J.L.: Coincidence degree and nonlinear differential equations. Lecture Notes in Mathematics 568. Berlin-Heidelberg-New York 1977

74. Gajewski, H.; Kluge, R.: Nichtlineare Probleme and Monotonietheorie. In: Sachs, H. (Ed.): Entwicklung der Mathematik in der DDR. Berlin 1974, 279-286

75. Gajewski, H.; Gröger, K.; Zacharias, K.: Nichtlineare Operatorgleichungen und Operatordifferentialgleichungen. Berlin 1974

76. Gatica, J.A.; Kirk, W.A.: Fixed point theorems for contraction mappings with applications to nonexpansive and pseudocontractive mappings. Rocky Mount. J. Math. 4, 69-79 (1974)

77. Glicksberg, I.L.: A further generalization of the Kakutani fixed point theorem with application to Nash equilibrium points. Proc. Amer. Math. Soc. 3, 170-174 (1952)

78. Glowinski, R.; Lions, J.L.; Trémolières, R.: Analyse numérique des inéquations variationnels. Paris 1976

79. Goebel, L.: An elementary proof of the fixed point theorem of

Browder and Kirk. Mich. Math. J. 16, 381-383 (1969)

80. Goebel, K.; Kirk, W.A.: A fixed point theorem for asymptotically nonexpansive mappings. Proc. AMS 35, 171-174 (1972)

81. Göhde, D.: Zum Prinzip der kontraktiven Abbildung. Math. Nachr. 30, 251-258 (1965)

82. Goldberg, S.: Unbounded linear operators. New York 1966

83. Gossez, J.P.: Opérateurs monotones non linéaires dans les espaces de Banach non réflexifs. J. Math. Anal. Appl. 34, 371-395 (1971)

84. Gossez, J.P.: Surjectivity results for pseudo-monotone mappings in complementary systems. J. Math. Anal. Appl. 53, 484-494 (1976)

85. Güssefeldt, G.: Der topologische Abbildungsgrad für vollstetige Vektorfelder zum Nachweis von periodischen Lösungen. Math. Nachr. 36, 231-233 (1968)

86. Gwinner, J.: Nichtlineare Variationsungleichungen mit Anwendungen. Frankfurt 1978

87. Hadeler, K.P.: Existenz- und Eindeutigkeitssätze für inverse Eigenwertaufgaben mit Hilfe des topologischen Abbildungsgrades. Arch. Rat. Mech. Anal. 42, 317-322 (1971)

88. Halpern, B.: Fixed point theorems for set-valued maps in infinite dimensional spaces. Math. Ann. 189, 87-98 (1970)

89. Hammerstein, A.: Nichtlineare Integralgleichungen nebst Anwendungen. Acta Math. 54, 117-176 (1930)

90. Hartman, P.; Stampacchia, G.: On some non-linear elliptic differential-functional equations. Acta Math. 115, 271-310 (1966)

91. Heinz, E.: An elementary analytic theory of the degree of mappings in n-dimensional spaces. J. Math. Mech. 8, 231-247 (1959)

92. Hess, P.: On semi-coercive nonlinear problems. Indiana Univ. Math. J. 23, 645-654 (1974)

93. Heuser, H.: Funktionalanalysis. Stuttgart 1975

94. Hirzebruch, F.; Scharlau, W.: Einführung in die Funktionalanalysis. BI-Hochschultaschenbuch 296a*. Mannheim 1971

95. Kachurovskii, R.I.: On monotone operators and convex functionals. Usp. Mat. Nauk. 15, 213-215 (1960)

96. Kachurovskii, R.I.: Non-linear monotone operators in Banach spaces. Russ. Math. Surveys 23, 117-165 (1968)

97. Kakutani, S.: A generalization of Brouwer's fixed point theorem. Duke Math. J. 8, 457-459 (1941)

98. Kato, T.: Demicontinuity, hemicontinuity and monotonicity. Bull. AMS 70, 548-550 (1964)

99. Kirk, W.A.: A fixed point theorem for mappings which do not increase distances. Amer. Math. Monthly 72, 1004-1006 (1965)

100. Kirk, W.A.: Mappings of generalized contractive type. J. Math. Anal. Appl. 32, 567-572 (1970)

101. Kirk, W.A.: Fixed point theorems for nonexpansive mappings

satisfying certain boundary conditions. Proc. AMS 50, 143-149 (1975)

102. Kirsch, A.; Warth, W.; Werner, J.: Notwendige Optimalitätsbedingungen und ihre Anwendung. Lecture Notes in Economics and Mathematical Systems 152. Berlin 178

103. Krasnosel'skii, M.A.: Topological methods in the theory of nonlinear integral equations. Oxford 1964

104. Langenbach, A.: Monotone Potentialoperatoren. Berlin-Heidelberg-New York 1976

105. Leray, J.; Lions, J.L.: Quelques résultats de Visik sur les problèmes élliptiques non linéaires par les méthodes de Minty-Browder. Bull. Soc. Math. France 93, 97-107 (1965)

106. Leray, J.; Schauder, J.: Topologie et équations fonctionelles. Ann. Sci. Ecole Norm. Sup. 51, 45-78 (1934)

107. Lions, J.L.: Quelques méthodes de résolution des problèmes aux limites non linéaires. Paris 1969

108. Meir, A.; Keeler, E.: A theorem on contraction mappings. J. Math. Anal. Appl. 28, 326-329 (1969)

109. Minty, G.J.: Monotone (nonlinear) operators in Hilbert spaces. Duke Math. J. 29, 341-346 (1962)

110. Nashed, M.Z.: Differentiability and related properties of nonlinear operators: Some aspects of the role of differentials in nonlinear functional analysis. In: Rall, L.B. (Ed.): Nonlinear functional analysis and applications, New York 1971, 103-309

111. Neumann, J. von: Zur Theorie der Gesellschaftsspiele. Math. Ann. 100, 295-320 (1928)

112. Nirenberg, L.: Topics in nonlinear functional analysis. New York 1974

113. Oden, J.T.; Reddy, J.N.: Variational methods in theoretical mechanics. Berlin-Heidelberg-New York 1976

114. Opial, Z.: Weak convergence of the sequence of successive approximations for nonexpansive mappings. Bull. AMS 73, 591-597 (1967)

115. Opial, Z.: Lecture notes on nonexpansive and monotone mappings in Banach spaces. Providence 1967

116. Ortega, J.M.; Rheinboldt, W.C.: Iterative solution of nonlinear equations in several variables. New York 1970

117. Pascali, D.: Operatori nelineari. Bucuresti 1974

118. Petryshyn, W.V.: Construction of fixed points of demicompact mappings in Hilbert spaces. J. Math. Anal. Appl. 14, 274-284 (1966)

119. Petryshyn, W.V.: On the approximation-solvability of equations involving A-proper and pseudo-A-proper mappings. Bull. AMS 81, 223-312 (1975)

120. Petryshyn, W.V.; Fitzpatrick, P.M.: New existence theorems for nonlinear equations of Hammerstein type. Trans. AMS 160, 39-63 (1971)

121. Petryshyn, W.V.; Fitzpatrick, P.M.: A degree theory, fixed

point theorems, and mapping theorems for multivalued noncompact mappings. Trans. AMS 194, 1-25 (1974)

122. Petryshyn, W.V.; Fitzpatrick, P.M.: Fixed point theorems for multivalued noncompact inward maps. J. Math. Anal. Appl. 46, 756-767 (1974)

123. Petryshyn, W.V.; Williamson, T.E. Jr.: Strong and weak convergence of the sequence of successive approximations for quasinonexpansive mappings. J. Math. Anal. Appl. 43, 459-497 (1973)

124. Pflaumann, E.; Unger, H.: Funktionalanalysis I. Mannheim 1974

125. Querenburg, B.V.: Mengentheoretische Topologie. Berlin-Heidelberg-New York 1973

126. Rautmann, R.: Zur iterativen Lösung spezieller Systeme partieller Differentialgleichungen. Z. Angew. Math. Mech. 54, T197-T199 (1974)

127. Reich, S.: Fixed points in locally convex spaces. Math. Z. 125, 17-31 (1972)

128. Reinermann, J.: Über Fixpunkte kontrahierender Abbildungen in uniformen Räumen und deren Darstellung durch konvergente Iterationsverfahren. Berichte GMD 4. Bonn 1968

129. Reinermann, J.: Fixpunktsätze vom Krasnoselski-Typ. Math. Z. 119, 339-344 (1971)

130. Reinermann, J.; Stallbohm, V.: Eine Anwendung des Edelsteinschen Fixpunktsatzes auf Integralgleichungen vom Abel-Liouvilleschen Typus. Arch. Math. 22, 642-647 (1971)

131. Rheinboldt, W.C.: Local mapping relations and global implicit functions theorems. Trans. AMS 138, 183-198 (1969)

132. Riedrich, T.: Vorlesungen über nichtlineare Operatorengleichungen. Leipzig 1976

133. Rockafellar, R.T.: Convex functions, monotone operators and variational inequalities. In: Ghizetti, A. (Ed.): Theory and applications of monotone operators. Gubbio 1969, 35-65

134. Rockafellar, R.T.: On the maximality of sums of nonlinear monotone operators. Trans. AMS 149, 75-88 (1970)

135. Rothe, E.: Zur Theorie der topologischen Ordnung und der Vektorfelder in Banachschen Räumen. Comp. Math. 5, 177-197 (1937)

136. Sadovskii, B.N.: Limit-compact and condensing operators. Russ. Math. Surveys 27, 85-155 (1972)

137. Schaefer, H.: Über die Methode sukzessiver Approximationen. Jahresber. DMV 59, 131-140 (1957)

138. Schaefer, H.H.: Topological vector spaces. 3rd printing. New York-Heidelberg-Berlin 1971

139. Schauder, J.: Der Fixpunktsatz in Funktionalräumen. Studia Math. 2, 171-180 (1930)

140. Schubert, H.: Topologie. 4. Auflage. Stuttgart 1975

141. Schwartz, J.T.: Nonlinear functional analysis. New York 1969

142. Sehgal, V.M.: A fixed point theorem for mappings with a contractive iterate. Proc. AMS 23, 631-634 (1969)

143. Shinbrot, M.: A fixed point theorem and some applications.

Arch. Rat. Mech. Anal. 17, 255-271 (1964)

144. Sibony, M.: Sur l'approximation d'équations et inéquations aux dérivées partielles non linéaires de type monotone. J. Math. Anal. Appl. 34, 502-564 (1971)

145. Smart, D.R.: Fixed point theorems. Cambridge 1974

146. Tarafdar, E. and T. Husain: Duality in fixed point theory of multivalued mappings with applications. J. Math. Anal. Appl. 63, 371-376 (1978)

147. Temme, N.M. (Ed.): Nonlinear analysis I,II. Mathematisch Centrum Syllabus 26. Amsterdam 1976

148. Ton, B.A.: Pseudo-monotone operators in Banach spaces and nonlinear elliptic equations. Math. Z. 121, 243-252 (1971)

149. Vainberg, M.M.: Variational methods for the study of nonlinear operators. San Francisco 1964

150. Vainberg, M.M.: Variational method and method of monotone operators in the theory of nonlinear equations. New York 1973

151. Valentine, F.A.: Konvexe Mengen. BI-Hochschultaschenbuch 402. Mannheim 1968

152. Velte, W.: Direkte Methoden der Variationsrechnung. Leitfäden der angewandten Mathematik und Mechanik 26. Stuttgart 1976

153. Villari, G.: Contributi allo studio dell' esistenza di soluzioni periodiche per i sistemi di equazioni differenziali ordinarie. Ann. Mat. Pura Appl. (4) 69, 171-190 (1965)

154. Wacker, H.; Zarzer, E.; Zulehner, W.: Optimal stepsize control for the globalized Newton method. In: Wacker, H. (Ed.): Continuation Methods. New York 1978, 249-276

155. Weissinger, J.: Zur Theorie und Anwendung des Iterationsverfahrens. Math. Nachr. 8, 193-212 (1952)

156. Wille, F.: Monotone Operatoren mit Störungen. Arch. Rat. Mech. Anal. 46, 369-388 (1972)

157. Wong, C.S.: Fixed point theorems for nonexpansive mappings. J. Math. Anal. Appl. 37, 142-150 (1972)

158. Zabreiko, P.P.; Kachurovskii, R.I.; Krasnosel'skii, M.A.: On a fixed point principle for operators in a Hilbert space. Funct. Anal. Appl. 1, 168-169 (1967)

159. Zeidler, E.: Existenz, Eindeutigkeit, Eigenschaften und Anwendungen des Abbildungsgrades im R^n. In: Nečas, S. et al. (Ed.): Theory of nonlinear operators. Berlin 1974, 259-311

160. Zeidler, E.: Vorlesungen über nichtlineare Funktionalanalysis I - Fixpunktsätze. Leipzig 1976

161. Zeidler, E.: Vorlesungen über nichtlineare Funktionalanalysis II - Monotone Operatoren. Leipzig 1977

162. Bibliography of recent papers on fixed point theory. Rocky Mount. J. Math. 4, 107-134 (1974)

Symbolverzeichnis

Die allgemeinen mathematischen Bezeichnungen und Symbole werden hier nicht aufgeführt, sofern sie wie üblich benützt und geschrieben werden.

Spezielle Räume:

Sachverzeichnis

Heuser, Funktionalanalysis

416 Seiten mit 6 Bildern, 5o Beispielen
und 462 Aufgaben
(Mathematische Leitfäden)

Aus dem Inhalt:

Fixpunktsätze und ihre Anwendungen

Metrische und normierte Vektorräume

Stetige lineare Abbildungen

Integralgleichungen

Dualsysteme und normal auflösbare Operatoren

Kompakte, Fredholmsche und Rieszsche Operatoren

Die Grundprinzipien der Funktionalanalysis

Banachalgebren

Approximationsprobleme

Strikt und gleichmäßig konvexe Räume

Hilberträume

Das Spektrum stetiger Operatoren

Lokalkonvexe Vektorräume

Dualitätstheorie

Weidmann, Lineare Operatoren in Hilberträume

368 Seiten mit 221 Aufgaben und 93 Beispielen
(Mathematische Leitfäden)

Aus dem Inhalt:

Vektorräume mit Skalarprodukt, Prähilberträume

Hilberträume

Orthogonalität

Lineare Operatoren und ihre Adjungierten

Abgeschlossene lineare Operatoren

Einige Klassen linearer Operatoren

Spektraltheorie selbstadjungierter und normaler Operatoren

Selbstadjungierte Fortsetzungen symmetrischer Operatoren

Störungstheorie selbstadjungierter Operatoren

Differentialoperatoren in L_2 $(\mathbf{R}^m)$

Streutheorie

Anhang: Lebesguesche Integration

Ein Darstellungssatz für holomorphe Funktionen in der
Halbebene

Teubner Studienbücher Fortsetzung

Informatik

Ehrig et al.: **Universal Theory of Automata**
A Categorical Approach. 240 Seiten. DM 24,80

Giloi: **Principles of Continuous System Simulation**
Analog, Digital and Hybrid Simulation in a Computer Science Perspective
172 Seiten. DM 25,80 (LAMM)

Hotz: **Informatik: Rechenanlagen**
Struktur und Entwurf. 136 Seiten. DM 17,80 (LAMM)

Kandzia/Langmaack: **Informatik: Programmierung**
234 Seiten. DM 22,80 (LAMM)

Kupka/Wilsing: **Dialogsprachen**
168 Seiten. DM 19,80 (LAMM)

Maurer: **Datenstrukturen und Programmierverfahren**
222 Seiten. DM 26,80 (LAMM)

Mehlhorn: **Effiziente Algorithmen**
240 Seiten. DM 24,80 (LAMM)

Oberschelp/Wille: **Mathematischer Einführungskurs für Informatiker**
Diskrete Strukturen. 236 Seiten. DM 19,80 (LAMM)

Paul: **Komplexitätstheorie**
247 Seiten. DM 25,80 (LAMM)

Richter: **Betriebssysteme**
Eine Einführung. 152 Seiten. DM 22,80 (LAMM)

Richter: **Logikkalküle**
232 Seiten. DM 24,80 (LAMM)

Schlageter/Stucky: **Datenbanksysteme: Konzepte und Modelle**
261 Seiten. DM 22,80 (LAMM)

Schnorr: **Rekursive Funktionen und ihre Komplexität**
191 Seiten. DM 25,80 (LAMM)

Spaniol: **Arithmetik in Rechenanlagen**
Logik und Entwurf. 208 Seiten. DM 24,80 (LAMM)

Vollmar: **Algorithmen in Zellularautomaten**
Eine Einführung. 192 Seiten. DM 21,80 (LAMM)

Wirth: **Algorithmen und Datenstrukturen**
376 Seiten. DM 26,80 (LAMM)

Wirth: **Compilerbau**
Eine Einführung. 94 Seiten. DM 15,80 (LAMM)

Wirth: **Systematisches Programmieren**
Eine Einführung. 3. Aufl. 160 Seiten. DM 19,80 (LAMM)

Preisänderungen vorbehalten